Perspektiven der Mathematikdidaktik

Reihe herausgegeben von

Gabriele Kaiser, Sektion 5, Universität Hamburg, Hamburg, Deutschland

In der Reihe werden Arbeiten zu aktuellen didaktischen Ansätzen zum Lehren und Lernen von Mathematik publiziert, die diese Felder empirisch untersuchen, qualitativ oder quantitativ orientiert. Die Publikationen sollen daher auch Antworten zu drängenden Fragen der Mathematikdidaktik und zu offenen Problemfeldern wie der Wirksamkeit der Lehrerausbildung oder der Implementierung von Innovationen im Mathematikunterricht anbieten. Damit leistet die Reihe einen Beitrag zur empirischen Fundierung der Mathematikdidaktik und zu sich daraus ergebenden Forschungsperspektiven.

Reihe herausgegeben von
Prof. Dr. Gabriele Kaiser
Universität Hamburg

Martina Greiler-Zauchner

Rechenwege für die Multiplikation und ihre Umsetzung

Einsicht in operative Beziehungen erlangen und aufgabenadäquat anwenden

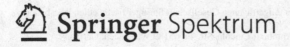

Martina Greiler-Zauchner
Institut für Pädagogik und Didaktik der
Elementar- und Primarstufe
Pädagogische Hochschule Kärnten
Klagenfurt, Österreich

Dissertation Universität Klagenfurt, 2020

ISSN 2522-0799 ISSN 2522-0802 (electronic)
Perspektiven der Mathematikdidaktik
ISBN 978-3-658-37525-6 ISBN 978-3-658-37526-3 (eBook)
https://doi.org/10.1007/978-3-658-37526-3

Die Deutsche Nationalbibliothek verzeichnet diese Publikation in der Deutschen Nationalbibliografie; detaillierte bibliografische Daten sind im Internet über http://dnb.d-nb.de abrufbar.

Planung/Lektorat: Marija Kojic
Springer Spektrum ist ein Imprint der eingetragenen Gesellschaft Springer Fachmedien Wiesbaden GmbH und ist ein Teil von Springer Nature.
Die Anschrift der Gesellschaft ist: Abraham-Lincoln-Str. 46, 65189 Wiesbaden, Germany

Geleitwort

Genau an dem Tag, an dem mich Martina Greiler-Zauchner um ein Geleitwort für die hier vorliegende Buchfassung ihrer Dissertation zum sogenannten „halbschriftlichen Multiplizieren" bat – und dieser Bitte komme ich natürlich von Herzen gerne nach –, genau an diesem Tag hatte ich eine Lehrveranstaltung an meiner Universität zu eben diesem Thema. Die Teilnehmerinnen – Studierende im zweiten Jahr des fünfjährigen Studiengangs „Bildungswissenschaften für den Primarbereich", dessen Absolvierung in Südtirol zum Unterricht an Grundschulen berechtigt – erhielten von mir zum Einstieg die Aufgabe, sich einen geschickten Rechenweg für $25 \cdot 64$ zu überlegen. Nach einigem Nachdenken gab es eine Reihe von Vorschlägen für durchaus vorteilhafte Rechenwege, auch für einige recht umständliche, aber richtige; und dann auch den Vorschlag, wie folgt vorzugehen: Zunächst 20 mal 60 zu rechnen, das ergebe 120 (sic!), dazu noch 5 mal 4, also 20, zu addieren; und schon sei man fertig, $25 \cdot 64$ sei also 140.

Sollten Sie nun beim Lesen dieses Berichts erschrocken sein: Ich war es nur deshalb nicht mehr, weil ich in 20 Jahren Hochschullehre gelernt habe, dass man damit rechnen muss: mit jungen Erwachsenen nämlich, die zwar in der Regel das kleine Einmaleins beherrschen, die zumeist auch noch wissen, wie man den Algorithmus der schriftlichen Multiplikation durchführt und dabei z. B. auch $25 \cdot 64$ zur Gänze auf Aufgaben des kleinen Einmaleins reduziert; die aber in der Schule offenbar nie gelernt haben, dass es neben dem Taschenrechner und dem (oft unverstandenen) Algorithmus noch andere Wege gibt, Multiplikationen jenseits des kleinen Einmaleins zu lösen. Wege, die bei manchen Aufgaben nicht nur weniger Rechenaufwand bedeuten als die schriftliche Multiplikation, sondern die man mit einer gewissen Berechtigung als „elegant" bezeichnen könnte, wie etwa den folgenden: 25 ist ein Viertel von 100; $100 \cdot 64 = 6400$; ein Viertel davon ist 1600, also ist $25 \cdot 64 = 1600$.

Natürlich kann $25 \cdot 64$ auch anders gelöst werden; etwa, indem man zunächst $10 \cdot 64 = 640$ rechnet, dies zu $20 \cdot 64 = 1280$ verdoppelt und noch die Hälfte von $10 \cdot 64 = 640$, also $5 \cdot 64 = 320$, addiert. Oder wir wenden unser Wissen, dass $4 \cdot 25 = 100$, in etwas anderer Weise an, als oben erläutert: Wir verdoppeln zu $8 \cdot 25 = 200$, weiter zu $16 \cdot 25 = 400$, und noch einmal zu $32 \cdot 25 = 800$, bis wir dieses ein letztes Mal zu $64 \cdot 25 = 1600$ verdoppeln.

All das sind Varianten dessen, was im deutschsprachigen Raum verbreitet als „halbschriftliches Multiplizieren" bezeichnet wird und vielleicht besser als „(nach Belieben) schriftgestütztes Kopfrechnen" bezeichnet werden sollte. Nun wurden dem halbschriftlichen Addieren und Subtrahieren in den letzten Jahrzehnten, auch international, eine beträchtliche Anzahl an Studien gewidmet. Das halbschriftliche Rechnen (oder, mit einem begrifflich nicht ganz sauberen, aber griffigen Titel: das „Zahlenrechnen") im Bereich von Multiplikation und Division ist hingegen weit weniger erforscht, insbesondere im deutschen Sprachraum. Diese geringe Beachtung in der Forschung korrespondiert vermutlich, und dann bedauerlicher Weise, mit einer vergleichsweise geringen Beachtung in der aktuellen Praxis des Grundschulunterrichts, jedenfalls in Österreich. Sie entspricht aber keineswegs der tatsächlich großen Bedeutung, die dem halbschriftlichen Rechnen im Allgemeinen in der internationalen fachdidaktischen Literatur seit Jahrzehnten mit starken Argumenten zugeschrieben wird.

Vor diesem Hintergrund liefert die vorliegende Schrift Martina Greiler-Zauchners einen wichtigen Beitrag zum Schließen einer Forschungslücke, sowohl im rekonstruktiven Theorieteil, in dem sie die vorliegende, vorwiegend englischsprachige Forschungsliteratur äußerst gründlich aufarbeitet, als auch im konstruktiven empirischen Teil. In diesem erläutert sie zunächst einen von ihr selbst auf Basis einschlägiger Literatur entwickelten, stoffdidaktisch überzeugenden konkreten Vorschlag zur Erarbeitung des Zahlenrechnens im Bereich der Multiplikation im dritten Schuljahr. In weiterer Folge stellt sie die – äußerst ermutigenden – Ergebnisse einer Erprobung dieses Vorschlags in zwei Zyklen in ausgewählten Klassen detailliert und differenziert dar. Zahlreich angeführte und analysierte Dokumente von Bearbeitungen der substanziellen Aufgaben dieser Unterrichtssequenz durch die teilnehmenden Kinder belegen ein weiteres Mal eindringlich, wie vielfältig, schlau, originell Kinder im Finden von Rechenwegen sind, wenn man sie nur lässt und ihnen Raum, Zeit und gezielte Anregungen zum Entdecken, Erproben und Weiterentwickeln gibt.

Wird halbschriftliches Multiplizieren hingegen als möglichst rasch zu durchlaufendes Zwischenstadium zum schriftlichen Algorithmus behandelt, darf man sich auch nicht wundern, wenn Kinder, denen man damit wichtige Lernchancen vorenthält, zu Erwachsenen werden, die mit Aufgaben wie $25 \cdot 64$ überfordert sind. Und das ist bedauerlich – nicht nur deshalb, weil es im Alltag immer wieder nützlich ist, auch über das kleine Einmaleins hinaus im Kopf (vor allem auch überschlagend) multiplizieren zu können. *Das Wesen der Mathematik liegt in ihrer Freiheit*, sagt uns Georg Cantor (1845–1918). Eine Facette dieser Freiheit – zugegeben: eine kleine; aber eine *wertvolle* Facette dieser Freiheit – bietet das sogenannte „halbschriftliche Rechnen". Wer die Rechengesetze einhält, kann sich innerhalb dieser frei bewegen, etwa auch, um Aufgaben wie 25 · 64 zu lösen. Kinder, die im Unterricht eingeladen werden, über unterschiedliche Lösungswege nachzudenken, entwickeln und schärfen dabei ihr Verständnis für Rechengesetze: einer von vielen Zugängen in das Reich der *Freiheit der Mathematik*. Die vorliegende Schrift macht deutlich, wie wir Kindern diesen Zugang eröffnen können. Sie möge viele Leser*innen finden!

Brixen
am 15.03.2022

Michael Gaidoschik
Fakultät für Bildungswissenschaften
Freie Universität Bozen
Brixen/Bressanone, Italien

Danksagung

Mit der Fertigstellung dieser Arbeit blicke ich auf einen fünfjährigen Forschungs- und Entwicklungsprozess zurück, der einen bedeutenden Teil meines beruflichen Lebens einnahm. Die Erfahrungen und Einblicke in das wissenschaftliche Arbeiten im Bereich der Mathematikdidaktik der Primarstufe sowie die Einsichten in individuelle Denk- und Lernprozesse von Kindern, die ich während dieser Zeit gewinnen konnte, trugen wesentlich zu meiner beruflichen Weiterentwicklung bei. Ich möchte an dieser Stelle denjenigen danken, die den Prozess meiner Arbeit konstruktiv unterstützten und begleiteten:

Meinem Betreuer, Prof. Dr. Michael Gaidoschik, danke ich für den hervorragenden wissenschaftlichen Diskurs: In zahlreichen Besprechungen verstand er es immer wieder, diese Arbeit mit passenden Denkanstößen Schritt für Schritt weiterzuentwickeln. Seine herausfordernden Rückmeldungen trugen nicht nur wesentlich zu einer Qualitätssteigerung der Arbeit, sondern auch zu meiner wissenschaftlichen und beruflichen Entwicklung bei.

Prof.in Dr. in Silke Ruwisch danke ich für das Interesse an meinem Forschungsprojekt und die Betreuung meiner Arbeit als Gutachterin.

Besonderer Dank ergeht an die acht Lehrkräfte, die mein Lernarrangement durchführten und mir die Datenerhebung ermöglichten. Hervorzuheben ist ihr unermüdliches Interesse an der Entwicklung und am Denken der Kinder und ihre Offenheit für neue fachdidaktische Konzepte. Ebenso danke ich den Kindern, die sich in den Interviews mit großer Ausdauer der schwierigen Aufgabe stellten, ihre Rechenwege zu erklären und ihre Begründungen zu verbalisieren.

Meiner Familie und meinen Freunden danke ich dafür, dass sie immer für mich da waren.

Inhaltsverzeichnis

Abkürzungsverzeichnis

Ankeraufgabe	Rechenwege unter Nutzung der Verzehnfachung des einstelligen Faktors als Ankeraufgabe mit anschließendem additiven Weiterrechnen
Gegensinniges Verändern	Rechenwege unter Nutzung des Gesetzes von der Konstanz des Produktes
Halbieren	Rechenwege unter Einbezug von Halbierungen des Zehnfachen
Mult_1x2_ZR	Multiplikationen einstelliger mit zweistelligen Zahlen im Bereich des Zahlenrechnens
Verdoppeln	Rechenwege unter Einbezug von Verdoppelungen
Vollständiges Auszählen	Rechenwege unter Nutzung des vollständigen Auszählens mithilfe ikonischer Hilfsmittel
Wiederholte Addition	Rechenwege unter Nutzung der wiederholten Addition eines Faktors
Zerlegung in eine Differenz	Rechenwege unter Nutzung des Distributivgesetzes auf Grundlage einer Zerlegung eines Faktors in eine Differenz
Zerlegung in eine Summe	Rechenwege unter Nutzung des Distributivgesetzes auf Grundlage einer Zerlegung des zweistelligen Faktors in eine Summe

Abbildungsverzeichnis

Tabellenverzeichnis

Einleitung

Inhaltliche Einbettung und Forschungsinteresse

In einem für diese Arbeit geführten Interview wurde Stella gebeten, zur Aufgabe 5·24 möglichst viele Rechenwege zu finden. Stella fand stolz fünf unterschiedliche Rechenwege:

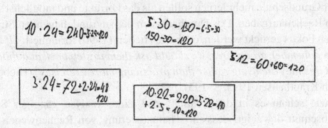

Abbildung 1 Stellas Rechenwege für 5·24

Vielleicht hätten Sie zusätzlich noch den sehr naheliegenden Rechenweg 5·24 = 5·20 + 5·4 gefunden?

Bei genauerer Betrachtung der fünf von Stella genannten Rechenwege hinsichtlich zugrundeliegender mathematischer Gesetze ergibt sich, dass Stella für alle fünf Rechenwege eigentlich immer das Distributivgesetz[1] nutzt und den Faktor 5 in 10 – 5, 3 + 2 bzw. den Faktor 24 in 30 – 6, 12 + 12 und 22 + 2 zerlegt.

Im Grunde erprobt sie das entdeckte Rechengesetz, indem sie die Faktoren in solche Summen bzw. Differenzen zerlegt, deren Teilprodukte für sie leicht auszurechnen sind, und belegt dadurch ihre Einsicht in die zugrundeliegenden Strukturen.

---

[1] $(a + b)·c = a·c + b·c$ bzw. $(a - b)·c = a·c - b·c$

Das Rechengesetz steht fest, „aber der Natur mathematischer Gesetze entsprechend ist ihre Anwendung frei" (Wittmann und Müller 2017b, S. 73).

Aus Sicht der Mathematikdidaktik geht es dabei nicht darum, dass jedes Kind möglichst viele unterschiedliche Rechenwege schnell und korrekt anwenden kann, sondern das Beispiel Stella steht stellvertretend für folgende Sichtweisen auf die Nutzung unterschiedlicher Rechenwege:

Es geht darum,

- „sich der Existenz verschiedener mathematisch sinnvoller Wege bewusst" zu werden „und dieses Wissen für sich individuell" zu nutzen (Wittmann und Müller 2017b, S. 73).
- Einsichten in Beziehungen und Strukturen zu erlangen.
- die erlangten Einsichten in Beziehungen und Strukturen zu nutzen, um Rechenwege aufgrund besonderer Aufgabenmerkmale aufgabenadäquat zu wählen.

Die Mathematikdidaktik ist sich weitgehend einig, dass Kinder im Mathematikunterricht der Grundschule mehr lernen sollten als das korrekte und möglichst schnelle Lösen von Rechenaufgaben. Das Durchschauen der zugrundeliegenden Strukturen sollte in den Fokus gerückt werden, oder wie Hiebert (1990) formuliert: *„If we want students to remember procedures, we should ask them to step back and think about the procedures they are using rather than practicing more exercises"* (Hiebert 1990 zitiert nach Krauthausen 1993, S. 195).

Doch wie schaut es in der Realität aus? Eine Analyse gängiger Schulbücher in Abschnitt 4.4 zeigt, dass die Thematisierung von Rechenwegen für die Multiplikation mehrstelliger Zahlen sehr oft wie folgt aufgebaut ist:

(1) Ein Hauptrechenweg (stellengerechtes Zerlegen in eine Summe mittels Distributivgesetzes) wird erarbeitet und eingeübt.
(2) Weitere Rechenwege werden in den meisten Schulbüchern erwähnt, aber sehr selten begründet oder in Bezug auf die Adäquatheit bei bestimmten Aufgaben verglichen.
(3) Möglichkeiten für Kinder, selbst Rechenwege zu finden, zu vergleichen und zu begründen, werden selten geboten.
(4) Das schriftliche Verfahren zur Multiplikation wird direkt im Anschluss erarbeitet und löst in Folge dann im Schulbuch das Rechnen nach unterschiedlichen Rechenwegen ab.

Nimmt man die Schulbücher als Indiz dafür, was in der Praxis des Mathematikunterrichts geschieht, so scheint es hier eine Kluft zwischen Theorie und Praxis zu geben.

Vor diesem Hintergrund stellt sich die zentrale Frage, wie Unterricht gestaltet werden kann, damit möglichst viele Kinder Einsicht in verschiedene Rechenwege und in die zugrundeliegenden Strukturen erlangen und Rechenwege in Folge auch sicher und aufgabenadäquat anwenden können. Darüber hinaus fehlen – im Gegensatz zur mehrstelligen Addition und Subtraktion – Ergebnisse aus der Forschung, die den Einfluss unterschiedlicher Fokussierungen im Unterrichtsgeschehen auf die (aufgabenadäquate) Verwendung von Rechenwegen für die Multiplikation und auf zugrundeliegende Einsichten beschreiben (siehe Abschnitt 3.3 und Padberg und Benz (2021, S. 214)).

Im Sinne von E. Ch. Wittmann, der es als Kernaufgabe der Mathematikdidaktik sieht, „inhaltsbezogene theoretische Konzepte und praktische Unterrichtsbeispiele" zu entwickeln und zu erforschen, mit der zentralen Absicht, den realen Unterricht zu verbessern (Wittmann 1998, S. 330), ist es Ziel dieser Arbeit, praxisnahe Entwicklungsarbeit mit empirischer und theoretischer Absicherung zu verknüpfen. So liegt der Fokus der vorliegenden Studie einerseits auf der Entwicklung und Umsetzung eines fachdidaktisch untermauerten Lernarrangements zum Zahlenrechnen im Bereich der Multiplikation (einstellig mal zweistellig). Andererseits werden die von den Kindern genutzten Rechenwege und gezeigten Einsichten in zugrundeliegende Konzepte und Strukturen *vor* und *nach* der Umsetzung eines lernförderlichen Lernarrangement untersucht. Aus den Ergebnissen wird in weiterer Folge eine Typisierung der Kinder nach genutzten Rechenwegen vorgenommen. Aus dieser Typisierung sollen Aussagen

- zur sicheren Anwendung der Rechenwege,
- zu Einsichten in zugrundeliegende operative Beziehungen und
- zur Nutzung besonderer Aufgabenmerkmale für Rechenvorteile abgeleitet werden.

Weitere Schwerpunkte der Studie liegen auf den Hürden in den Lernprozessen im Zuge der Umsetzung des Lernarrangements und auf den Sichtweisen der Kinder im Hinblick auf die Bedeutung aufgabenadäquaten Rechnens.

Forschungsmethodologische und forschungsmethodische Einbettung
Die Studie ist der qualitativen empirischen Sozialforschung zuzuordnen und im Design einer *Educational Design Research* Studie (Plomp 2013; Van den Akker et al. 2006a) angelegt. Kennzeichnend für diese Art der Forschungskonzeption ist

eine enge Verzahnung zwischen Praxis und Forschung. So liegen die Schwerpunkte von *Educational Design Research* Studien im Zuge des Forschungsprozesses auf zwei Ebenen. Einerseits werden im Forschungsprozess Erkenntnisse im Hinblick auf die Entwicklung von Unterrichtsaktivitäten angestrebt und andererseits werden aus den Ergebnissen wissenschaftliche Theorien über das Lehren und Lernen des spezifischen Lerngegenstandes weiterentwickelt.

Vor diesem Hintergrund wurden zur Datenerhebung qualitative Interviews nach der revidierten klinischen Methode durchgeführt (Selter und Spiegel 1997, S. 110 f.). Die Auswertung der Interviews erfolgte am Material selbst mittels induktiver Kategorienbildung als auch auf Basis von Theorien durch deduktive Analyseschritte (Mayring 2001, S. 5 f.). Ferner wurden Leitfadeninterviews mit den Klassenlehrkräften geführt. Zur Erhebung von Rechenwegen wurden aus forschungsökonomischen Gründen zusätzlich noch schriftliche Erhebungen genutzt.

Gliederung der Arbeit

Die folgenden Kapitel 1 bis 4 erörtern literaturbasiert und den aktuellen Forschungsstand einbeziehend die theoretischen Hintergründe der Arbeit. Zu Beginn werden jene theoretischen Grundlagen dargelegt, die sich allgemein auf Rechenwege aller Operationen beziehen. Das Kapitel 1: *Einteilung von Rechenwegen* thematisiert die Kategorisierung von Rechenwegen. Dabei werden die unterschiedlichen Formen des Rechnens (Zahlenrechnen, Kopfrechnen, halbschriftliches Rechnen, Ziffernrechnen bzw. schriftliches Rechnen) und deren Charakteristika beschrieben, um den Begriff *Zahlenrechnen* für die vorliegende Arbeit zu definieren. Weiters wird das Zahlenrechnen aus fachdidaktischer Sicht analysiert. Kapitel 2: *Flexible und aufgabenadäquate Rechenwege* befasst sich mit den Begriffen *Flexibilität* und *Aufgabenadäquatheit* in Bezug auf die Wahl eines Rechenweges und entwickelt in Folge eine Definition dieser Begriffe für die vorliegende Studie. Kapitel 3: *Multiplikation mehrstelliger Zahlen – fachlicher und empirischer Rahmen* grenzt die Operation und der Zahlenraum auf das Multiplizieren einstelliger mit zweistelligen Zahlen ein und fixiert die Form des Rechnens auf das Zahlenrechnen. Es werden einerseits die Rechenwege für die Multiplikation hinsichtlich zugrundeliegender Rechengesetze mathematisch analysiert und andererseits gängige Kategorisierungen von Rechenwegen für mehrstellige Multiplikationen aus der mathematikdidaktischen Literatur diskutiert. Der letzte Teil fasst die Forschungsergebnisse zu Entwicklung und Verwendung von Rechenwegen für mehrstellige Multiplikationen zusammen.

In Kapitel 4: *Multiplikation mehrstelliger Zahlen – unterrichtliche Umsetzung* wird die unterrichtliche Realisierung des multiplikativen Zahlenrechnens erörtert.

Neben der Darstellung der curricularen Grundlagen für das multiplikative Zahlenrechnen im mehrstelligen Bereich im österreichischen Lehrplan der Volksschule werden darüber hinaus konkrete didaktische Empfehlungen und Überlegungen zur Vorgehensweise im Unterricht aus der mathematikdidaktischen Literatur aufgegriffen. Abschließend erfolgt eine Analyse fünf österreichischer Schulbücher im Hinblick auf die zuvor erörterten didaktischen Überlegungen zur Vermittlung im Unterricht.

Kapitel 5: *Forschungsfragen, Methodologie und Design der empirischen Untersuchung* entwickelt im ersten Abschnitt die Forschungslücke, die den Ausgangspunkt für die Zielsetzung der vorliegenden Arbeit darstellt. Im darauffolgenden zweiten Abschnitt werden die inhaltlichen Zielsetzungen der Studie präzisiert und die Forschungsfragen formuliert. Der dritte Abschnitt beleuchtet die methodologische Ausrichtung der empirischen Untersuchung als fachdidaktische Entwicklungsforschungsstudie bzw. *Educational Design Research* Studie und der vierte Abschnitt beschreibt und begründet die Zusammenstellung der Stichprobe. Die Methoden der Datenerhebung und Datenauswertung greift der fünfte Abschnitt des Kapitels auf. Schließlich werden in Abschnitt sechs und sieben die didaktischen Überlegungen zur Entwicklung des Lernarrangements näher erläutert und die konzipierten Unterrichtsaktivitäten genauer betrachtet. Der letzte Abschnitt konzentriert sich auf die Dokumentation der Erprobung des Lernarrangements.

Kapitel 6: *Empirische Ergebnisse* stellt die Forschungsergebnisse dar. Entsprechend der Struktur der Forschungsfragen wird eine vierteilige Gliederung gewählt. Im ersten Teil werden die Rechenwege der Kinder *vor* der Umsetzung des Lernarrangements beschrieben und analysiert. Außerdem erfolgt eine Auswertung jener Aufgaben, die Hinweise auf ein Erkennen der zugrundeliegenden operativen Beziehungen geben. Die Ergebnisse aus genutzten Rechenwegen und erkannten operativen Beziehungen bilden die Grundlage einer anschließenden Typisierung der Kinder nach den genutzten Rechenwegen zu Multiplikationen einstelliger mit zweistelligen Zahlen *vor* der Umsetzung des Lernarrangements. Der zweite Teil befasst sich mit der Dokumentation und Analyse der Rechenwege und genutzten operativen Beziehungen *nach* der Umsetzung des Lernarrangements. In Folge werden daraus Erkenntnisse zur aufgabenadäquaten Verwendung und zum Begründen von Rechenwegen *nach* der Umsetzung des Lernarrangements abgeleitet. Der dritte Teil des Kapitels widmet sich der Typenbildung nach genutzten Rechenwegen *nach* der Umsetzung des Lernarrangements. Die abgeleiteten Typen werden in weiterer Folge beschrieben und inhaltlich interpretiert. Im letzten Abschnitt werden ausgewählte Hürden, die im Zuge der Umsetzung des Lernarrangements in den Lernprozessen der Kinder beobachtet wurden, dargelegt und analysiert und Hinweise für eine weitere Überarbeitung aufgezeigt.

Das Abschlusskapitel 7: *Zusammenfassung und Diskussion der Ergebnisse* fasst die wichtigsten Ergebnisse noch einmal zusammen und diskutiert diese im Rahmen der theoretischen Grundlagen und fachdidaktischen Forschung. Die Ergebnisse werden im Anschluss in Verbindung zu den Zielsetzungen und Leitideen des Lernarrangements gebracht. Abschließend erfolgt eine mit Bezug zu den Ergebnissen kritische Auseinandersetzung mit dem Begriff *aufgabenadäquat* und der Wahl aufgabenadäquater Rechenwege.

Einteilung von Rechenwegen

Im Zuge eines Erkundungsprojektes wurden Kinder in der Vorbereitung der vorliegenden Studie in einer vierten Schulstufe aufgefordert, die Aufgabe 4999·5 so auszurechnen, wie sie es selbst besonders geschickt finden, und ihren Rechenweg zu begründen. Kyrellos und Laura wählen folgende Rechenwege und Begründungen (siehe Abbildung 1.1):

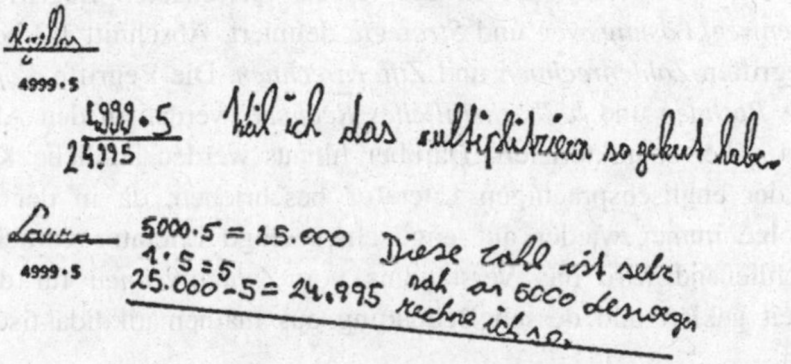

Abbildung 1.1 Kyrellos' und Lauras Rechenwege und Begründungen für 4999·5

Kyrellos löst die Aufgabe mithilfe des in Österreich üblichen Normalverfahrens und begründet seinen Rechenweg damit, dass er *das multiplitzieren [sic] so gelernt hat*. Aus dem Dokument geht nicht hervor, ob Kyrellos begründen kann, warum er so rechnen darf.

Laura nutzt den operativen Zusammenhang zwischen den Malaufgaben 4999·5 und 5000·5 und löst die Aufgabe, indem sie 1·5 vom Ergebnis aus 5000·5 subtrahiert. Sie gibt in ihrer Begründung an, dass die Wahl ihres Rechenweges auf

© Der/die Autor(en), exklusiv lizenziert an Springer Fachmedien Wiesbaden GmbH, ein Teil von Springer Nature 2022
M. Greiler-Zauchner, *Rechenwege für die Multiplikation und ihre Umsetzung*, Perspektiven der Mathematikdidaktik,
https://doi.org/10.1007/978-3-658-37526-3_1

dem Merkmal beruht, dass die Zahl 4999 *sehr nahe an 5000* liegt. Lauras Begründung deutet darauf hin, dass sie sich aufgrund dieses Aufgabenmerkmals für den Rechenweg entschieden hat. Ob sie Einsicht in die zugrundeliegenden operativen Beziehungen hat, kann aufgrund der Dokumentation nicht mit Sicherheit beurteilt werden, die bewusste Wahl dieses Rechenweges lässt aber vermuten, dass Laura versteht, was sie tut.

Es kann festgehalten werden, dass Kyrellos offensichtlich ein aus seiner Sicht allgemeingültiges Verfahren zur Multiplikation anwendet und Laura sich aufgrund von Aufgabenmerkmalen für einen anderen Rechenweg entscheidet. Beide Rechenwege führen zum richtigen Ergebnis, doch liegen beiden Rechenwegen unterschiedliche mathematische Herangehensweisen zugrunde.

Merkmale unterschiedlicher Herangehensweisen beim Rechnen liefern Kriterien für eine Einteilung von Rechenwegen. So ordnet die Mathematikdidaktik Kyrellos' Rechenweg der Form des *schriftlichen Rechnens* zu, während Laura aus mathematikdidaktischer Sicht *halbschriftlich* rechnet. In weiterer Folge widmet sich das vorliegende Kapitel der Einteilung von Rechenwegen. Dabei wird künftig noch mehrmals auf Kyrellos' und Lauras Rechenwege Bezug genommen.

In Abschnitt 1.1 werden die in der Arbeit verwendeten Begriffe *Rechenform*, *Rechenweg*, *Lösungsweg* und *Strategie* definiert. Abschnitt 1.2 befasst sich mit den Begriffen *Zahlenrechnen* und *Ziffernrechnen*. Die Begriffe *Kopfrechnen*, *schriftliches Rechnen* und *halbschriftliches Rechnen* werden in den Abschnitten 1.3 und 1.4 näher charakterisiert. Darüber hinaus werden ähnliche Klassifizierungen in der englischsprachigen Literatur beschrieben, da in der Arbeit in weiterer Folge immer wieder auf englischsprachige Literatur zurückgegriffen wird. Abschließend wird das Verständnis von *Zahlenrechnen* für die vorliegende Arbeit geklärt und dessen Bedeutung aus mathematikdidaktischer Sicht beschrieben.

1.1 Verwendung der Begriffe Rechenform, Rechenweg, Lösungsweg und Rechenstrategie

Die Begriffe *Rechenform*, *Rechenstrategie*, *Rechenweg* und *Lösungsweg* sind in der mathematikdidaktischen Literatur häufig genutzte Begriffe. Da diese jedoch nicht einheitlich verwendet werden, ist es an dieser Stelle notwendig, die Begriffe für die vorliegende Arbeit klar zu definieren.

Rechenform

Um eine arithmetische Aufgabe zu lösen, können Kinder unterschiedliche Rechenformen einsetzen, wie beispielsweise Kyrellos, der, wie oben beschrieben, *schriftlich* rechnet, oder Laura, die eine *halbschriftliche* Herangehensweise zeigt. Als weitere Formen werden in der Literatur *Kopfrechnen* und *Taschenrechner-Rechnen* genannt. Auch die Oberbegriffe *Zahlenrechnen* und *Ziffernrechnen* bezeichnen in diesem Sinn Rechenformen. Die Form beschreibt in allgemeiner Weise, wie ein Lösungsprozess durchgeführt werden kann. Sie definiert somit die übergeordnete Herangehensweise. Zu einer Rechenform gibt es meist unterschiedliche Rechenwege. Zum Beispiel sind weitere halbschriftliche Rechenwege für die obige Aufgabe 4999·5 eine Zerlegung in 4000·5 + 900·5 + 90·5 + 9·5 oder die Halbierung von 49990.

Neben der Bezeichnung *Form*, die auf Rathgeb-Schnierer (2010, S. 259) zurückgeht, werden in der mathematikdidaktischen Literatur auch die Bezeichnungen *Typen* (Krauthausen 1993, S. 189), *Methoden* (Selter 2003; Krauthausen 2018, S. 84) und *Verfahren* (Schipper 2009, S. 126) zur Beschreibung solcher übergeordneter Herangehensweisen verwendet.

Strategie und Rechenweg

Der Begriff *Strategie* wird in der mathematikdidaktischen Literatur ebenfalls nicht einheitlich verwendet. Rathgeb-Schnierer (2006) gibt einen Überblick über unterschiedliche Verwendungsweisen dieses Begriffs und betont, dass er sowohl zur „Beschreibung individueller Lösungswege bei einer konkreten Aufgabe", zur Beschreibung von Lösungsmethoden zu einer bestimmten Rechenform als auch für „übergeordnete Vorgehensweisen wie Zählen, Zerlegen und Auswendigwissen" verwendet werde (Rathgeb-Schnierer 2006, S. 53).

Threlfall (2009, S. 541) stellt fest, dass die unterschiedlichen Wege, mit denen arithmetische Aufgaben gelöst werden, gewöhnlich als Strategien bezeichnet werden, und bezieht sich dabei auf die Definition von Ashcraft (1990), der Strategien definiert als *„any mental process or procedure in the stream of information-processing activities that serves a goal-related purpose"* (Ashcraft 1990, S. 207). Dieser fasst in seiner Definition von Strategie sowohl den geistigen Prozess (*mental process*) als auch die daraus folgende Handlung zur Aufgabenbewältigung (*procedure*) als Strategie zusammen. Mit Bezug zur Definition von Ashcraft (1990) definiert Gaidoschik (2010) in ähnlicher Weise Rechenstrategien als „die Gesamtheit der beobachtbaren Handlungen und erschließbaren geistigen Akte (…), die ein Kind als Mittel anwendet für den Zweck", eine Rechenaufgabe „zu bewältigen" (Gaidoschik 2010, S. 9). Auch Benz (2007) unterscheidet nicht zwischen dem geistigen

Prozess und der daraus folgenden Handlung und bezeichnet als Rechenstrategien „alle Lösungswege, bei denen die Kinder rechneten" (Benz 2007, S. 50).

Neben der genannten Sichtweise auf den Strategiebegriff, der sowohl den geistigen Prozess der Entscheidung, etwas in einer bestimmten Weise zu tun, als auch die daraus folgende Handlung impliziert, existiert in der mathematikdidaktischen Literatur auch die andere Sichtweise, die diese zwei Ebenen voneinander trennt. Unter der Annahme, dass allen beobachtbaren Rechenwegen zielgerichtete Entscheidungen vorangehen, definiert Beishuizen (1997) *Strategie* als *„choice out of options related to problem structure"* und *Prozedur* als *„the execution of computational steps related to the numbers in the problem"* (Beishuizen 1997, S. 127) getrennt voneinander.

Auch Mendes et al. (2012), die Rechenwege für mehrstellige Multiplikation untersuchten, stellen angelehnt an Beishuizen (1997) fest: "*... we differentiate strategy from procedure – we consider that the pupils' procedures are the way in which they manipulate the numbers and that the strategies relate with the mathematical structure of that manipulation*" (Mendes et al. 2012, S. 2).

Rathgeb-Schnierer (2006) definiert Strategien, angelehnt an die begriffliche Verwendung im Alltag, als „übergeordnete, bewusste handlungsleitende Prinzipien, die altersabhängig, aufgabenabhängig, wissensabhängig und motivabhängig sind" (Rathgeb-Schnierer 2006, S. 55). Sie hält es für „sinnvoll, die individuellen Lösungswege, die von Kindern expliziert werden, nicht automatisch als deren Rechenstrategien zu bezeichnen, denn die Frage, inwiefern Kinder bei ihren Lösungswegen bewusst planend und zielgerichtet vorgehen, ist offen" (Rathgeb-Schnierer 2006, S. 55). Darüber hinaus verwendet sie die Begriffe *Lösungsweg* und *Rechenweg* synonym und unterscheidet ferner zwischen internen und externen Rechenwegen, wobei interne Rechenwege die „inneren Denkmuster" beschreiben und externe Rechenwege die Artikulation der inneren Rechenwege in schriftlicher, bildlicher oder verbaler Form darstellen (Rathgeb-Schnierer 2006, S. 75).

Definition Rechenweg, Lösungsweg und Rechenstrategie für die vorliegende Arbeit
Im Vordergrund der vorliegenden Studie steht die Analyse *der von Kindern gezeigten Rechenwege* und nicht die Diskussion über Entstehung und Rekonstruktion von Rechenwegen. Demzufolge wird in der Arbeit nicht unterschieden zwischen internen und externen Rechenwegen bzw. zwischen den geistigen Prozessen und den beobachtbaren äußeren Handlungen, die zur Bewältigung einer Rechenaufgabe führen. Als *Rechenwege* werden in der vorliegenden Arbeit die unterschiedlichen Wege,

d. h. die Abfolgen von Rechenschritten bezeichnet, mit denen arithmetische Aufgaben gelöst werden. Es wird zwischen den Begriffen *Rechenweg* und *Lösungsweg* nicht unterschieden, diese werden synonym verwendet.

Rechenwege – im Sinne der obigen Definition – beschreiben demzufolge alle *beobachtbaren* Vorgehensweisen zur Bewältigung von Rechenanforderungen. In Einklang mit Rathgeb-Schnierer (2006), die feststellt, dass nicht davon ausgegangen werden kann, dass jeder Rechenweg die Folge einer *bewussten, zielgerichteten* Strategieentscheidung ist, werden in der vorliegenden Arbeit *Rechenwege* nicht automatisch auch als *Strategien* bezeichnet. Die Begriffe *Strategie* bzw. *Rechenstrategie* werden, in Anlehnung an ihrer Verwendung im Alltag, verstanden als „übergeordnete, bewusste handlungsleitende Prinzipien" (Rathgeb-Schnierer 2006, S. 55) zur Bewältigung einer Rechenaufgabe. Es ist jedoch nicht Gegenstand der vorliegenden Studie in Zusammenhang mit einem beobachteten Rechenweg *bewusstes zielgerichtetes Vorgehen* zu rekonstruieren. An allen Stellen der Arbeit, an denen die Begriffe Rechenweg, Lösungsweg und Rechenstrategie von der Autorin selbst genutzt werden, geschieht dies im Sinne der beschriebenen Definitionen.

1.2 Ziffernrechnen und Zahlenrechnen

In der Mathematik werden die Begriffe *Zahl* und *Ziffer* unterschieden. Im dekadischen Zahlensystem werden zehn verschiedene Ziffern (0, 1, 2, 3, 4, 5, 6, 7, 8 und 9) verwendet, mit denen sich alle Zahlen in einem Stellenwertsystem schriftlich festhalten lassen. Dieses Stellenwertsystem basiert auf zwei grundlegenden Prinzipien, dem Bündelungsprinzip und dem Stellenwertprinzip. Nach dem Bündelungsprinzip werden im dekadischen Stellenwertsystem Zehnerpotenzen (Zehner, Hunderter, Tausender, usw.) als Bündelungseinheiten genutzt. Immer zehn Einheiten ergeben den nächstgrößeren Stellenwert, so werden zehn Einer zu einem Zehner, zehn Zehner zu einem Hunderter, zehn Hunderter zu einem Tausender usw. gebündelt.

Die Bündelungsergebnisse werden in einer bestimmten Ziffernfolge notiert, sodass die Ziffer der jeweils niedrigeren Bündelungsstufe rechts steht. Die Ziffer selbst gibt die Anzahl der Bündel an, die festgehalten werden. Die Position bzw. die Stelle der Ziffer innerhalb der Ziffernfolge bzw. Zahl hält die Art des Bündels, den sogenannten Stellenwert fest, und gibt dadurch Auskunft über den Wert dieser Ziffer: Die Ziffer 3 hat somit in den Zahlen 23, 737 oder 2380 jeweils einen anderen Wert – im ersten Beispiel sind es drei Einer, im zweiten Beispiel drei

Zehner, und im dritten Beispiel ist die Ziffer 3 drei Hunderter (Krauthausen 2018, S. 55). Nicht besetzte Stellen werden durch eine Null gekennzeichnet.

Die Notation von Zahlen im dezimalen Stellenwertsystem ermöglicht ein rein ziffernweises Rechnen in den vier Grundrechenarten, das heißt, dass die Ziffern der zu verrechnenden Zahlen die Operanden in den einzelnen Rechenschritten darstellen. Ein Schema, nach dem vorgegangen wird, sorgt dafür, dass nicht bei jedem Rechenschritt der Stellenwert der Ziffer mit ins Kalkül gezogen werden muss (siehe Abbildung 1.1: Kyrellos rechnet etwa $4\cdot5 = 20$ ohne Berücksichtigung des Stellenwertes, denn die 4 steht an der Tausenderstelle und die Rechnung lautet unter Berücksichtigung der Stellenwerte eigentlich $4000\cdot5 = 20000$).

Die zweite Möglichkeit wäre, mit *Zahlganzheiten* zu operieren und bei jedem Rechenschritt auch den Stellenwert der zu verrechnenden Zahl zu berücksichtigen (siehe Abbildung 1.1: Laura zerlegt die Zahl 4999 in $5000 - 1$ und rechnet nicht mit den Ziffern, sondern stets mit Zahlganzheiten). Im ersten Fall spricht man von *Ziffernrechnen*, im zweiten Fall von *Zahlenrechnen* (Selter 2000, S. 228; Schipper 2005, S. 34; Rathgeb-Schnierer 2010, S. 259; Padberg und Benz 2021, S. 244).

Zur begrifflichen Unterscheidung in *Ziffernrechnen* und *Zahlenrechnen* ist jedoch anzumerken, dass die Bezeichnung Ziffernrechnen für die beschriebene Form des Rechnens bei genauerer Betrachtung eigentlich nicht unbedingt treffend ist, denn gerechnet wird sowohl beim Zahlenrechnen als auch beim Ziffernrechnen mit Zahlen, im Fall des Ziffernrechnens eben mit (An)-Zahlen von Stelleneinheiten.

Selter (1999) spezifiziert *Ziffernrechnen* als Zerlegung der „Zahlganzheiten in Ziffern", die dann „mit Hilfe des Einspluseins und Einmaleins gemäß genau definierter Regeln mechanisch" verknüpft werden, meist „von klein nach groß", also mit der Einerstelle beginnend (Selter 1999, S. 6). Im Gegensatz dazu ist für das *Zahlenrechnen* kennzeichnend, dass mit „(zerlegten) Zahlganzheiten nach nicht-determinierten Vorgehensweisen" operiert wird, meistens von „groß nach klein", also beim größten Stellenwert beginnend (Selter 1999, S. 6). In dieser Spezifizierung des Zahlenrechnens und Ziffernrechnens nach Selter (1999) werden folgende Aspekte besonders betont:

- Beim *Ziffernrechnen* ist meist eine einzige einzuhaltende Vorgehensweise gegeben (Vorgehen gemäß genau definierter Regeln).
- Beim *Zahlenrechnen* können eine Reihe verschiedener Wege eingeschlagen werden (keine determinierte Vorgehensweise).

Neben der Einteilung von Rechenformen in Zahlenrechnen und Ziffernrechnen werden Rechenwege oftmals auch danach eingeteilt, ob beim Rechnen schriftliche Notationen gemacht werden oder nicht, wobei es sich in einer weiteren Unterteilung um eine genau festgelegte Notation oder um eine freie Notation (ohne festgelegte Regeln) handeln kann. Demgemäß ist folgende Unterscheidung zwischen Rechenformen zur Bewältigung arithmetischer Grundrechenarten in der Grundschule in der mathematikdidaktischen Literatur weit verbreitet (Krauthausen 1993, S. 189; Rathgeb-Schnierer 2006, S. 49; Selter 2000, S. 228; Wittmann 1999, S. 88; Benz 2005, S. 35):

- Kopfrechnen: keine Notation
- halbschriftliches Rechnen: Notation ohne festgelegte Regeln
- schriftliches Rechnen: genau festgelegte Notation

Die genannten Formen lassen sich in die vorangegangene Einteilung in Zahlenrechnen und Ziffernrechnen einordnen:

- *Zahlenrechnen mit Notation*: halbschriftliches Rechnen
- *Zahlenrechnen ohne Notation*: Kopfrechnen
- *Ziffernrechnen mit Notation*: schriftliches Rechnen (schriftliche Standardalgorithmen)
- *Ziffernrechnen ohne Notation*: „schriftlich im Kopf" (Schipper 2009, S. 140)

Mit „schriftlich im Kopf" bezeichnet Schipper (2009) eine „besondere Variante des ziffernweisen Rechnens", bei der schriftliche Standardalgorithmen im Kopf ohne Notation durchgeführt werden.

1.3 Kopfrechnen

Beim Kopfrechnen erfolgt der Vorgang der Ergebnisermittlung ohne schriftliche Notation im Kopf, was folgende Definition von Schipper (2009) darlegt: „Mit Kopfrechnen wird ein Verfahren bezeichnet, das auf jede weitere Hilfe in Form von schriftlichen Notizen verzichtet; alle Prozesse (…) finden ‚im Kopf' statt" (Schipper 2009, S. 126).

Kopfrechnen kann weiter unterteilt werden nach dem Merkmal, ob die Ergebnisermittlung aufgrund von Auswendigwissen erfolgt oder in Teilschritten errechnet wird (Benz 2005, S. 46; Schipper 2009, S. 126). Im ersten Fall wird das Ergebnis direkt aus dem Gedächtnis abgerufen, es wird dabei auch von automatisiertem Rechnen gesprochen. Aufgaben des kleinen Einspluseins und des kleinen Einmaleins sollten zum automatisierten Wissen im Kopf gehören. Schipper (2009) weist jedoch darauf hin, dass beim Auswendigwissen eigentlich kein Rechnen im Sinne eines Verarbeitens von Zahlen stattfindet, dennoch wird es im deutschsprachigen Raum üblicherweise als Kopfrechnen bezeichnet (Schipper 2009, S. 126). Die zweite Art, Ergebnisse im Kopf zu ermitteln, besteht darin, Teilschritte zu rechnen, wobei die Zwischenergebnisse nicht notiert, sondern im Kopf gemerkt werden (Schipper 2009, S. 126). Im englischsprachigen Raum hingegen gibt es für diese zwei Rechenformen unterschiedliche Begriffe. Das automatisierte Rechnen wird unter dem Begriff *mental recall* zusammengefasst, das tatsächliche Rechnen im Kopf als *mental calculation* (siehe Abschnitt 1.4.2) bezeichnet.

Neben der Eigenschaft, dass Kopfrechnen ohne Notation geschieht, spezifizieren manche Fachdidaktikerinnen und Fachdidaktiker weiters, dass beim Kopfrechnen mit Zahlganzheiten gerechnet werde, dass also kein ziffernweises Rechnen erfolge (Wittmann und Müller 1992, S. 20; Padberg und Benz 2021, S. 105). Einen schriftlichen Algorithmus, der ziffernweise vorgeht, im Kopf abzuspulen, sei demnach kein Kopfrechnen (siehe Ziffernrechnen ohne Notation nach Schipper (2009, S. 140)).

Nicht alle Fachdidaktikerinnen und Fachdidaktiker beschränken den Begriff Kopfrechnen auf das reine Rechnen im Kopf. Für Padberg und Benz (2021) schließt Kopfrechnen auch Notationen ein, sofern diese nicht zu „umfangreich" sind: „Wir sprechen beim Rechnen vom *Kopfrechnen*, wenn Aufgaben ohne (umfangreichere) Notation ‚im Kopf' gerechnet werden. Statt Kopfrechnen benutzen wir auch der Terminus *mündliches Rechnen*" (Padberg und Benz 2021, S. 105).

In der mathematikdidaktischen Literatur werden die Rechenwege beim Kopfrechnen (und auch beim halbschriftlichen Rechnen) meistens als *Strategien* oder *Rechenstrategien* bezeichnet (Threlfall 2009, S. 541). Diese Bezeichnungen für die Rechenwege verdeutlichen unter anderem, dass es beim Kopfrechnen stets mehrere Wege zur Ergebnisermittlung gibt und dass der Rechenweg nicht vorgegeben ist, sondern in Abhängigkeit von den gegebenen Zahlen und dem eigenen Wissen unterschiedliche (mehr oder weniger gut geeignete) Strategien angewendet werden können.

Demnach definiert Benz (2005), angelehnt an den Begriff *mental strategies* nach Anghileri et al. (2002) Kopfrechnen „im erweiterten Sinn" als „flexibles, strategieanwendendes, problemlösendes Rechnen ohne Anwendung schriftlicher Algorithmen" (Benz 2005, S. 36). Diese Definition *im erweiterten Sinn* assoziiert mit dem Begriff Kopfrechnen weitreichende mathematische Fähigkeiten wie etwa Problemlösekompetenzen und Flexibilität im Rechnen. Kopfrechnen kann jedoch auch unflexibel sein, wenn etwa alle Aufgaben – unabhängig von den Aufgabenmerkmalen – nach einem Universalrechenweg gelöst werden. Wäre dies dann nach Benz (2005) *Kopfrechnen im engeren Sinn*? Eine begrifflich klarere Trennung zwischen den *Formen des Rechnens* und dem *flexiblen Einsatz* der einzelnen Rechenformen (sowohl unter den einzelnen Rechenformen als auch innerhalb der jeweiligen Rechenform) könnte derartige Fehlschlüsse wohl vermeiden.

1.4 Halbschriftliches Rechnen

Halbschriftliches Rechnen kann als ein *Zahlenrechnen mit Notation* gesehen werden (Padberg und Benz 2021, S. 192). Kennzeichnend für halbschriftliches Rechnen ist in gängigen Definitionen der mathematikdidaktischen Literatur die Unterstützung des Rechnens durch schriftliche Aufzeichnungen. Doch stellen unterschiedliche Definitionen unterschiedliche Aspekte in den Vordergrund.

Schipper (2009) sieht halbschriftliches Rechnen als *Kopfrechnen mit Notationen*:

> „Halbschriftliches Rechnen ist dagegen [im Unterschied zum Kopfrechnen, Anm. M.G.] der seit Jahrzehnten gebräuchliche Begriff für ein Rechnen ‚im Kopf‘, das sich der Unterstützung schriftlicher Aufzeichnungen bedient" (Schipper 2009, S. 126).

Diese Nähe des halbschriftlichen Rechnens zum Kopfrechnen wird auch von anderen Fachdidaktikerinnen und Fachdidaktikern hervorgehoben. Padberg und Benz (2021) stellen fest, dass die Übergänge zwischen Kopfrechnen und halbschriftlichem Rechnen fließend seien (Padberg und Benz 2021, S. 105). Kopfrechnen und halbschriftliche Rechenwege stehen in einem sehr engen, sich „wechselseitig befruchtenden Zusammenhang" (Krauthausen 1993, S. 101). Dies ergibt sich daraus, dass je nach Leistungsvermögen eine Aufgabe von manchen Kindern im Kopf und von anderen Kindern halbschriftlich gerechnet werden kann und die Rechenwege dabei dieselben sein können. Die Ergebnisermittlung erfolgt demnach bei beiden Rechenarten unter Verwendung der gleichen Rechenwege (Krauthausen 2018, S. 48). Wittmann (1999) hält dazu fest, dass im Gegensatz zum Kopfrechnen beim halbschriftlichen Rechnen „Rechengesetze deutlicher hervortreten" (Wittmann 1999, S. 89).

Schipper (2009) schlägt wegen der Nähe des halbschriftlichen Rechnens zum Kopfrechnen vor, für ersteres die Bezeichnung „gestütztes Kopfrechnen" zu verwenden (Schipper 2009, S. 126). Krauthausen (2018) nimmt dies in seine Definition mit auf: „Halbschriftliches (oder gestütztes Kopf-)Rechnen ist gekennzeichnet durch die Notation von Zwischenschritten" (Krauthausen 2018, S. 43).

Eine ausführlichere und oftmals zitierte Definition von Bauer (1998) führt zusätzliche Aspekte des halbschriftlichen Rechnens an (Padberg und Benz 2021, S. 192):

> *„Halbschriftliches Rechnen ist ein flexibles, je auf die Besonderheit der vorliegenden Aufgaben und des Zahlenmaterials bezogenes Rechnen unter Verwendung geeigneter Strategien. Es werden Zwischenschritte, Zwischenrechnungen, Zwischenergebnisse fixiert bzw. Rechenwege verdeutlicht sowie Rechengesetze und Rechenvorteile ausgenützt" (Bauer 1998, S. 180).*

Demnach zählen zu den erweiterten Merkmalen des halbschriftlichen Rechnens das Nutzen von Rechengesetzen und Rechenvorteilen und das flexible, auf Aufgabencharakteristika bezogene Rechnen.

Zur Bezeichnung halbschriftliches Rechnen

Die Bezeichnung *halbschriftliches Rechnen* für die oben definierte Rechenform ist in der Fachdidaktik umstritten. In den Begründungen wird angeführt, dass diese Bezeichnung einen zu großen Stellenwert der Notation impliziere. Schipper (2009) hält dazu fest, dass der Begriff *halb* im Terminus *halbschriftlich* zu Missverständnissen führen könne. Für ihn ist das halbschriftliche Rechnen, wie dargelegt, nichts anderes als ein Kopfrechnen, das sich als Hilfe schriftlicher Notationen bediene. Folgende Situation verdeutlicht diese Sichtweise treffend: Zwei unterschiedliche Kinder rechnen $13 \cdot 7$ als $10 \cdot 7 = 70$ und $3 \cdot 7 = 21$ und addieren $70 + 21 = 91$. Das erste Kind führt alle Berechnungen im Kopf durch, das zweite Kind notiert sich die Rechnungen $10 \cdot 7 = 70$ und $3 \cdot 7 = 21$, addiert dann die zwei Zahlen 70 und 21 wieder im Kopf und schreibt das Ergebnis hin. Beide Kinder haben *unterschiedliche Rechenformen* verwendet. Die Form des ersten Kindes fällt unter Kopfrechnen, die Form des zweiten Kindes, das seine Zwischenrechnungen schriftlich notierte, unter halbschriftliches Rechnen. Es stellt sich die Frage, ob hier der Umstand, dass das zweite Kind die Rechnungen $10 \cdot 7 = 70$ und $3 \cdot 7 = 21$ notiert, wirklich so entscheidend ist, dass von unterschiedlichen Rechenformen gesprochen werden kann. Es können durch diese Unterscheidung offenbar Aussagen über Merkleistungen der Kinder abgeleitet werden, aber das Merken von Zwischenergebnissen im Kopf ist nicht von so zentraler mathematischer Bedeutung wie etwa die Frage, welche Rechenwege die Kinder in Bezug auf die Aufgaben wählen.

Schipper (2009) bevorzugt den Begriff „gestütztes Kopfrechnen", da dieser begrifflich die Vorstellung, dass eine schriftliche Notation für diese Form des Rechnens verbindlich sei, entkräftet. Ferner merkt er an, dass oftmals in der Praxis der äußerlichen schriftlichen Form beim halbschriftlichen Rechnen eine zu große Bedeutung zugemessen werde und es häufig mehr um das Einüben von quasi standardisierten Notationsformen gehe als um die Entwicklung von Rechenwegen. Selter (2003) weist darauf hin, dass halbschriftliches Rechnen, wenn eine vollständige Notation der Rechenwege angestrebt werde, einen hohen Schreibaufwand produziere, und plädiert für eine „informelle Arithmetik, (…) bei der lediglich Zwischenergebnisse oder Teilrechnungen notiert" würden (Selter 2003, S. 46). Darüber hinaus schließt die Bezeichnung *halbschriftliches Rechnen* auch eine *zu große Nähe* zum schriftlichen Rechnen ein. Padberg und Benz (2021) stellen fest, dass die Ähnlichkeit der Bezeichnung *halbschriftliches Rechnen* zum Begriff des schriftlichen Rechnens Lehrkräfte dazu verleiten könne, halbschriftliches Rechnen sehr „verfahrenslastig" zu unterrichten (Padberg und Benz 2021, S. 192). Auch Benz (2005) weist darauf hin, dass der Begriff halbschriftliches Rechnen als „standardisierte Vorgehens- und Notationsweise" missverstanden werden könne, so wie es in vielen Schulbüchern auch passiere (Benz 2005, S. 37).

Dem gegenüber steht aber ein weitgehender Konsens in der Fachdidaktik, dass eine Algorithmisierung der halbschriftlichen Rechenwege zu vermeiden sei. Halbschriftliche Rechenwege sollen nicht rein mechanisch, rezepthaft und quasi-algorithmisch verwendet werden. Halbschriftliche Rechenwege sollen nicht normiert werden, weder in der Vorgehensweise noch in der Notationsweise.

Schütte (2004) nutzt aus den oben genannten Gründen die Bezeichnung „Rechnen mit Notation von Zwischenschritten" (Schütte 2004, S. 132). Padberg und Benz (2021) entscheiden sich dennoch für die Verwendung des Begriffs halbschriftliches Rechnen, da dieser Begriff in der deutschsprachigen Literatur „traditionell" üblich und „weit verbreitet" sei (Padberg und Benz 2021, S. 192).

1.4.1 Schriftliches Rechnen

Wie bereits erläutert, wird beim schriftlichen Rechnen ziffernweise gerechnet. Daher werden die Begriffe *schriftliches Rechnen* und *Ziffernrechnen* in der mathematikdidaktischen Literatur synonym verwendet (Selter 1999, S. 6, 2000, S. 228; Rathgeb-Schnierer 2006, S. 50; Schipper 2009, S. 142; Padberg und Benz 2021, S. 244).

Beim Ziffernrechnen bzw. schriftlichen Rechnen ist meist eine einzige einzuhaltende Vorgehensweise gegeben. Rechenverfahren, die nach einem genau
festgelegten, wiederholbaren Schema eine bestimmte Rechenaufgabe in eine
Folge von endlich vielen einfachen Rechenschritten zerlegen, werden als *Algorithmen* bezeichnet. Wesentliche Motivation zur Entwicklung und Verfeinerung
solcher Algorithmen war, die durch das Kopfrechnen mit größeren Zahlen stark
beanspruchte Gedächtnisleistung durch externe Speicherung zu reduzieren, wobei
andererseits aber der Schreibaufwand so gering wie möglich gehalten werden
sollte (Schipper 2009, S. 183). So entwickelten sich im Laufe der Jahre unterschiedliche Algorithmen zur Bewältigung arithmetischer Rechenanforderungen,
die an den Anwenderinnen und Anwender auch unterschiedliche Anforderungen
stellten: höherer Schreibaufwand, geringerer Kopfrechenaufwand oder umgekehrt
(Schipper 2009, 180 f).

Neben der Benutzung von „Algorithmen" werden von Padberg und Benz
(2021) das „ziffernweise Rechnen" als bestimmende Charakteristika des schriftlichen Rechnens genannt (Padberg und Benz 2021, S. 244). Auch Krauthausen
(1993) beschreibt als wesentliches Merkmal der schriftlichen Rechenverfahren die „auf der Basis der Stellenwertsystematik" „ziffernweise" Ermittlung
von Ergebnissen „nach festgelegten Regeln (Algorithmen)" (Krauthausen 1993,
S. 189).

Ein weiterer Aspekt des schriftlichen Rechnens bezieht sich auf die Normierung der Algorithmen. Krauthausen (2018) spricht in diesem Zusammenhang von
„konventionalisierten Verfahren" (Krauthausen 2018, S. 84). Die Algorithmen
der schriftlichen Verfahren und die dazugehörigen schriftlichen Notationen bzw.
Sprechweisen entwickelten und veränderten sich im Laufe der Jahrhunderte. Es
erfolgten Vereinheitlichungen, die auf Konventionen zurückgehen und von Land
zu Land verschieden sein können (Bauer 1998, S. 180; Krauthausen 2018, S. 90).
Verfahren, die als Norm traditionell anerkannt sind, nennt man *Normalverfahren*.
Bauer (1998) hält dazu fest:

> *„Das Wort Normalverfahren beinhaltet den Ausdruck ‚normal' im Sinne von üblich,*
> *gewöhnlich. Gemeint ist also ein Rechnen, wie es die Erwachsenen normalerweise*
> *pflegen (…). Dieses Rechnen ist ‚normiert', d.h. vereinheitlicht nach einem rationellen,*
> *ökonomischen Muster" (Bauer 1998, S. 181).*

Diese Normierung kann neben der Handlungsabfolge auch die Notationsweise
und die Sprechweise betreffen.

In der mathematikdidaktischen Literatur wird immer wieder hervorgehoben,
dass schriftliche Rechenverfahren auch dann genutzt werden können, wenn
nicht verstanden wird, warum einzelne Ziffern an bestimmte Stellen geschrieben

werden (Schipper 2009, S. 182). Krauthausen (2018) spricht in diesem Zusammenhang von „Rechen-Rezepten" (Krauthausen 2018, S. 91). Krauthausen (1993) nennt dies „Ziffernmanipulation" (Krauthausen 1993, S. 203).

Diese Sichtweise ist keine neue in der Mathematikdidaktik. Bereits Stephani (1815) schrieb: „Alles schriftliche Rechnen führt, weil man es hier nur mit Ziffern zu thun hat, seiner Natur nach zu einem mechanischen Verfahren, wenn man früherhin nicht schon zum Denkrechnen angeleitet worden ist" (Stephani 1815, S. 26). Auch Winter (2001) bezeichnet das schriftliche Rechnen als „phantasielos, geistlos, mechanisch und maschinenhaft" (Winter 2001, S. 8).

Diese Kritik am schriftlichen Rechnen, die die Gefahr einer Überbetonung des rezepthaften Rechnens nach teilweise unverstandenen Regeln mit sich bringt, und die Frage, ob das Lernen und Lehren schriftlicher Rechenverfahren im Zeitalter der Registrierkassen und Smartphones überhaupt noch alltagsrelevant ist, befeuert seit 30 Jahren eine Diskussion über Sinn, Zweck und Form der Behandlung schriftlicher Rechenverfahren im Grundschulunterricht (Gerster 2017, S. 244).

1.4.2 Halbschriftliches Rechnen in der englischsprachigen Literatur[1]

In diesem Abschnitt erfolgt kein vollständiger Überblick über Bezeichnungen und Definitionen zu Rechenformen aus dem englischsprachigen Raum, die dem Zahlenrechnen, Kopfrechnen bzw. halbschriftlichen Rechnen gleichzusetzen sind. Vielmehr werden jene englischsprachigen Begriffe erörtert, auf die in weiterer Folge dieser Arbeit im Zuge der Zitation englischsprachiger Literatur Bezug genommen wird.

Invented Strategies
Ob schriftliche Notizen zur Ermittlung des Ergebnisses gemacht werden oder nicht, ist in der englischsprachigen mathematikdidaktischen Diskussion kein definierendes Charakteristikum einer Einteilung. Vielmehr sind die angewendeten Rechenwege entscheidend. In diesem Sinne übersetzt auch Krauthausen (1993) halbschriftliches Rechnen mit *informal strategies*. Neben dem Begriff der *informal strategies* werden oftmals auch die Begriffe *Student-Invented Strategies* oder nur *Invented Strategies*

---

[1] Die jeweiligen Bezeichnungen englischsprachiger Autorinnen und Autoren für Rechenarten bzw. Rechenstrategien und Rechenwege werden in der Schreibweise exakt zitiert. Da die Autorinnen und Autoren die Groß- und Kleinschreibung der Eigennamen unterschiedlich handhaben, begegnet der Leserin bzw. dem Leser keine einheitliche Schreibweise in Bezug auf die Groß- und Kleinschreibung englischsprachiger Bezeichnungen.

verwendet, wie bei Van de Walle et al. (2019) in ihrem Standardwerk *Elementary and Middle School Mathematics: Teaching Developmentally*. Sie unterscheiden drei unterschiedliche Rechentypen (*Types of Computational Strategies*):

(1) *Direct Modeling*
(2) *Invented Strategies*
(3) *Standard Algorithms (Van de Walle et al. 2019, S. 246)*

Unter *Direct Modeling* verstehen die Autorinnen und Autoren Rechenwege, bei denen Kinder die Lösung mithilfe von Materialien (z. B.: Stellenwertmaterial, Würfeln, Plättchen…) oder Bildern (Strichen, Kreisen…) meistens zählend ermitteln. Aus den Methoden des direkten Modellierens können sich dann durch unterrichtliche Unterstützung *Invented Strategies* entwickeln. *Standard Algorithms* sind mit dem schriftlichen Rechnen bzw. algorithmischen Rechnen gleichzusetzen.

Invented Strategies werden von den Autorinnen und Autoren angelehnt an Carpenter et al. (1998) nach dem Ausschlussprinzip definiert und umfassen somit alle Rechenwege, die nicht zu den *Standard Algorithms* zählen und keine Materialien („*physical materials*") oder Abzählstrategien („*counting by ones*") einbeziehen.

Als charakteristische Unterschiede der *Invented Strategies* zu den *Standard Algorithms* nennen Van de Walle et al. (2019) die folgenden Merkmale:

• *Invented Strategies* sind zahlenorientiert und *Standard Algorithms* sind ziffernorientiert.
• *Invented Strategies* beginnen meistens die Zahlen von links her zu verarbeiten („*left-handed*"), das heißt zum Beispiel, dass nach dem Zerlegen der Zahlen zuerst die größten Zahlenteile verarbeitet werden. *Standard Algorithms* hingegen beginnen zumeist von rechts: das heißt, immer mit dem kleinsten Stellenwert. Die Folge ist, dass die Größenordnung des Ergebnisses bis zur Beendung des Algorithmus' verborgen bleibt, während bei *Invented Strategies* von Anfang an eine Abschätzung des Ergebnisses vorgenommen werden kann.
• *Invented Strategies* favorisieren je nach Beschaffenheit der Zahlen in den Aufgaben unterschiedliche Rechenstrategien, *Standard Algorithms* hingegen kennen nur einen richtigen Weg (Van de Walle et al. 2019, S. 247).

Aus der Definition der *Invented Strategies* leiten Van de Walle et al. (2019) eine Definition für das Kopfrechnen ab. Demnach umfasse *mental computation* nichts anderes als *Invented Strategies*, die rein im Kopf ausgeführt werden: „*A mental computation strategy is simply any invented strategy that is done mentally*" (Van *de Walle et al. 2019, S. 248). Mental computation* ist nach dieser Sichtweise eine Unterkategorie der *Invented Strategies.*

Mental calculation with jottings

Krauthausen (1993) übersetzt in seinem oft zitierten Aufsatz über die Neubestimmung des Stellenwerts der vier Rechenmethoden (Kopfrechnen, halbschriftliches Rechnen, schriftliche Normalverfahren und Rechnen mit dem Taschenrechner) *Kopfrechnen* mit *mental calculation* (Krauthausen 1993, S. 189). *Mental calculation* als *"process of carrying out arithmetical operations without the aid of external devices"* (Sowder 1988, S. 6) kann – ähnlich dem Begriff *Kopfrechnen* – weitere Aspekte berücksichtigen:

Maclellan (2001) stellt fest, dass *mental calculation* dazu neigt, mit Zahlganzheiten zu operieren: *„mental calculation would tend to work with numbers holistically"*, während schriftliche Standardalgorithmen ziffernweise vorgehen: *„while a conventional written algorithm would treat numbers as single digits"* (Maclellan 2001, S. 146). Auch in der englischsprachigen Literatur zu *mental calculation* sind unterschiedliche Rechenwege – als Strategien bezeichnet – kennzeichnend: *„Such ‚different ways' are usually called strategies"* (Threlfall 2009, S. 541).

Für den Fall, dass Kopfrechnen durch schriftliche Notizen unterstützt wird, findet man in der englischsprachigen Literatur oftmals den Begriff *jottings* (dt. Notizen) (Witt 2014, S. 63; Threlfall 2009, S. 552; Anghileri 2006, S. 99; McIntosh 2005, S. 4; Anghileri 1999, S. 186). Die Notwendigkeit der Verwendung von Notizen ergibt sich aus der Verwendung größerer Zahlen und komplexerer Berechnungen zur Entlastung des Gedächtnisses. Anghileri (1999) legitimiert diese Unterstützung des Kurzzeitgedächtnisses durch *jottings,* indem sie *mental calculation* als Rechnen *mit* dem Kopf (*„with the head"*) interpretiert und nicht nur als Rechnen *im* Kopf (*„in the head"*) (Anghileri 1999, S. 186). Weiters stellt sie fest, dass im Gegensatz zu den schriftlichen Aufzeichnungen bei Standardalgorithmen *jottings* nicht ohne Verständnis verwendet werden. Synonym zu *jottings* werden auch die Begriffe *„mental strategies supported with pencil and paper"* (Anghileri 2006, S. 100) und *„pencil-and-paper recordings"* (McIntosh 2005, S. 4) verwendet.

Bezugnehmend auf die Überlegungen von Anghileri (1999) definiert Lemonidis (2016): *„Mental calculation is calculation done mentally and using strategies. It produces a precise answer. Usually it takes place without the use of external media such as paper and pencil, although it can be done with a paper and pencil, to make jottings that support the memory"* (Lemonidis 2016, S. 7).

1.4.3 Definition des Begriffs Zahlenrechnen für die vorliegende Arbeit

Aus der vorangegangenen Erörterung der Begriffe *Zahlenrechnen, Ziffernrechnen, Kopfrechnen, halbschriftliches Rechnen* und *schriftliches Rechnen* lässt sich ableiten, dass diese Begriffe in der fachdidaktischen Literatur nicht immer ganz einheitlich definiert werden. Die einzelnen Definitionen fokussieren mehr oder weniger auf bestimmte Merkmale. Für die vorliegende Arbeit werden diese Begriffe nach folgenden Überlegungen festgelegt. In der Untersuchung geht es vorrangig um unterschiedliche Rechenwege zur Multiplikation, also um unterschiedliche Wege, d. h. Abfolgen von Rechenschritten, mit denen arithmetische Aufgaben gelöst werden (siehe dazu die Definition von Rechenweg in Abschnitt 1.1). Die Notation der Rechenwege steht nicht im Fokus der Arbeit, auch nicht die Frage, welche Aufgaben im Kopf oder mit Notation gelöst werden. Aufgrund der genannten Argumente und mit Bezug zur Debatte in der Fachdidaktik (siehe Abschnitt 1.4), wonach die Bezeichnung *halbschriftliches Rechnen* einen zu großen Stellenwert der Notation impliziere, wird in der vorliegenden Studie auf den Begriff bzw. die Bezeichnung *halbschriftliches Rechnen* verzichtet. Alternativ wird auf den Begriff bzw. die Bezeichnung des *Zahlenrechnens* zurückgegriffen, da diese Bezeichnung sowohl das Kopfrechnen als auch das Rechnen mit Notationen einschließt. *Zahlenrechnen* wird in der vorliegenden Untersuchung wie folgt definiert.

(1) Zahlenrechnen bezeichnet ein Rechnen mit Zahlen als Ganzheiten.
(2) Zahlenrechnen kann sich einer Notation von Zwischenschritten, Zwischenrechnungen und Zwischenergebnissen bedienen.
(3) Zahlenrechnen gibt keinen bestimmten Rechenweg vor, sondern der Rechenweg soll in Abhängigkeit von den Zahlen und unter Nutzung von Rechengesetzen und Rechenvorteilen gewählt werden.
(4) Zahlenrechnen strebt keine Mechanisierung des Rechnens an, sondern Rechengesetze und Rechenvorteile sollen gebunden an Einsicht und Verständnis genutzt werden.

Die obige Definition des Begriffs *Zahlenrechnen* beinhaltet bei genauerer Betrachtung sowohl eine deskriptive Dimension als auch eine normative Dimension. Die Ausführungen unter den Punkten (1) und (2) erläutern den Begriff aus deskriptiver Sicht und beschreiben, was *Zahlenrechnen* ist – ein Rechnen mit Zahlen als Ganzheiten mit oder ohne Notation von Zwischenschritten.

In den Ausführungen zu den Punkten (3) und (4) spiegelt das Modalverb *soll* eine normative Dimension wider und beschreibt somit, wie *Zahlenrechnen* sein *soll*: Zahlenrechnen soll den Rechenweg in Abhängigkeit von den Zahlen und unter Nutzung von Rechenvorteilen wählen und Zahlenrechnen soll Rechenwege gebunden an Einsicht und Verständnis nutzen.

Diese normativen Dimensionen wurden bewusst in der Definition verankert, um deutlich zu machen, dass diese normativen Aspekte des Begriffs für die vorliegende Arbeit und auch für die unterrichtliche Umsetzung des Zahlenrechnens von besonderer Bedeutung sind.

1.4.4 Bedeutung des Zahlenrechnens aus Sicht der Fachdidaktik

Ausgehend von der Definition des Zahlenrechnens in der vorliegenden Arbeit soll hier im Folgenden, angelehnt an die Überlegungen von Krauthausen (1993) und Reys (1984), die Bedeutung des Zahlenrechnens aus Sicht der Fachdidaktik kurz zusammengefasst werden.

Zahlenrechnen hilft, schriftliche Rechenverfahren leichter zu verstehen
Fachdidaktikerinnen und Fachdidaktiker sind sich einig, dass schriftliche Rechenverfahren nicht zu früh unterrichtet werden sollten (Kamii und Dominick 1997, S. 58; Van de Walle et al. 2019, S. 250; Padberg und Benz 2021, S. 247), denn für Routinerechnungen werden heute (im Gegensatz zu vor 50 Jahren) Computer und Taschenrechner eingesetzt. Es stellte sich sogar die Frage, ob eine Einübung der schriftlichen Rechenverfahren aufgrund der veränderten Alltagserfordernisse überhaupt noch gerechtfertigt ist: „Der dafür erforderliche zeitliche Aufwand steht in keinem Verhältnis zum Ertrag" (Wittmann 1999, S. 90).

Kamii und Dominick (1997) sind in ihrer Position noch radikaler, sie forderten bereits 1997 schriftliches Rechnen aus dem Grundschulunterricht gänzlich zu streichen. Algorithmen seien hinderlich für die Entwicklung eines Zahlensinns und zwingen Kinder, ihr eigenes Denken aufzugeben (Kamii und Dominick 1997, S. 60). Andere Fachdidaktikerinnen und Fachdidaktiker (Ambrose et al. 2003; Krauthausen 2017; Van de Walle et al. 2019) schließen sich der Meinung von Kamii und Dominick (1997) nicht an, propagieren aber eine veränderte Sichtweise, wie schriftliche Rechenverfahren unterrichtet werden sollten. Dabei betonen sie eine stärkere Fokussierung des Verstehens bei der Erarbeitung: *„The main focus in teaching standard algorithms should not be as merely a memorized series of steps, but as making sense of the procedure as a process"* (Van de Walle et al. 2019, S. 249). Ziel sei also, dass schriftliche Rechenverfahren nicht nur richtig angewendet, sondern verstanden werden. Um die Einsicht in den Mittelpunkt zu stellen, müssen die Gesetzmäßigkeiten, die beim *Zahlenrechnen* zur Anwendung kommen, genutzt werden, um daraus die schriftlichen Rechenverfahren abzuleiten (Krauthausen 2017, S. 192). *Zahlenrechnen* kann somit unterstützen, schriftliche Rechenverfahren leichter zu verstehen, da vor der Erarbeitung der schriftlichen Verfahren, wenn Verständnis und Mechanik kombiniert werden müssen, wesentliche Voraussetzungen bereits im Zahlenrechnen aufgebaut werden können: *„The understandings students gain from working with invented strategies makes it easier for you to meaningfully teach standard algorithms"* (Van de Walle et al. 2019, S. 250). Reys (1984) stellt dazu fest: *„It [mental computation,* Anm. M.G.] *is a prerequisite for the successful development of all written arithmetic algorithms"* (Reys 1984, S. 549).

Dies kann beispielhaft am Verfahren für die schriftliche Multiplikation zur Lösung der Aufgabe 16·21 in Abbildung 1.2 gezeigt werden (österreichische Schreibweise). Das schriftliche Verfahren kann unter Nutzung des Distributivgesetzes und (hoffentlich zugrundeliegender) Einsicht aus dem zuvor erarbeiteten Rechenweg des Zahlenrechnens durch Zerlegen in eine Summe als Zusammenfassung der Teilprodukte abgeleitet werden.

Schriftliches Verfahren   Zerlegen in eine Summe (Zahlenrechnen)

$$1\ 6\ \cdot\ 2\ 1 \qquad\qquad 1\ 6\ \cdot\ 2\ 1\ =\ 3\ 3\ 6$$

$$3\ 2\ 0 \qquad\qquad\qquad 1\ 6\ \cdot\ 2\ 0\ =\ 3\ 2\ 0$$

$$1\ 6 \qquad\qquad\qquad 1\ 6\ \cdot\qquad 1\ =\qquad 1\ 6$$

$$3\ 3\ 6$$

Abbildung 1.2 Gegenüberstellung: schriftliches Verfahren und Zerlegen in eine Summe

Zahlenrechnen ist Grundlage für Schätzen und Überschlagen

Reys (1984) sieht *mental calculation* als *„basis for the development of computational estimation skills"* (Reys 1984, S. 549). Viele Alltagssituationen erfordern kein Berechnen eines genauen Ergebnisses, sondern geeignetes Schätzen und überschlagendes Rechnen. Schriftliche Rechenverfahren, die ziffernweise vorgehen und die einzelnen Ziffern ohne Berücksichtigung der Stellenwerte von rechts nach links abarbeiten, inkludieren, dass die Größenordnung des Ergebnisses erst nach

Beendigung des Rechenvorgangs feststeht, da die höchsten Stellenwerte erst zum Schluss verarbeitet werden. Beim Zahlenrechnen hingegen kann eine Abschätzung des Ergebnisses früh erfolgen, wenn die größeren Zahlenteile zuerst verarbeitet werden. Somit liefert für die Aufgabe 295·7 bei Zerlegung in 300·7 – 5·7 die Berechnung von 300·7 bereits einen brauchbaren Überschlag für das Ergebnis. Wenn man mit den größten Stellen beginnt, dann sind die ersten Teilergebnisse bereits gute „Approximationen des Endergebnisses" (Wittmann 1999, S. 89).

Zahlenrechnen fördert Kopfrechnen
Wie erläutert, können auch beim Zahlenrechnen zunächst schriftliche Aufzeichnungen zur Gedächtnisentlastung gemacht werden. Die Notationen werden dann mit entsprechender Übung oft immer kürzer, und schließlich kann vielleicht rein im Kopf gerechnet werden (Padberg und Benz 2021, S. 235).

Van de Walle et al. (2019) beschreiben dies wie folgt:

> *„Often students who record their thinking with invented strategies or learn to jot down intermediate steps will ask if this writing is really required, because they find they can do the procedures more efficiently mentally" (Van de Walle et al. 2019, S. 248).*

Voraussetzung für diese Entwicklung ist ein entsprechendes Bewusstsein bei den Lehrkräften, Notationen nicht zu standardisieren bzw. nicht auf einer standardisierten Notation des Zahlenrechnen zu beharren.

Zahlenrechnen fördert algebraisches Denken
Steinweg (2013) stellt fest, dass arithmetisches Denken „eng verbunden" sei „mit dem Impuls, mathematische Aufgaben auf Lösungsprozesse oder -prozeduren – im Sinne von Algorithmen – hinzudenken", während algebraisches Denken „im Gegensatz dazu an konkreten Lösungen weniger interessiert ist, sondern (…) die Konzepte und Beziehungen bzw. die mathematischen Strukturen" betrachtet. Sie stellt weiters fest, dass algebraisches Denken bzw. algebraische Denkweisen implizit im Arithmetikunterricht genutzt werden (Steinweg 2013, S. 10).

In Bezug auf Zahlenrechnen spielen algebraische Denkweisen insbesondere dann eine Rolle, wenn es um die Eigenschaften von Rechenoperationen geht. Eigenschaften der Rechenoperationen (Kommutativität, Assoziativität, Distributivität, Konstanzgesetze) oder Beziehungen zwischen Rechenoperationen (Operation und Gegenoperation) können algebraisiert werden, was bedeutet, dass diese Eigenschaften bzw. Beziehungen selbst als „Objekte des Denkens" in den Mittelpunkt rücken (Steinweg 2013, S. 123). Reys (1984) sieht diesen Nutzen von *mental computation* als *„greater understanding of the structure of numbers and their properties"* (Reys 1984, S. 549).

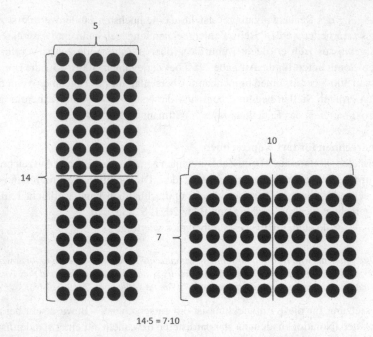

$$14 \cdot 5 = 7 \cdot 10$$

Abbildung 1.3 Veranschaulichung des Gesetzes von der Konstanz der Produktes am Punktefeld

Betrachtet man etwa die Lösung der Aufgabe 14·5 durch gegensinniges Verändern in die leichtere Aufgabe 7·10, dann wird hierbei das Gesetz von der Konstanz des Produktes (gegensinniges Verändern) genutzt. Der operative Zusammenhang zwischen 14·5 und 7·10 lässt sich gut am Punktefeld veranschaulichen bzw. begründen (siehe Abbildung 1.3).

Algebraisches Denken wird angeregt, wenn in weiterer Folge die Generalisierbarkeit dieses Rechenweges thematisiert wird. Funktioniert das immer? Wenn man den einen Faktor verdoppelt/verdreifacht/vervierfacht usw. und den anderen halbiert/drittelt/viertelt[2] usw., dann bleibt der Wert des Produktes gleich. Die Generalisierbarkeit der operativen Zusammenhänge greift algebraische Denkweisen auf und fördert diese. Dahingehend können sämtliche Vorgehensweisen bei halbschriftlichen Strategien als „algebraisch verstanden werden" (Steinweg 2013, S. 163).

---

[2] Sofern die Operationen in den gegebenen Zahlenbereichen durchführbar sind.

Wittmann 1999 betrachtet das halbschriftliche Rechnen deshalb als Vorform der Algebra (Wittmann 1999, S. 88).

Zahlenrechnen fördert *flexibles*[3] Rechnen

Da Zahlenrechnen keinen bestimmten Rechenweg vorgibt, sondern der Rechenweg in Abhängigkeit von den Zahlen und unter Nutzung von Rechengesetzen und Rechenvorteilen gewählt werden kann, ist es bei dieser Form zu rechnen möglich, folgende Überlegungen anzustellen:

- Welche verschiedenen Lösungswege zu einem gegebenen Problem können gefunden werden?
- Welcher dieser Lösungswege ist abhängig vom Zahlenmaterial am geeignetsten?

Unter Einbezug dieser erweiterten Sicht kann Zahlenrechnen auch *flexibles* Rechnen sein – nämlich genau dann, wenn die Fähigkeit in den Fokus genommen wird, aus den verschiedenen Rechenwegen *den geeignetsten* zu wählen

Wenngleich eine Präzisierung des Begriffs *flexibles* Rechnen erst im nachfolgenden Kapitel erfolgt, kann an dieser Stelle durchaus festgestellt werden, dass Zahlenrechnen bei entsprechender Thematisierung im Unterricht flexibles Rechnen fördert, was als ein erstrebenswertes Ziel des Mathematikunterrichts in der Grundschule gesehen wird (Selter 2000, 2003; Schütte 2004; Threlfall 2002; Heirdsfield 2002; Thompson 1999; Schipper 2009, S. 107; Kilpatrick et al. 2003; Verschaffel et al. 2007a; Rathgeb-Schnierer 2011; Anghileri 2001).

---

[3] Die Begriffe *flexibles* und *aufgabenadäquates* Rechnen beim Lösen von Aufgaben werden im nächsten Kapitel genauer erörtert.

Flexible und aufgabenadäquate Rechenwege

2

Kapitel 2 widmet sich der Fähigkeit der (aufgaben)adäquaten Wahl von Rechenwegen und den unterschiedlichen Zugängen zum Begriff *flexibel* bzw. (aufgaben)*adäquat*. Am Ende dieses Kapitels wird die Auslegung der Begriffe *flexibel* und *aufgabenadäquat* für die vorliegende Untersuchung definiert.

2.1   Flexibel und/oder adäquat?

In der Literatur wird der Begriff *flexibel* in Bezug auf Rechenwege nicht einheitlich definiert. Auf das Wesentliche zusammengefasst werden mit dem Begriff *flexibel* folgende zwei Aspekte verbunden:

(1) die Fähigkeit, über eine Vielfalt – oder zumindest mehrerer – möglicher Rechenwege zu verfügen,
(2) die Fähigkeit, aus verschiedenen Rechenwegen den geeignetsten/adäquatesten Rechenweg zu wählen.

Für das uneinheitliche Begriffsverständnis in der Literatur werden im Folgenden einige Beispiele angeführt. So definieren Heirdsfield und Cooper (2002) *Flexibilität* als die Fähigkeit, über unterschiedliche Rechenwege zu verfügen und in Folge daraus einen zu wählen. Sie reduzieren Flexibilität auf den oben beschriebenen Aspekt (1) und beschäftigen sich in weiterer Folge mit der Fragestellung, warum manche Kinder eine größere Vielfalt effizienter Rechenwege nutzen als andere (Heirdsfield und Cooper 2002, S. 59). Sie unterscheiden zwischen flexiblen und inflexiblen Rechnern. Inflexible Rechner lösen alle Aufgaben mit demselben Rechenweg, flexible Rechner nutzen unterschiedliche Rechenwege.

© Der/die Autor(en), exklusiv lizenziert an Springer Fachmedien Wiesbaden   23
GmbH, ein Teil von Springer Nature 2022
M. Greiler-Zauchner, *Rechenwege für die Multiplikation und ihre Umsetzung*,
Perspektiven der Mathematikdidaktik,
https://doi.org/10.1007/978-3-658-37526-3_2

Der Aspekt des *adäquaten Rechenweges* wird in ihrer Auslegung des Begriffs *flexibel* nicht berücksichtigt.

Andere Forscherinnen und Forscher hingegen vereinen beide genannten Aspekte (1) und (2) unter dem Begriff Flexibilität, wie Verschaffel et al. (2009). Sie stellen fest, dass ihr Gebrauch von *Flexibilität* die Begriffe *flexibility* (=„*the use of multiple strategies*") und *adaptivity* (=„*making appropriate strategy choices*") subsumiert (Verschaffel et al. 2009, S. 337); sie verwenden also bewusst den Begriff *Flexibilität* als einen Überbegriff für das Verfügen über mehrere Rechenwege und das Wählen eines adäquaten Rechenweges. Auch Star und Newton (2009) lösen das begriffliche Problem auf dieselbe Art und Weise, sie definieren Flexibilität als „*knowledge of multiple solutions as well as the ability and tendency to selectively choose the most appropriate ones for a given problem and a particular problem-solving goal*" (Star und Newton 2009, S. 558). Selter (2009), Schulz (2018) und Heinze et al. (2009a) entscheiden sich hingegen für eine begriffliche Trennung der beiden Aspekte (1) und (2).

Zusammenfassend kann festgestellt werden, dass manche Forscherinnen und Forscher beide Aspekte unter dem Begriff Flexibilität zusammenfassen. Andere hingegen trennen diese beiden Aspekte begrifflich, sie verwenden den Begriff *flexibel*, um auszudrücken, dass über eine Vielfalt – oder zumindest mehrere – mögliche Rechenwege verfügt wird. Der Begriff *adäquat* wird für die Fähigkeit genutzt zwischen verschiedenen Rechenwegen den geeignetsten auszuwählen. Doch abgesehen von der Klarstellung, ob man die Begriffe *flexibel* und *adäquat* synonym verwendet oder nicht, bedarf es in weiterer Folge einer Festlegung, was genau die Wahl des adäquatesten Rechenweges im Detail ausmacht.

2.2   Faktoren für eine adäquate Wahl eines Rechenweges

Verschaffel et al. (2009, 339f) identifizieren drei verschiedene Kategorien von Variablen, die eine adäquate Wahl des Rechenweges definieren und auch ermöglichen, diese zu operationalisieren:

- *task variables,*
- *subject variables,*
- *context variables.*

Ein Rechenweg kann adäquat sein bezogen auf die Aufgabe (*task variables*), bezogen auf die rechnende Person (*subject variables*) oder bezogen auf den jeweiligen Kontext (*context variables*).

Adäquat als Passung zwischen Rechenweg und Aufgabenmerkmalen (*task variables*)

Ist ein Rechenweg *adäquat* bezogen auf die Aufgabe, dann *passt* er zu den Aufgabenmerkmalen, d. h., der Rechenweg bezieht sich „auf die Besonderheit der vorliegenden Aufgaben und des Zahlenmaterials" (Bauer 1998, S. 180). Abhängig von den zu verrechnenden Zahlen wird der optimalste Rechenweg ausgewählt (Schipper 2005, S. 34). Adäquatheit wird unter diesem Aspekt immer im Zusammenwirken Rechenweg und Aufgabencharakteristik gesehen und kann daher auch als Aufgabenadäquatheit bezeichnet werden.

Adäquat als Passung zwischen Rechenweg und subjektiven Variablen (*subject variables*)

Neben der Passung von Rechenweg und Aufgabenmerkmalen können weitere Variablen eine adäquate Wahl des Rechenweges definieren, wie etwa die Geschwindigkeit, die Genauigkeit, oder die Sicherheit, mit der ein Rechenweg genutzt wird. Manche Kinder wählen vorwiegend jene Rechenwege, von denen sie annehmen, dass diese die schnellsten sind, und lassen Aufgabenmerkmale außer Acht. Es wird jener Rechenweg gewählt, der „ *...most quickly to an accurate answer to the problem"* führt (Torbeyns et al. 2009b, S. 583). Manche Kinder neigen dazu, stets einen sogenannten *Universalrechenweg* für alle Aufgaben zu nutzen (auch wenn sie in der Lage sind, unterschiedliche Rechenwege anzuwenden), da dieser für sie als der sicherste gilt. Geschwindigkeit, Genauigkeit und Sicherheit werden von Verschaffel et al. (2009) als subjektive Variablen bezeichnet, denn sie beziehen sich nicht auf Merkmale, die explizit in der Aufgabe gegeben sind, sondern sie werden von der Person individuell eingeschätzt (Rathgeb-Schnierer und Rechtsteiner 2018, S. 208).

Adäquat als Passung zwischen Rechenweg und Kontextvariablen (*context variables*), insbesondere dem Unterrichtsgeschehen

Neben der Passung von Rechenweg und Aufgabenmerkmalen und Rechenweg und subjektiven Variablen beeinflussen auch Kontextvariablen die Wahl des Rechenweges. Dies impliziert, wie Yackel und Cobb (1996) erkannten, dass der rein kognitive Blick auf das Lernen nicht ausreiche, um dieses zu erklären, und der Blick auf das Lernen um eine soziokulturelle Perspektive erweitert werden müsse (Yackel und Cobb 1996, S. 459). Das soziokulturell organisierte Umfeld beeinflusst das Lernen der Kinder. Threlfall (2009) formuliert dazu treffend: „...*students do just what they are instructed to do, they do sometimes follow recent teaching, or do what is usually expected in the class (...) or fit in with what their peers are doing"* (Threlfall 2009, S. 545). So beeinflussen neben dem Unterrichtsgeschehen auch Erwartungshaltungen und Peer-Verhalten die Wahl des Rechenweges.

Unter Einbezug der drei genannten Faktoren schlagen Verschaffel et al. (2009) vor, den Begriff Adäquatheit in der Wahl des Rechenweges folgend zu definieren: Einen Rechenweg adäquat zu wählen wird verstanden als die bewusste oder unbewusste Auswahl und Anwendung des am besten geeigneten (*most appropriate*) Rechenweges bezogen auf eine bestimmte Aufgabe und eine bestimmte Person in einem bestimmten soziokulturellen Kontext (Verschaffel et al. 2009, S. 343).

2.3   Erkennen adäquater Rechenwege im Lösungsprozess: Strategiewahlmodell oder Emergenzmodell?

John Threlfall publizierte 2002 und 2009 zwei Artikel, in denen er sich theoretisch mit der Frage beschäftigt, wie nun Adäquatheit im Lösungsprozess festgemacht werden kann. Bevor nun die theoretischen Überlegungen Threlfalls präsentiert werden, zunächst einige Überlegungen an konkreten Aufgaben:

Gegeben seien die Aufgaben 29·6, 32·4 und 25·12. Bei Betrachtung der Aufgabenmerkmale kann erkannt werden, dass bestimmte Lösungswege nahe liegen. So kann etwa 29·6 als Musterbeispiel für Zerlegen in eine Differenz (30·6 − 6), 32·4 für Verdoppeln ((32·2)·2)), oder 25·12 für das Nutzen des Konstanzgesetzes der Multiplikation (50·6 oder 100·3) angesehen werden. Solche Aufgaben wie 29·6, 32·4 und 25·12 werden auch immer als Musterbeispiele für die entsprechenden Rechenwege angeführt. Bei anderen Aufgaben aber, wie 18·6, ist es schon schwieriger, den adäquatesten Lösungsweg in Bezug auf Aufgabenmerkmale zu identifizieren: Ist es die Zerlegung in 20·6 − 2·6, ein Rückgriff auf das Verdoppeln als (18·3)·2 oder die Zerlegung in 10·6 + 8·6?

Welche Aufgabenmerkmale bestimmen also, was der adäquateste Rechenwege ist, vor allem dann, wenn mehrere adäquate Rechenwege zur Auswahl stehen (Threlfall 2002, S. 37)? Beziehungsweise ist es überhaupt möglich, zu allen Aufgaben stets den adäquatesten Rechenweg in Bezug auf Aufgabenmerkmale anzugeben? Diese Überlegungen münden unter anderem in der Frage, wie Adäquatheit im Lösungsprozess festgemacht werden kann.

Threlfall entwickelt seine theoretischen Betrachtungen ausgehend vom in der Literatur vorherrschenden Modell zur Wahl eines Rechenweges, dem sogenannten Strategiewahlmodell. Das Strategiewahlmodell nimmt an, dass Rechenwege, die zur Lösung genutzt werden, vorweg aus anderen zur Verfügung stehenden Rechenwegen gewählt werden (Threlfall 2009, S. 545) und Adäquatheit bzw. Flexibilität charakterisiert werden kann als „*mindful choice*" zwischen Rechenwegen aufgrund bewusster handlungsleitender Prinzipien (Threlfall 2002, S. 40).

Eine Wahl zwischen Rechenwegen nach dem Strategiewahlmodell setzt voraus, dass

- es für jede Aufgabe einen adäquaten Lösungsweg gebe.
- es eine kohärente Klassifikation aller möglichen Rechenwege benötige, um in Folge alle möglichen Rechenwege der Kinder zu erfassen.
- vor der Wahl des Rechenweges alle möglichen Alternativen bewusst oder unbewusst geprüft werden, um dann eine Strategieentscheidung zu treffen.

Threlfall versucht diese Annahmen durch Gegenbeispiele zu widerlegen. Er zeigt exemplarisch, dass es Aufgaben gibt, bei denen mehrere Lösungswege als adäquat betrachtet werden können – wie auch bei der Aufgabe 18·6 oben. Er zeigt exemplarisch anhand sieben unterschiedlicher Klassifizierungen von Rechenwegen aus der Literatur für die Addition zweistelliger Zahlen, dass es nicht möglich sei, die unterschiedlichen Rechenwege, die Kinder zeigen, kohärent zu klassifizieren (Threlfall 2002, 32f). Ebenfalls wäre es unter der Annahme, dass es eine Liste mit allen möglichen Lösungswegen zu einer Aufgabe gibt, die laut Threlfall sehr lang wäre, auch sehr unrealistisch, dass vor der Strategieentscheidung alle möglichen Alternativen erwogen werden (Threlfall 2009, S. 549).

Weiters kritisiert Threlfall, dass im Strategiewahlmodell eine Unterscheidung, ob ein genutzter Rechenweg auf ein gelerntes Verfahren (*„application of a learned method"*) zurückzuführen sei oder aufgrund von genutzten Aufgabenmerkmalen (*„by exploiting known number relations"*) erfolge, nicht getroffen werden könne, da dies alleine aus der Art und Weise, wie die Zahlen verrechnet werden, nicht ersichtlich sei (Threlfall 2009, S. 542).

Diese Überlegung kann mithilfe des folgenden Beispiels verdeutlicht werden: Rechnet ein Kind beispielsweise die Aufgabe 16·6 wie folgt: „Zehnmal 6 gleich 60 und sechsmal 6 gleich 36, 60 und 36 gleich 96", kann allein aufgrund der Zahlentransformierungen keine Aussage darüber getroffen werden, ob sich der Rechenweg auf ein gelerntes Verfahren (z. B. Zerlege den zweistelligen Faktor in Zehner und Einer, und multipliziere die Zehner mit dem zweiten Faktor und ebenfalls die Einer mit dem zweiten Faktor und addiere die Ergebnisse!), oder auf verstandene Beziehungen (z. B. Distributivgesetz) stützt. Es könnte durchaus der Fall sein, dass dem Kind der *Trick* mit dem Zerlegen rezeptartig beigebracht wurde.

Um hier eine eindeutige Aussage treffen zu können, unterscheidet Threlfall im Lösungsprozess zwischen der sogenannten *approach-strategy* und der *number-transformation-strategy*. Die *approach-strategy* beschreibt die übergeordnete Herangehensweise (*overall approach*) an die Aufgabe, *„the general form of mathematical cognition"*, die zur Lösung verwendet wird (Threlfall 2009, S. 541). Als mögliche *approach-strategies* nennt er das Nutzen eines gelernten Verfahrens, das Nutzen von Zahlbeziehungen, das automatisierte Abrufen von Lösungen oder das Nutzen von Zählstrategien. *Number-transformation-strategies* beschreiben hingegen die konkreten Zahlenmanipulationen: „*A number-transformation-strategy in mental calculation is the detailed way in which the numbers have been transformed to arrive at a solution*" (Threlfall 2009, S. 542). *Number-transformation-strategies* werden nicht durch die entsprechende *approach-strategy* bestimmt. So können *number-transformation-strategies* auf erkannten Zahlbeziehungen basieren, aber auch auf erlernte Verfahren zurückgreifen. *Approach-strategies,* die auf das Nutzen von Zahlbeziehungen zurückgreifen, werden bei Threlfall (2009) als *calculation-strategies* bezeichnet.

Nur solche Rechenwege, die sich auf die *approach-strategy: Nutzen von Zahlbeziehungen* stützen, sind laut Threlfall als adäquat bzw. flexibel zu klassifizieren. Rechenwege, die sich auf erlernte Verfahren stützen, können nicht als adäquat bzw. flexibel bezeichnet werden (Threlfall 2009, S. 542). Auf Basis dieser Überlegungen liegt für Threlfall Adäquatheit bzw. Flexibilität dann vor, wenn das Rechnen durch die Besonderheiten der Zahlen beeinflusst wird und Rechenwege einschließt, die nicht gelernte Prozeduren wiedergeben, sondern Einsichten in Zahlen und arithmetische Operationen nutzen (Threlfall 2009, S. 543).

Aus dieser Sichtweise auf Adäquatheit bzw. Flexibilität leitet Threlfall ein Modell der Wahl des Rechenweges ab. Dabei geht er davon aus, dass die lösende Person, wenn sie mit einer Aufgabe konfrontiert wird, sich nicht überlegt, welche alternativen Lösungswege sie zur Lösung zur Verfügung hat und dann gezielt jene aus ihrem Repertoire auswählt, die sie als die adäquateste ansieht (siehe Strategiewahlmodell). Vielmehr sucht die lösende Person in den Zahlen der Aufgaben nach Merkmalen wie:

- Welche Zahl ist nahe an den Zahlen in den Aufgaben?
- Welche Möglichkeiten der Zerlegung gibt es?
- Welche Möglichkeiten des Rundens gibt es (Threlfall 2002, S. 41)?

Beispielsweise könnten Überlegungen zur Aufgabe 19·4 wie folgt aussehen:

- 19 ist nahe an 20.
- 19 kann ich zerlegen in 10 und 9.
- 4 ist das Doppelte von 2.

Dabei bemerken unterschiedliche Personen Unterschiedliches, und das, was individuell bemerkt wird, führt dann zur Handlung. Threlfall ist also davon überzeugt, dass Rechenwege nicht gewählt werden, sondern aus einem Prozess emergieren, der nicht vollständig bewusst oder rational sei. Threlfall stellt weiters fest, dass dieser Prozess bestimmt werde von der Verknüpfung zwischen dem, was die lösende Person über die spezifischen Merkmale der involvierten Zahlen bemerke, und dem, was sie allgemein über Zahlen und ihre Beziehungen wisse (Threlfall 2002, 41f). Diesen gesamten Prozess bezeichnet Threlfall als *„zeroing in"* (Threlfall 2009, 547f). Demnach kristallisieren sich Rechenwege im Zusammenspiel von lösender Person und Aufgabe heraus, beeinflusst durch die Aufgabe, aber bestimmt durch die Erfahrungen und das Verständnis der lösenden Person. Dieses Modell der Wahl von Rechenwegen wird von Rathgeb-Schnierer (2011) als *Modell der Emergenz* oder *Emergenzmodell* bezeichnet (Rathgeb-Schnierer 2011, S. 18).

2.4 Flexibles Rechnen nach Rathgeb-Schnierer

Angelehnt an die Arbeiten von Threlfall (2009, 2002) und ausgehend von seinem Modell der Emergenz in Bezug auf die Wahl des Rechenweges betrachtet Rathgeb-Schnierer (2011) den Prozess des Lösens einer Aufgabe auf drei Ebenen, die in komplexer Weise zusammenspielen und denen beim Lösen unterschiedliche Rollen zukommen (siehe Abbildung 2.1):

Abbildung 2.1 Ebenen des Lösungsprozesses nach Rathgeb-Schnierer (2011, S. 16)

Ebene der Formen:

Um eine arithmetische Aufgabe zu lösen, können Kinder unterschiedliche Rechenformen (siehe Abschnitt 1.1) verwenden, beispielsweise schriftliches Rechnen, halbschriftliches Rechnen oder Kopfrechnen (vgl. *approach strategy* nach Threlfall (2009)). Die Form beschreibt das grundsätzliche Vorgehen, nicht aber, wie die Lösung konkret ermittelt wird. Zum Beispiel kann die Aufgabe 12·5 mit der Form *halbschriftlich* gelöst werden. Im Lösungsprozess können dabei aber ganz unterschiedliche *strategische Werkzeuge* genutzt werden: z. B. Zerlegen in 10·5 + 2·5, Verdoppeln von 6·5 oder Nutzung des Gesetzes von der Konstanz des Produktes (6·10).

Ebene der Referenz:

Die Lösungsprozesse der Kinder stützen sich auf spezifische Erfahrungen, die Rathgeb-Schnierer (2011) mit dem Begriff *Referenz* umschreibt. Solche Referenzen können sich auf gelernte Verfahren beziehen oder Aufgabenmerkmale und Zahlbeziehungen nutzen (Rathgeb-Schnierer 2011, S. 16). Referenzen sind beeinflusst vom erlebten Mathematikunterricht, vom soziokulturell organisierten Umfeld (siehe Abschnitt 2.2). Auf welche Referenzen beim Rechnen zurückgegriffen wird, hängt weitgehend davon ab, welche Erfahrungen beim Rechnenlernen gemacht wurden (Rathgeb-Schnierer und Rechtsteiner 2018, S. 47).

Die Schwierigkeit besteht jedoch darin, im konkreten Kontext die Referenz herauszufinden, d. h. zu erkennen, ob im Lösungsprozess verfahrensorientiert oder beziehungsorientiert vorgegangen wird. Gibt beispielsweise ein Kind für die Aufgabe 16·6 als Rechenweg „Zehnmal 6 gleich 60 und sechsmal 6 gleich 36, 60 und 36 gleich 96" an, kann, wie bereits in Abschnitt 2.3 erläutert, allein aufgrund der genannten Zahlentransformierungen keine Aussage darüber getroffen werden, welcher Referenzkontext vorliegt. Auch schriftlichen Aufzeichnungen, wie die Notation von Zwischenschritten und Zwischenergebnissen weisen nicht unbedingt auf den zugrundeliegenden Referenzkontext hin (Rathgeb-Schnierer und Rechtsteiner 2018, S. 47).

Ebene der Lösungswerkzeuge:

Um eine Aufgabe zu lösen, werden im Rahmen des Referenzkontextes *Lösungswerkzeuge* genutzt und kombiniert. *Lösungswerkzeuge* sind Zählen, Rückgriff auf Basisfakten und *strategische Werkzeuge*. Zu letzteren gehören das Zerlegen und Zusammensetzen von Zahlen, das gleich- und gegensinnige Verändern sowie das Nutzen von Hilfsaufgaben und Analogiewissen, also laut Rathgeb-Schnierer (2011) Werkzeuge, mit denen Aufgaben verändert und vereinfacht werden können (Rathgeb-Schnierer 2011, S. 17).

Beim Lösen von Aufgaben werden Elemente aus allen drei Ebenen kombiniert. Abhängig von dieser Kombination bestehen in Bezug auf Flexibilität im Rechnen wesentliche Unterschiede zwischen Kindern, die ein gelerntes Verfahren mechanisch reproduzieren, und jenen, die Aufgabenmerkmale und Zahlbeziehungen nutzen (Rathgeb-Schnierer und Green 2013, S. 3). Analog zu Threlfall, der nur solche Rechenwege als adäquat bzw. flexibel klassifiziert, die sich auf die *approach-strategy*: *Nutzen von Zahlbeziehungen* stützen, liegt ebenfalls nach Rathgeb-Schnierer (2011) flexibles Handeln nur dann vor, wenn – in ihrer Terminologie – das gewählte Lösungswerkzeug auf Aufgabenmerkmale und Zahlbeziehungen zurückgreift und eben nicht auf ein erlerntes Verfahren (Rathgeb-Schnierer 2011, S. 19). Wird als Referenz ein erlerntes Verfahren genutzt, so wird dieses Vorgehen nach vorliegender Definition nicht als flexibel bezeichnet (Rathgeb-Schnierer 2011, S. 17; Threlfall 2009, S. 542).

Rathgeb-Schnierer (2011) nennt als wesentliche Herausforderungen ihres Erklärungsmodells, die Lösungsprozesse von Kindern offenzulegen und insbesondere die Referenzkontexte im Lösungsprozess zu erkennen (Rathgeb-Schnierer 2011, S. 19).

2.5   Verwendung der Begriffe *flexibel, adäquat* und *aufgabenadäquat* in der vorliegenden Untersuchung

Vorab eine kritische Bemerkung zur Bezeichnung *flexibel*. Dem ursprünglichen Sinn nach signalisiert das Wort *flexibel* die Eigenschaften biegsam, elastisch und an veränderte Umstände anpassungsfähig (Dudenredaktion o. J.). Würde man *flexibles Rechnen* – bei wortwörtlicher Betrachtungsweise – als *elastisches Rechnen* bezeichnen, so führt das Wort *flexibel* im Zusammenhang mit den damit assoziierten Rechenkompetenzen eigentlich auf eine falsche Fährte. Flexibles Rechnen kann nur schwer als ein *elastisches* bzw. *biegsames* Rechnen verstanden werden. Die eigentlich assoziierten mathematischen Fähigkeiten werden genau genommen durch den Begriff *flexibel* sehr vage wiedergegeben. Aus diesem Grund greift die vorliegende Untersuchung auf die unmissverständlicheren Alternativen *adäquat* im Sinne von *angemessen* und *passend* und *aufgabenadäquat* im Sinne von *der Aufgabe angemessen* zurück. In Folge bedarf es jedoch noch einer Erläuterung, wie die vorliegende Untersuchung die Begriffe *adäquat* bzw. *aufgabenadäquat* versteht? Dies erfolgt in Abhängigkeit von Gegenstand und Zielsetzung der Untersuchung.

Die vorliegende Untersuchung beschäftigt sich mit den Rechenwegen der Kinder zu Multiplikationen von einstelligen mit zweistelligen Zahlen im Bereich des Zahlenrechnens. Mit Bezug zur vorangegangenen Diskussion rund um Strategiewahlmodell und Emergenzmodell ist es nicht Ziel dieser Arbeit, die Lösungsprozesse der Kinder zu analysieren und das Verständnis von adäquaten Rechenwegen über das Strategiewahlmodell oder das Emergenzmodell empirisch zu belegen bzw. zu widerlegen. Vielmehr werden die von den Kindern gezeigten Rechenwege zu Multiplikationen von einstelligen mit zweistelligen Zahlen im Bereich des Zahlenrechnens in den Fokus genommen und unter anderem auf Adäquatheit untersucht.

Adäquates Handeln als Ziel findet sich sowohl im Emergenzmodell als auch im Strategiewahlmodell. Die Frage, ob Rechenwege aus einem Repertoire durch Abwägen gewählt werden, oder situationsbedingt emergieren, bleibt für die vorliegende Arbeit unbeantwortet. Im Schlusskapitel 7.2.4 werden Überlegungen diesbezüglich, die auf Beobachtungen in der Studie beruhen, noch einmal aufgegriffen. In Bezug auf die Vorstellung, wie adäquates Rechnen am besten gefördert werden kann, nutzt die vorliegende Studie beide Erklärungsansätze. In den konzipierten Unterrichtsaktivitäten wird sowohl am Aufbau von Zahl- und Operationswissen und dem Erkennen von Zahl- und Aufgabenmerkmalen (Emergenzmodell), als auch am Repertoire an Rechenwegen (Strategiewahlmodell) gearbeitet. Diese Vorgehensweise stützt sich auf die Ergebnisse von Schulz (2015), der in seiner Untersuchung für das halbschriftliche Multiplizieren belegt, dass sowohl das Erkennen und Nutzen von Aufgabenbeziehungen als auch das vorhandene Strategierepertoire Einfluss auf flexible Rechenkompetenzen haben.

In der Untersuchung werden die Rechenwege der Kinder im Zuge der Auswertung kategorisiert. Um bestimmte Rechenwege als adäquat bzw. aufgabenadäquat zu klassifizieren, braucht es eine zugrundeliegende Definition. Diese Definition stützt sich in der vorliegenden Arbeit auf den Zusammenhang Aufgabencharakteristik und Rechenweg und sieht Adäquatheit als Passung zwischen Rechenweg und Aufgabenmerkmalen (*task variables*). Subjektive Variablen (siehe Abschnitt 2.2), die ebenfalls die Wahl des adäquaten Rechenweges beeinflussen können, werden in der Auswertung nicht berücksichtigt. Die Kontextvariable (siehe Abschnitt 2.2) Unterricht wird miterfasst. Der Unterricht der Kinder, deren Rechenwege untersucht werden, folgt einem Lernarrangement, das das Erkennen und Nutzen besonderer Aufgabenmerkmale fokussiert. Um die Passung Rechenweg – Aufgabenmerkmale zu definieren, wird zunächst ein genauerer Blick auf den Lerngegenstand geworfen.

Nachfolgend sind zwei konkrete Rechenwege zur Aufgabe 24·5 angeführt:

- Rechenweg 1:

  Es wird zunächst $24 \cdot 10 = 240$ berechnet und anschließend das Ergebnis halbiert.
- Rechenweg 2:

  Durch gegensinniges Verändern wird $24 \cdot 5$ übergeführt in die Aufgabe $12 \cdot 10$ und gelöst.

In beiden Rechenwegen werden besondere Aufgabenmerkmale erkannt, die in der Folge für Rechenvorteile genutzt werden.

- Im ersten Fall wird der Faktor 5 als besonderes Aufgabenmerkmal identifiziert. Aus dem Wissen über die operative Beziehung zwischen *5mal-Aufgaben* und *10mal-Aufgaben* wird der Rechenweg unter Einbezug der Halbierung des Zehnfachen gewählt.
- Im zweiten Fall wird das Gesetz von der Konstanz des Produktes genutzt. Die besonderen Aufgabenmerkmale erlauben eine Vereinfachung der Rechnung durch Verdoppeln des einen und Halbieren des anderen Faktors.

Aus objektiver Sicht kann nicht entschieden werden, welcher dieser zwei Rechenwege der *adäquateste* für $24 \cdot 5$ ist. Beide Rechenwege nutzen besondere Aufgabenmerkmale für Rechenvorteile: *5mal-Aufgaben* können aus *10mal-Aufgaben* leicht durch Halbierung abgeleitet werden bzw. führt das gegensinnige Verändern von $24 \cdot 5$ zur einfacheren Malaufgabe $12 \cdot 10$. Beide Rechenwege können als *adäquat* bezeichnet werden. Dieses Beispiel zeigt, dass es nicht für jede Multiplikation einstelliger mit zweistelligen Zahlen im Bereich des Zahlenrechnens möglich ist, den *adäquatesten* Rechenweg anzugeben. Daher wird in der vorliegenden Arbeit bewusst nicht vom *adäquatesten* Rechenweg, sondern von *einem adäquaten* Rechenweg gesprochen.

Auf Basis der vorangegangenen Überlegungen wird in der vorliegenden Arbeit von *einem (aufgaben)adäquaten Rechenweg* im Bereich des Multiplizierens einstelliger mit zweistelligen Zahlen gesprochen, wenn besondere Aufgabenmerkmale für Rechenvorteile genutzt werden. *Aufgabenadäquates Rechnen* wird charakterisiert als Erkennen und Nutzen besonderer Aufgabenmerkmale. Die Nutzung dieser Rechenvorteile führt im Vergleich zum Universalrechenweg auf Basis einer Zerlegung in eine Summe zu *leichteren Teilaufgaben* und/oder *weniger Teilschritten*.

Für die vorliegende Untersuchung werden folgende Passungen von Rechenweg und besonderen Aufgabenmerkmale festgelegt (siehe Tab. 2.1):

Tab. 2.1 Passung Rechenweg – besondere Aufgabenmerkmale

Art des Rechenweges	besonderes Aufgabenmerkmal
Rechenwege unter Nutzung des Distributivgesetzes auf Grundlage einer Zerlegung eines Faktors in eine Differenz	ein Faktor liegt nahe unter einer Zehnerzahl z. B. 19·6 als 20·6 – 6
Rechenwege unter Einbezug von Halbierungen des Zehnfachen	der einstellige Faktor beträgt 5 z. B. 5·14 als (10·14):2
Rechenwege unter Einbezug von Verdoppelungen	der einstellige Faktor beträgt 4 oder 8 z. B. 4·16 als 2·(2·16)
Rechenwege unter Nutzung des Gesetzes von der Konstanz des Produktes	durch Verdoppeln/Verdreifachen/Vervierfachen… des einen und Halbieren/Dritteln/Vierteln… des anderen Faktors wird die Aufgabe in eine leichter zu lösende Aufgabe übergeführt z. B. 15·6 als 30·3

Die obigen Passungen ergeben sich aus der Analyse der Rechengesetze für die Multiplikation (siehe Abschnitt 3.1) und der Einteilung der multiplikativen Rechenwege in der Literatur (siehe Abschnitt 3.2). Sie legen genau genommen einen Rahmen fest. Es lässt sich durchaus argumentieren, dass beispielsweise – neben *4mal-* und *8mal-Aufgabe* auch – *6mal-Aufgaben* besondere Aufgabenmerkmale für Verdoppelungen aufweisen: z. B. 6·15 als das Doppelte von 3·15. Dieser Weg ist jedoch nur dann vorteilhaft, wenn 3·15 automatisiert abgerufen werden kann. Andernfalls ist dieser Rechenweg im Vergleich zum Universalrechenweg durch Zerlegen in eine Summe in 6·10 + 6·5 nicht merklich vorteilhafter.

Ferner muss bei der vorliegenden Festlegung besonderer Aufgabenmerkmale auch bedacht werden, dass bei Multiplikationen von einstelligen mit zweistelligen in bestimmten Fällen durchaus auch argumentiert werden kann, dass die Rechenvorteile bei Nutzung besonderer Aufgabenmerkmale im Vergleich zum Universalrechenweg nicht deutlich größer sind. Dies wird anhand des folgenden Beispiels versucht zu skizzieren: Löst man die Aufgabe 24·5 aus dem vorangegangenen Beispiel unter Nutzung des Universalrechenweges durch Zerlegen in eine Summe, also 24·5 als 20·5 + 4·5, dann ist dieser Rechenweg im Vergleich zu den anderen beiden Rechenwegen (Halbierung des Zehnfachen: 24·5 als (24·10):2

und Nutzung des Gesetzes von der Konstanz des Produktes: 24·5 als 12·10) nicht bedeutend schwerer – die Teilschritte beim Universalrechenweg sind keineswegs immer schwieriger, auch ist die Anzahl der Teilschritte *nicht immer* größer. Im Vergleich dazu sind Rechenvorteile bei Multiplikationen mit höheren Operanden deutlich höher (vgl. z. B. 246·5 als (246·10):2 und 4999·6 als 5000·6 – 6).

Multiplikation mehrstelliger Zahlen – fachlicher und empirischer Rahmen

3

Im folgenden Abschnitt werden die Operation und der Zahlenraum auf das *Multiplizieren einstelliger mit zweistelligen Zahlen* eingeschränkt. Darüber hinaus wird die Form des Rechnens auf das *Zahlenrechnen* fixiert. Diese Einschränkungen können wie folgt begründet werden: Während die Addition und Subtraktion im Bereich des Zahlenrechnens relativ gut erforscht ist (siehe dazu die in Vielzahl genannten Studien des vorliegenden Kapitels), gibt es zur Multiplikation und auch zur Division im Bereich des Zahlenrechnens, insbesondere im mehrstelligen Bereich, deutlich weniger Untersuchungen (Padberg und Benz 2021, S. 214). Das geringere Interesse der Mathematikdidaktik an diesem Thema könnte folgendermaßen erklärt werden:

- Die Vielfalt der Rechenwege ist beim multiplikativen Zahlenrechnen im mehrstelligen Bereich im Vergleich zum Zahlenrechnen im Bereich mehrstelliger Additionen bzw. Subtraktionen geringer (fast alle Rechenwege beruhen auf einer Zerlegung mittels Distributivgesetzes).
- Aktuelle Schulbücher thematisieren multiplikatives Zahlenrechnen im mehrstelligen Bereich nicht angemessen. Padberg und Benz (2021) weisen in diesem Zusammenhang darauf hin, dass in den aktuellen Schulbüchern meist nur ein Rechenweg (schrittweises Vorgehen) angeboten wird und die anderen Rechenwege selten bis gar nicht thematisiert werden (Padberg und Benz 2021, S. 210).
- Es liegt ein Ungleichgewicht in Bezug auf die Behandlung im Unterricht vor. Während im additiven Bereich das Zahlenrechnen bereits ab der ersten Schulstufe im zweistelligen Bereich thematisiert wird, wird das multiplikative Zahlenrechnen (mehrstellig mal einstellig) laut Lehrplan in Österreich erst in der dritten Schulstufe behandelt (Bundesministerium für Unterricht, Kunst und Kultur 2012, 154f). Weiters kommt hinzu, dass nach österreichischem

Lehrplan das multiplikative Zahlenrechnen bereits in der gleichen Schulstufe um das schriftliche Verfahren erweitert wird. Damit besteht, wie erläutert, die Gefahr, dass das Zahlenrechnen als Rechenform für Multiplikationen (mehrstellig mal einstellig) schon im dritten Schuljahr durch das Ziffernrechnen abgelöst wird und somit nur als „Durchgangsstation", als „Vorstufe zur Einführung der schriftlichen Algorithmen", betrieben wird (Krauthausen 1993, S. 191).

Gemäß der Einschränkung der vorliegenden Untersuchung bezüglich Operation und Rechenform werden im vorliegenden Kapitel Rechenwege für die Multiplikation mit mehrstelligen Faktoren untersucht. Dies beinhaltet einerseits eine *mathematische Analyse der Rechenwege für die Multiplikation* hinsichtlich zugrundeliegender Rechengesetze, die in Abschnitt 3.1 erfolgt, und andererseits in Abschnitt 3.2 eine *Diskussion gängiger Kategorisierungen von Rechenwegen für mehrstellige Multiplikationen* aus der mathematikdidaktischen Literatur. In Abschnitt 3.3 werden *Forschungsergebnisse zu Entwicklung und Verwendung von Rechenwegen für mehrstellige Multiplikationen* vorgestellt und diskutiert, um die für das vorliegende Forschungsprojekt inhaltlichen Zielsetzungen und Erkenntnisinteressen zu fundieren und die Ergebnisse wissenschaftlich einzubetten. In den Abschnitten 3.4 und 3.5 werden die in Abschnitt 3.3 diskutierten Forschungsergebnisse im Hinblick auf die *Kategorisierung multiplikativer Rechenwege* und hinsichtlich ihrer Bedeutung für die vorliegende Arbeit zusammengefasst.

3.1   Begründung von Rechenwegen für mehrstellige Multiplikationen

Rechenwege für mehrstellige Multiplikationen im Bereich den Zahlenrechnens beruhen auf folgenden Rechengesetzen:

(1) Kommutativgesetz der Multiplikation
(2) Assoziativgesetz der Multiplikation
(3) Distributivgesetz (der Multiplikation bezüglich der Addition und Subtraktion)
(4) Gesetz von der Konstanz des Produkts (gegensinniges Verändern)

Kommutativgesetz der Multiplikation
Das Kommutativgesetz (Vertauschungsgesetz) der Multiplikation besagt, dass die Faktoren eines Produkts vertauscht werden können, ohne dass sich das Ergebnis ändert. Mit Variablen angeschrieben heißt dies: $a \cdot b = b \cdot a$.

Zur Veranschaulichung des Kommutativgesetzes der Multiplikation können Punktefelder herangezogen werden. Das in Abbildung 3.1 dargestellte Punktefeld kann auf zwei unterschiedliche Arten gelesen werden, horizontal als 7·18 (7 Reihen zu je 18 Punkten, siehe Abbildung 3.1- erste Darstellung) oder vertikal als 18·7 (18 Spalten zu je 7 Punkten, siehe Abbildung 3.1 – zweite Darstellung). Die Verbindungslinien zwischen den Punkten sollen die jeweilige Leseweise verdeutlichen.

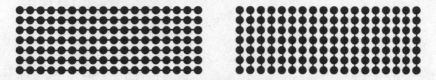

Abbildung 3.1 Veranschaulichung des Kommutativgesetzes für 7·18 = 18·7

Assoziativgesetz der Multiplikation

Das Assoziativgesetz (Verbindungsgesetz) der Multiplikation besagt, dass bei mehr als zwei Faktoren die Faktoren eines Produktes beliebig zusammengefasst werden können. Es wird üblicherweise durch Klammersetzung angedeutet, welche Faktoren zusammengefasst werden. Mit Variablen angeschrieben heißt dies für drei Faktoren: $(a·b)·c = a·(b·c)$

Aufgrund der drei Operatoren eignet sich zur Veranschaulichung ein Quader, der aus gleich großen Würfeln besteht (siehe Abbildung 3.2). Um die Anzahl aller Würfel im Quader zu bestimmen, können unter anderem zwei verschiedene Vorgehensweisen ausgemacht werden:

- Die Anzahl aller Würfel kann gedeutet werden als 14 9er-Stangen: $14·9 = (7·2)·9$, wobei 14, als $(7·2)$, als die Anzahl der Würfel der untersten Schicht aufgefasst wird.
- Die Anzahl aller Würfel kann aber auch gedeutet werden als 7 Schichten zu je 18 Würfel: $7·18 = 7·(2·9)$, wobei 18, als $(2·9)$, als die Anzahl der Würfel der vordersten Schicht gesehen wird.

Abbildung 3.2
Veranschaulichung des
Assoziativgesetzes für
$(7\cdot2)\cdot9 = 7\cdot(2\cdot9)$ anhand der
Anzahlbestimmung von
Würfeln in einem Quader

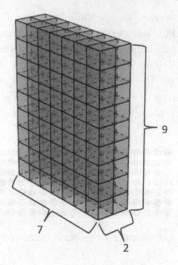

Distributivgesetz der Multiplikation bezüglich der Addition und Subtraktion
Das Distributivgesetz der Multiplikation bezüglich der Addition (bzw. Subtraktion), auch Verteilungsgesetz genannt, besagt, dass eine Summe (bzw. Differenz) mit einem Faktor multipliziert wird, indem jeder Summand (bzw. Minuend und Subtrahend) mit diesem Faktor multipliziert wird und die einzelnen Teilprodukte addiert (bzw. subtrahiert) werden. In Variablen angeschrieben bedeutet dies: $a\cdot(b + c) = a\cdot b + a\cdot c$ und $a\cdot(b - c) = a\cdot b - a\cdot c$[1]

Die Gültigkeit des Distributivgesetzes kann anhand eines Punktefeldes einsichtig veranschaulicht werden, wie hier in Abbildung 3.3 zur Aufgabe $7\cdot18$ für die Addition: $7\cdot18 = 7\cdot(10 + 8) = 7\cdot10 + 7\cdot8$

Auch andere (nicht stellenwertbasierte) Zahlzerlegungen sind denkbar, wie $7\cdot18 = 7\cdot(9 + 9) = 7\cdot9 + 7\cdot9$.

Zur Veranschaulichung des Distributivgesetzes der Multiplikation bezüglich der Subtraktion ist eine dynamische Sichtweise erforderlich. Um die distributive Zerlegung von $7\cdot18$ in $7\cdot20 - 7\cdot2$ am Punktefeld darzustellen, werden von $7\cdot20$ Punkten, wie in Abbildung 3.4 dargestellt, $7\cdot2$ Punkte weggedacht, sodass $7\cdot18$ Punkte übrig bleiben: $7\cdot18 = 7\cdot(20 - 2) = 7\cdot20 - 7\cdot2$.

---

[1] Sofern die Subtraktion durchführbar ist.

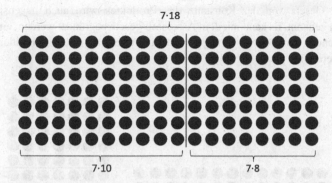

Abbildung 3.3 Veranschaulichung des Distributivgesetzes der Multiplikation bezüglich der Addition für $7 \cdot 18 = 7 \cdot 10 + 7 \cdot 8$

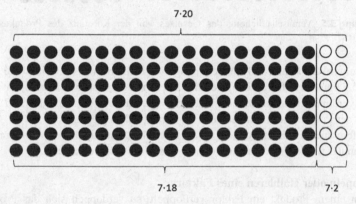

Abbildung 3.4 Veranschaulichung des Distributivgesetzes der Multiplikation bezüglich der Subtraktion für $7 \cdot 18 = 7 \cdot 20 - 7 \cdot 2$

Gesetz von der Konstanz des Produkts – gegensinniges Verändern

Das Gesetz von der Konstanz des Produktes besagt, dass der Wert eines Produktes gleichbleibt, wenn ein Faktor verdoppelt/verdreifacht/vervierfacht… und der andere halbiert/gedrittelt/geviertelt[2]…wird. In Variablen angeschrieben bedeutet dies: $a \cdot b = (a : n) \cdot (b \cdot n)$[3]

---

[2] Sofern die Operationen in den gegebenen Zahlenbereichen durchführbar sind.

[3] Sofern die Operationen in den gegebenen Zahlenbereichen durchführbar sind.

Dieses Gesetz von der Konstanz des Produktes wird auch gegensinniges Verändern genannt. Es kann mit dem Assoziativgesetz begründet werden, eine Veranschaulichung kann durch Umlegen von Punktefeldern, wie in Abbildung 3.5, erzeugt werden:

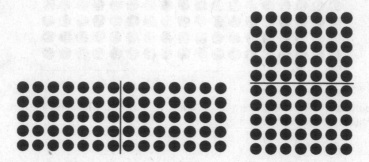

Abbildung 3.5 Veranschaulichung des Gesetzes von der Konstanz des Produktes für $5 \cdot 14 = 10 \cdot 7$

Dazu wird das Punktefeld zur Rechnung $5 \cdot 14$ halbiert, sodass zweimal die Aufgaben $5 \cdot 7$ entstehen. Durch Umlegen der zwei Punktefelder in der Form, dass ein Faktor verdoppelt und der zweite halbiert wird, entsteht die Aufgabe $10 \cdot 7$. Die Anzahl der Punkte und somit auch das Ergebnis bleiben gleich.

Weitere operative Beziehungen, die im Bereich des multiplikativen Zahlenrechnens genutzt werden, sind das Verdoppeln oder das Halbieren eines Faktors.

Verdoppeln oder Halbieren eines Faktors
Wird in einem Produkt ein Faktor verdoppelt, so verdoppelt sich das Produkt insgesamt. Mit Variablen angeschrieben bedeutet dies: $(2 \cdot a) \cdot b = a \cdot (2 \cdot b) = 2 \cdot (a \cdot b)$

Genaugenommen geht diese operative Beziehung auf die Nutzung des Assoziativgesetzes und des Kommutativgesetzes zurück, was auch in der Darstellung mit Variablen gut sichtbar wird.

Dieser operative Zusammenhang des Verdoppelns kann genutzt werden, um zum Beispiel $8 \cdot 21$ aus $4 \cdot 21$ zu berechnen. Die Denkweise ist, $4 \cdot 21$ zu berechnen und, da 8 das Doppelte von 4 ist, das Ergebnis von $4 \cdot 21$ zu verdoppeln, um auf $8 \cdot 21$ zu kommen: $4 \cdot 21 = 84$, $8 \cdot 21 = 2 \cdot 84 = 168$

Ebenso gilt, wird in einem Produkt ein Faktor halbiert, so halbiert sich das Produkt insgesamt. Mit Variablen angeschrieben bedeutet dies: $(a : 2) \cdot b = a \cdot (b : 2) = (a \cdot b) : 2$

Der operative Zusammenhang des Halbierens kann genutzt werden, um zum Beispiel 5·18 zu berechnen. 10·18 ist aufgrund der Zehnerzahl als Faktor eine einfachere Aufgabe. Da 5 die Hälfte von 10 ist, muss auch das Ergebnis von 10·18 halbiert werden, um auf 5·18 zu kommen: 10·18 = 180, 5·18 = 180:2 = 90

Rechenwege zur Lösung von Multiplikationen mit mehrstelligen Faktoren, aber auch im kleinen Einmaleins, beruhen hauptsächlich auf den eben erörterten mathematischen Rechengesetzen. In der mathematikdidaktischen Literatur werden diese Rechenwege nach bestimmten Kriterien kategorisiert. Im folgenden Kapitel erfolgt ein Überblick über gängige Kategorisierungen.

3.2 Einteilungen von Rechenwegen für mehrstellige Multiplikationen

Die Rechenwege für mehrstellige Multiplikationen lassen sich größtenteils einer fassbaren Anzahl von Kategorien zuordnen, wobei auch Mischformen auftreten können (Krauthausen 2018, S. 88). In gängigen Werken der deutschsprachigen mathematikdidaktischen Literatur zur Arithmetik (Padberg und Benz 2021; Schipper 2009) findet man die Einteilung von Rechenwegen in *Schrittweise*, *Stellenweise* und *Ableiten*.

3.2.1 Kategorisierung von Rechenwegen für die Multiplikation in Schrittweise, Stellenweise und Ableiten

Schrittweises Rechnen
Zum schrittweisen Rechnen im Bereich der Multiplikation zählen Padberg und Benz (2021) alle Rechenwege, in denen *ein* Faktor additiv, subtraktiv oder multiplikativ zerlegt wird. Hierbei führen sie additives und subtraktives Zerlegen auf die *einmalige* Anwendung des Distributivgesetzes der Multiplikation bezüglich der Addition beziehungsweise Subtraktion zurück. Multiplikatives Zerlegen begründen sie mit der Nutzung des Assoziativgesetzes. Durch dieses Zerlegen wird eine komplexere Multiplikationsaufgabe in leichtere Teilaufgaben zerlegt. Padberg und Benz (2021) führen dazu folgende Beispiele an (siehe Abbildung 3.6):

1.			**2.**			**3.**			**4.**		
9 · 38 = 342			9 · 38 = 342			9 · 38 = 342			9 · 38 = 342		
9 · 30 = 270			10 · 38 = 380			9 · 40 = 360			3 · 38 = 114		
9 · 8 = 72			1 · 38 = 38			9 · 2 = 18			3 · 114 = 342		

Abbildung 3.6 Beispiele schrittweisen Rechnens bei der halbschriftlichen Multiplikation nach Padberg und Benz (2021, S. 206)

Während in Aufgabe 1 ein Faktor in eine Summe zerlegt und das Distributivgesetz der Multiplikation bezüglich der Addition genutzt wird, weisen die Aufgaben 2 und 3 unter Nutzung des Distributivgesetzes der Multiplikation bezüglich der Subtraktion eine Zerlegung eines Faktors in eine Differenz auf. In Aufgabe 4 wird unter Nutzung des Assoziativgesetzes die Multiplikation der Faktor 9 in zwei aufeinander bezogene Multiplikation mit 3 zerlegt.

Stellenweises Rechnen/Malkreuz
Unter *Stellenweises Rechnen/Malkreuz* verstehen Padberg und Benz (2021) alle Rechenwege, in denen *beide* Faktoren stellengerecht zerlegt werden. Dies schließt ein, dass für diese Rechenwege *beide* Faktoren mindestens zweistellig sein müssen. Aufgrund dieser Zerlegungen werden gemäß Distributivgesetz die Teilprodukte ermittelt und addiert (siehe Abbildung 3.7).

Abbildung 3.7
Stellenweises Rechnen für
15·12

15 · 12 = 180
10 · 10 = 100
10 · 2 = 20
5 · 10 = 50
5 · 2 = 10

Die Nutzung des Distributivgesetzes wird im folgenden Rechenweg deutlich: $15 \cdot 12 = (10 + 5) \cdot 12 = 10 \cdot 12 + 5 \cdot 12 = 10 \cdot (10 + 2) + 5 \cdot (10 + 2) = 10 \cdot 10 + 10 \cdot 2 + 5 \cdot 10 + 5 \cdot 2$

Die Struktur des Malkreuzes (siehe Abbildung 3.8) kann das stellengerechte Ausmultiplizieren der Teilprodukte erleichtern. Die Summierung im Malkreuz ist zeilenweise oder spaltenweise möglich, die jeweils zweite Variante kann als Probe herangezogen werden.

Abbildung 3.8
Stellenweises Rechnen für
15·12 mithilfe des
Malkreuzes

·	10	2	
10	100	20	120
5	50	10	60
	150	30	180

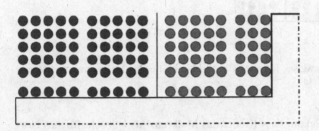

·	10	8	
6	60	48	108

Abbildung 3.9 Stellenweises Rechnen für 6·18 mithilfe des Malkreuzes und Veranschaulichung am Punktefeld

Zum Malkreuz

Bei Wittmann und Müller (2018) spielt das Malkreuz für die Erarbeitung von Rechenwegen für Multiplikationen eine bedeutende Rolle. Seine Stärke liegt in einer besonders „griffigen Notation" des Distributivgesetzes. Die Zerlegung von Punktefeldern in Teilfelder gemäß dem Distributivgesetz wird durch die geometrische Struktur des Malkreuzes treffend verdeutlicht (siehe Abbildung 3.10), sodass die Vorgehensweise für Rechenwege, die das Distributivgesetz bezüglich der Summe nutzen, anschaulich begründet werden kann (Wittmann und Müller 2018, S. 125).

Es ist dazu jedoch anzumerken, dass aufgrund der Struktur des Malkreuzes die Kinder in hohem Maße dazu verführt werden, das Malkreuz wie einen Algorithmus abzuarbeiten:

(1) Beide Faktoren werden stellengerecht in zwei oder mehr Teilfaktoren zerlegt, die in Tabellenform notiert werden.
(2) Jeder Teilfaktor wird mit jedem anderen multipliziert, und die so entstehenden Teilprodukte werden zeilen- oder spaltenweise addiert.

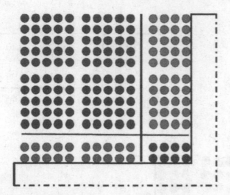

Abbildung 3.10 Stellenweises Rechnen für 12·14 mithilfe des Malkreuzes und Veranschaulichung am Punktefeld

Es besteht daher die Gefahr, dass Kinder das Malkreuz als halbschriftliches Normalverfahren handhaben. Leuders (2017) bemerkt dazu, dass die „inhaltliche Vorstellung davon, was die Multiplikation bedeutet", beim Rechnen mit dem Malkreuz „leicht verloren" geht, und hebt hervor, dass das Malkreuz, um die „besondere Struktur einer multiplikativen Situation zu erkennen", immer in Zusammenhang mit Punktefeldern verwendet werden sollte (Leuders 2017, S. 148). Diese Abstraktion des Malkreuzes aus der Zerlegung von Punktefeldern in Teilfelder (siehe Abbildung 3.9 für die Multiplikation eines einstelligen Faktors mit einem zweistelligen Faktor und Abbildung 3.10 für die Multiplikation zweier zweistelliger Faktoren) soll bei der Thematisierung im Unterricht nicht aus dem Blick verloren werden (siehe dazu auch Wittmann und Müller (2018, 125 f.)).

Padberg und Benz (2021, S. 208) weisen darauf hin, dass der Schreibaufwand beim Malkreuz bereits bei Multiplikationen mit zweistelligen Faktoren ziemlich groß und das Malkreuz somit nicht mehr „konkurrenzfähig zur schriftlichen Multiplikation" sei.

Ableiten

Unter der Hauptstrategie *Ableiten* führen Padberg und Benz (2021) die zwei Sonderfälle *Hilfsaufgabe* und *Vereinfachen* an:

Bei *Hilfsaufgaben* wird vom Ergebnis einer leichter zu lösenden Aufgabe auf das Ergebnis der Ausgangsaufgabe geschlossen. Dazu müssen die operativen Beziehungen zwischen den beiden Aufgaben erkannt und genutzt werden, zum Beispiel das Wissen um den Zusammenhang, dass 8·39 um 8 kleiner ist als 8·40, oder, dass

8·41 um 8 größer ist als 8·40. Nach Padberg und Benz (2021, S. 208) kommen bei Hilfsaufgaben vornehmlich das additive und das subtraktive Distributivgesetz zum Einsatz. Im Vergleich zum schrittweisen und stellenweisen Rechnen sind Hilfsaufgaben nicht universell einsetzbar, ein Faktor sollte so verändert werden können, dass eine einfachere Aufgabe entsteht.

1.   **2.**

$$5 \cdot 66 = 330 \qquad 14 \cdot 150 = 2100$$
$$10 \cdot 33 = 330 \qquad 7 \cdot 300 = 2100$$

Abbildung 3.11 Beispiele Ableiten – Vereinfachen nach Padberg und Benz (2021, S. 209)

Vereinfachen beruht auf dem Gesetz von der Konstanz des Produktes (siehe Abschnitt 3.1). In den angeführten Beispielen (siehe Abbildung 3.11) wird auf Basis des Gesetzes von der Konstanz des Produktes die operative Beziehung, dass ein Produkt gleichbleibt, wenn ein Faktor verdoppelt und der andere Faktor halbiert wird (gegensinniges Verändern), genutzt. Vereinfachen erfordert besondere Aufgabenmerkmale, beide Faktoren sollte *gegensinnig* so verändert werden können, dass eine einfachere Aufgabe entsteht.

3.2.2 Anmerkungen zur Einteilung in Schrittweise, Stellenweise und Ableiten

Die Einteilung in *schrittweises* und *stellenweises* Vorgehen kann aufgrund unterschiedlicher Überlegungen zu Irritationen führen. So wird von *stellenweisem* Vorgehen gesprochen, wenn *beide* Faktoren stellengerecht zerlegt werden. Dies erfordert per definitionem, dass beide Faktoren mindestens zweistellig sind, und bringt eine Zerlegung in mindestens vier Teilrechnungen mit sich (siehe Abbildung 3.10). Wird das gleiche Zerlegungsprinzip jedoch bei einstellig mal zweistelligen Multiplikationen genutzt, dann wird dieser Rechenweg dem *schrittweisen* Vorgehen zugeordnet (siehe Abbildung 3.6 Beispiel 1). In beiden Fällen wird das gleiche Gesetz angewendet, jedoch einmal ist es stellenweises Rechnen, das andere Mal schrittweises Rechnen. Wittmann und Müller (2018) rücken – im Vergleich zur Ausgabe von 1992 – in ihrer Überarbeitung des Handbuchs produktiver Rechenübungen von den Bezeichnungen *schrittweise* und *stellenweise* ab. Sie erarbeiten den Ausbau der Multiplikation auf größere Zahlen vom Punktefeld ausgehend über das Malkreuz, das sowohl für einstellig mal zweistellige als auch für mehrstellige Multiplikationen eingesetzt werden kann. Sie „verweilen" sehr lange beim Malkreuz, das Rechenwege, die auf dem Distributivgesetz der Multiplikation bezüglich der Addition beruhen, „geometrisch unterstützt" (Wittmann und Müller 2018, S. 127). Andere multiplikative Rechenwege, wie das subtraktive und multiplikative Zerlegen bzw. das gegensinnige Verändern bekommen in ihrem Lehrwerk durch diese Überbetonung des Malkreuzes wenig Raum. Eine Benennung bzw. Kategorisierung der Rechenwege für die Multiplikation, wie bei Padberg und Benz (2021), erfolgt nicht. Im Zuge der Erarbeitung additiver Rechenwege stellen sie fest, dass Bezeichnung *schrittweise* sich als ungünstig erweise, da bei allen Rechenwegen *schrittweise* vorgegangen wird (Wittmann und Müller 2018, S. 38).

Ein weiterer Einwand in punkto Einteilung der Rechenwege bei Padberg und Benz (2021) betrifft die Trennschärfe zwischen *Schrittweisem Rechnen* und *Hilfsaufgabe*. Die Strategie *Schrittweises Rechnen* wird zurückgeführt auf die Anwendung konkreter Rechengesetze (Distributivgesetz und Assoziativgesetz), dabei wird *ein* Faktor in eine Summe, in eine Differenz oder in ein Produkt zerlegt. Die Strategie *Hilfsaufgabe* hingegen wird allgemein über das Nutzen operativer Beziehungen festgelegt. Es ist aber anzumerken, dass in beiden Rechenwege die *gleichen* Rechengesetze zum Tragen kommen, wie aus den bei Padberg und Benz (2021) angeführten Musterbeispielen ersichtlich wird:

- Bei der Zerlegung von $9 \cdot 38$ in eine Differenz ($10 \cdot 38 - 1 \cdot 38$) wird schrittweise vorgegangen (siehe Musterbeispiel 2 aus Abbildung 3.6).
- Die Berechnung von $3 \cdot 19$ aus $3 \cdot 20$ wird bei Padberg und Benz (2021, S. 208) als Musterbeispiel für die Nutzung einer Hilfsaufgabe angeführt.

Beide Vorgehensweisen nutzen das *gleiche* Rechengesetz. Ebenso könnte man $10 \cdot 38$ als Hilfsaufgabe für $9 \cdot 38$ bezeichnen bzw. den Lösungsweg von $3 \cdot 19$ dem schrittweisen Rechnen zuschreiben: (1.Schritt: Faktor 19 wird zerlegt in $20 - 1$, 2.Schritt: $3 \cdot 20 = 60$, 3.Schritt: $80 - 3$). Bei der Kategorisierung als schrittweises Rechnen steht der Zerlegungsgedanke eines Faktors im Vordergrund, bei der Kategorisierung als Hilfsaufgabe die Nutzung einer leichteren Aufgabe mit anschließender Korrektur. Es stellt sich die Frage, wie diese Nuancen in der Denkweise in der konkreten Anwendung unterschieden werden können und ob diese Unterscheidung überhaupt von Bedeutung ist. Schipper (2009, 159f) hingegen verzichtet auf die Kategorie *Hilfsaufgabe* und gliedert in die Strategien *Schrittweise, Stellenwerte extra* und *Gegen- und gleichsinniges Verändern* (vgl. dazu *Vereinfachen* bei Padberg und Benz (2021)).

Es ist zu überlegen, ob es aufgrund der beschriebenen Verwirrungen zweckmäßig ist, die Kategorisierung in *Schrittweises* bzw. *Stellenweises Rechnen* (*eine* Zahl wird zerlegt bzw. *beide* Zahlen werden zerlegt) von der Addition und Subtraktion auf die Multiplikation zu übertragen. Die Sachanalyse spreche vielmehr für Kategorisierungen nach zugrundeliegenden operativen Beziehungen bzw. Rechengesetzen.

3.2.3 *Invented Strategies* der Multiplikation nach Van de Walle et al. (2019)

Über die Einteilung der Formen des Rechnens nach Van de Walle et al. (2019) wurde in Abschnitt 1.4.2 bereits geschrieben. Im Folgenden werden nun die „*Invented Strategies*" für „*Multiplication by a Single-Digit Multiplier*" vorgestellt. Demnach unterscheiden Van de Walle et al. (2019, 275 f.) zwischen:

- *Complete-Number Strategies (Including Doubling)*
- *Partitioning Strategies*
- *Compensation Strategies*

Sie beziehen sich bei dieser Einteilung auch auf empirische Ergebnisse von Baek (2006), die in Abschnitt 3.3.2 näher erörtert werden.

Complete Number Strategies (Including Doubling)

Complete Number Strategies beinhalten in der Denkweise noch keine Zerlegungen der Faktoren in Zehner und Einer: „*Students who are not yet comfortable decomposing numbers into parts will approach the numbers in the set as single groups*" (Van de Walle et al. 2019, S. 275). Die einfachste *Complete Number Strategy* der Multiplikation ist die Rückführung auf die Addition. Die Aufgabe 6·23 kann beispielsweise durch fortgesetzte Addition wie folgt gelöst werden: $23 + 23 = 46$, $46 + 23 = 69, 69 + 23 = 92, 92 + 23 = 115, 115 + 23 = 138$. Etwas anspruchsvoller sind Complete *Number Strategies*, die Verdoppelungen nutzen. Diese entwickeln Kinder vor allem im Zuge der fortgesetzten Addition, indem sie erkennen, dass die fortgesetzte Addition verkürzt werden kann. *Complete Number Strategies*, die Verdoppelungen nutzen, können in unterschiedlichen Komplexitäten auftreten. Eine einfache Variante zur Lösung von 6·23 ist, 23 zu verdoppeln und danach fortgesetzt dreimal 46 zu addieren: $23 + 23 = 46, 46 + 46 = 92, 92 + 46 = 138$. Bei dieser Verdoppelungsstrategie wird das Assoziativgesetz genutzt: $6·23 = (3·2)·23 = 3·(2·23)$.

Bei *Complete Number Strategies* wird nicht multiplikativ vorgegangen, sondern die Aufgabe wird zuerst in eine Addition aufgelöst, wobei die Additionen durch Verdoppelungen verkürzt werden können. Die Beschreibung von *Complete Number Strategies* nach Van de Walle et al. (2019), wonach keine Zerlegungen der Faktoren in Zehner und Einer erfolgen, ist jedoch nicht vollkommen korrekt. Im Zuge der Nutzung der Strategie *Stellenweise* zur Addition können die einzelnen Summanden sehrwohl in Zehner und Einer zerlegt und dann stellenweise addiert werden: z. B. 23 + 23 als 20 + 20 und 3 + 3.

Partitioning Strategies
Partitioning Strategies basieren auf einer Zerlegung eines Faktors oder beider Faktoren unter Nutzung des Distributivgesetzes: *„Students decompose numbers in a variety of ways that reflect an understanding of place value" (Van de Walle et al. 2019, S. 275).*

Van de Walle et al. (2019) führen folgende Zerlegungen an:

- Zerlegung in Zehner und Einer (*By Tens and Ones*) z. B. $27 \cdot 4 = 10 \cdot 4 + 10 \cdot 4 + 7 \cdot 4$
- Zerlegung in dekadische Einheiten (*By Decades*) z. B. $27 \cdot 4 = 20 \cdot 4 + 7 \cdot 4$
- Zerlegung des Multiplikators (*Partitioning the Multiplier*) z. B. $46 \cdot 3 = 46 \cdot 2 + 46$
- weitere Zerlegungen (*Other Partitions*) z. B. $27 \cdot 8 = (25 \cdot 4) \cdot 2 + 2 \cdot 8$

Aufgrund der angeführten Beispiele zu *Partitioning Strategies* ist ersichtlich, dass *Partitioning Strategies* das Distributivgesetz der Multiplikation bezüglich der Addition nutzen.

Compensation Strategies
Zu den *Compensation Strategies* zählen alle Rechenwege, in denen Zahlen in der Aufgabe so verändert werden, dass die veränderte Aufgabe einfacher zu lösen ist. Dazu zählen Van de Walle et al. (2019) zum Beispiel Rechenwege, die auf dem Gesetz von der Konstanz des Produktes beruhen, wie $5 \cdot 34 = 10 \cdot 17$ oder $66 \cdot 50 = 33 \cdot 100$.

Manchmal ist zusätzlich eine Anpassung (*compensation*) nötig, um auf das gesuchte Produkt zu schließen, wie bei der folgenden Zerlegung in eine Differenz von $19 \cdot 7$ in $20 \cdot 7 - 1 \cdot 7$. Die Anpassung ist hier die Subtraktion von 7. Ferner wird angeführt, dass *Compensation Strategies* nicht für alle Multiplikationen geeignet sind und ihre Anwendung stark von den in der Aufgabe vorkommenden Zahlen abhängt.

Unterschiede in den Einteilungen nach Van de Walle et al. (2019) und Padberg und Benz (2021)

- Im Gegensatz zu Padberg und Benz (2021) ergänzen Van de Walle et al. (2019) Rechenwege zur Lösung einstelliger mit zweistelligen Multiplikationen noch um *Complete Number Strategies (Including Doubling)*. Das Merkmal dieser Rechenwege ist, dass zur Lösung der Multiplikationen auf die wiederholte Addition zurückgegriffen wird. Die Faktoren werden als *complete numbers* betrachtet. Zu diesen Rechenwegen zählen auch alle *Complete Number Strategies*, die Verdoppelungen nutzen.
- Anders als Padberg und Benz (2021) in der Charakterisierung des schrittweisen Rechnens definieren Van de Walle et al. (2019) *Partitioning Strategies* anhand der Nutzung des Distributivgesetzes durch Zerlegung der Faktoren in eine Summe. Zerlegungen in eine Differenz werden hingegen den *Compensation Strategies* zugeschrieben. Dadurch wird die Kategorisierung nach Van de Walle et al. (2019) im Vergleich zu der nach Padberg und Benz (2021) trennschärfer und Zuordnungen eines Rechenweges zu mehreren Kategorien (siehe Kritik an der Kategorisierung in *Schrittweises Rechnen* und *Ableiten* in Abschnitt 3.2.2) werden vermieden.
- Weiters ist im Vergleich der Einteilungen auch festzustellen, dass Van de Walle et al. (2019) in den Beispielaufgaben keine vereinheitliche Notation der Rechenwege präsentieren, sondern ihre Beispiele mit individuellen Rechenwegnotationen aus der Praxis veranschaulichen.

3.3 Forschungsergebnisse zu Entwicklung und Verwendung von Rechenwegen für mehrstellige Multiplikationen

Der Forschungsstand zur Multiplikation mit mehr als einstelligen Faktoren ist im Gegensatz zur mehrstelligen Addition und Subtraktion im deutschsprachigen Raum eher dürftig (Padberg und Benz 2021, S. 214). Auch Corte und Verschaffel (2007) schreiben, dass die Forschungslage zum Addieren und Subtrahieren mit einstelligen Zahlen recht gut ist, es aber im Gegensatz dazu deutlich weniger Studien gibt, die sich damit beschäftigen, wie sich die Konzepte und Strategien auf mehrstellige Operationen übertragen lassen (Corte und Verschaffel 2007, S. 112).

Im Folgenden werden Ergebnisse aus Studien zu Rechenwegen für das Multiplizieren mit mehrstelligen Zahlen vorgestellt, die für die vorliegende Untersuchung als bedeutsam befunden werden.

3.3.1 Ambrose et al. (2003) – Entwicklung von Rechenwegen für mehrstellige Multiplikationen

Ambrose et al. (2003) veröffentlichten Ergebnisse einer Studie zur Entwicklung von Rechenwegen für mehrstellige Multiplikationen. Die Studie war angelegt als einjährige Feldstudie in sechs Grundschulkassen der dritten, vierten und fünften Schulstufe (Alter: 8–11 Jahre) im Mittleren Westen der USA. Alle Klassen wurden mehrmals in der Woche im Mathematikunterricht zu Rechenwegen zur Multiplikation beobachtet. In den drei jahrgangsübergreifenden Klassen wurden zusätzlich klinische Interviews durchgeführt.

In allen Klassen wurden in den ersten drei Monaten zu Beginn des Schuljahres Sachaufgaben zu Multiplikations- und auch Divisionsaufgaben thematisiert. Im Unterricht forderte die Lehrkraft die Kinder auf, Sachprobleme mit multiplikativem Kontext zu lösen. Die Sachsituationen konnten alle auf eine *equal grouping situation* zurückgeführt werden: Die Anzahl der Gruppen und die Anzahl der Objekte in einer Gruppe waren gegeben, die Gesamtanzahl der Objekte war gesucht. Die Autorinnen und Autoren wollten die Rechenwege der Kinder bewusst anhand von *equal grouping situations* erforschen, da diese wegen der unterschiedlichen Bedeutung von Multiplikand und Multiplikator konzeptuell und rechnerisch größere Herausforderungen an die Kinder stellten als rein symbolische Aufgaben. Die Lehrkräfte ermutigten die Kinder im Unterricht, selbst Rechenwege für mehrstellige Multiplikationen zu entwickeln und geeignete Notationsformen zu finden. In Gruppendiskussionen wurden die Kinder angeregt, die Rechenwege ihrer Klassenkameradinnen und Klassenkameraden zu analysieren und zu vergleichen und einander gegenüberzustellen. In der Regel wurden vier oder fünf verschiedene Rechenwege für ein gegebenes Problem diskutiert, um Kindern die klare Botschaft zu vermitteln, dass sie Probleme in jeder für sie sinnvollen Weise lösen könnten. Die Lehrkraft führte nur selten Rechenwege ein. Anhand der Unterrichtsbeobachtungen analysierten die Forscherinnen und Forscher die im Zuge der Bearbeitung der Aufgaben entwickelten Konzepte und Fertigkeiten (Ambrose et al. 2003, S. 50).

Im Folgenden werden die Ergebnisse der Studie zusammengefasst:

Ambrose et al. (2003) stellen grundsätzlich fest, dass die Rechenwege, die Kinder zur Lösung mehrstelliger Multiplikationen entwickeln, abhängig sind von

(1) ihrem Wissen über Zahlen,
(2) ihrem Verständnis von Maßeinheiten,
(3) ihrem Stellenwertverständnis und

(4) ihrem Verständnis von Eigenschaften der vier Grundrechenarten (Ambrose et al. 2003, S. 53).

Sie charakterisieren die Entwicklung der Konzepte und Fertigkeiten der Kinder zur Lösung mehrstelliger Multiplikationen als Ergebnis einer fortschreitenden Abstraktion ihrer informellen Rechenwege (Ambrose et al. 2003, S. 50). Des Weiteren kategorisieren sie die entwickelten Rechenwege der Kinder in Stufenfolge der fortschreitenden Abstraktion und beschreiben die Abstraktionsprozesse von Stufe zu Stufe. Im Folgenden wird die von Ambrose et al. (2003) abgeleitete Stufenfolge der Entwicklung genauer beschrieben:

Concrete Multiplication Strategies
Auf unterster Stufe erfassen Ambrose et al. (2003) Concrete Multiplication Strategies. Sie unterteilen Concrete Multiplication Strategies weiter in Direct Modeling with no partitioning of factors und Direct Modeling with partitioning of the multiplicand into tens and ones. Beim Direct Modeling with no partitioning of factors wird das Ergebnis mithilfe konkreter Materialien oder erstellter Zeichnungen vollständig ausgezählt. Der Lösungsprozess erfordert wenig bis gar kein Stellenwertverständnis. Hingegen modellieren Rechenwege, die auf Direct Modeling with partitioning of the multiplicand into tens and ones basieren, die Aufgabe mit Stellenwertmaterial (anstelle von individuellen Zählern) und setzen bereits ein Stellenwertverständnis voraus (siehe Abbildung 3.12 zur Aufgabe 6·18).

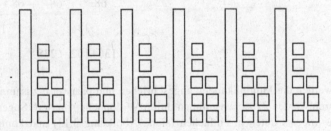

Abbildung 3.12 *Direct Modeling with partitioning of the multiplicand into tens and ones* für 6·18

Wie in Abbildung 3.12 anhand der Aufgabe 6·18 dargestellt, werden für die Aufgabe 6·18 bei dieser Form des *Direct Modeling* 6 Gruppierungen zu je einer Zehnerstange und 8 Einerwürfel gelegt. Die Ergebnisermittlung erfolgt durch separates Zählen der Zehner und Einer.

Grenzen von Concrete Multiplication Strategies

Die Grenzen der Rechenwege durch vollständiges Auszählen (mit und ohne Zerlegung der einzelnen Faktoren in ihre Stellenwerte) sind rasch erreicht, da diese Rechenwege bei größeren Faktoren schnell zu einer Materialschlacht ausarten. Ambrose et al. (2003) gehen davon aus, dass sich effizientere Rechenwege für mehrstellige Multiplikationen nicht aus direkter Modellierung mit Stellenwertmaterial entwickeln, sondern aus einer Weiterentwicklung effizienterer Techniken des Addierens und Verdoppelns, die sie in der nächsten Stufe (*Adding and Doubling Strategies*) beschreiben (Ambrose et al. 2003, S. 54).

Adding and Doubling Strategies

Adding and Doubling Strategies basieren auf zunehmend effizienteren Techniken des Addierens und Verdoppelns. Die einfachste *Adding and Doubling Strategy* ist die fortgesetzte Addition (*Adding*). Die Tatsache, dass immer dieselbe Zahl addiert wird, kann ausgenutzt werden, um die Summen effizienter zu berechnen. Es werden durch Verdoppeln Zwischensummen generiert. Ambrose et al. (2003) sprechen von einer neuen iterierbaren Einheit, die entsteht, indem zwei Multiplikanden addiert werden, was dann dazu führt, dass die Rechnung effizienter gelöst werden kann.

Eine einfache *Doubling Strategy* zur Aufgabe 7·34 ist somit folgende Vorgehensweise (siehe Abbildung 3.13):

Abbildung 3.13
Doubling Strategy für 7·34

$$34+34+34+34+34+34+34 =$$
$$68 \qquad 68 \qquad 68$$
$$136 \qquad\qquad 102$$
$$136+102 = 238$$

Dabei werden die Multiplikanden angeschrieben und paarweise zusammengefasst, dadurch werden Zwischensummen durch Verdoppeln generiert. Sogenannte *Doubling strategies* treten in einfachen (siehe Abbildung 3.13) und komplexen (siehe Abbildung 3.14) Varianten auf. *Complex doubling strategies* sind nicht nur effizienter, sondern beinhalten auch konzeptuelle Weiterentwicklungen in Bezug auf die Zerlegung des Multiplikators. Ambrose et al. (2003) führen dazu Danas Rechenweg für 47·34 an, der in Abbildung 3.14 dargestellt ist:

1	2	4	8	16	32	48
34	68	136	272	544	1088	1632

- 34 = 1548

Abbildung 3.14 Danas *Complex Doubling Strategy* für 47·34 (Ambrose et al., 2003, S. 55)

Das Kontextproblem zu Danas Aufgabe lautet: „Es gibt 47 Kinder in einem Skiclub. Eine Reise nach Devil's Head kostet 34 Dollar für jedes Kind. Wie viel kostet es, alle im Club auf die Reise mitzunehmen?" Dana erstellt eine Tabelle (siehe Abbildung 3.14). Sie verdoppelt sukzessive sowohl die Anzahl der Kinder als auch die Dollar. Anschließend addiert sie die Beträge für 16 und 32 Kinder und subtrahiert danach wieder 34 Dollar von diesem Betrag, um auf 47 Kinder zu kommen. Ihre Schreibweise erlaubt ihr, die Anzahl der Kinder sowie der Dollar zu verfolgen, die mit jeder Verdoppelung verbunden sind. Der wesentliche Unterschied zu einfachen *Doubling strategies* besteht darin, dass Dana sich im Lösungsprozess explizit mit der Zerlegung des Multiplikators auseinandersetzt (Ambrose et al. 2003, S. 55). Zur Berechnung werden bereits implizit distributive und assoziative Eigenschaften genutzt, wobei Ambrose et al. (2003) nicht davon ausgehen, dass Dana ein explizites Verständnis des Assoziativgesetzes und Distributivgesetzes hat. Symbolisch kann Danas Verdopplungsstrategie wie folgt dargestellt werden: $47 \cdot 34 = (32 + 16 - 1) \cdot 34 = 2 \cdot (2 \cdot (2 \cdot (2 \cdot (2 \cdot 34)))) + (2 \cdot (2 \cdot (2 \cdot 34))) - 34 = 1088 + 544 - 34$

Diese Notation veranschaulicht die mathematische Komplexität der Strategie und macht deutlich, wie Dana die distributiven und assoziativen Eigenschaften der Multiplikation nutzt.

Einen weiter fortgeschrittener Rechenweg der Kategorie *Adding and Doubling Strategies* benennen Ambrose et al. (2003) mit *Building up by other factors*. Dabei liegt bereits zu Beginn der Berechnungen ein Plan vor, wie die Multiplikanden mittels Verdoppelungen oder auch wiederholter Verdoppelungen dem Multiplikator entsprechend zusammengefasst werden können. Ambrose et al. (2003) geben dazu als Beispiel den Rechenweg von Bob an, der die Aufgabe 24·32 („In einer Schule gibt es 24 Klassen und in jeder Klasse sind 32 Kinder. Wie viele Kinder gehen in diese Schule?") folgendermaßen löst (siehe Abbildung 3.15):

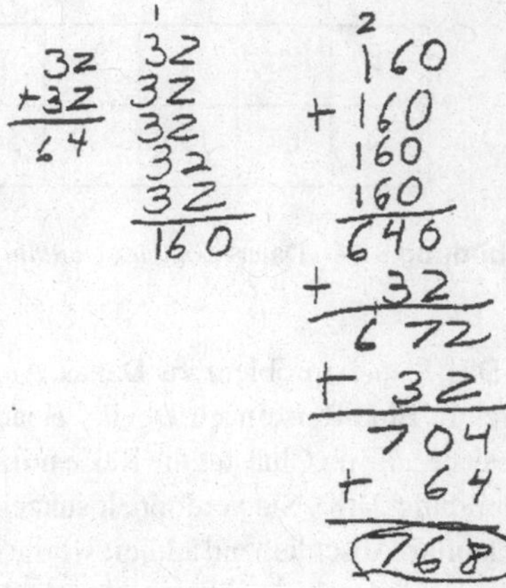

Abbildung 3.15 *Building up by other factors* für 24·32 (Ambrose et al., 2003, S. 57)

$$\begin{array}{r} 32 \\ +32 \\ \hline 64 \end{array}$$

$$\begin{array}{r} 32 \\ 32 \\ 32 \\ 32 \\ 32 \\ \hline 160 \end{array}$$

$$\begin{array}{r} 160 \\ +160 \\ 160 \\ 160 \\ \hline 646 \\ +\ \ 32 \\ \hline 672 \\ +\ \ 32 \\ \hline 704 \\ +\ \ 64 \\ \hline 768 \end{array}$$

So berechnet Bob zur Lösung der Aufgabe 24·32 zuerst[4] 20·32, indem er 20·32 in 4·(5·32) zerlegt. Im Wissen, dass sich der Multiplikator aus $20 + 1 + 1 + 2$ zusammensetzen lässt, addiert er die entsprechenden Teilprodukte. Symbolisch kann Bobs Rechenweg wie folgt erklärt werden: $24·32 = (4·5 + 1 + 1 + 2)·32 = 4·(5·32) + 1·32 + 1·32 + 2·32$. Die symbolische Darstellung zeigt, dass Bob ebenfalls implizit die distributiven und assoziativen Eigenschaften der Multiplikation verwendet (Ambrose et al. 2003, S. 56).

Ambrose et al. (2003) nehmen aufgrund ihrer Beobachtungen an, dass Rechenwege über *Adding and Doubling Strategies* auch Rechenwege grundlegen können, die zu Zerlegungen des Multiplikators in Vielfache von 10 führen (*Invented Algorithms using ten*). Dies geschieht, indem die Zerlegungen des Multiplikators zunehmend effizienter werden und schließlich in einer Zerlegung in Vielfache von 10 enden, um die Sonderrolle der Zahl 10 in unserem Zahlensystem ausnützen zu können (Ambrose et al. 2003, S. 57).

Invented Algorithms using ten
Rechenwege basierend auf *Invented Algorithms using ten* lassen sich durch Zerlegung des Multiplikators (und auch Multiplikanden) in Zehner und Einer charakterisieren. Ambrose et al. (2003) unterscheiden dabei zwischen *Partitioning the multiplier into tens and ones* und *Partitioning both the multiplier and multiplicand*. Bei *Partitioning the multiplier into tens and ones* wird der Multiplikator stellengerecht zerlegt. Exemplarisch anhand der Aufgabe 43·24 aufgezeigt, bedeutet das eine

---

[4] Siehe dazu die kleine 1 über der zweiten Spalte in Abbildung 3.15.

Zerlegung des Multiplikators 43 in 4·10 + 3 und eine Berechnung des Ergebnisses als z. B. 10·24 + 10·24 + 10·24 + 10·24 + 3·24. Im Gegensatz zu den *Adding and Doubling Strategies* berechnen die Kinder bei diesem Rechenweg bereits Teilsummen mittels Multiplikationen, dabei entstehen insbesondere Multiplikationen mit Zehnerzahlen, bei deren Berechnungen der Vorteil des stellengerechten Zerlegens ausgenutzt werden kann. Anspruchsvollere Rechenwege zerlegen sowohl den Multiplikator als auch den Multiplikanden stellengerecht (*Partitioning both the multiplier and multiplicand*), wie etwa der Lösungsweg zur Aufgabe 43·24 als 40·20 + 3·20 + 40·4 + 3·4 zeigt (Ambrose et al. 2003, S. 58).

Zur Nutzung des Kommutativgesetzes
Ferner beschreiben Ambrose et al. (2003) in ihrer Studie, dass Kinder bei Situationen der Form a Gruppen zu je b Objekten, wenn etwa die Tauschaufgabe leichter zu berechnen ist, in den seltensten Fällen auf das Kommutativgesetz zurückgreifen. So können die Kinder in der Studie die Aufgabe 24·10 ohne große Schwierigkeiten berechnen. Jedoch gelingt es ihnen nicht dieses Wissen zur Berechnung von 10·24 zu nutzen, im konkreten Fall zur Lösung der Aufgabe: Wie viele Karten befinden sich in 10 Boxen zu je 24 Karten? Bei dieser Aufgabe greifen viele Kinder auf die wiederholte Addition zurück. Die Nichtnutzung des Kommutativgesetzes ist insofern verwunderlich, als das Kommutativgesetz für Kinder eigentlich leichter zu verstehen ist als das Assoziativgesetz und das Distributivgesetz. Ferner folgern Ambrose et al. (2003) daraus, dass es offensichtlich nicht reiche, das Kommutativgesetz rein an symbolischen Aufgaben zu erarbeiten, sondern es sollte auch in Kontextaufgaben thematisiert werden, um eine größere Flexibilität bei der Lösung von Sachaufgaben zu erreichen (Ambrose et al. 2003, S. 58).

Zusammenfassung und weitere Ergebnisse der Studie von Ambrose et al. (2003)

- Die Rechenwege zu mehrstelligen Multiplikationen entwickeln sich in Richtung immer effizienter werdender Techniken des Addierens und Verdoppelns im Sinne einer fortschreitenden Abstraktion.
- Wesentlich für eine konzeptuelle Weiterentwicklung ist die Einsicht, dass auch der Multiplikator zerlegt werden könne.
- Rechenwege über *Adding and Doubling Strategies* können Zerlegungen des Multiplikators in Vielfache von 10 grundlegen.
- Der Kontext von Sachaufgaben beeinflusst die Rechenwege der Kinder.
- Die Kinder nutzen in ihren Rechenwegen bereits implizit distributive und assoziative Eigenschaften der Multiplikation.

- Nur in den seltensten Fällen wird bei Multiplikationen, die aus Kontextaufgaben abgeleitet werden, das Kommutativgesetz genutzt, um eine Multiplikation vorteilhafter zu lösen.
- Mittels Rechenwegen über Verdoppelungen kann die multiplikative Grundvorstellung der Proportionalität grundgelegt werden.

3.3.2   Baek (1998, 2006) – Entwicklung von Rechenwegen für mehrstellige Multiplikationen

Die Ergebnisse von Baek (1998) und Baek (2006) basieren ebenfalls auf der bei Ambrose et al. (2003) beschriebenen Studie. In diesen Publikationen werden ebenfalls die Rechenwege, die Kinder *„in the upper grades of elementary school"* anhand alltagsnaher Sachprobleme für mehrstellige Multiplikationen entwickeln, beschrieben (Baek 1998, S. 151). Zur Stichprobe und zur methodischen Vorgehensweise werden folgende Informationen angegeben: Die beobachteten Kinder wurden von den Lehrkräften im Unterricht ermutigt, Rechenwege für Multiplikation anhand von *equal-grouping*-Problemen zu entwickeln. Darüber hinaus wurden sie auch motiviert, effiziente schriftliche Notationen zu entwickeln, zu erklären, warum ihre Rechenwege funktionieren, und Unterschiede und Gemeinsamkeiten zwischen Rechenwegen zu diskutieren sowie darüber nachzudenken, warum einige Rechenwege effizienter sind als andere. Die Lehrkräfte beschlossen, in den untersuchten Klassen den schriftlichen Algorithmus für die Multiplikation nicht einzuführen. Wenn Kinder diesen benutzten, dann nur, weil ihre Eltern oder älteren Geschwister es ihnen zuhause beibrachten. Die Lehrkräfte waren aber nicht mit Ergebnissen zur Entwicklung von Rechenwegen für mehrstellige Multiplikationen aus der Forschung vertraut (Baek 2006, S. 243). Die Daten wurden aus Beobachtungen der Kinder beim Lösen der Aufgaben und aus klinischen Interviews erhoben.

Während Ambrose et al. (2003) den Schwerpunkt vor allem auf die Beschreibung der Entwicklung zur stellenwertbasierten Zerlegung des Multiplikators aus Verdoppelungsstrategien legen, stellt Baek (1998, 2006) in der Kategorisierung der Rechenwege auch ausgereiftere Rechenwege vor. Eine weitere Zielsetzung ist die Analyse des konzeptuellen Verständnisses der Kinder zur Multiplikation und der zugrundeliegenden mathematischen Konzepte. Diese Analysen werden anhand der beobachteten Lösungswege vorgenommen (Baek 2006, S. 242).

Baek (1998) klassifiziert die beobachteten Rechenwege der Kinder nach folgenden Einteilungen:

- *Direct Modeling,*
- *Complete Number Strategies,*
- *Partitioning Number Strategies und*
- *Compensating Strategies.*

Direct Modeling basiert auf dem vollständigen Auszählen des Ergebnisses mithilfe konkreter Materialien oder erstellter Zeichnungen. Das direkte Modellieren wird abgelöst durch *Complete Number Strategies*, die auf fortgesetzter Addition der Multiplikanden basieren, ohne den Multiplikanden oder den Multiplikator zu zerlegen[5]. Durch Verdoppeln der Multiplikanden werden die Rechenwege der *Complete Number Strategies* effizienter (Baek 1998, S. 152). Entsprechende Vorgehensweisen der Kinder wurden bereits in Abbildung 3.13 illustriert. Weiters beobachtet Baek (2006) analog zu den Ergebnissen von Ambrose et al. (2003) zwei unterschiedliche *doubling strategies*: *simple doubling* und *complex doubling* (Baek 2006, S. 244).

Partitioning Number Strategies
Partitioning Number Strategies basieren gemäß Baek (1998, S. 152) auf der Zerlegung des Multiplikanden oder Multiplikators. Dadurch werden Subprobleme erzeugt, die leichter zu lösen sind. Dieser Umstand beinhaltet eine Reduzierung der Komplexität und eine Rückführung auf Einmaleinsaufgaben, die Kinder bereits kennen. Hier unterscheidet sich die Kategorisierung Baeks von Ambrose et al. (2003). Bei Letzteren werden jene Rechenwege, bei denen eine Zerlegung des Multiplikators in nicht dekadische Einheiten vorgenommen wurde, zu den *Adding and Doubling Strategies* gezählt (siehe Abschnitt 3.3.1). Erst jene Rechenwege, die eine stellengerechte Zerlegung des Multiplikators (in Zehner und Einer) aufweisen, werden in die nächste Entwicklungsstufe eingeordnet. Als Grund dafür nennen Ambrose et al. (2003), dass erst bei Zerlegungen zur Basis 10 die Eigenschaften der Zahl 10 zur Bewältigung der Subprobleme effizient ausgenutzt werden können und dadurch die Rechnungen leichter werden. Sie sehen gerade in diesem Schritt der Nutzung der dekadischen Einheiten in den Subproblemen die Weiterentwicklung in der Rechenwegverwendung. Baek (1998) hingegen ordnet alle Rechenwege, die Zerlegungen aufweisen (egal, ob stellenwertbasiert oder nicht), bereits den *Partitioning Number Strategies* zu. Dabei unterscheidet sie wie folgt:

---

[5] Siehe dazu die Anmerkungen zu *Complete Number Strategies* nach Van de Walle et al. (2019) in Abschnitt 3.2.3.

- *Partitioning a number into nondecade numbers*
  Als Beispiel für eine nicht stellenwertbasierte Zerlegung führt Baek (2006) die
  Lösung eines Kindes an, das die Aufgabe 35·23 in 5·23 + 5·23 + 5·23 + 5·23 +
  5·23 + 5·23 + 5·23 zerlegt, wobei es zuerst fünf 23er und danach sieben 115er
  addiert (Baek 2006, S. 244). Dabei zeigt das Kind, dass es intuitiv verstanden
  hat, dass es die Anzahl der Gruppen (35) in Zahlen zerlegen kann, deren Größen
  bei der Verrechnung leichter handzuhaben sind. (Baek 2006, S. 144).
- *Partitioning a number into decade numbers*
  Diese Kategorie entspricht bei Ambrose et al. (2003) der Kategorie Partitioning
  the multiplier into tens and ones. Wird ein Faktor stellenwertbasiert zerlegt, ergibt
  sich der Vorteil, dass Multiplikationen mit dekadischen Einheiten entstehen, die
  einfacher zu lösen sind (Baek 2006, S. 244). Anhand der Aufgabe 43·24 bedeutet
  dieser Umstand eine Zerlegung des Multiplikators 43 in 4·10 + 3 und eine
  Berechnung des Ergebnisses als z. B. 10·24 + 10·24 + 10·24 + 10·24 + 3·24,
  wie bereits in der Studie von Ambrose et al. (2003) angeführt. Baek (2006)
  stellt fest: „...with the knowledge of 10 groups, [children, Anm. M.G] were
  much more efficient and fluent in their problem solving" (Baek 2006, S. 245).
  Dabei sind aber unterschiedliche Vorgehensweisen zu beobachten: Kinder, die
  die Addition nutzen, um die Teilprodukte zu lösen, sind in ihren Berechnungen
  nicht so effizient wie jene Kinder, die die Teilprodukte mittels Multiplikation
  berechnen (Baek 2006, S. 246).
- *Partitioning both numbers into decade numbers*
  Diese Kategorie entspricht bei Ambrose et al. (2003) der Kategorie Partitioning
  both the multiplier and multiplicand. Kinder, die diese Rechenwege anwenden,
  zerlegen beide Faktoren stellenwertbasiert. So zerlegt ein Kind in der Studie von
  Baek (2006) 26·39 in die Teilprodukte 20·30, 20·9, 6·30 und 6·9 und ermittelt
  26·39 als 20·30 + 20·9 + 6·30 + 6·9.

Compensating Strategies
Compensating Strategies basieren auf einer Anpassung des Multiplikanden und des
Multiplikators oder nur auf einem von beiden aufgrund spezieller Zahlencharakteristika. Es werden dadurch multiplikative Subprobleme erzeugt, die leichter zu
berechnen sind. Falls notwendig, werden nach der Lösung der Subprobleme noch
Korrekturen vorgenommen (Baek 1998, S. 152). Baek (2006) beschreibt dies wie
folgt: „*Some children in the study developed very sophisticated strategies that requi-
red a significantly flexible and fluent understanding of numbers and the operations*"
(Baek 2006, S. 245). Beispielsweise löst ein Kind die Aufgabe 5·250 als 10·125
unter Nutzung des Gesetzes von der Konstanz des Produkts. Im Rechenweg wird
aufgrund der speziellen Zahlencharakteristika der Multiplikator verdoppelt und der
Multiplikand halbiert, weil daraus eine Multiplikation mit 10 entsteht, die leichter

zu rechnen ist. Wird nur ein Faktor angepasst, müssen zur Ergebnisermittlung noch weitere Korrekturen gemacht werden, um das Ergebnis zu ermitteln, wie etwa bei folgender Lösung zur Aufgabe 17·70 durch Zerlegung in eine Differenz: Zuerst wird die einfachere Aufgabe 20·70 berechnet, danach wird 3·70 als Korrektur subtrahiert. *Compensating Strategies* werden bei Ambrose et al. (2003) nicht angeführt.

Zusammenfassung der Ergebnisse von Baek (1998, 2006)

- Kinder sind in der Lage, eine Vielfalt von Rechenwegen (von *Direct Modeling* bis *Partitioning Number Strategies* und *Compensating Strategies*) zu mehrstelligen Multiplikationen zu entwickeln. Die beobachteten Rechenwegen können unterschiedlichen Ebenen von mathematischem Verständnis zugeordnet werden und machen die Komplexität von konzeptuellem und prozeduralem Wissen, die mit dem Lösen mehrstelliger Multiplikationen verbunden ist, sichtbar (Baek 2006, S. 242).
- Die meisten der von Baek (2006, 1998) untersuchten Kinder entwickeln Verdopplungs- und Zerlegungsstrategien, für die sie ihr informelles Wissen über distributive oder assoziative Eigenschaften anwenden (Baek 2006, S. 243). Mehr als zwei Drittel der Kinder nutzen Strategien, die ein informelles Verständnis des Assoziativ- bzw. Distributivgesetzes aufzeigen (Baek 2006, S. 246).
- Kinder sind in der Lage in Abhängigkeit von den auftretenden Zahlen effiziente und flexible Rechenwege zu entwickeln (Baek 2006, S. 246). Sie bilden im Zuge der Entwicklung eigener Rechenwege ein tieferes und flexibleres Verständnis für die Multiplikation aus und entwickeln zunehmend auch Zahlensinn *(number sense)* (Baek 1998, S. 159).
- Viele der von Baek (2006, 1998) untersuchten Kinder entwickeln ihre Rechenwege in einer linearen Abfolge: *Direct Modeling – Complete Number Strategies – Partitioning a number into nondecade numbers – Partitioning a number into decade numbers* (Baek 1998, S. 160).

Ausblickend stellt Baek (1998) fest, dass ihre Ergebnisse vor allem Lehrkräften helfen sollen, die Rechenwege der Kinder zu identifizieren und zu verstehen (Baek 1998, S. 160), und in weiterer Folge dazu dienen sollen, die Erarbeitung der mehrstelligen Multiplikation im Unterricht angelehnt an die Denkweisen der Kinder zu verbessern.

3.3.3 Mendes (2012) und Mendes et al. (2012) – Ein teaching experiment zur Erarbeitung multiplikativer Rechenwege

Die Publikationen von Mendes (2012) und Mendes et al. (2012) beziehen sich auf die Untersuchung eines Unterrichtsexperiments (*teaching experiment*) zum Thema Multiplikation, am dem 23 Kinder einer dritten Klasse in Portugal acht Monate lang teilnahmen. Dabei lag der Forschungsschwerpunkt des *teaching experiments* auf der Erstellung und Erforschung von Unterrichtssequenzen zum Thema Multiplizieren nach dem methodischen Ansatz des *Design Research* nach Gravemeijer und Cobb (2006). Im Zuge des *teaching experiments* wurden elf Unterrichtssequenzen (ca. zwei Unterrichtsstunden pro Sequenz) konzipiert und umgesetzt. Die Aufgaben in den Unterrichtssequenzen wurden angelehnt an die Empfehlungen von Fosnot und Dolk (2001) und Treffers und Buys (2008) konzipiert und haben den Anspruch, die Kinder in den Unterrichtssequenzen mit problemorientierten Aufgaben zu konfrontieren.

Die Unterrichtssequenzen wurden videografiert und alle schriftlichen Aufzeichnungen der Kinder gesammelt und analysiert. Um für die nächste Unterrichtssequenz jene Rechenwege berücksichtigen zu können, die die Schüler bei der Bearbeitung der vorherigen Aufgaben nutzten, wurden die Unterrichtssequenzen von einem zum anderen Mal von der Forscherin und/oder der Lehrkraft angepasst. Exemplarisch werden hier zwei Aufgaben aus Sequenz 4 kurz vorgestellt:

In einer problemorientierten Aufgabe werden Stapel von Boxen mit der Aufforderung präsentiert, die Gesamtzahl der Äpfel in den 25 Boxen mit je 48 Äpfeln zu bestimmen. (siehe Abbildung 3.16 mit Cristóvãos Lösung für diese Aufgabe):

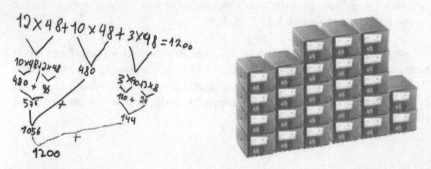

Abbildung 3.16   Cristóvãos Lösung für 25·48 in Mendes et al. (2012, S. 5)

In der darauffolgenden Unterrichtssequenz wurden die in den Sachaufgaben vorkommenden Rechnungen explizit thematisiert und Lösungsmöglichkeiten durch Nutzung operativer Beziehungen besprochen. Auch mit der Intention am Aufbau eines Zahlensinns zu arbeiten (siehe Abbildung 3.17).

$50 \times 10 =$	$10 \times 60 =$	$12 \times 50 =$
$25 \times 20 =$	$20 \times 30 =$	$24 \times 50 =$
$25 \times 4 =$	$40 \times 15 =$	$50 \times 24 =$
$25 \times 24 =$	$40 \times 30 =$	$25 \times 48 =$
$50 \times 12 =$	$20 \times 60 =$	$50 \times 48 =$

Abbildung 3.17 Aufgabenstellung zur Thematisierung operativer Beziehungen bei Mendes (2012, Anhang 5)

Ziel der Studie war es zu analysieren, wie Kinder unter dem Einfluss der umgesetzten Unterrichtssequenzen das Multiplizieren mit mehrstelligen Zahlen lernen. Die Schwerpunktsetzung in den Unterrichtssequenzen lag auf besonders geeigneten Kontextaufgaben zur Entwicklung von Multiplikationsverständnis, der Wahl geeigneter Zahlen in den Aufgaben und der Schaffung einer spezifischen Klassenkultur bestehend aus Momenten sozialer Interaktion und Momenten individueller Arbeit. Das Wissen über die von den Kindern bei der Lösung von Multiplikationsaufgaben entwickelten Rechenwege und die Art und Weise, wie sie sich entwickeln, sollen vor allem dazu dienen, effektive Lernarrangements zu konzipieren (Mendes et al. 2012, S. 7).

Kategorien multiplikativer Rechenwege nach Mendes (2012)
Mendes et al. (2012) stellen in ihren Unterrichtsexperimenten fest, dass die Kinder zur Lösung der Multiplikationsaufgaben eine Vielfalt unterschiedlicher Rechenwege nutzen. Die beobachteten Rechenwege werden kategorisiert in *Counting*

procedures, Additive procedures, Subtractive procedures (bei Divisionsaufgaben)
und *Multiplicative procedures* (siehe Abbildung 3.18). Die Subkategorien und die
absoluten Häufigkeiten der beobachteten Rechenwege sind der Abbildung 3.18 zu
entnehmen.

Categories	Specific procedures	Frequency
Counting procedures	Skip-counting	13
Additive procedures	Using repeated addition	141
	Adding two terms	142
	Column calculation	14
Subtractive procedures	Using repeated subtraction	34
Multiplicative procedures	Using known facts	216
	Using doubles	128
	Using landmarks multiples	94
	Partitioning a number into nondecade numbers	190
	Partitioning a number into decade numbers	63
	Using compensating	31
	Doubling an halving	27
	Multiplying successivly from a product of reference	30
	Column calculation	49

Abbildung 3.18 Kategorisierung der Rechenwege bei Mendes et al. (2012, S. 3)

Dazu ist anzumerken, dass Mendes et al. (2012) im Unterschied zu Baek (1998,
2006) nicht zwischen *Partitioning Strategies* und *Compensation Strategies* trennen, sondern alle diese Rechenwege als multiplikative Rechenwege (*Multiplicative
procedures)* zusammenfassen.

Zu den *Additive procedures* zählt Mendes (2012) Rechenwege, die durch fortgesetzte Addition (*Using repeated addition*), fortgesetzte paarweise Addition zweier Summanden (*Adding two terms*) und durch schriftliche Addition (*Column calculation*) erfolgen. Rechenwege der Kategorie *Subtractive procedures* sind in der Studie nur bei Divisionsproblemen zu beobachten.

Zu den *Multiplicative procedures* zählt Mendes (2012) folgende Rechenwege (siehe Abbildung 3.18):

- Rechenwege, basierend auf Automatisierungen von Multiplikationsaufgaben (*Using known facts*),
- Rechenwege unter Nutzung von Verdoppelungen (*Using doubles*), zum Beispiel die Berechnung der Aufgabe 2·18 aus 2·9 (Mendes 2012, S. 248),
- Rechenwege, die Vielfache von 5 und 10 nutzen (*Using landmarks multiples*). Als Beispiel für diese Kategorie wird der Rechenweg zu 1,25·10 angegeben, um den Preis von 10 Tickets zu berechnen, wenn der Preis für ein Ticket (1,25 €) bekannt ist. Im konkreten Fall wird der Preis von zwei Tickets bereits zuvor in einer Tabelle berechnet und daraus mittels Multiplikation mit 5 der Preis für 10 Tickets ermittelt. Dieser Rechenweg ist vor allem in Aufgabenstellungen zur multiplikativen Grundvorstellung der Proportionalität zu beobachten (Mendes 2012, S. 248),
- Rechenwege, die einen Faktor entweder nicht stellenwertbasiert (*Partitioning a number into nondecade numbers*, siehe Abbildung 3.16) oder stellenwertbasiert (*Partitioning a number into decade numbers*) zerlegen (siehe auch Back (1998)),
- Rechenwege, basierend auf Kompensation (*Using compensating*), insbesondere Rechenwege auf Basis der Zerlegung in eine Differenz bei Multiplikationen mit der Einerstelle 9 in einem der beiden Faktoren (Mendes 2012, S. 252),
- Rechenwege unter Nutzung des Gesetzes von der Konstanz des Produkts durch Verdoppeln und Halbieren (*Doubling and halving*) (Mendes 2012, 252f),
- Rechenwege, die Ankeraufgaben nutzen und anschließend einen Faktor sukzessive addieren (*Multiplying successively from a product of reference*). So wurden Kinder beobachtet, die als Ausgangspunkt eine bekannte Rechnung heranzogen und dann sukzessive einen Faktor addieren, wie in Abbildung 3.19 dargestellt. Die Berechnung startet bei 10·7, und es werden durch sukzessive Addition des Faktors 7 weitere Produkte berechnet (Mendes 2012, S. 254) und

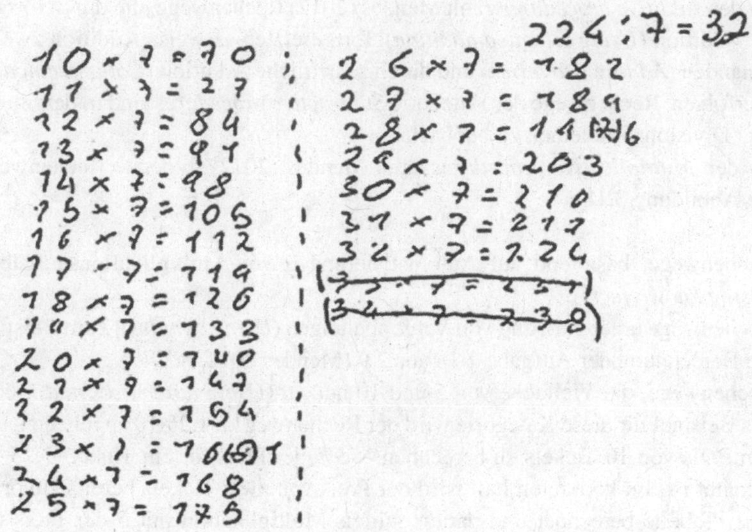

$$
\begin{array}{ll}
10 \times 7 = 70 & \quad 224 : 7 = 32 \\
11 \times 3 = 27 & 26 \times 7 = 182 \\
12 \times 7 = 84 & 27 \times 7 = 189 \\
13 \times 7 = 91 & 28 \times 7 = 14\,176 \\
14 \times 7 = 98 & 29 \times 7 = 203 \\
15 \times 7 = 105 & 30 \times 7 = 210 \\
16 \times 7 = 112 & 31 \times 7 = 217 \\
17 \times 7 = 119 & 32 \times 7 = 224 \\
18 \times 7 = 126 & (33 \times 7 = 231) \\
19 \times 7 = 133 & (34 \times 7 = 238) \\
20 \times 7 = 140 \\
21 \times 9 = 147 \\
22 \times 7 = 154 \\
23 \times 7 = 161 \\
24 \times 7 = 168 \\
25 \times 7 = 175
\end{array}
$$

Abbildung 3.19 *Multiplying successively from a product of reference* zur Lösung der Aufgabe __·7 = 224 (Mendes, 2012, S. 254)

- Rechenwege über *Column calculation*. Dazu werden Teilprodukte nach dem Distributivgesetz der Multiplikation bezüglich der Addition berechnet und untereinander aufgeschrieben (siehe Abbildung 3.20 zur Lösung der Aufgabe 25·24). Im Vergleich zum schriftliche Verfahren wird aber nicht mit *Ziffern* gerechnet, sondern mit *Zahlen*. Mendes (2012) führt an, dass diese Notationsweise von der Klassenlehrerin so eingeführt wurde, um in weiterer Folge schrittweise zum schriftlichen Verfahren der Multiplikation zu gelangen (Mendes 2012, S. 255). Dieser Rechenweg basiert somit auf der stellengerechten Zerlegung eines Faktors in eine Summe, wobei die Notationsform, wie in Abbildung 3.20 illustriert, einem striktem Schema folgt.

Abbildung 3.20 *Column*
calculation für 25·24 als
25·4 + 25·20
(Mendes, 2012, S. 255)

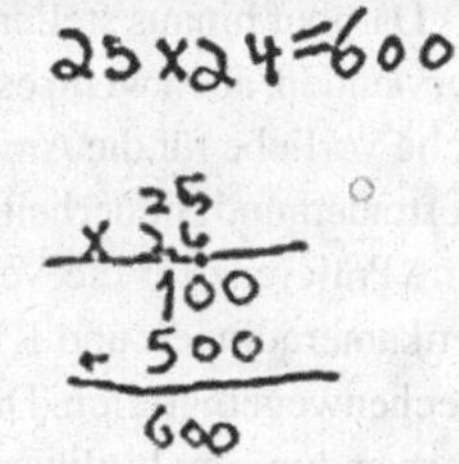

$$25 \times 24 = 600$$

$$\begin{array}{r} 25 \\ \times\ 24 \\ \hline 100 \\ +\ 500 \\ \hline 600 \end{array}$$

Häufigkeit und Präferenz von Rechenwegen

Die Studie liefert insbesondere Ergebnisse zu folgenden zwei Aspekten:

- zur Häufigkeit in der Verwendung bestimmter Rechenwege und
- zur Präferenz einiger Kinder für bestimmte Rechenwege (Mendes et al. 2012, 3f)

Manche Rechenwege werden von den Kindern häufiger verwendet als andere (siehe Abbildung 3.18). Additive Rechenwege (*Additive procedures*) werden eher zu Beginn des Unterrichtsexperiments verwendet. Dies hängt damit zusammen, dass die Aufgaben anfangs Ergebnisse unter 100 aufweisen und die Kinder mit den additiven Rechenwegen vertrauter sind. Erst später werden verstärkt Rechenwege eingesetzt, die Eigenschaften der Multiplikation nutzen, wie das Assoziativgesetz und das Distributivgesetz. Doch verwenden in weiterer Folge auch jene Kinder, die bereits multiplikative Rechenwege nutzen, immer wieder auch additive Rechenwege, vor allem in Abhängigkeit der auftretenden Zahlen oder des Kontextes der Aufgaben (Mendes 2012, S. 494).

Zu den am wenigsten verwendeten Rechenwege zum Lösen von Aufgaben gehören Rechenwege durch Verdoppeln und Halbieren (*Doubling and halving*). Dies erklären die Forscherinnen mit der starken Abhängigkeit dieses Rechenweges von den auftretenden Zahlen und mit der assoziativen Eigenschaft der Multiplikation, die in einem frühen Stadium des Lernens der mehrstelligen Multiplikation schwer zu verstehen sei (Mendes 2012, S. 495). Die überwiegende Mehrheit der Rechenwege entwickelt sich von additiven Rechenwegen zu multiplikativen Rechenwegen. Vor allem jene multiplikativen Rechenwege, die auf einer nicht stellengerechten Zerlegung eines Faktors basieren (*Partitioning a number into nondecade numbers*), werden sehr oft eingesetzt.

Darüber hinaus stellen sie fest, dass einige Kinder immer dieselben Rechenwege verwenden, auch wenn es für die Aufgabe geeignetere Rechenwege gibt. Diese deutliche Vorliebe für die Anwendung eines bestimmten Rechenweges ist verbunden mit Vertrauen und Sicherheit in der Nutzung des Rechenweges. Manche Kinder zeigen eine Präferenz für die Verwendung von *Additive procedures*, selbst wenn die Klassenkameradinnen und Klassenkameraden bereits zu elaborierteren multiplikativen Rechenwegen greifen. Diese Vorliebe scheint mit der mangelnden Sicherheit in der Verwendung multiplikativer Verfahren verbunden zu sein (Mendes 2012, S. 495). Die Kinder begründen die Wahl des Rechenweges damit, dass sie sich im kleinen Einmaleins noch nicht sicher genug fühlen und daher befürchten, Fehler zu machen. Ferner stellen die Forscherinnen fest, dass die gewählten Rechenwege sehr stark mit den Kontexten der zu lösenden Aufgaben zusammenhängen sowie mit den Zahlen, die verrechnet werden müssen.

3.3.4   Hirsch (2001, 2002) – Verwendung halbschriftlicher Strategien im vierten Schuljahr

Hirsch (2001) veröffentlichte Teilergebnisse einer Studie zum halbschriftlichen Multiplizieren im Hunderter- und Tausenderraum, bei dem Rechenwege von rund 120[6] Kindern des vierten Schuljahres in Nordrhein-Westfalen untersucht wurden. Hirsch (2001) erhob neben den Rechenwegen zur Multiplikation auch Rechenwege zur Addition, Subtraktion und Division. Die Studie fand im vierten Schuljahr zu drei verschiedenen Zeitpunkten statt: vor Einführung des schriftlichen Verfahrens, zu Mitte des Schuljahres (das schriftliche Verfahren war teilweise bereits eingeführt worden) und nach Einführung des schriftlichen Verfahrens. Die Rechenwege der Kinder wurden mithilfe eines schriftlichen Tests ermittelt, weiters wurden pro Untersuchungszeitpunkt etwa 30 videodokumentierte Interviews geführt.

Zielsetzung der Untersuchung war eine genaue Analyse der Vorgehensweisen der Viertklässler bei Aufgaben zur Multiplikation und eine Dokumentation der Veränderungen der Rechenwege im Laufe des Schuljahres nach Einführung

---

[6] Aus der Beschreibung der Studie geht hervor, dass 244 Kinder der dritten und vierten Schulstufen zweier Grundschulen teilnahmen. Aufgaben zur Multiplikation wurden jedoch nur den Kindern der vierten Schulstufe gestellt. Eine genaue Angabe der Anzahl der untersuchten Kinder aus der vierten Schulstufe fehlt in den Veröffentlichungen. Die Annahme von 120 Kindern geht davon aus, dass sich die Kinder relativ gleichmäßig auf die zwei Schulstufen verteilten.

des schriftlichen Verfahrens. Darüber hinaus lag der Schwerpunkt der Untersuchung darauf, ob Kinder die halbschriftlichen Rechenwege vergessen, sobald sie nicht mehr verstärkt im Unterricht thematisiert werden (Hirsch 2001, S. 285). Ein weiteres Hauptaugenmerk lag auf den Vorlieben der Kinder bei freier Wahl der Vorgehensweise. Die beobachteten Rechenwege zu den drei Messzeitpunkten wurden nach den Strategien der halbschriftlichen Multiplikation von Wittmann und Müller (1992) (*Malkreuz, Schrittweise, Hilfsaufgabe* und *Vereinfachen*) kategorisiert (siehe auch Abschnitt 3.2.1). Die Studie selbst wurde nie veröffentlicht, Teilergebnisse wurden in den *Beiträgen zum Mathematikunterricht 2001* publiziert beziehungsweise von Padberg und Benz (2021) aus dem unveröffentlichten Manuskript zitiert.

Folgende Ergebnisse der Studie sind veröffentlicht:

Zur Verteilung der Rechenwege zu den drei Messzeitpunkten
In Abbildung 3.21 ist ersichtlich, dass beim ersten Termin vor der Einführung des schriftlichen Verfahrens Rechenwege der Strategie *Schrittweise* (knapp 90 Prozent) überwiegen. Die Nutzung der Strategie *Schrittweise* nimmt aber bei den Messungen zu Mitte des Schuljahres (das schriftliche Verfahren wurde teilweise bereits eingeführt) und nach Einführung des schriftlichen Verfahrens stetig ab. Gleichzeitig nimmt die Anzahl der Rechenwege über das schriftliche Verfahren zu.

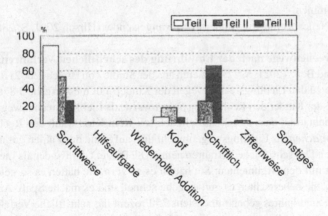

Abbildung 3.21 Verteilung der Rechenwege zu den drei Messzeitpunkten (Hirsch, 2001, S, 287)

Zur Verteilung der Rechenwege vor Einführung des schriftlichen Verfahrens wird weiters festgestellt:

- Ableiten mittels Hilfsaufgabe ist unbedeutend. Padberg und Benz (2021, S. 218) führen aus der unveröffentlichten Studie von Hirsch (2002) an, dass 80 Prozent der Kinder die Aufgabe 6·39 schrittweise lösen, diese Aufgabe aber, obwohl naheliegend, von keinem einzigen Kind mittels Hilfsaufgabe gelöst wird.
- Stellenweises Rechnen mittels Malkreuz und Vereinfachen kommt gar nicht vor, obwohl knapp die Hälfte der untersuchten Kinder das *Zahlenbuch* als Schulbuch verwendet, in dem das Malkreuz intensiv thematisiert wird.
- Knapp 10 Prozent der Kinder rechnen im Kopf, diese Rechenwege können nicht weiter kategorisiert werden.

Nach der Einführung des schriftlichen Verfahrens nimmt die Häufigkeit des schrittweisen Rechnens von ca. 90 Prozent auf ca. 20 Prozent ab und der Anteil der Rechenwege über das schriftliche Verfahren steigt. Das schriftliche Verfahren dominiert beim letzten Termin mit über 60 Prozent. Als Erklärung für die Zunahme der schriftlichen Rechenwege gibt Hirsch (2001) Folgendes an:

- Die Behandlung der halbschriftlichen Rechenwege liege bereits weiter zurück – die Kinder hätten die Rechenwege vergessen und die Unsicherheiten hätten zugenommen.
- Etwas Neues werde von Kindern gerne angewendet (Hirsch 2001, S. 288).

Lieblingsrechenwege nach der Einführung des schriftlichen Verfahrens
Padberg und Benz (2021, S. 227) zitieren aus der Studie von Hirsch (2002) folgende Ergebnisse zu den Lieblingsrechenwegen der Kinder: Für die Aufgabe 5·876 geben 14 Prozent der Kinder den Rechenweg *Schrittweise* als Lieblingsrechenweg an, mit der Argumentation, dass dieser sehr einfach sei. Kein Kind wählt den Rechenweg über *Vereinfachen* als Lieblingsweg, obwohl dies aufgrund der Zahlen gut möglich (10·438) sei. Das schriftliche Verfahren nennen 82 Prozent der Kinder als Lieblingsrechenweg mit den Argumenten: Sie hätten es so gern, sie hätten es so gelernt, es sei einfach, sie beherrschten es gut, es gehe schnell und es mache Spaß. Am Ende des vierten Schuljahres geben mindestens 75 Prozent das schriftliche Verfahren als Lieblingsweg zur Lösung mehrstelliger Multiplikationen an.

3.3.5   Heirdsfield, Cooper, Mulligan und Irons (1999) – Verwendung von Rechenwegen über die Schulstufen vier, fünf und sechs

In dieser Längsschnittstudie wurden 95 Kinder in den Jahrgangsstufen vier, fünf und sechs aus 14 unterschiedlichen Schulen in Queensland (AUS) mit dem Ziel untersucht, die Entwicklung von Rechenwegen zu Multiplikation und Division mit einstelligen, zweistelligen und dreistelligen Zahlen über die Schulstufen vier, fünf und sechs zu erforschen. Die Aufgabenstellungen umfassten drei Kontextaufgaben zur Multiplikation (5·8, 5·19, 25·19) und weitere drei Aufgaben zur Division. Die Kinder wurden mündlich mittels klinischer Interviewtechnik nach Piaget zweimal (zu Beginn und Ende des Schuljahres) interviewt.

Die Rechenwege zu den Multiplikationsaufgaben wurden nach der Auswertung in fünf Kategorien eingeteilt und hinsichtlich Trends über die drei Jahrgangsstufen hinweg analysiert (Heirdsfield et al. 1999, S. 91). Dabei kamen die Forscherinnen und Forscher zu folgenden Ergebnissen:

Die Anzahl der Lösungen und auch die Anzahl der richtigen Lösungen erhöhen sich im Laufe der Untersuchungstermine der Längsschnittstudie. Ferner wird beobachtet, dass vor allem die Aufgaben mit mehrstelligen Operanden (5·19 und 25·19) zu Beginn durch eine größere Vielfalt von Rechenwegen als gegen Ende der Untersuchung in der sechsten Schulstufe gelöst werden. Im Laufe der Untersuchung verlagern sich die Strategiepräferenzen der Kinder für mehrstellige Aufgaben von Zählstrategien zu effizienteren Strategien, speziell zu Zerlegungsstrategien in Stellenwerte (ein zweistelliger Faktor wird stellengerecht zerlegt und die Teilprodukte addiert) und sogenannten *wholistic strategies*. Unter *wholistic strategies* fassen sie jene Rechenwege zusammen, bei denen Zahlen als Ganzes verarbeitet werden und keine Zerlegung in ihre Stellenwerte erfolgt, wie etwa der Rechenweg zu 5·19 über 5·20–5 oder der Rechenweg zu 19·25 über 10·25 = 250, 250 + 250 = 500 und Subtraktion von 25. Zwar werden sogenannte *wholistic strategies* zur Lösung von 5·19 in der sechsten Schulstufe stärker genutzt (27, 6 Prozent), jedoch nicht in dem Maße, wie dies sich die Autorinnen und Autoren durch die besonderen Aufgabenmerkmale bei 5·19 erwarten.

Abschließend plädieren die Forscherinnen und Forscher aufgrund der Ergebnisse für eine Reduktion der Betonung der schriftlichen Algorithmen für Multiplikation und Division im Unterricht (sie fordern sogar ihre Entfernung aus dem Lehrplan) sowie für die Zunahme von Zeitressourcen im Unterricht zur Thematisierung arithmetischer Eigenschaften, alternativer Rechenwege und für eine stärkere Betonung flexibler Ansätze zur Erarbeitung der Grundrechenoperationen im Unterricht (Heirdsfield et al. 1999, S. 95).

3.3.6 Hofemann und Rautenberg (2010) – Vorgehensweisen und Fehlermuster bei der halbschriftlichen Multiplikation

Die Bachelorarbeit von Hofemann und Rautenberg (2010) beschäftigt sich mit der Untersuchung zu Fehlermustern und Vorgehensweisen von Drittklässlern bei der halbschriftlichen Multiplikation. Im Zentrum der Arbeit stehen die Entwicklung und Erprobung eines Arbeitsblattes für dritte Jahrgangsstufen und die Erstellung einer Internetseite für die Homepage des Projektes *KIRA (Kinder rechnen anders)* an der Universität Dortmund (Hofemann und Rautenberg 2010, S. 3). Dazu führten sie eine Studie an sechs Grundschulklassen des dritten Jahrgangs durch. In der Bezeichnung der unterschiedlichen Rechenwege orientierten die Forscherinnen sich an den Hauptstrategien *Schrittweises Rechnen, Stellenweises Rechnen, Hilfsaufgabe* und *Vereinfachen* nach Padberg und Benz (2021) aus Abschnitt 3.2.1. Sie konzipierten eine Reihe von Aufgabentypen, deren Gestaltung und Auswahl der Zahlenwerte sie in der Bachelorarbeit wie folgt beschrieben:

- Aufgaben, die die Anwendung der Strategie *Hilfsaufgabe* anregen ($9 \cdot 19$ und $6 \cdot 49$),
- Aufgaben, die zur Verwendung der Strategie *Vereinfachen* auffordern ($8 \cdot 25$ und $5 \cdot 34$),
- eine Zusatzaufgabe zu einer Multiplikation, in der beide Faktoren zweistellig sind ($16 \cdot 15$), die zu diesem Zeitpunkt noch nicht thematisiert wurde,
- Aufgaben, bei denen die Kinder anhand vorgerechneter Musterbeispiele durch ein fiktives Kind die Strategien *Hilfsaufgabe* ($5 \cdot 59$ und $9 \cdot 46$) und *Vereinfachen* ($5 \cdot 28$ und $4 \cdot 16$) erklären und diese dann selbst auf ein vorgegebenes Beispiel anwenden müssen und
- Aufgabenstellungen, die die Kinder auffordern, ihren Rechenweg zu erklären und die Aufgabe noch mit einem anderen Rechenweg zu berechnen ($5 \cdot 44$ und $6 \cdot 59$).

Die Erhebung erfolgte schriftlich und die Lehrkräfte gaben an, dass sie das halbschriftliche Multiplizieren im Unterricht thematisiert hatten, allerdings in diesem Zusammenhang keine Rechenwege über Vereinfachen und auch keine Aufgaben mit mehrstelligen Faktoren. „Auch die Aufgaben, bei denen die Kinder ihren eigenen Rechenweg oder den eines anderen Kindes erklären sollten, wurden so nicht im Unterricht behandelt und die Lehrkräfte rechneten mit erheblichen Problemen bei der Bearbeitung dieser Aufgaben" (Hofemann und Rautenberg 2010, S. 37).

Im Folgenden werden die Ergebnisse kurz zusammengefasst:

Wie flexibel sind die Kinder bei der Anwendung verschiedener Verfahren der halbschriftlichen Multiplikation?
Die Kinder zeigen so gut wie gar keine Flexibilität im Umgang mit den unterschiedlichen Hauptstrategien. Bei Aufgaben, bei denen der Rechenweg freigestellt wird, rechnen die Kinder fast ausnahmslos alle Aufgaben schrittweise. Nach Auswertung der Ergebnisse von drei der sechs Klassen wird zusammenfassend festgestellt, dass der „Großteil der Drittklässler nicht in seiner Strategie variiert und dass das schrittweise Rechnen beinahe als ‚Normalverfahren' benutzt wird" (Hofemann und Rautenberg 2010, S. 43).

Haben die Kinder Erfolg mit ihren gewählten Strategien?
In der Arbeit wurden nicht alle sechs Klassen gemeinsam ausgewertet, sondern Hofemann und Rautenberg werteten getrennt je drei Klassen aus, eine zahlenmäßige Zusammenführung der Ergebnisse erfolgte nicht. Bezogen auf den Erfolg der Kinder mit ihren gewählten Strategien kann festgestellt werden:

- Ist der Rechenweg freigestellt, liegt die Erfolgsquote bei 70 bis 75 Prozent.
- Wenn die Kinder Rechenwege in einem Musterbeispiel, z. B. als Rechenweg eines fiktiven Kindes, vorgegeben bekommen und diesen nachvollziehen sollen, liegt die Erfolgsquote bei weniger als der Hälfte (Hofemann und Rautenberg 2010, 43f).

Welche Fehlermuster ergeben sich bei der Anwendung der Strategien?

- Typische Fehler sind vor allem bei der Strategie *Hilfsaufgabe* zu beobachten, da die Kinder, anstatt zu subtrahieren die Teilergebnisse addieren, wie $6·39 = 6·40 + 6·1$ (Hofemann und Rautenberg 2010, S. 44). Auch werden Vermischungen der Hauptstrategien *Schrittweises Rechnen* und *Hilfsaufgabe* beobachtet, indem z. B. bei der Lösung der Aufgabe $6·29$ im ersten Rechenschritt der zweite Faktor zum vollen Zehner aufgerundet wird ($6·30$), im zweiten Schritt aber wie bei der Vorgehensweise *schrittweise* die Einerstelle mit dem ersten Faktor multipliziert wird ($6·9$) und das Ergebnis als $6·29 = 6·30 + 6·9$ ermittelt wird. Hofemann und Rautenberg (2010) stellen in diesem Zusammenhang fest, dass sich einige, vor allem leistungsschwache, Kinder bei der Auswahl des passenden Rechenweges überfordert gefühlt haben könnten (Hofemann und Rautenberg 2010, S. 41). Weiters wird folgendes Fehlermuster beobachtet, das auf einen Stellewertfehler hinweist: $5·34 = 5·3 + 5·4$ (Hofemann und Rautenberg 2010, S. 44).

- Bei der Strategie *Vereinfachen*, die den Kindern unbekannt war und die sie aufgrund einer vorgerechneten Aufgabe nachvollziehen mussten, tritt mehrmals der Fehler auf, dass die Kinder die Faktoren nicht gegensinnig, sondern gleichsinnig verändern (Hofemann und Rautenberg 2010, S. 47).
- Ein typischer Fehler beim stellenweisen Rechnen wird von Hofemann und Rautenberg (2010) als das „Vergessen von Teilschritten" bezeichnet. Dieser Fehler tritt hauptsächlich bei der Aufgabe 16·15 auf, wo lediglich die Teilschritte 10·10 und 6·5 ins Ergebnis einbezogen werden und die Schritte 10·6 und 10·5 nicht bedacht werden. Die Kinder multiplizieren ausschließlich die beiden Zehner und die beiden Einer miteinander (Hofemann und Rautenberg 2010, S. 44).

Können die Kinder vorgegebene Strategien der halbschriftlichen Multiplikation verstehen und diese dann selbst an vorgegebenen Aufgaben umsetzen und begründen?
Viele Kinder können vorgegebene Rechenwege richtig umsetzen. 33 der insgesamt 56 Kinder können die vorgegebene Strategie *Hilfsaufgabe* richtig nutzen und 36 der 56 Kinder sind in der Lage die vorgegebene Hauptstrategie *Vereinfachen* korrekt anzuwenden. Doch bei den Erläuterungen zu den Rechenwegen (Erkläre, wie Lena/Tim rechnet!) fällt auf, dass meist nur anhand der konkreten Zahlenbeispiele argumentiert wird. Hofemann und Rautenberg (2010) stellen fest, dass die Kinder sich schwertun, „auf den Punkt (zu) bringen, wie die Kinder vorgehen" (Hofemann und Rautenberg 2010, S. 45). „Generell lässt sich allerdings sagen, dass es den Kindern vermutlich durch einen fehlenden mathematischen Wortschatz schwerfällt, ihre gewählten Rechenwege zu erklären und zu begründen" (Hofemann und Rautenberg 2010, 31).

3.3.7 Gloor und Peter (1999) – Informelle Strategien vor der Thematisierung

Gloor und Peter (1999, 41f) erkundeten mit ihrer Studie das Vorwissen der Kinder zur Lösung von Multiplikationen (einstellig mal zweistellig), bevor das Thema im Unterricht behandelt wurde. Sie erhoben die Rechenwege in Form einer schriftlichen Standortbestimmung mittels *scrap papers*, einer Art Notizzettel, auf denen die Kinder ihre Rechenwege notieren oder im Nachhinein skizzieren mussten. Sie kleideten ihre Aufgaben (11·8, 13·3, 14·5, 6·5·6, 12·20, 3·17 und 4·13) in Sachaufgaben mit Bezug zum Alltag der Kinder, die sie in Form von Bildern (räumlich-sukzessive mit wenig Text) stellten (Gloor und Peter 1999, S. 42). Die Aufgaben wurden 292 Kindern aus 14 dritten Klassen vorgelegt.

Die Studie liefert folgende Ergebnisse

- In Bezug auf die Lösungsrichtigkeit können folgende Ergebnisse festgestellt werden:
- 14·5 (85 Prozent), 3·17 und 13·3 (73 Prozent), 4·13 (66 Prozent), 6·5·6 (64 Prozent), 11·8 (58 Prozent), 12·20 (40 Prozent). Somit liegt die Lösungsrichtigkeit bei den einstellig mal zweistelligen Aufgaben zwischen 85 Prozent und 58 Prozent.
- Es zeigen sich enorme Unterschiede bei den Ergebnissen in den Klassen. Über den Unterricht in den Klassen wird in der Studie nichts gesagt.
- Die Forscherinnen können folgende Rechenwege aus den scrap papers identifizieren, die sie nicht quantifizieren:

  o Lösung über fortgesetzte Addition
  p Lösungen über Strichlisten
  q Zählen in Schritten mit Notation der Schritte
  r Verwendung der 10mal-Aufgabe als Ankeraufgabe mit anschießendem additiven Weiterrechnen

- Sie stellen zusammenfassend die Vermutung auf, dass die Einbettung der Aufgabenstellungen in einen Kontext nicht immer eine Hilfe, sondern auch eine Hürde für die Lösung sein könne, und urgieren Forschungsbedarf in diese Richtung.

3.3.8 Schulz (2015, 2018) – Kompetenzaspekte flexiblen Multiplizierens

In der Veröffentlichung von 2015 untersuchte Schulz (2015) in 13 vierten Klassen in Süddeutschland (n = 221) am Beispiel der halbschriftlichen Multiplikation und Division den Beitrag der Kompetenzaspekte

(1) Operationsverständnis,
(2) Zahlbeziehungen erkennen und nutzen und
(3) Rechenwege erkennen und nutzen

zum flexiblen Rechnen.

Bei der Formulierung der Teilkompetenzen stützt sich Schulz (2015) auf die zwei unterschiedlichen Erklärungsmodelle zum flexiblen Rechnen aus der Literatur: *Strategiewahlmodell* und *Emergenzmodell* (siehe Abschnitt 2.3).

In der Untersuchung erfasste Schulz (2015) den Kompetenzaspekt Operationsverständnis mittels vier Textaufgaben. Zahlenfolgen und Aufgabenmuster dienten dazu, um das Erkennen und Nutzen von Zahlbeziehungen zu operationalisieren. Der Kompetenzbereich Erkennen und Nutzen von Rechenwegen wurde mit Multiple-Choice-Aufgaben abgefragt. Flexibles Multiplizieren wurde erhoben, indem die Kinder zu Aufgaben mit besonderen Aufgabenmerkmalen (9·21, 14·15) bis zu drei korrekte und verschiedene Rechenwege angeben mussten.

Die Analyse des Strukturgleichungsmodells liefert folgendes Ergebnis: Das Erkennen und Nutzen von Zahlbeziehungen und das Erkennen und Nutzen von Rechenwegen leisten einen Beitrag zum flexiblen Multiplizieren. Mit Bezug zur Diskussion *Emergenzmodell* oder *Strategiewahlmodell* (siehe Abschnitt 2.3) schließt Schulz (2015) für multiplikative Rechenwege, dass „Lösungsprozesse zur halbschriftlichen Multiplikation sowohl auf dem Erkennen und Nutzen von Zahl- und Aufgabenbeziehungen im Sinne des *Emergenzmodells*, als auch auf dem Erkennen und Nutzen eines Strategierepertoires im Sinne des Strategieauswahl-Modells beruhen" (Schulz 2015, S. 847).

Die Auswertung der Rechenwege zu 9·21 und 14·15 liefert folgende Verteilung: am häufigsten wird von den Kindern der vierten Schulstufe der schriftliche Algorithmus eingesetzt (137 von 321 bzw. 95 von 207); am zweithäufigsten nutzen die Kinder die stellengerechte Zerlegung eines Faktors in eine Summe (124 von 321 und 63 von 207); weitere Rechenwege, wie wiederholte Addition (13 von 321 bzw. 9 von 207), Zerlegung eines Faktors (nicht stellenwertbasiert) in eine Summe (24 von 321 bzw. 8 von 207), Zerlegung in eine Differenz (18 von 321 bzw. 13 von 207) bzw. Zerlegung beider Faktoren (0 von 321 bzw. 17 von 207) treten weniger gehäuft auf.

In einer weiteren Studie kommt Schulz (2018) zum Ergebnis, dass die Fähigkeiten beim Argumentieren über Zahlbeziehungen (*reasoning about the relations between numbers*) und beim Argumentieren über Beziehungen zwischen Operationen (*reasoning about the relations between operations*) einen Einfluss auf den flexiblen Gebrauch informeller Rechenwege haben.

Weiters identifiziert Schulz (2018) einen negativen Einfluss der Verwendung von Algorithmen auf die Nutzung der Rechenwege des Zahlenrechnens, sowohl beim Multiplizieren als auch beim Dividieren (Schulz 2018, S. 108). Dieses Ergebnis interpretiert er in Einklang mit anderen Autorinnen und Autoren folgendermaßen: Wenn Kinder gewohnt sind, Aufgaben vorwiegend mit schriftlichen Algorithmen zu lösen, sei davon auszugehen, dass sie kaum auf Probleme stoßen, bei denen sie ihr Verständnis von Zahlen und Operationen weiterentwickeln können. Daher werde auch die Fähigkeit, Rechenwege des Zahlenrechnens zu entwickeln und anzuwenden, nicht gefördert (Schulz 2018, S. 129).

3.4 Vergleich der Einteilungen von Rechenwegen für mehrstellige Multiplikationen

In allen erörterten Studien zu multiplikativen Rechenwegen aus Abschnitt 3.3 wurden Kategorisierungen dieser vorgenommen. Die einzelnen Kategorisierungen sind jedoch großteils, insbesondere im Detail, nicht ident, da die Autorinnen und Autoren unterschiedliche Unterscheidungsmerkmale zugrunde legten. Doch können gemeinsame bzw. übergeordnete Unterscheidungsmerkmale identifiziert werden.

In weiterer Folge werden nun die Kategorisierungen zu multiplikativen Rechenwegen in den Studien von Baek (1998, 2006), Ambrose et al. (2003) und (Mendes 2012) verglichen. Ferner wird zusätzlich auch die in der deutschsprachigen Literatur gängige Kategorisierung in Hauptstrategien (Schrittweises Rechnen, Stellenweises Rechnen und Ableiten) erfasst. Abbildung 3.22 verdeutlicht diese Gegenüberstellung. Aus der Analyse dieses Vergleichs können *vier* übergeordnete Kategorisierungen von Rechenwegen abgeleitet werden. Diese bilden das theoretische Fundament für die deduktive Kategoriengewinnung im Zuge der Datenauswertung in der vorliegenden Untersuchung. Die vier *Hauptkategorien* können wie folgt beschieden werden:

Rechenwege unter Nutzung von Zählstrategien
Die erste Kategorie umfasst Rechenwege, die Zählstrategien basierend auf konkreten Materialien oder auch Bildern nutzen:

- *Direct Modeling[7] (Baek 1998): Direct Modeling by ones, Direct Modeling by tens*
- *Concrete Multiplication Strategies (Ambrose et al. 2003): Direct Modeling with no partitioning of factors, Direct Modeling with partitioning of the multiplicand into tens and ones*
- *Counting procedures (Mendes et al. 2012)*

---

[7] Die jeweiligen Bezeichnungen der Autorinnen und Autoren für die abgeleiteten Kategorien werden in der Schreibweise exakt zitiert. Da die Autorinnen und Autoren, insbesondere aus der englischsprachigen Literatur, die Groß- und Kleinschreibung der Eigennamen unterschiedlich handhaben, begegnet der Leserin bzw. dem Leser keine einheitliche Schreibweise in Bezug auf die Groß- und Kleinschreibung englischsprachiger Bezeichnungen.

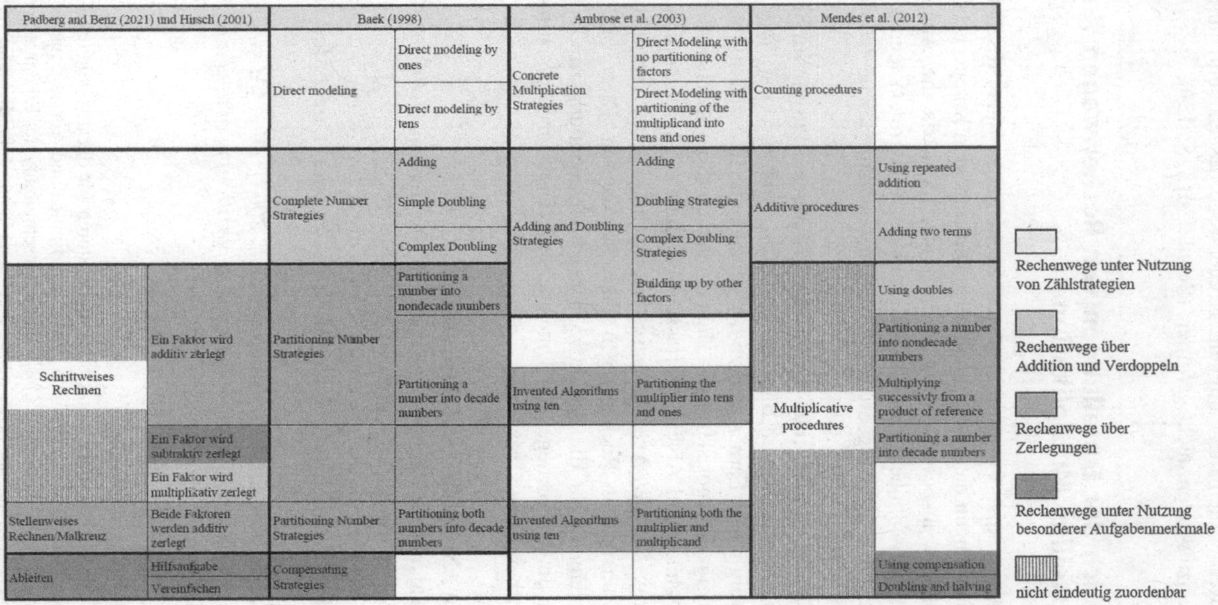

Padberg and Benz (2021) und Hirsch (2001)		Baek (1998)		Ambrose et al. (2003)		Mendes et al. (2012)	
		Direct modeling	Direct modeling by ones	Concrete Multiplication Strategies	Direct Modeling with no partitioning of factors	Counting procedures	
			Direct modeling by tens		Direct Modeling with partitioning of the multiplicand into tens and ones		
	Ein Faktor wird additiv zerlegt	Complete Number Strategies	Adding		Adding	Additive procedures	Using repeated addition
			Simple Doubling	Adding and Doubling Strategies	Doubling Strategies		Adding two terms
Schrittweises Rechnen	Ein Faktor wird subtraktiv zerlegt		Complex Doubling		Complex Doubling Strategies		Using doubles
	Ein Faktor wird multiplicativ zerlegt	Partitioning Number Strategies	Partitioning a number into nondecade numbers		Building up by other factors	Multiplicative procedures	Partitioning a number into nondecade numbers
	Beide Faktoren werden additiv zerlegt		Partitioning a number into decade numbers	Invented Algorithms using ten	Partitioning the multiplier into tens and ones		Multiplying successively from a product of reference
							Partitioning a number into decade numbers
Stellenweises Rechnen:Malkreuz	Partitioning Number Strategies	Partitioning both numbers into decade numbers	Invented Algorithms using ten	Partitioning both the multiplier and multiplicand		Using compensation
Ableiten	Hilfsaufgabe	Coopenrating Strategies					Doubling and halving
	Vereinfachen						

Abbildung 3.22 Gegenüberstellung von Kategorisierungen zu multiplikativen Rechenwegen im Bereich des Zahlenrechnens

Rechenwege unter Nutzung von Zählstrategien

Rechenwege über Addition und Verdoppeln

Rechenwege über Zerlegungen

Rechenwege unter Nutzung besonderer Aufgabenmerkmale

nicht eindeutig zuordenbar

Rechenwege durch Addition und Verdoppeln
Die zweite Kategorie besteht aus Rechenwegen, in denen Berechnungen unter
Berücksichtigung der Zahlen als Ganzes durchgeführt werden, wobei mögliche
auftretende operative Beziehungen ausgenutzt werden können, wie vor allem Verdoppeln. In dieser Kategorie erfolgt noch keine stellengerechte Zerlegung des
zweistelligen Faktors:

- *Complete Number Strategies (Baek 1998)*
- *Adding and Doubling Strategies (Ambrose et al. 2003)*
- *Additive procedures, Using doubles (Mendes et al. 2012)*
- *Schrittweises Rechnen (ein Faktor wird multiplikativ zerlegt) (Padberg und Benz 2021)*

Rechenwege auf Basis von Zerlegungen
Die dritte Kategorie beinhaltet jene Rechenwege, bei denen ein oder beide Faktoren
in eine Summe zerlegt werden, entweder stellenwertbasiert oder nicht, dazu zählen:

- Schrittweises Rechnen (ein Faktor wird additiv zerlegt) (Hirsch 2001; Padberg
  und Benz 2021)
- Stellenweises Rechnen/Malkreuz (Hirsch 2001; Padberg und Benz 2021)
- *Partitioning Number Strategies* (Baek 1998; Mendes et al. 2012): *Partitioning a
  number into nondecade numbers, Partitioning a number into decade numbers*
- *Invented Algorithms using ten* (Ambrose et al. 2003): *Partitioning the multiplier
  into tens and ones, Partitioning both the multiplier and multiplicand*
- *Multiplying successively from a product of reference* (Mendes et al. 2012)

Der Übergang von Rechenwegen, in denen Berechnungen unter Berücksichtigung der Zahlen als Ganzes durchgeführt werden, zu Zerlegungsstrategien kann
fließend sein, denn gerade Rechenwege, die auf komplexen Verdoppelungen basieren, erfordern implizit eine nicht stellengerechte Zerlegung eines Faktors (siehe
Abschnitt 3.3.1). Dazu zählen Ambrose et al. (2003) Rechenwege, in denen der Multiplikator nicht stellengerecht zerlegt wird, wie *Complex Doubling Strategies* und
Building up by other factors noch zu den *Complete Number Strategies*. Autorinnen
und Autoren, die Zerlegungsstrategien nicht als eigene Überkategorie anführen, wie
Padberg und Benz (2021) und Mendes et al. (2012) ordnen hingegen Rechenwege,
die das Assoziativgesetz nutzen (Schrittweises Rechnen – ein Faktor wird multiplikativ zerlegt und *Using doubles*) dem schrittweisen Rechnen bzw. den *Multiplicative
procedures* zu.

Rechenwege unter Nutzung besonderer Aufgabenmerkmale
Die vierte Kategorie umfasst Rechenwege, die mit dem Prinzip der Kompensation/des Ausgleichens oder des Ableitens erklärt werden können, wie

- Hilfsaufgabe, Vereinfachen (Hirsch 2001; Padberg und Benz 2021)
- Schrittweises Rechnen (ein Faktor wird subtraktiv zerlegt) (Hirsch 2001; Padberg und Benz 2021)
- *Compensating Strategies* (Baek 1998)
- *Using compensation, Doubling and halving* (Mendes et al. 2012)

Dabei wird ein Faktor oder werden beide Faktoren nach dem Erkennen spezieller auftretender Zahlencharakteristika verändert, die Aufgabe wird dadurch leichter zu berechnen. Es kann je nach Rechenweg noch notwendig sein, nach der Lösung der veränderten Aufgabe Korrekturen vorzunehmen. Kennzeichnend bei diesen Rechenwegen ist die Nutzung spezieller Aufgabencharakteristika, sodass diese Rechenwege nicht bei jeder Aufgabe (vorteilhaft) anwendbar sind. Legen jedoch die Aufgabenmerkmale einen solchen Rechenweg nahe, dann erfolgt die Lösung sehr effizient. Eine Sonderstellung in dieser Kategorisierung stellt das schrittweise Rechnen (ein Faktor wird subtraktiv zerlegt) dar. Dieser Rechenweg kann sowohl als Zerlegung (in eine Differenz) als auch als Kompensation gedeutet werden.

Beobachtete Rechenwege auf Basis des schriftlichen Multiplikationsverfahren und Rechenwege über Automatisierungen (*Column Calculation* und *Using known facts*) wurden in die Tabelle nicht aufgenommen.

3.5   Zusammenfassung des Forschungsstandes

Die Ergebnisse der vorgestellten Untersuchungen können in Bezug auf ihre Bedeutung für die vorliegende Arbeit im Hinblick auf die Entwicklung und Nutzung multiplikativer Rechenwege wie folgt zusammengefasst werden:

- Kinder sind bereits vor der Thematisierung im Unterricht in der Lage, mehrstellige Multiplikationen zu lösen (Ambrose et al. 2003; Baek 1998, 2006; Fosnot und Dolk 2001; Gloor und Peter 1999).
- Kinder sind in der Lage, eine Vielfalt von Rechenwegen zu mehrstelligen Multiplikationen selbst zu entdecken, auch Rechenwege, die auf Zerlegungen und Kompensation basieren (Baek 1998).

- Rechenwege für mehrstellige Multiplikationen entwickeln sich durch immer effizienter werdende Techniken des Addierens und Verdoppelns im Sinne einer fortschreitenden Abstraktion (Ambrose et al. 2003) hin zu multiplikativen Verfahren (Mendes 2012).

- Viele Kinder entwickeln im Zuge eines Unterrichts, in dem sie von der Lehrkraft ermutigt werden, selbst aus geeigneten Kontextaufgaben Rechenwege für mehrstellige Multiplikationen zu entwickeln und die Rechenwege ihrer Klassenkameradinnen und Klassenkameraden zu vergleichen, ihre Rechenwege in folgender linearer Abfolge: direktes Modellieren – Rechenwege durch Addition und Verdoppeln *(Complete Number Strategies)* – nicht stellengerechtes Zerlegen eines Faktors – Zerlegen eines Faktors in seine Stellenwerte (Ambrose et al. 2003). Unter den genannten unterrichtlichen Bedingungen wurde im Hinblick auf die Entwicklung der Rechenwege Folgendes beobachtet:

  o Die Kinder nutzen in ihren Rechenwegen bereits implizit distributive und assoziative Eigenschaften der Multiplikation (Ambrose et al. 2003; Baek 2006).

  o Wesentlich für eine konzeptuelle Weiterentwicklung ist die Einsicht, dass auch der Multiplikator zerlegt werden kann (Ambrose et al. 2003).

  o Kinder bilden bei der Entdeckung der Rechenwege ein tieferes und flexibleres Operationsverständnis zur Multiplikation aus (Baek 1998).

  o Der Kontext der Sachaufgaben beeinflusst die Rechenwege der Kinder (Ambrose et al. 2003; Mendes 2012).

  o Kinder nutzen Rechenwege für die Multiplikation in Abhängigkeit von auftretenden Zahlen (Baek 2006; Mendes et al. 2012).

  o Bestimmte Kontexte und Zahlen erweisen sich als besonders geeignet zur Entwicklung der Rechenwege der Kinder (Mendes et al. 2012; Mendes 2012).

  o Additive Rechenwege werden vor allem am Beginn der unterrichtlichen Thematisierung verwendet. Erst später werden verstärkt Rechenwege genutzt, die das Assoziativgesetz und das Distributivgesetz nutzen (Mendes 2012).

  o Additive Rechenwege werden auch nach der Thematisierung multiplikativer Rechenwege immer wieder benutzt, vor allem im Zusammenhang mit den vorkommenden Zahlen oder dem Kontext der Aufgaben (Mendes 2012).

○ Einige Kinder nutzen immer dieselben Rechenwege für Multiplikationsaufgaben, auch wenn es für die Aufgabe geeignetere Rechenwege gibt. Diese Verhaltensweise ist verbunden mit Vertrauen und Sicherheit, die die Kinder mit dem Rechenweg verbinden (Mendes 2012).

○ Rechenwege durch Verdoppeln und Halbieren (*Doubling and halving*) werden am wenigsten genutzt (Mendes 2012).

• In drei weiteren Studien von Hirsch (2001), Hofemann und Rautenberg (2010) und Schulz (2015, 2018), in denen der Unterricht nicht eingehend erfasst wurde, wurde im Hinblick auf die Nutzung der Rechenwege Folgendes beobachtet:

○ Kinder zeigen so gut wie gar keine Flexibilität im Umgang mit den unterschiedlichen Hauptstrategien der Multiplikation. Es überwiegen Rechenwege der Hauptstrategie *Schrittweise* (knapp 90 Prozent). Ableiten mittels Hilfsaufgabe ist unbedeutend. Stellenweises Rechnen mittels Malkreuz und Vereinfachen kommen gar nicht vor (Hirsch 2001).

○ Bei Aufgaben, in denen der Rechenweg freigestellt wird, rechnen die Kinder fast ausnahmslos alle Aufgaben schrittweise (Hofemann und Rautenberg 2010).

○ Nach der Einführung des schriftlichen Verfahrens nimmt die Bedeutung des Zahlenrechnens ab (20 Prozent), das schriftliche Verfahren wird dominant (80 Prozent) (Hirsch 2001).

○ Die am häufigsten genutzten Rechenwege der Kinder in der vierten Schulstufe zu $9 \cdot 21$ und $14 \cdot 15$ basieren auf dem schriftlichen Verfahren (Schulz 2018).

○ 82 Prozent der Kinder nennen das schriftliche Verfahren nach der Einführung als Lieblingsrechenweg (Hirsch 2001).

○ Flexibles Multiplizieren beruht sowohl auf dem Erkennen und Nutzen von Zahlbeziehungen als auch auf dem Erkennen und Nutzen von Rechenwegen (Schulz 2015).

○ Die Fähigkeiten beim Argumentieren über Zahlbeziehungen und beim Argumentieren über Beziehungen zwischen Operationen haben einen Einfluss auf den flexiblen Gebrauch informeller Rechenwege für die Multiplikation (Schulz 2018).

○ Die Verwendung des schriftlichen Multiplikationsverfahren hat einen negativen Einfluss auf die Nutzung der Rechenwege des Zahlenrechnens, sowohl beim Multiplizieren als auch beim Dividieren (Schulz 2018).

Zusammenfassend kann festgestellt werden, dass die Forschungslage zur Entwicklung multiplikativer Rechenwege unter Einfluss von Unterricht, der bestimmten didaktischen Leitideen folgt, recht dürftig ist. Ebenfalls fehlen Erkenntnisse darüber, welche didaktischen Leitideen bzw. Lernangebote sich als besonders lernförderlich erweisen.

Multiplikation mehrstelliger Zahlen – unterrichtliche Umsetzung

4

Im folgenden Kapitel wird die unterrichtliche Umsetzung des multiplikativen Zahlenrechnens näher diskutiert. In Abschnitt 4.1 werden die curricularen Grundlagen für das multiplikative Zahlenrechnen im mehrstelligen Bereich im österreichischen Lehrplan der Volksschule beschrieben. Danach werden in Abschnitt 4.2 Empfehlungen und Überlegungen zur Vorgehensweise im Unterricht aus der mathematikdidaktischen Literatur aufgegriffen und erörtert. Abschnitt 4.3 behandelt mögliche Hürden in der Umsetzung, die aus der mathematikdidaktischen Literatur bekannt sind. In Abschnitt 4.4 erfolgt eine Analyse fünf österreichischer Schulbücher im Hinblick auf die in Abschnitt 4.2 erläuterten didaktischen Empfehlungen.

4.1 Rechenwege für mehrstellige Multiplikationen im österreichischen Lehrplan der Volksschule (dritte Schulstufe)

Vorauszuschicken ist, dass der österreichische Lehrplan der Volksschule (BGBl. Nr. 134/1963 in der Fassung BGBl. II Nr. 303/2012 vom 13. September 2012) die Begriffe *Zahlenrechnen* bzw. *halbschriftliches Rechnen* nicht kennt. Dabei unterscheidet der Lehrplan aber zwischen *mündlichem Rechnen* und *schriftlichem Rechnen*, wobei das mündliche Rechnen nach Padberg und Benz (2021) folgendermaßen charakterisiert wird: „Wir sprechen beim Rechnen vom Kopfrechnen, wenn Aufgaben ohne (umfangreichere) Notation,im Kopf' gerechnet werden. Statt Kopfrechnen benutzen wir auch den Terminus mündliches Rechnen" (Padberg und Benz 2021, S. 105).

Dem mündlichen Rechnen wird im Lehrplan folgende Bedeutung zugeschrieben:

M. Greiler-Zauchner, *Rechenwege für die Multiplikation und ihre Umsetzung*, Perspektiven der Mathematikdidaktik, https://doi.org/10.1007/978-3-658-37526-3_4

„Das mündliche Rechnen hat Bedeutung für die Förderung des Zahlenverständnisses, der Rechenfertigkeit, des Operationsverständnisses und für das Lösen von Sachproblemen" (Bundesministerium für Unterricht, Kunst und Kultur 2012, S. 154).

Für beide Rechenformen, das mündliche und schriftliche Rechnen, wird im Lehrplan Folgendes festgehalten:

„Beim mündlichen und schriftlichen Rechnen ist auf das Verständnis der Zusammenhänge zwischen den Operationen, auf das Erkennen zu Grunde liegender Rechenregeln und das Finden von Lösungsstrategien Wert zu legen" (Bundesministerium für Unterricht, Kunst und Kultur 2012, S. 164).

Im Lehrplan der Volksschule sind im siebenten Teil die Bildungs- und Lehraufgaben sowie Lehrstoff und didaktische Grundsätze der Pflichtgegenstände angeführt. Bezüglich Zahlenrechnen im Bereich der Multiplikation in der dritten und vierten Schulstufe wird im Abschnitt zu den Rechenoperationen ab Seite 154 Folgendes festgehalten:

Dritte Schulstufe:

„Durchführen der Rechenoperationen im Zahlenraum 1 000:

- *Mündliches Rechnen im additiven und multiplikativen Bereich*

  - *Lösen einfacher Operationen unter Nutzung vorteilhafter Lösungswege (zB durch Tauschaufgaben, Nachbaraufgaben, Umkehraufgaben, Analogieaufgaben, Zerlegungsaufgaben)*
  - *Durchführen von Rechenoperationen durch Zerlegen und Notieren der einzelnen Teilschritte, Berücksichtigen der Stellenwerte, Anwenden von Rechenregeln, zB Verteilungsregel*

- *Spielerisches Umgehen mit Zahlen und Operationen*

  - Erkennen von Zusammenhängen und Rechenvorteilen"
    (Bundesministerium für Unterricht, Kunst und Kultur 2012, 155f)

Der gleiche Wortlaut ist im Lehrstoff der vierten Schulstufe unter dem Punkt *Durchführen der Rechenoperationen im Zahlenraum 1 000 000* zu finden (Bundesministerium für Unterricht, Kunst und Kultur 2012, 156f).

Im Anschluss an den Lehrstoff werden zusätzliche didaktische Grundsätze definiert, die neben den didaktischen Grundsätzen im allgemeinen Teil zu berücksichtigen sind. Insbesondere für das Zahlenrechnen im Bereich der Multiplikation kommt folgender didaktischer Grundsatz zum Tragen:

Operatives Aufbauen und Durcharbeiten

„Für die Erkenntnisgewinnung und Denkentwicklung sind im Sinne des operativen Aufbauens und Durcharbeitens das Lernen über Handlungen an vielfältigen Materialien, die Betonung von Problemdarstellungen, die Grundlegung eines forschenden, experimentierenden Vorgehens, das Aufdecken verschiedener Lösungswege, das Herausstreichen von Zusammenhängen und das Erkennen verwandter Operationen wesentlich. So entsteht zB durch das Einbinden von Tauschaufgaben, Nachbaraufgaben, Umkehraufgaben, Analogieaufgaben und Probeaufgaben ein flexibles Gesamtsystem von Operationen" (Bundesministerium für Unterricht, Kunst und Kultur 2012, S. 162).

Insbesondere werden auch Hinweise zum Teilbereich Rechenoperationen angeführt:

„Beim mündlichen und schriftlichen Rechnen ist auf das Verständnis der Zusammenhänge zwischen den Operationen, auf das Erkennen zu Grunde liegender Rechenregeln und das Finden von Lösungsstrategien Wert zu legen" (Bundesministerium für Unterricht, Kunst und Kultur 2012, S. 164).

Die Richtlinien im Lehrplan der Volksschule betonen somit zusammengefasst insbesondere das Durchführen von Rechenoperationen durch Zerlegen und Notieren der einzelnen Teilschritte, das Erkennen zugrundeliegender Rechenregeln, das Erkennen von Zusammenhängen und Rechenvorteilen, das Finden von Lösungsstrategien und die Nutzung vorteilhafter Lösungswege, das Aufdecken verschiedener Lösungswege und das Lernen über Handlungen an vielfältigen Materialien.

4.2 Rechenwege für mehrstellige Multiplikationen unterrichten

In der fachdidaktischen Literatur werden Empfehlungen zur unterrichtlichen Realisierung von Rechenwegen im Bereich des Zahlenrechnens gegeben, wie

- das Aufgreifen informeller Rechenwege (Padberg und Benz 2021, S. 233; Wessolowski 2011; Greiler-Zauchner und Gaidoschik 2018),
- das Einrichten von Strategiekonferenzen/Rechenkonferenzen (Padberg und Benz 2021, S. 240),
- die Nutzung von Punktefeldern als Arbeitsmittel, um Rechenwege zu entwickeln und zu verstehen (Krauthausen 2017, S. 82; Wessolowski 2011; Greiler-Zauchner und Gaidoschik 2018),

- eine Entwicklung von Notationsformen, die individuelles Anpassen zulassen (Schipper et al. 2017, S. 94; Padberg und Benz 2021, S. 236; Benz 2005, S. 37) und
- gezieltes Arbeiten am Erkennen und Nutzen besonderer Aufgabenmerkmale (Krauthausen 2018, S. 88; Greiler-Zauchner und Gaidoschik 2018; Rathgeb-Schnierer 2010; Heinze 2018).

Die genannten Empfehlungen beschränken sich nicht nur auf das Zahlenrechnen im Bereich der Multiplikation, sondern werden in der genannten Literatur zum Teil für alle vier Grundrechnungsarten vorgeschlagen. Sie werden im Folgenden mit Bezug zur Multiplikation näher erläutert.

4.2.1 Informelle Rechenwege aufgreifen

Padberg und Benz (2021) sehen es als besonders wichtig an, dass die Rechenstrategien für die Kinder bewusst nutzbar gemacht werden. Das heißt, die Kinder müssen im Unterricht die Gelegenheit bekommen, ihre eigenen Lösungswege zu finden, zu beschreiben und gemeinsam zu reflektieren (Padberg und Benz 2021, S. 233). Auch Krauthausen (2017) empfiehlt für das Kopfrechnen und für das halbschriftliche Rechnen ein „Ernstnehmen und Aufgreifen informeller Methoden der Kinder" (Krauthausen 2017, S. 194).

Das Aufgreifen informeller Rechenwege sollte in Form von herausfordernden Aufgaben erfolgen, bei denen sowohl die Problemstellungen als auch die vorkommenden Zahlen hinsichtlich der erwarteten Zielsetzungen gezielt ausgewählt werden, wie etwa:

(1) Wie viele Stunden hat eine Woche?
(2) „In Silkes Bad ist die Wand hinter dem Spiegel verfliest. Silke möchte die Anzahl der Fliesen bestimmen. Wie kann sie das berechnen?" (siehe Abbildung 4.1) (Radatz et al. 1999, S. 102)
(3) „Wie viele Muffins hat der Bäcker? Wie viele hätte er, wenn alle Reihen gefüllt wären?" (siehe Abbildung 4.1 – The Baker's Dilemma) (Fosnot und Dolk 2001, S. 40) Oder auch ganz schlicht:
(4) „Wer kann schon die schwere Aufgabe 6·24 rechnen?"

Abbildung 4.1 Unterrichtspraktische Empfehlungen zum Einstieg nach Radatz et al. (1999, S. 102) sowie Fosnot und Dolk (2001, S. 40)

Die angeführten Impulsaufgaben zur Entwicklung informeller Rechenwege sind strukturell unterschiedlich konzipiert:

- Die erste Aufgabe (Anzahl der Stunden der Woche) stellt ein multiplikatives Sachproblem dar. Eine Unterscheidung zwischen Multiplikator und Multiplikand wird nahegelegt und beeinflusst den Rechenweg stärker als Aufgaben, die rein symbolisch gestellt werden – vor allem in Bezug auf die Nutzung des Kommutativgesetzes (Ambrose et al. 2003, S. 58).
- Die weiteren zwei Aufgaben (Fliesen und Muffins) legen bereits eine Veranschaulichung der Multiplikationen in Form von Punktefeldern nahe und können erste Rechenwege durch Zerlegungen anbahnen. Dabei sollte das erste Impulsbild in Abbildung 4.1 ein reines Auszählen durch den Spiegel verhindern. Sachbezug kann hier im ersten Beispiel nur in Form von Reihen und Spalten hergestellt werden. Die Anzahl der Reihen im Muffin-Beispiel wurden bewusst so gewählt, dass die Summe der Anzahl der Reihen im zweiten und dritten Ständer die Anzahl der Reihen im ersten Ständer ergeben. Dadurch besteht die Möglichkeit einer ersten Anbahnung des Distributivgesetzes: $9{\cdot}4 = 5{\cdot}4 + 4{\cdot}4$.
- Die vierte Aufgabe ist eine rein symbolische Aufgabe, mit der kein Kontext verbunden ist. Sie kann daher auch nicht unmittelbar mit einem Transfer von Repräsentationsebenen in Verbindung gebracht werden.

Bei der Bearbeitung der Aufgaben ist in der unterrichtlichen Umsetzung eine Lernatmosphäre förderlich, die einerseits eine aktive Auseinandersetzung der Kinder mit den Aufgaben ermöglicht und andererseits auch den Austausch von Rechenwegen unter den Kindern sowie eine damit verbundene Kommunikation über Mathematik fördert. Im Anschluss daran sollten wesentliche Ergebnisse für alle im Plenum festgehalten werden. Eine Methode, die vor allem den Austausch von Rechenwegen und die Kommunikation über Mathematik fördert, ist das Abhalten sogenannter Rechenkonferenzen.

4.2.2 Rechenkonferenzen einrichten

Unter einer Rechenkonferenz versteht man einen „Zusammenschluss von Kindern in (heterogenen) Kleingruppen zur Präsentation und Reflexion von individuellen Lösungswegen im Mathematikunterricht" (Ruwisch 2016b, S. 2). Im Vordergrund stehen dabei vor allem die prozessbezogenen Kompetenzen des Kommunizierens, des Argumentierens und auch des Darstellens, indem verschiedene Rechenwege präsentiert, verglichen und bewertet werden, sowie das Lernen von- und miteinander. In der Regel wird dazu eine hinreichend herausfordernde Aufgabe mit Potenzial für Entdeckungen zuerst individuell bearbeitet. Die Ergebnisse der individuellen Bearbeitung bilden dann im Anschluss den Ausgangspunkt einer Rechenkonferenz. Dabei können unterschiedliche Zielsetzungen und Methoden zum Einsatz kommen: So können die Ergebnisse in der Gruppe genauer betrachtet und gemeinsam weiterentwickelt werden, dabei können im Anschluss an die Auseinandersetzung mit den Einzelergebnissen Vergleiche angeregt werden, etwa welche Rechenwege besonders geschickt sind. Ferner können Rechenkonferenzen auch zum Verfassen mathematischer Texte (Schreibkonferenz) genutzt werden oder auch, um bei komplexeren Fragestellungen die Vielfalt zusammenzutragen und die Einzelergebnisse übersichtlich zu strukturieren und zu präsentieren (Ruwisch 2016a, 32f). Erfolgt jedoch in der Konferenz lediglich ein Vergleich der Ergebnisse nach *richtig* oder *falsch*, lohnt sich nach Ruwisch (2016a, S. 34) der Aufwand einer Rechenkonferenz nicht. Weitere variable Faktoren, die die Vielfalt der Methode Rechenkonferenz ausmachen, sind nach Ruwisch (2016a) die Anzahl der Personen, die an der Rechenkonferenz teilnehmen (von zwei Personen bis zur gesamten Lerngruppe), die Bildung der Gruppen (freie Wahl, Zusammensetzung wird von der Lehrkraft bestimmt, Anmeldung zu Rechenkonferenz, …), der Ablauf und die Rollenverteilung in der Rechenkonferenz wie auch das Festhalten der Ergebnisse.

Der gesamte Prozess kann im Sinne des kooperativen Lernens in drei Phasen untergliedert werden: in eine Ich-Phase, eine Du-Phase und eine Wir-Phase (vgl. Ich-Du-Wir nach Gallin und Ruf (1998)). In der Ich-Phase setzen sich alle Kinder mit einer Fragestellung auseinander, die an alle Ichs in der Klasse gerichtet wird (Gallin 2010, S. 7). Diese Beschäftigung zwischen Frage und Ich nennen Ruf und Gallin „Mathematik treiben" (Gallin 2010, S. 5). In dieser Phase notieren Kinder ihre Überlegungen zur Lösung der Aufgabe und versuchen, diese so darzustellen, dass die anderen Kinder sie nachvollziehen können. Dabei können die Kinder auf sogenannte Forschermittel (z. B. Wendeplättchen, Stellenwertmaterial, Pfeile, Rechenstrich) zurückgreifen (PIKAS o. J.).

Dieser Phase schließt sich eine Phase des Austausches mit anderen Kindern an, die sich zur selben Fragestellung Gedanken gemacht haben, die sogenannte Du-Phase. Dabei sollte den Kindern klargemacht werden, dass es in dieser Phase weniger um eine Beurteilung der Rechenwege nach Richtigkeit geht, sondern um eine Diskussion über die Rechenwege der anderen Kinder in Bezug auf Verständlichkeit, Vollständigkeit, Unterschiede und Gemeinsamkeiten. Es empfiehlt sich, anfangs klare Strukturierungshilfen für diese Du-Phase anzugeben (PIKAS o. J., S. 4).

In dieser Du-Phase können die Konferenzteilnehmerinnen und Konferenzteilnehmer auch den Auftrag erhalten, ein Plakat mit Entdeckungen, geschickten Rechenwegen, Tipps für andere Kinder oder Darstellungen verschiedener Rechenwege für die sogenannte Wir-Phase möglichst verständlich und strukturiert zu erstellen. Auch eine Vergabe von Rollen in der Gruppe kann gewährleisten, dass alle Kinder einer Gruppe gleichermaßen aktiviert und verantwortlich für den Arbeitsprozess gemacht werden (PIKAS o. J., 4f).

Die Präsentation und Reflexion der Ergebnisse der einzelnen Rechenkonferenzen kann abschließend im Plenum in der sogenannten Wir-Phase erfolgen, in der auch eventuelle Produkte aus der Du-Phase, wie Plakate, präsentiert werden (PIKAS o. J., S. 6).

4.2.3   Punktefelder als Arbeitsmittel nutzen

Neben den bereits ausformulierten Überlegungen des Aufgreifens informeller Rechenwege durch geeignete Fragestellungen und den Austausch über selbst entdeckte Rechenwege in Rechenkonferenzen braucht es auch Phasen, in denen anknüpfend an die Lösungen der Kinder verschiedene Rechenwege anschaulich erarbeitet werden. Fachdidaktikerinnen und Fachdidaktiker empfehlen für multiplikative Rechenwege den Einsatz von Punktefeldern als Arbeitsmittel (Wessolowski 2011; Wittmann und Müller 2018; Schipper et al. 2017). Dabei sprechen vor allem folgende Anknüpfungspunkte für deren Verwendung:

- Einmaleinsaufgaben können mit Punktefeldern veranschaulicht werden, diese Darstellung von Malaufgaben kann auf größere Aufgaben übertragen werden (Wessolowski 2011, S. 31).

- Ableitungsstrategien des kleinen Einmaleins können mit Punktefeldern dargestellt werden. Ableitungsstrategien für größere Malaufgaben basieren auf denselben Gesetzen (Distributivgesetz und Assoziativgesetz) und können ebenfalls mittels Punktefeldern veranschaulicht werden.

Es besteht die Möglichkeit das Punktefeld zu verwenden, um Rechenwege zu finden, um Rechenwege zu begründen und um die Rechenwege anderer Kinder zu verstehen (Wessolowski 2011, S. 31). In diesem Sinne sind Arbeitsmittel bzw. Materialien im mathematischen Lernprozess nach Schipper (2009) imstande unterschiedliche Funktionen zu übernehmen. Arbeitsmittel können als Lösungshilfe, als Lernhilfe und als Kommunikationshilfe dienen (Schipper 2009, 290f). Als Lösungshilfe ermöglichen sie dem Lernenden das Lösen einer Aufgabe, vor allem dann, wenn es um einen neuen mathematischen Begriff oder um ein neues mathematisches Problem geht (Schipper 2009, S. 290). Arbeitsmittel als Lernhilfe begünstigen den Aufbau von Grundvorstellungen. Die Arbeitsmittel schaffen konkrete Handlungen, aus denen sich „abstraktere Vorstellungen im Sinne von Vorstellungsschemata bzw. Operationen entwickeln" (Schipper 2009, S. 292). Die Aufgabe der Lehrkraft besteht darin, aus den Veranschaulichungen Prozesse zur Entwicklung mentaler Vorstellungen in Gang zu setzen, die ein geistiges Operieren ohne Rückgriff auf konkrete Veranschaulichungen erlauben (durch verinnerlichte Handlungen). Dabei können Lösungshilfen zu Lernhilfen werden, wenn den Kindern die Strukturen der Handlungen und Veranschaulichungen bewusst werden (Schipper 2009, S. 291). Eine weitere Funktion von Arbeitsmitteln ist die Kommunikationshilfe, wenn die Nutzung des Arbeitsmittels das Darstellen von Lösungswegen erleichtert.

Doch zunächst einmal ist jedes Arbeitsmittel, so auch Punktefelder, Lernstoff. Für den Unterricht heißt dies, dass die Arbeitsmittel selbst zum Unterrichtsgegenstand gemacht werden müssen. Veranschaulichungen sind nicht selbsterklärend, sie enthalten teilweise auch Konventionen, deren Bedeutung erklärt werden muss, genauso wie der sichere Umgang mit dem Arbeitsmittel (Scherer und Moser Opitz 2010, 83 f). Im Folgenden werden Arbeitsmittel vorgestellt, die zur Erarbeitung multiplikativer Rechenwege herangezogen werden können, beginnend mit Punktefelddarstellungen.

4.2.3.1 400er-Punktefeld und Malwinkel

Das 400er-Punktefeld (siehe Abbildung 4.2) ist geeignet zur Veranschaulichung aller Multiplikationen bis 20·20.

Abbildung 4.2
400er-Punktefeld

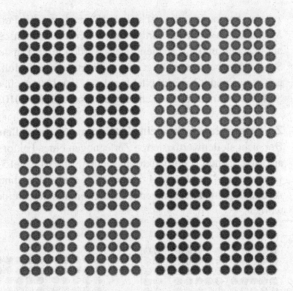

Durch Abdecken von Teilfeldern mithilfe eines L-förmigen Malwinkels können zunächst Malaufgaben und in weiterer Folge auch Rechenwege zur Lösung von Malaufgaben veranschaulicht werden. Im Folgenden werden die Veranschaulichungen einiger Rechenwege mithilfe des 400er-Punktefeldes und des Malwinkels dargestellt.

Zerlegung eines Faktors in eine Summe (stellenwertbasiert)

Abbildung 4.3 Zerlegung
in eine Summe
(stellenwertbasiert)
veranschaulicht am
400er-Punktefeld für 6·18
= 6·(10 + 8) = 6·10 + 6·8

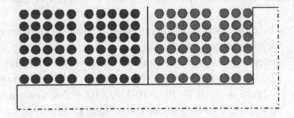

Die Veranschaulichung der Zerlegung der Aufgabe 6·18 in Abbildung 4.3 in 6·10 + 6·8 wird durch einen senkrechten Strich deutlich gemacht, wobei links davon die Aufgabe 6·10 und rechts davon die Aufgabe 6·8 dargestellt wird. Im Unterricht bietet es sich an, den Strich durch einen Stift, Schaschlikspieß oder einen Wollfaden zu simulieren. Ferner ist bei jeder Darstellung im Punktefeld anzumerken, dass Malaufgaben auf zwei Arten gelegt werden können. So kann die Aufgabe 6·18 als 6 Zeilen und 18 Spalten gelegt werden, eine Darstellung als 18 Zeilen und 6 Spalten ist ebenfalls richtig, nur die Sichtweise auf Multiplikand und Multiplikator ist unterschiedlich. Es empfiehlt sich, für den Unterricht eine Konvention bezüglich Sichtweise einzuführen (Scherer und Moser Opitz 2010, S. 122).

Zerlegung eines Faktors in eine Summe (nicht stellenwertbasiert)
Bei nicht stellenwertbasierten Zerlegungen eines Faktors werden ebenfalls leichter auszurechnende Teilprodukte ausgenutzt, zum Beispiel 5·12 + 2·12 zur Berechnung von 7·12 in Abbildung 4.4 oder 6·9 + 6·9 zur Berechnung von 6·18 in der selben Abbildung. Die Zerlegungen können ebenfalls durch einen Strich deutlich gemacht werden.

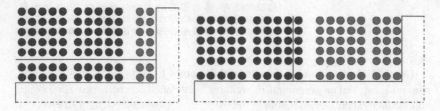

Abbildung 4.4 Zerlegung in eine Summe (nicht stellenwertbasiert) veranschaulicht am 400er-Punktefeld für 7·12 = (5 + 2)·12 = 5·12 + 2·12 und 6·18 = 6·(9 + 9) = 6·9 + 6·9

Der letztgenannte Rechenweg kann auch als multiplikative Zerlegung gesehen und mithilfe des Assoziativgesetzes begründet werden: 6·18 = 6·(9·2) = (6·9)·2.

Zerlegung beider Faktoren in eine Summe (stellenwertbasiert)
Weiters können auch Aufgaben, bei denen beide Faktoren in eine Summe zerlegt werden, veranschaulicht werden, wie in Abbildung 4.5, wo die Aufgabe 12·14 mittels mehrmaliger Anwendung des Distributivgesetzes zerlegt wird in (10 + 2)·(10 + 4) = 10·10 + 10·4 + 2·10 + 2·4. Die einzelnen Teilprodukte (10·10, 10·4, 2·10, 2·4) sind in der Darstellung in Abbildung 4.5 als Zerlegung des Punktefeldes links oben, rechts oben, links unten und rechts unten sichtbar. Für diesen Rechenweg müssen vier Teilprodukte zuerst berechnet und dann addiert werden. Daher ist dieser Rechenweg nicht unbedingt für das Kopfrechnen geeignet.

Abbildung 4.5 Zerlegung
beider Faktoren in eine
Summe (stellenwertbasiert)
für $12 \cdot 14 = (10 + 2) \cdot (10 + 4) = 10 \cdot 10 + 10 \cdot 4 + 2 \cdot 10 + 2 \cdot 4$

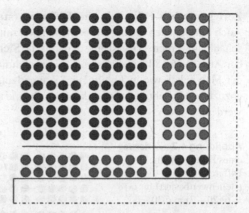

Zerlegung eines Faktors in ein Produkt (multiplikative Zerlegungen)

Wird ein Faktor in ein Produkt zerlegt, so kann auch dies mithilfe von Punktefeldern nachvollzogen werden. Bei der Aufgabe $8 \cdot 15$ in Abbildung 4.6 ist etwa eine Zerlegung von 8 in $2 \cdot 4$ und eine Berechnung der Aufgabe als $2 \cdot (4 \cdot 15)$ mithilfe des Assoziativgesetzes denkbar. Im Punktefeld kann die Zerlegung interpretiert werden als Verdoppelung von $4 \cdot 15$.

Abbildung 4.6 Zerlegung
eines Faktors in ein Produkt
für $8 \cdot 15 = 2 \cdot (4 \cdot 15)$

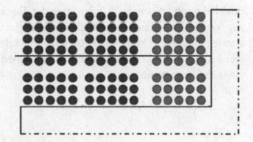

Aufgrund der Rückführung der Multiplikation auf die Addition kann jede Zerlegung in ein Produkt (mithilfe des Assoziativgesetzes) auch als Zerlegung in eine Summe (mithilfe des Distributivgesetzes) gedeutet werden.

Zerlegung eines Faktors in eine Differenz (stellenwertbasiert)
Auch Zerlegungen in eine Differenz können mit Punktefeld und Malwinkel veranschaulicht werden. Dazu ist eine dynamische Sichtweise erforderlich. Die Zerlegung der Aufgabe 6·18 kann dynamisch veranschaulicht werden als 6·20 – 6·2. Dazu ist der Malwinkel, wie in Abbildung 4.7 angedeutet, nach links zu verschieben. Der abzuziehende Subtrahend (6·2) kann durch eine transparente Folie sichtbar gemacht werden.

Abbildung 4.7 Zerlegung
eines Faktors in eine
Differenz
(stellenwertbasiert) für 6·18
= 6·(20 – 2) = 6·20 – 6·2

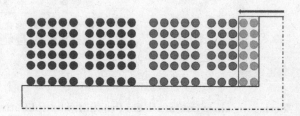

Anzumerken ist, dass je nach Sichtweise der Malaufgabe bzw. Zerlegung des ersten oder zweiten Faktors in eine Differenz der Malwinkel auch nach oben verschoben werden kann.

Tausenderstreifen
Sind Faktoren größer als 20, kann auch der Tausenderstreifen, siehe Abbildung 4.8, zur Veranschaulichung von Rechenwegen genutzt werden. Mit dem Tausenderstreifen und einem Malwinkel können alle Multiplikationen bis 10·100 dargestellt werden. Für noch größere Malaufgaben können mehrere Tausenderstreifen untereinandergelegt werden.

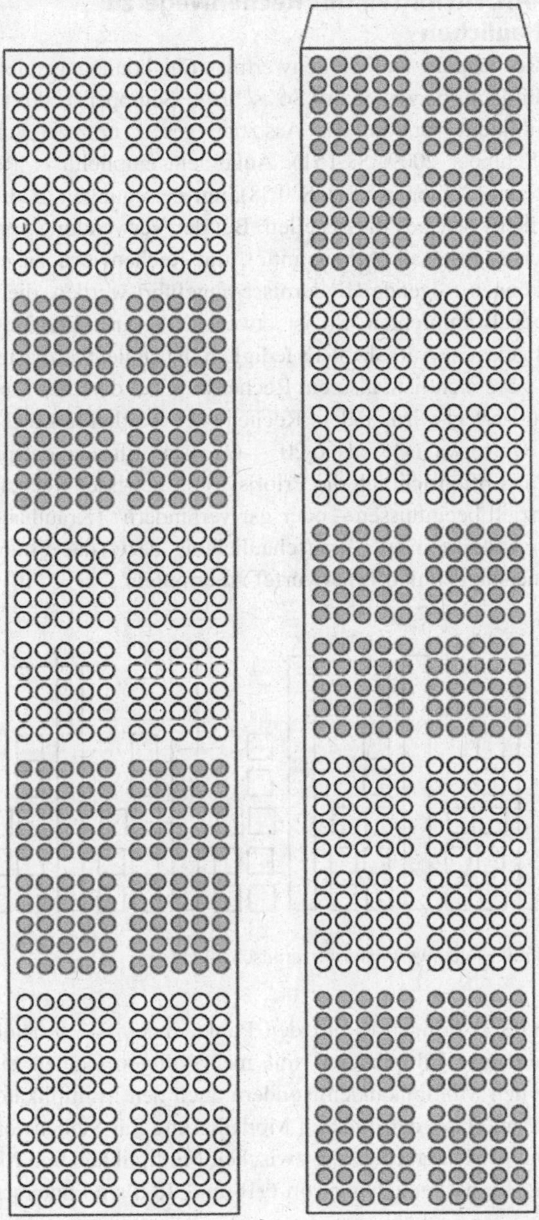

Abbildung 4.8 Tausenderstreifen – an der Lasche zusammenzukleben

4.2.3.2 Weitere Arbeitsmittel, um Rechenwege zu veranschaulichen

Auch Pfeilbilder, Rechengeld und Stellenwertmaterial können genutzt werden, um Rechenwege bildlich darzustellen. So schlägt Schipper (2009) die Verwendung von Pfeilbildern vor, um das Assoziativgesetz in zwei Schritten zu veranschaulichen (Schipper 2009, S. 151). Außerdem empfiehlt er Rechengeld und Stellenwertmaterial (Schipper 2009, S. 158), um Zerlegungen in eine Summe auf Basis des Distributivgesetzes darzustellen. Bei der Verwendung von Rechengeld und Stellenwertmaterial als Arbeitsmittel, um Rechenwege zu entwickeln und zu verstehen, können folgende Hindernisse angeführt werden, die eine Nutzung nur mit Vorbehalt empfehlen. So ist etwa bei der in Abbildung 4.9 mit Stellenwertmaterial gelegten Aufgabe 6·18 lediglich die stellenwertbasierte Zerlegung in 6·10 + 6·8 gut ersichtlich, also ein Rechenweg, bei dem der Multiplikand in seine Stellenwerte zerlegt wird, andere Rechenwege werden mit diesem Material nicht erkannt, wie etwa 6·18 als 6·20 – 6·2. Der Einsatz entsprechender Arbeitsmittel „… kann offensichtlich die Priorisierung gewisser Rechenwege bei den Kindern tendenziell beeinflussen – oder gar verhindern" (Krauthausen 2017, S. 197). Außerdem verführt diese Veranschaulichung dazu, das Produkt durch Auszählen der Zehnerstangen und Einerwürfel zu ermitteln.

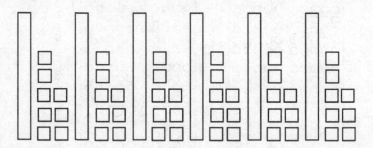

Abbildung 4.9   6·18 mit Stellenwertmaterial veranschaulicht

Ambrose et al. (2003) bringen es auf den Punkt, indem sie feststellen, dass effiziente Strategien zum Multiplizieren mit mehrstelligen Zahlen einen Weg erfordern, nicht nur den Multiplikanden, sondern auch den Multiplikator zu zerlegen. Lösungswege auf Basis der direkten Modellierung mit Stellenwertmaterial können dies aufgrund der Unterscheidung zwischen Multiplikand und Multiplikator nicht bieten (die Veranschaulichung von 6·18 und 18·6 sind unterschiedlich).

Daher entstehen laut Ambrose et al. (2003) viele der Rechenwege zu mehrstelligen Multiplikationen nicht aus dem direkten Modellieren mit Stellenwertmaterial (Ambrose et al. 2003, S. 54), vielmehr sind Arbeitsmittel zielführender, die die Kommutativität sichtbar werden lassen, wie das 400er-Punktefeld.

4.2.4 Notationsformen entwickeln und nutzen

In der Definition des Zahlenrechnens ist festgelegt, dass Zahlenrechnen sich einer Notation von Zwischenschritten, Zwischenrechnungen und Zwischenergebnissen bedienen kann. Die Form der Notation ist hingegen nicht einheitlich geregelt. Grundsätzlich sollten die Kinder dazu angeregt werden, Zwischenergebnisse und Zwischenschritte zu notieren, wenn sie das Gefühl haben, dass das Notieren ihren Merkprozess und den Rechenprozess unterstützt bzw. erst ermöglicht. Insbesondere lernschwächeren Kindern sollte vermittelt werden, dass das Notieren von Zwischenergebnissen bzw. das Verfassen schriftlicher Aufzeichnungen während des Rechenganges absolut üblich ist und Struktur und Sicherheit bietet. So kann die Rechenwegnotation ein Werkzeug im Lösungsprozess sein.

Rathgeb-Schnierer (2010) formuliert das Ergebnis ihrer Untersuchung in Bezug auf Rechenwegnotationen folgendermaßen: Eine Rechenwegnotation kann in Anlehnung an Schütte (2004) „eine Hilfestellung im Lösungsprozess" darstellen, vor allem dort, wo sie die Rolle einer „Merkhilfe, eines Darstellungsmittels oder eines Kommunikationsmediums einnimmt" (Rathgeb-Schnierer 2010, S. 279).

Zur Entwicklung der Notationsform rät Anghileri (2006) zuerst *long hand*-Notizen zu erstellen mit dem Hintergrund, dass das Erklären der Rechenwege durch schriftliche Notizen und das Strukturieren geschriebener Notizen Teil der Entwicklung des Verstehens seien. Dabei solle es individuell den Kindern überlassen werden, wie schnell sie ihre Notizen verknappen. Einige bräuchten möglicherweise mehr Zeit und arbeiten länger mit erweiterten Rechenwegnotationen, auch um den Berechnungsschritten Bedeutung zu geben (Anghileri 2006, S. 100).

Doch können Rechenwegnotationen nicht nur als Hilfestellungen im Rechenprozess gesehen werden, sondern in Anlehnung an Selter (2000), vor allem wenn sie als „verfestigte Form zum stereotypen Lösen von Aufgaben herangezogen werden", ein „aufgabenadäquates Agieren" hemmen (Rathgeb-Schnierer 2010, S. 279). Somit besteht die Gefahr, dass durch eine Normierung der Rechenwegnotationen auch Normierungen im Hinblick auf die Vielfalt der zu entdeckenden Rechenwege erfolgt.

„Der bewegliche Umgang mit Zahlen und das Nutzen erkannter Zahl- und Aufgabeneigenschaften ist sprachlich schwer und schriftlich kaum darzustellen. Insbesondere bei der Notation gehen die charakteristischen Eigenschaften flexibler Rechenwege verloren, weil ein dynamischer Prozess in ein statisches und lineares Produkt gefasst werden muss" (Rathgeb-Schnierer 2010, S. 277).

Weiters bemerken sowohl Padberg und Benz (2021, S. 237) als auch Krauthausen (2017, S. 190) in Zusammenhang mit der Frage der Notation, dass die Notation geschickter Rechengänge oft aufwändiger als das Rechnen selbst sei. Als Beispiel führt Krauthausen (2017) die Rechnung $25{\cdot}36$ an. Eine geschickte Denkweise sei es, sich 25 vor seinem geistigen Auge als ein Viertel von 100 vorzustellen und 36 als eine durch 4 teilbare Zahl zu sehen. Daraus ergebe sich die Rechnung $100{\cdot}9$. Wolle man diese Denkvorgänge verschriftlichen, dann wirke diese Verschriftlichung mitunter aufwändiger als der Rechenvorgang selbst: $25 \cdot 36 = \frac{100}{4} \cdot 36 = 100 \cdot \frac{36}{4} = 100 \cdot 9 = 900$ (Krauthausen 2017, 190f).

Die Diskussion rund um Empfehlungen für Rechenwegnotationen entpuppt sich als eine „Gratwanderung zwischen erwünschter Individualität und erforderlicher Normierung" (Padberg und Benz 2021, S. 236). Einerseits besteht eine Notwendigkeit, Rechenwegnotationen zu einem bestimmten Maß zu normieren, um Lösungswege allgemein verständlich zu machen, um sicherzustellen, dass sowohl die Lehrkraft als auch die Mitschülerinnen und Mitschüler in der Lage sind, die Rechenwege der anderen Kinder nachzuvollziehen. Mathematiklernen braucht eine Schreibweise, die gemeinsame Kommunikation ermöglicht. Andererseits besteht die Gefahr, wenn Kinder ihre Rechenwegnotationen stets individuell und spontan notieren, dass diese von anderen Kindern und auch von der Lehrkraft ad hoc nicht verstanden werden und sich so „leicht fehlerhafte Vorstellungen einschleichen und einschleifen" können (Padberg und Benz 2021, S. 236). Es empfiehlt sich, Konventionen in den Notationsformen zum Diskussionsthema zu machen, die Kinder sollten Konventionen in der Notationsweise als Vorteile erkennen, Notationskonventionen sollten von den Kindern verstanden werden.

In diesem Sinne schlagen Schipper et al. (2017) vor, dass beim halbschriftlichen Multiplizieren eine einheitliche Schreibform erarbeitet werden sollte, und geben folgende Empfehlungen zur Notation der Rechenwege durch Zerlegen in eine Summe ab (Schipper et al. 2017, S. 94) (Abbildung 4.10):

Form A wird für die Erarbeitungsphase vorgeschlagen. Der Schreibaufwand ist relativ hoch, was Padberg und Benz (2021) neben der weithin normierten Schreibweise, die „nur teilweise den entsprechenden Denkvorgängen der Kinder entspricht", als Nachteil sehen (Padberg und Benz 2021, S. 198). In Form B werden nur die Ergebnisse der Teilprodukte notiert. Diese Kurzschreibweise kann

Form A	Form B	Form C
8 · 56 = 448	8 · 56 = 448	8 · 56 = 448
8 · 50 = 400	400 + 48	
8 · 6 = 48		

Abbildung 4.10   Empfehlungen zur Form der Notation nach Schipper et al. (2017, S. 94)

mit zunehmender Automatisierung übernommen werden. Schipper (2009) empfiehlt eine weitere Kurzform, eine Mischung aus der Form A und B, als: 8·56 =
400 + 48 = 448. In Form C wird auf die Notation gänzlich verzichtet, alle Zwischenrechnungen finden im Kopf statt. Darüber hinaus können sich Kinder aber
auch darauf beschränken, „nur Teilergebnisse, oder einzelne, für sie besonders
schwierige Rechenschritte zu notieren" (Padberg und Benz 2021, S. 199).

4.2.5   Besondere Aufgabenmerkmale erkennen und Rechenvorteile nutzen

Zahlreiche Publikationen beschäftigen sich mit dem Thema, wie flexible Rechenkompetenzen im Unterricht zu vermitteln sind (Rechtsteiner-Merz 2013; Rathgeb-
Schnierer 2010; Threlfall 2009; Heinze 2018; Verschaffel et al. 2009; Selter
2003). Dabei können in den Diskussionen zwei unterschiedliche Ansätze identifiziert werden, die auf den zwei in Abschnitt 2.3 diskutierten Modellen der
Wahl des Rechenweges (Strategiewahlmodell und Emergenzmodell) basieren.

Instruktionsansatz nach dem Strategiewahlmodell
Der Instruktionsansatz nach dem Strategiewahlmodell geht davon´aus, dass es für
jede Aufgabe einen adäquaten Lösungsweg gibt und dass vor der Wahl des Rechenweges alle möglichen Alternativen bewusst oder unbewusst geprüft werden, um
dann eine Strategieentscheidung treffen zu können, basierend auf einer schlüssigen
Klassifikation aller möglichen Rechenwege (siehe Abschnitt 2.3). Unterrichtskonzepte, die auf dem Instruktionsansatz nach dem Strategiewahlmodell beruhen,
fokussieren nach Rathgeb-Schnierer (2010) die Entwicklung eines Repertoires an
Rechenwegen, aus dem beim Lösen einer Aufgabe der passende gewählt werden
könne, und das Entwickeln von Kriterien, die bei der Auswahl eines adäquaten
Lösungsweges herangezogen werden können. Für den Unterricht bedeutet dies, dass

die Kinder die Gelegenheit bekommen, unterschiedliche Rechenwege kennenzulernen und parallel dazu, anhand geeigneter Aufgabenstellungen, angeregt werden, über die Adäquatheit einzelner Rechenwege für bestimmte Aufgaben nachzudenken (Rathgeb-Schnierer 2010, S. 262). Aus dem Strategiewahlansatz leitet Heinze (2018) vier „Lernvoraussetzungen für die Fähigkeit des geschickten Rechnens" ab:

- Strategierepertoire: Kenntnis verschiedener Rechenwege,
- Strategieverteilung: Kenntnis, welcher Rechenweg für welche Aufgabentypen geeignet ist,
- Strategieanwendung: Fähigkeit, jeden bekannten Rechenweg schnell und sicher anzuwenden und
- Strategieflexibilität: Fähigkeit, die bekannten Rechenwege beim Lösen mehrerer Aufgaben flexibel einzusetzen (d. h., anstelle eines Lieblingsrechenweges auch andere Rechenwege einzusetzen) (Heinze 2018, S. 8).

Instruktionsansatz nach dem Emergenzmodell
Unterrichtskonzepte, die auf dem Emergenzmodell basieren, sehen den Lösungsvorgang als Prozess, wobei die Wahl des Rechenweges nicht bereits vor dem Lösen getroffen wird, sondern der Rechenweg vielmehr im Lösungsprozess aufgrund erkannter Aufgabenmerkmale und Zahlbeziehungen *emergiert*. In Bezug auf den Unterricht bedeutet dies eine Fokussierung auf das Zahl- und Operationswissen und das Erkennen von Zahlen- und Aufgabenmerkmalen (Rathgeb-Schnierer 2011, S. 19). Dementsprechend steht im Unterricht nicht das Erlernen bestimmter Rechenwege im Vordergrund. Stattdessen sollen die Kinder lernen, Merkmale von Zahlen und Zahlbeziehungen in Aufgaben zu analysieren. Basierend auf ihren Erfahrungen und dem gesammelten Zahlenwissen sollen die Kinder Schritt für Schritt ihre Rechenwege erweitern und so die Fähigkeit erwerben, Rechenwege adäquat zu nutzen (Heinze et al. 2009a, S. 595; Schütte 2004; Threlfall 2009). Schütte (2004) plädiert daher in der Umsetzung des halbschriftlichen Rechnens besonders dafür, Aufgabenformate zu nutzen, die den „Zahlenblick schulen", und diese auch „dem halbschriftlichen Rechnen vorzuschalten" (Schütte 2004, S. 147). Weiters gehen die Vertreterinnen und Vertreter des Emergenzansatzes davon aus, dass flexibles Rechnen nicht kurzfristig gelehrt werden kann, sondern sich über längere Zeit hinweg entwickelt (Rechtsteiner-Merz 2013, S. 90; Rathgeb-Schnierer 2006; Schütte 2004; Verschaffel et al. 2009, S. 348). Dabei schließt das Emergenzmodell nicht aus, dass bei ausreichender Erfahrung das Lösen der Aufgabe durch die Wahl und Anwendung eines fertigen Rechenweges erfolgen kann (Heinze 2018, S. 8). Erwähnenswert sind in diesem Zusammenhang drei Studien, die sich mit förderlichen Unterrichtsansätzen zum flexiblen Rechnen bei Addition und Subtraktion beschäftigen und

im Unterricht gezielt Aktivitäten zum Zahlenblick durchführten: die Studien von Rathgeb-Schnierer (2006), Rechtsteiner-Merz (2013) und Heinze et al. (2016). Sie zeigen, dass Lernangebote zur Schulung des Zahlenblicks „eine geeignete Rahmung für die Entwicklung flexibler Rechenkompetenzen darstellen" (Rathgeb-Schnierer 2010, S. 281) und längerfristig nachhaltiger sind (Heinze et al. 2016, S. 56).

Zusammenfassend kann folgende Fragestellung zu den zwei Instruktionsansätzen formuliert werden: Sollen zunächst verschiedene Rechenwege erlernt und daran anschließend die flexible Nutzung der Rechenwege thematisiert werden, oder entwickeln sich flexible Rechenkompetenzen längerfristig im Zuge einer Fokussierung auf das Erkennen und Nutzen von Zahl- und Aufgabenmerkmalen? Aus der Forschung gibt es dazu keine eindeutigen Befunde (Heinze 2018, S. 9).

4.3 Hürden bei der Umsetzung des Zahlenrechnens

In der mathematikdidaktischen Literatur sind Problembereiche dokumentiert, mit denen die Umsetzung des Zahlenrechnens konfrontiert werden kann. Im Folgenden werden vier dieser Problembereiche, die auch für die nachfolgende Untersuchung von Relevanz sind, näher erörtert:

- Die Anwendung unterschiedlicher Rechenwege und die damit verbundene Diskussion über aufgabenadäquates Vorgehen könnten leistungsschwächere Kinder überfordern.
- Die unterrichtliche Umsetzung des Zahlenrechnens könnte dem Erlernen *halbschriftlicher Normalverfahren* gleichen.
- Nach der Einführung der schriftlichen Verfahren könnte das Zahlenrechnen nur mehr eine untergeordnete Bedeutung haben.
- Die unterrichtliche Umsetzung des Zahlenrechnens stelle (zu) hohe Anforderungen an fachliche und fachdidaktisch-methodische Kompetenzen der Lehrkräfte.

Im Folgenden werden die vier genannten Problembereiche kurz ausführlicher erörtert:

4.3.1 Gefahr der Überforderung von leistungsschwächeren Kindern

In fachdidaktischen Diskussionen werden immer wieder Bedenken geäußert, ob Zahlenrechnen, verbunden mit dem Bestreben, Rechenwege womöglich selbst zu entdecken und eine Vielfalt von Rechenwegen möglichst flexibel zu nutzen, auch für leistungsschwächere Kinder sinnvoll sei. Torbeyns et al. (2009b) fassen den fachdidaktischen Diskurs zum Thema wie folgt zusammen:

> *„Whereas some authors argue that strategy variety and flexibility are valuable and achievable goals for children of all mathematical achievement levels, including the lower achieving ones (e.g., Baroody 2003; Bransford 2001), others conjecture that diversity and flexibility in strategy use is feasible for only the higher achieving children (e.g., Geary 2003; Threlfall 2002; Warner et al. 2002)" (Torbeyns et al. 2009b, S. 582).*

Demnach ist sich die Fachdidaktik nicht einig, ob die Nutzung unterschiedlicher Rechenwege und die Entwicklung flexibler Rechenkompetenzen wertvolle und erreichbare Ziele für Kinder des ganzen Leistungsspektrums darstellen und somit auch für leistungsschwache Kinder erreichbar seien, oder ob Vielfalt und Flexibilität in der Rechenwegnutzung nur für leistungsstärkere Kinder möglich seien.

So halten Padberg und Benz (2021) fest, dass das eigene Entdecken „verschiedener, sinnvoller" Rechenwege für die Zielgruppe der leistungsschwachen Kinder eine „große Herausforderung oder sogar Überforderung" darstelle, und empfehlen daher, diese Zielgruppe im alltäglichen Mathematikunterricht nicht über längere Zeiträume hinweg verschiedene Lösungswege frei entdecken zu lassen, sondern

- möglichst in Anlehnung an selbstentdeckte Rechenwege einen Weg gemeinsam zu erschließen,
- die notwendigen Voraussetzungen für diese Rechenwege gründlich zu thematisieren und
- Fehler, die bei den Lösungswegen unterlaufen, aufzuarbeiten (Padberg und Benz 2021, S. 238).

Auch in Bezug auf die Entwicklung flexibler Rechenkompetenzen bei leistungsschwächeren Kindern gibt es keine eindeutigen Empfehlungen und unterschiedliche Ergebnisse aus Untersuchungen. Die Studie von Torbeyns et al. (2005), die die Rechenwege von 83 Erstklässlern unterschiedlicher Leistung zum Addieren mit Zehnerüberschreitung untersuchten, wobei in dieser Studie die unterschiedlichen Rechenwege zuvor im Unterricht ausführlich behandelt wurden, kommt zum

Ergebnis, dass sich bei der Wahl des passenden Rechenweges keine Unterschiede zwischen leistungsschwächeren und leistungsstärkeren Kindern beobachten lassen. *„Even relatively low achieving children, who are taught multiple reasoning strategies on sums over ten are able to apply these strategies effectively and adaptively"* (Torbeyns et al. 2005, S. 18). Deutliche Unterschiede wurden hingegen zwischen leistungsschwächeren und leistungsstärkeren Kindern in Bezug auf die Lösungsgeschwindigkeit beobachtet. In einer weiteren Studie untersuchten Torbeyns et al. (2009b) an 60 Drittklässlern die flexible Nutzung von Rechenwegen beim Addieren und Subtrahieren im Zahlenbereich 20 – 100. Die Rechenwege wurden zuvor wieder ausführlich im Unterricht behandelt. Die Untersuchung zeigt ebenfalls, dass weder das Repertoire an Rechenwegen noch die Verteilung der Strategien noch die Adäquatheit zwischen den drei Leistungsgruppen signifikant unterschiedlich sind (Torbeyns et al. 2009b, S. 588).

Auch die Ergebnisse der Studie von Werner und Klein (2012) weisen darauf hin, dass Kinder einer Förderschule mit dem Schwerpunkt Lernen zwar einerseits mechanische Lösungen bevorzugen, doch andererseits „flexible Rechner werden können" und „in der Lage (sind), aufgabenadäquate Lösungswege zu finden und flexibel zu rechnen" (Werner und Klein 2012, S. 169).

Die zitierten Studien sprechen dafür, dass sich bei gezielter Förderung auch bei schwächeren Kindern flexible Rechenkompetenzen entwickeln. Andere Autorinnen und Autoren hingegen schlagen vor, bei leistungsschwachen Kindern nur einen Rechenweg zu thematisieren, wie etwa Padberg und Benz (2021), die zwar eine „breite Vielfalt" von Rechenwegen für „möglichst viele Kinder einer Klasse" befürworten, jedoch gleichzeitig jeweils einen Rechenweg für „die Kinder, denen die Voraussetzungen für eine flexible Vorgangsweise weithin fehlen, sowie eine sinnvolle und differenzierte Vorgangsweise, die auf die unterschiedlichen individuellen Voraussetzungen in einer Klasse Rücksicht nimmt" (Padberg und Benz 2021, S. 197).

Die widersprüchlichen Befunde und Empfehlungen resultieren aus einem Mangel an Forschungsevidenz in Bezug auf das Zahlenrechnen mit Blick auf leistungsschwächere Kinder. Verschaffel et al. (2007b) stellen zusammenfassend fest, dass ein großer Forschungsbedarf im *„theoretical understanding and practical enhancement of strategy flexibility in elementary arithmetic of children with low achievement in mathematics"* bestehe, speziell in Bezug auf die Konzeption von Lernarrangements, die Kinder des unteren Leistungsspektrums im Fokus haben (Verschaffel et al. 2007b, S. 24).

4.3.2 Gefahr des Abgleitens ins mechanische Rechnen

Wie bereits erwähnt, besteht darüber hinaus die Gefahr, dass die unterrichtliche Umsetzung des Zahlenrechnens dem Erlernen „halbschriftlicher Normalverfahren" gleicht und damit die Rechenwege des Zahlenrechnens mechanisch ausgeführt werden, ohne Fokussierung auf die beschriebenen Charakteristika des Zahlenrechnens. Krauthausen (2017) stellt dazu fest: „Halbschriftliches Rechnen gleichsam wie einen Algorithmus zu‚lehren' und dann lediglich gehäuft durchzuführen, wird kaum die Erwartungen erfüllen" (Krauthausen 2017, S. 196). Auch Selter (1999) warnt vor dieser Gefahr, indem er äußert, dass „das Zahlenrechnen leicht in mechanische Verfahren abgleiten kann, die die Schüler unverstanden reproduzieren" (Selter 1999, S. 8). Padberg und Benz (2021) kritisieren auch Schulbücher, die durch „vorzeitige und einseitige Normierung" eine Gefahr darstellen, da sie gewöhnlich nur wenige Wege pro Rechenoperation vorstellen, die dann von den Kindern „quasi wie Normalverfahren des halbschriftlichen Rechnens gelernt und angewandt" werden. „So kommen die Vorzüge des halbschriftlichen Rechnens gerade nicht zum Tragen, denn es kann nicht sinnvoll sein, die schriftlichen Normalverfahren durch halbschriftliche Normalverfahren zu ersetzen" (Padberg und Benz 2021, S. 236). Ähnliche Aussagen finden sich auch in den Publikationen von Threlfall (2002, 2009).

4.3.3 Gefahr der Bedeutungslosigkeit des Zahlenrechnens nach Einführung der schriftlichen Rechenverfahren

Padberg und Benz (2021) fassen aufgrund von Studien (Selter 2000; Hirsch 2001) zusammen, dass Kinder nach Einführung der schriftlichen Verfahren hauptsächlich diese auch als Lieblingswege bezeichnen. Darüber hinaus stellen sie fest, dass dieser Umstand sicher dadurch beeinflusst wird, welche Bedeutung den unterschiedlichen Rechenarten im Unterricht beigemessen wurde bzw. in welchem zeitlichen Abstand die Rechenarten behandelt wurden, auch in Bezug auf die Erhebungen des Lieblingsweges (Padberg und Benz 2021, S. 227). Die Argumente, die seitens der Kinder für die Nutzung schriftlicher Verfahren sprechen, betonen die „Schnelligkeit, Sicherheit und Einfachheit" der schriftlichen Rechenverfahren (Padberg und Benz 2021, S. 237). Auch Schipper (2009) weist auf die Tendenz hin, dass viele Kinder nach der Einführung der schriftlichen Verfahren Aufgaben „nahezu ausschließlich schriftlich" rechnen (Schipper 2009, S. 193).

Schulz (2018) bestätigt in seiner Studie den negativen Einfluss der Verwendung der Algorithmen auf die Verwendung der Rechenwege des Zahlenrechnens sowohl beim Multiplizieren als auch beim Dividieren (Schulz 2018, S. 108). Sobald es Kinder gewohnt sind, Aufgaben überwiegend mithilfe schriftlicher Verfahren zu lösen, wirkt sich dieser Umstand hinderlich auf die Entwicklung von Rechenwegen des Zahlenrechnens aus (Schulz 2018, S. 129).

Daher gibt es eindeutige Empfehlungen aus der Fachdidaktik, nach der Einführung der schriftlichen Rechenverfahren die unterschiedlichen Rechenarten (Zahlenrechnen und Ziffernrechnen) immer wieder bewusst zu verbinden (Schipper 2009, S. 193; Padberg und Benz 2021, S. 240), etwa indem regelmäßig anhand konkreter Aufgaben Begründungen dafür thematisiert werden, ob diese besser im Kopf, halbschriftlich oder schriftlich gerechnet werden können (Padberg und Benz 2021, S. 320).

4.3.4 Gefahr der Überforderung von Lehrkräften

Die Vermittlung unterschiedlicher Rechenwege verbunden mit dem Anspruch, diese flexibel anzuwenden, stellt „hohe Anforderungen an die methodische Kompetenz der Lehrkräfte, da sie in höchstem Maße Offenheit, Flexibilität und Souveränität sowohl in fachlicher wie in didaktisch-methodischer Hinsicht" verlangen (Krauthausen 2017, S. 196). Die Leistungsheterogenität, die in vielen Klassen gegeben ist, verlangt von Lehrkräften, alle Kinder entsprechend zu fordern und zu fördern (Padberg und Benz 2021, S. 235).

Entsprechende fachliche und fachdidaktisch-methodische Kompetenzen sollten Lehrkräfte in der Ausbildung erwerben. Eine adäquate Vorbereitung in Bezug auf den Erwerb dieser Kompetenzen ist aber nach Krauthausen (2017) in der Lehrerinnen- und Lehrerausbildung oft nicht gegeben. Vor allem in der österreichischen Lehrerinnen- und Lehrerausbildung, wo Grundschullehrkräfte als Generalisten ausgebildet werden, scheitert es wohl oft auch einfach an Zeitressourcen, die Studierenden entsprechend auf die genannten Anforderungen und Herausforderungen vorzubereiten. Krauthausen (2017) schließt dennoch mit einem positiven Ausblick ab, indem er feststellt:

„Zahlreiche Erfahrungen zeigen, wie bei geeigneten Angeboten mit der Zeit die Einstellung, die Kompetenz und die Performanz von Studierenden in der genannten Hinsicht [gemeint ist die *Vermittlung unterschiedlicher Rechenwege verbunden mit dem Anspruch diese flexibel anzuwenden*, Anm. M.G.] *durchaus deutlich zu steigern sind. Es lohnt also, in entsprechende Bemühungen zu investieren" (Krauthausen 2017, S. 196).*

4.4   Rechenwege für mehrstellige Multiplikationen in gängigen österreichischen Schulbüchern

In diesem Abschnitt erfolgt eine Analyse von fünf für die dritte Schulstufe (Schuljahr 2020/2021) in Österreich approbierter Schulbücher im Hinblick auf die Thematisierung des Zahlenrechnens im Bereich der Multiplikation. Die Auswahl der Schulbücher geschah aufgrund eigener Beobachtungen in der Arbeit mit Lehrkräften in Fortbildungen und pädagogisch-praktischen Studien. Die gewählten Schulbücher werden gemäß diesen Beobachtungen von Lehrkräften in Österreich häufig verwendet:

(1) MiniMax 3 (Holub et al. 2016)
(2) Zahlenreise 3 (Brunner et al. 2019)
(3) Die Mathe-Forscher/innen 3 (Grurl et al. 2019)
(4) Das Zahlenbuch 3 (Wittmann und Müller 2017a)
(5) Alles klar! 3 NEU. Mathematik für wissbegierige Schulkinder (Grosser und Koth 2020)

Folgende Seiten, die das Zahlenrechnen im Bereich der Multiplikation thematisieren, wurden analysiert:

MiniMax 3 (Holub et al. 2016), Zahlen und Rechnen

- Halbschriftliche Multiplikation (Teil B, S. 26)
- Halbschriftliche Multiplikation (Maltabelle) (Teil B, S. 27)
- Halbschriftliche Multiplikation (Training) (Teil B, S. 28)
- Rechenvorteile (Teil B, S. 77 – 79)

Zahlenreise 3 (Brunner et al. 2019)

- Malrechnen (Erarbeitungsteil 2, S. 94 und Übungsteil, S. 46)
- Halbschriftliches Multiplizieren (Erarbeitungsteil 2, S. 95 und Übungsteil, S. 47)
- Malrechnungen mit gemischten Zahlen (Erarbeitungsteil 2, S. 96)

Die MatheForscher/innen 3 (Grurl et al. 2019)

- Forschen und Entdecken (Teil B, S. 49)
- Vorteilhaft rechnen (Teil B, S. 67)
- Multiplizieren und Dividieren (Teil B, S. 87)

Alles klar! 3 (Grosser und Koth 2020)

- Halbschriftlich Multiplizieren (Teil B, S. 34 – 35)
- Im Kopf oder schriftlich: (Teil B, S. 84 – 85)

Das Zahlenbuch 3 (Wittmann und Müller 2017a)

- Malaufgaben zerlegen (S. 105 und Arbeitsheft, S. 51)
- Vertiefung des Einmaleins (S. 106 und Arbeitsheft, S. 52)
- Rechenvorteile (S. 117)

4.4.1 Analyse der Schulbücher

Die Schulbücher wurden hinsichtlich folgender Fragestellungen analysiert:

(1) Welche Rechenwege für Multiplikationen werden neben dem stellengerechten Zerlegen in eine Summe noch thematisiert?

(2) Welche Notationsform wird verwendet?

(3) In welcher Form werden Rechenwege veranschaulicht?

(4) Werden Kinder aufgefordert, selbst Rechenwege zu finden?

(5) Werden Kinder aufgefordert, Rechenwege zu vergleichen?

(6) Werden Kinder aufgefordert, Rechenwege zu begründen?

(7) Wird vorteilhaftes Rechnen thematisiert? Wenn ja, in welcher Form, und welche Rechenwege werden angesprochen/erwähnt?

(8) Wann wird das schriftliche Verfahren thematisiert?

(9) Wird das Zahlenrechnen im Schulbuch nach der Erarbeitung des schriftlichen Verfahrens noch einmal aufgegriffen? Wird vorteilhaftes Rechnen im Hinblick auf Zahlenrechnen versus Ziffernrechnen thematisiert?

(10) Was wird zusätzlich thematisiert?

Es folgt eine tabellarische Aufstellung (siehe Tab. 4.1) der Ergebnisse der Analyse:

Tab. 4.1 Tabellarische Aufstellung der Ergebnisse der Schulbuchanalyse

Welche Rechenwege für Multiplikationen werden neben dem stellengerechten Zerlegen in eine Summe noch thematisiert?

MiniMax 3	Zahlenreise 3	Die Mathe-Forscher/innen 3	Das Zahlenbuch 3	Alles klar! 3
	Fortgesetzte Addition (S. 95)	Fortgesetzte Addition (S. 49)	Fortgesetzte Addition (S. 106)	
Zerlegen in eine Differenz (S. 78 – Zehnertrick)	Zerlegen in eine Differenz (S. 95)	Zerlegen in eine Differenz (S. 67)	Zerlegen in eine Differenz (S. 52, AH)	Zerlegen in eine Differenz (S. 85)
Zweimaliges Verdoppeln für Malaufgaben mit 4 (S. 47, ÜT)			Zweimaliges Verdoppeln für Malaufgaben mit 4 (S. 117)	
			Mal 6 als multiplikatives Zerlegen in Mal 3 und Mal 2 (S. 117)	
			Mal 5 als Halbierung von Mal 10 (S. 117, S. 52, AH)	
			nicht stellengerechtes Zerlegen in eine Summe (S. 51, AH)	

(Fortsetzung)

Tab. 4.1 (Fortsetzung)

| **Welche Notationsform wird verwendet?** | | | | |
MiniMax 3	Zahlenreise 3	Die Mathe-Forscher/innen 3	Das Zahlenbuch 3	Alles klar! 3
Gleichungsschreibweise Maltabelle (Malkreuz)	Gleichungsschreibweise	Gleichungsschreibweise	Gleichungsschreibweise Malkreuz	Gleichungsschreibweise
	freie Felder für Notationen ohne Vorgabe	freie Felder für Notationen ohne Vorgabe		

| **In welcher Form werden Rechenwege veranschaulicht?** | | | | |
MiniMax 3	Zahlenreise 3	Die Mathe-Forscher/innen 3	Das Zahlenbuch 3	Alles klar! 3
Veranschaulichung von Zerlegen in eine Summe mittels Punktefeldern (S. 26)	Veranschaulichung von Zerlegen in eine Summe mittels Symbolkarten (H, Z, E) (S. 86)	Veranschaulichung von Zerlegen in eine Summe mittels Rechengeld (S. 49) Veranschaulichung von Zerlegen in eine Summe/Differenz mittels Pfeildiagrammen (S. 49, S. 67)	Veranschaulichung von Zerlegen in eine Summe mittels Punktefeldern in Verbindung mit dem Malkreuz (S. 105, S. 51, AH)	Veranschaulichung von Zerlegen in eine Summe mittels Punktefeldern (S. 34-35)

| **Werden Kinder aufgefordert, selbst Rechenwege zu finden?** | | | | |
MiniMax 3	Zahlenreise 3	Die Mathe-Forscher/innen 3	Das Zahlenbuch 3	Alles klar! 3
Nein	Ja (S. 95)	Ja (S. 49)	Ja (S. 106)	Nein

(Fortsetzung)

Tab. 4.1 (Fortsetzung)

Werden Kinder aufgefordert, Rechenwege zu vergleichen?

MiniMax 3	Zahlenreise 3	Die Mathe-Forscher/innen 3	Das Zahlenbuch 3	Alles klar! 3
Nein	Ja (S. 95, S. 97, S. 47, ÜT)	Nein	Ja (S. 106)	Nein

Werden Kinder aufgefordert, Rechenwege zu begründen?

MiniMax 3	Zahlenreise 3	Die Mathe-Forscher/innen 3	Das Zahlenbuch 3	Alles klar! 3
Nein	Ja (S. 47, ÜT)	Nein	Ja (S. 51, AH)	Nein

Wird vorteilhaftes Rechnen thematisiert? Wenn ja, in welcher Form und welche Rechenwege werden angesprochen/erwähnt?

MiniMax 3	Zahlenreise 3	Die Mathe-Forscher/innen 3	Das Zahlenbuch 3	Alles klar! 3
Ja, Zerlegen in eine Differenz und Nutzung des Kommutativ- und des Assoziativ-gesetzes bei Multiplikationen mit drei Faktoren (Vertauschen der Faktoren)(S. 78)	Ja, Zerlegen in eine Differenz und Erfinden von Rechnungen, bei denen vorteilhaft gerechnet werden kann (S. 47, ÜT)	Ja, Zerlegen in eine Differenz (S. 67)	Ja, bei Multiplikationen mit 4, 5 und 6 (S. 117)	Ja, in Bezug auf Zerlegen in eine Summe, Zerlegen in eine Differenz und dem schriftlichen Verfahren in Kapitel Im Kopf oder schriftlich? (S. 85)

(Fortsetzung)

Tab. 4.1 (Fortsetzung)

Wann wird das schriftliche Verfahren thematisiert?

MiniMax 3	Zahlenreise 3	Die Mathe-Forscher/innen 3	Das Zahlenbuch 3	Alles klar! 3
Das schriftliche Verfahren zur Multiplikation wird unmittelbar im Anschluss an das multiplikative Zahlenrechnen auf S. 29 erarbeitet.	Das schriftliche Verfahren zur Multiplikation wird unmittelbar im Anschluss an das multiplikative Zahlenrechnen auf S. 97 erarbeitet.	Das schriftliche Verfahren zur Multiplikation wird *vor* dem multiplikativen Zahlenrechnen erarbeitet.	Das schriftliche Verfahren zur Multiplikation wird unmittelbar im Anschluss an das multiplikative Zahlenrechnen auf S. 110 erarbeitet.	Das schriftliche Verfahren zur Multiplikation wird unmittelbar im Anschluss an das multiplikative Zahlenrechnen ab S. 36 erarbeitet.

Wird das Zahlenrechnen im Schulbuch nach der Erarbeitung des schriftlichen Verfahrens noch einmal aufgegriffen? Wird auch vorteilhaftes Rechnen im Hinblick auf Zahlenrechnen versus Ziffernrechnen thematisiert?

MiniMax 3	Zahlenreise 3	Die Mathe-Forscher/innen 3	Das Zahlenbuch 3	Alles klar! 3
Ja, bei der Thematisierung von Rechenvorteilen, aber ohne Kontrastierung zum schriftlichen Rechnen(S. 77–78).	Nein	Ja, bei der Thematisierung von vorteilhaftem Rechnen, aber ohne Kontrastierung zum schriftlichen Rechnen(S. 67).	Ja, bei der Thematisierung von Rechenvorteilen, aber ohne Kontrastierung zum schriftlichen Rechnen(S. 117).	Ja, in Kapitel Im Kopf oder schriftlich?(S. 85).

(Fortsetzung)

Tab. 4.1 (Fortsetzung)

Was wird zusätzlich thematisiert?

MiniMax 3	Zahlenreise 3	Die Mathe-Forscher/innen 3	Das Zahlenbuch 3	Alles klar! 3
Klecksaufgaben(S. 28) Fehler in Rechnungen finden(S. 28) Tauschaufgaben(S. 27)	Aufgaben zum Erkennen von operativen Zusammenhängen zwischen Malaufgaben(S. 94, S. 46, ÜT) Fehler in Rechnungen finden(S. 46, ÜT)	Halbschriftliches Dividieren parallel zum halbschriftlichen Multiplizieren(S. 87)	Aufgaben zum Erkennen von operativen Zusammenhängen zwischen Malaufgaben(S. 51, S. 52)	Tauschaufgaben(S. 35)

4.4.2 Zusammenfassung und Diskussion der Analyse

Aus der Analyse in Tab. 4.1 und den fachdidaktischen Empfehlungen aus Abschnitt 4.2 lassen sich folgende Resümees für die einzelnen Schulbücher ziehen:

MiniMax 3

In diesem Schulbuch wird nur ein Rechenweg für das multiplikative Zahlenrechnen erarbeitet, nämlich das stellengerechte Zerlegen in eine Summe. Dieser Rechenweg wird am Punktefeld veranschaulicht und auch mittels Malkreuz thematisiert. Dazu wird die Maltabelle (Malkreuz) in zwei Formen eingeführt, je nachdem, ob der Multiplikator oder der Multiplikand zweistellig ist. Die Maltabelle (Malkreuz) wird aber zur Veranschaulichung nicht mit dem Punktefeld verknüpft, obwohl dieses eine Seite zuvor thematisiert wurde. Zusätzlich werden Klecksaufgaben und Aufgaben, in denen die Kinder versteckte Rechenfehler finden müssen, gestellt. Es erfolgt keine Aufforderung an die Kinder, selbst Rechenwege zu finden, Rechenwege zu vergleichen oder zu begründen. Das schriftliche Verfahren zur Multiplikation wird unmittelbar im Anschluss daran erarbeitet. Multiplikatives Zahlenrechnen wird als Vorstufe zum schriftlichen Multiplizieren behandelt, um vom Zerlegen in eine Summe direkt zum Algorithmus zu gelangen. Das Thema Rechenvorteile wird erst im letzten Kapitel des Buches aufgegriffen, und da sehr eingeschränkt. In Bezug auf das Multiplizieren wird bei drei Aufgaben mit einem Neuner an einer Einerstelle des Faktors auf den *Zehnertrick* hingewiesen.

Zahlenreise 3

In diesem Schulbuch erfolgt der Zugang zum multiplikativen Zahlenrechnen über ein Impulsbild, das drei verschiedene Rechenwege zu einer Aufgabe anführt (Zerlegen in eine Summe/Differenz und fortgesetzte Addition) und die Kinder auffordert, weitere Rechenwege zu finden und später auch zu vergleichen. Dabei werden auch zur Berechnung der weiteren Aufgaben kein Rechenweg und keine Notation vorgegeben. Hier besteht für die Lehrkraft viel Potenzial, Rechenwege selbst entdecken zu lassen und über Rechenwege zu kommunizieren. Darüber hinaus wird das Zerlegen in eine Summe erarbeitet und mit der fortgesetzten Addition als Vorübung zum schriftlichen Verfahren verglichen. Zur Veranschaulichung des Zerlegens in eine Summe werden Symbolkarten (H, Z, E) genutzt. Im Übungsteil wird auf Rechenpäckchen eingegangen, die operative Zusammenhänge zwischen Malaufgaben beschreiben. Es fehlt eine passende Fragestellung dazu, die die Kinder auffordert, diese operativen Beziehungen explizit zu erkunden und nicht nur auszurechnen. Des Weiteren wird danach noch explizit das zweimalige Verdoppeln als Strategie für Malaufgaben mit 4 thematisiert und vorteilhaftes Rechnen in Bezug auf das Zerlegen in eine Differenz. Dazu sollen die Kinder Rechenwege erklären und auch selbst passende Aufgaben erfinden. Das schriftliche Verfahren zur Multiplikation wird unmittelbar im Anschluss daran erarbeitet.

Die MatheForscher/innen 3

In diesem Schulbuch wird das schriftliche Verfahren zur Multiplikation (S. 50) *vor* dem halbschriftlichen Multiplizieren (S. 67 und S. 87) erarbeitet. Dieser Umstand ist fachdidaktisch schwer vertretbar, da das halbschriftliche Multiplizieren – genau genommen der halbschriftliche Rechenweg durch Zerlegen in eine Summe – dem schriftlichen Verfahren zugrundeliegt und daher auf jeden Fall davor thematisiert werden sollte. Zerlegen in eine Summe wird, für Multiplikation und Division parallel, im letzten Kapitel des Buches erarbeitet, bereits nach der Thematisierung vorteilhafter Rechenwege durch Zerlegen in eine Differenz. Ein Nachdenken darüber, bei welchen Aufgabenmerkmalen nun das schriftliche Verfahren vorteilhafter und bei welchen ein halbschriftlicher Rechenweg vorteilhafter ist, findet nicht statt. Die Kinder werden darüber hinaus nicht angehalten, Rechenwege zu vergleichen und zu begründen.

Das Zahlenbuch 3

Dieses Schulbuch knüpft bei der Erarbeitung des multiplikativen Zahlenrechnens an die Ableitungsstrategien des kleinen Einmaleins und ihren Veranschaulichungen am Punktefeld an. Die Ableitungsstrategien des kleinen Einmaleins werden zunächst auf Multiplikationen einstelliger mit zweistelligen Faktoren übertragen. Als Universalrechenweg wird das stellengerechte Zerlegen in eine Summe eingeführt, dabei wird als Notationsform vorwiegend das Malkreuz in Verbindung mit dem Punktefeld genutzt. Darüber hinaus werden im Anschluss verschiedene Rechenwege für die Aufgabe 9·12 thematisiert. Dazu sind Rechenwege angeführt (Zerlegen in eine Summe und fortgesetzte Addition) und die Kinder werden aufgefordert, weitere Rechenwege zu finden und mit den angegebenen zu vergleichen. Hier besteht für die Lehrkraft viel Potenzial, Rechenwege selbst entdecken zu lassen und über Rechenwege zu kommunizieren. Auffallend sind auch viele Aufgaben zum Entdecken operativer Beziehungen zwischen Malaufgaben (Vergleichen kleiner und großer Malaufgaben, nicht stellengerechtes Zerlegen in eine Summe, multiplikatives Zerlegen, Zerlegen in eine Differenz). Im Anschluss daran wird das schriftliche Verfahren zur Multiplikation erarbeitet. Rechenvorteile werden in einem Kapitel danach thematisiert. Dazu werden insbesondere das multiplikative Zerlegen von

Malaufgaben mit 4 und 6 und die Berechnung von Malaufgaben mit 5 unter Einbezug der Halbierung von 10 behandelt. Obwohl viele unterschiedliche Rechenwege thematisiert werden, werden Überlegungen, bei welchen Aufgaben nun welcher Rechenweg vorteilhaft ist (im Sinne eines Erkennens von Aufgabenmerkmalen), nicht explizit aufgegriffen.

Alles klar! 3
In diesem Lehrbuch wird das Kapitel halbschriftliches Multiplizieren als Unterkapitel des Kapitels schriftliche Multiplikation gereiht. Diese Einordnung gibt den Stellenwert des halbschriftlichen Multiplizierens in diesem Lehrbuch gut wieder, nämlich als Vorstufe des schriftlichen Multiplizierens. In der Fußzeile, in der die Ziele der Aufgaben auf der jeweiligen Schulbuchseite angeführt werden, ist zu lesen: „Halbschriftliches Multiplizieren als Verständnisgrundlage des schriftlichen Multiplikationsalgorithmus" (Grosser und Koth 2020, S. 34) bzw. „Halbschriftliches Multiplizieren als Vorbereitung des schriftlichen Multiplikationsalgorithmus" (Grosser und Koth 2020, S. 35). Es wird lediglich der Rechenweg auf Basis einer Zerlegung in eine Summe erarbeitet und mittels Punktefeldern veranschaulicht. Bei der Erarbeitung dieses Rechenweges werden in den Übungsaufgaben auch bereits die Teilmultiplikationen angeschrieben. Die Leistung des Kindes besteht lediglich im Ausrechnen der bereits fixierten Teilrechnungen. Kinder bekommen weder die Gelegenheit, Rechenwege selbst zu finden noch zu vergleichen oder zu begründen. Im Anschluss daran wird das schriftliche Verfahren zur Multiplikation erarbeitet. In Bezug auf vorteilhaftes Rechnen werden im letzten Abschnitt (*Ergänzende Aufgaben – Durch Training zum Erfolg*) des Kapitels *Im Kopf oder schriftlich?* das Zahlenrechnen (Zerlegen in eine Summe und Differenz) und das schriftliche Rechnen in zwei Aufgabenserien gegenübergestellt: *Nütze Rechenvorteile, wie die Kinder bei Aufgabe 1. Im Kopf oder schriftlich? Rechne so, wie es für dich leichter ist* (Grosser und Koth 2020, S. 85).

Fazit der Analyse
In allen fünf analysierten Schulbüchern werden Rechenwege unter Nutzung des stellengerechten Zerlegens in eine Summe als Universalrechenweg behandelt. Der Rechenweg unter Nutzung des Gesetzes von der Konstanz des Produktes (gegensinniges Verändern) wird *in keinem* Schulbuch explizit erarbeitet, obwohl er in der gängigen mathematikdidaktischen Literatur stets genannt wird (siehe Abschnitt 3.2). Nicht stellengerechtes Zerlegen in eine Summe und die Ableitung von *5mal-Aufgaben* aus *10mal-Aufgaben* durch Halbierung werden nur *in einem* einzigen Schulbuch (*Das Zahlenbuch 3*) thematisiert. Multiplikatives Zerlegen (*4mal-Aufgaben* als Verdoppeln von *2mal-Aufgaben*, *6mal-Aufgaben* als

multiplikatives Zerlegen in eine *3mal-Aufgabe* mal einer *2mal-Aufgabe*) wird unter Betrachtung der zugrundeliegenden operativen Beziehungen gleichfalls nur im *Zahlenbuch 3* thematisiert. In der *Zahlenreise 3* wird der Rechenweg für *4mal-Aufgaben* als zweimaliges Verdoppeln zwar angesprochen, aber nicht erklärt.

In nur *drei der fünf* analysierten Schulbücher werden Kinder aufgefordert, eigene Rechenwege zu finden (*Zahlenreise 3*, *Die Mathe-Forscher/innen 3* und *Das Zahlenbuch 3*). In nur *zwei der fünf* analysierten Schulbücher (*Zahlenreise 3* und *Das Zahlenbuch 3*) werden Kinder gebeten, Rechenwege zu vergleichen und zu begründen und angeregt, operative Beziehungen zwischen Malaufgaben zu entdecken und zu begründen.

Nur *drei der fünf* analysierten Schulbücher (*MiniMax 3*, *Alles klar! 3* und *Das Zahlenbuch 3*) nutzen Punktefelder als Veranschaulichungsmittel. Dieser Umstand ist überraschend, da in der gängigen mathematikdidaktischen Literatur Punktefelder zur Veranschaulichung multiplikativer Rechenwege ausdrücklich empfohlen werden, vor allem aufgrund der flexiblen Sichtweise auf Multiplikand und Multiplikator. Punktefelder regen die Nutzung des Kommutativgesetzes an und machen vielseitige Möglichkeiten zur Zerlegung sichtbar (siehe Abschnitt 4.2.3).

Veranschaulichungen mittels Rechengeld und Stellenwertkarten (H, Z, E), wie im Schulbuch *Zahlenreise 3* (Brunner et al. 2019, S. 116) und *Die MatheForscher/innen 3* (Grurl et al. 2019, S. 116) genutzt, eignen sich hingegen aufgrund der Struktur nur eingeschränkt zur Grundlegung von Rechenwegen, da diese Materialien nur begrenzt Zerlegungsmöglichkeiten bieten (siehe Abschnitt 4.2.3.2). Zerlegen in eine Differenz wird in keinem der analysierten Schulbücher über Punktefelder dargestellt.

In *vier von fünf* analysierten Schulbüchern (Ausnahme: Zahlenreise 3) wird vorteilhaftes Rechnen nicht in Zusammenhang mit der Thematisierung des multiplikativen Zahlenrechnens abgehandelt, sondern in einem Extra-Kapitel gegen Ende des Schulbuches, und hier für alle vier Grundrechenarten zusammen. Dem Erkennen besonderer Aufgabenmerkmale für vorteilhaftes Rechnen wird im Zuge der Erarbeitung der multiplikativen Rechenwege wenig Bedeutung entgegengebracht. *In allen fünf* analysierten Schulbüchern beziehen sich Aufgaben zum vorteilhaften Rechnen vorwiegend auf die Festigung eines bestimmten vorteilhaften Rechenwegs. Alle Aufgaben der Serie weisen dieselben Aufgabenmerkmale auf. Aufgaben, in denen innerhalb einer Serie unterschiedliche Aufgabenmerkmale vorkommen, welche auch unterschiedliche vorteilhafte Rechenwege intendieren, sodass Kinder die Gelegenheit bekommen, diese Aufgabenmerkmale zu erkennen, kommen so gut wie nie vor. Auch die Bezeichnung Zehnertrick wird in einem Schulbuch verwendet, aber ohne Begründung der zugrundeliegenden operativen Beziehung, die den *Trick* so *trickreich* macht.

In *drei von fünf* analysierten Schulbüchern wird das schriftliche Multiplikationsverfahren unmittelbar in Anschluss an das multiplikative Zahlenrechnen
thematisiert, in einem Schulbuch bereits davor (*Die MatheForscher/innen 3*). Insbesondere *Alles klar! 3* sieht den Zweck des halbschriftlichen Multiplizierens – gemäß
Fußzeile der entsprechenden Schulbuchseite – in der Vorbereitung des schriftlichen
Multiplikationsalgorithmus. Mit Abstufungen erhält das multiplikative Zahlenrechnen in den analysierten Schulbüchern oftmals den Charakter einer Vorstufe
zum schriftlichen Multiplikationsverfahren, mit dem vorrangigen Ziel, das stellengerechte Zerlegen in eine Summe im nächsten Schritt zu verkürzen, um beim
schriftlichen Verfahren zu landen.

Die Analyseergebnisse zeigen, dass sich eine Lücke zwischen praktischer
Aufbereitung in Schulbüchern und mathematikdidaktischen Empfehlungen auf-
tut und fordern auf unter Nutzung fachlicher und fachdidaktischer Analysen und
mathematikdidaktischer Anregungen, über geeignete Unterrichtsaktivitäten zum
multiplikativen Zahlenrechnen nachzudenken.

Forschungsfragen, Methodologie und Design der empirischen Untersuchung

5

In diesem Kapitel wird im ersten Abschnitt die Forschungslücke beschrieben, die den Ausgangspunkt für die Zielsetzung der vorliegenden Arbeit darstellt. Das darauffolgende Abschnitt 5.2 präzisiert die inhaltlichen Zielsetzungen der Studie und formuliert die Forschungsfragen. Im dritten Abschnitt wird die methodologische Ausrichtung der empirischen Untersuchung als fachdidaktische Entwicklungsforschungsstudie bzw. *Educational Design-Research-Studie* grundgelegt und geklärt. Abschnitt 5.4 beschreibt und begründet die Zusammenstellung der Stichprobe, bevor in Abschnitt 5.5 die Methoden der Datenerhebung und Datenauswertung dargestellt und diskutiert werden. Die Abschnitte 5.6, 5.7 und 5.8 widmen sich den Überlegungen zur Entwicklung des Lernarrangements, der Beschreibung des Lernarrangements und der Überarbeitung des Lernarrangements nach dem ersten Zyklus. Der Abschnitt 5.9 befasst sich mit dem Ablauf der Umsetzung des Lernarrangements im zweiten Zyklus.

5.1 Forschungslücke

Mit Blick auf die *Entwicklung von Rechenwegen* analysierten Baek (1998, 2006), Ambrose et al. (2003) und Mendes (2012) Herangehensweisen von Kindern an konkrete multiplikative Problemaufgaben. Die Ergebnisse zeigen, dass Kinder in der Lage sind, eine Vielfalt von Rechenwegen selbst zu entwickeln und

Ergänzende Information Die elektronische Version dieses Kapitels enthält Zusatzmaterial, auf das über folgenden Link zugegriffen werden kann https://doi.org/10.1007/978-3-658-37526-3_5.

auch intuitiv bereits Rechengesetze, wie das Distributivgesetz und das Assoziativgesetz, zu nutzen. Hierbei entwickeln sich die Rechenwege für mehrstellige Multiplikationen durch immer effizienter werdende Techniken des Addierens und Verdoppelns in der Regel in Stufen (Ambrose et al. 2003) hin zu *multiplikativen Verfahren* (Mendes et al. 2012). Ferner verdeutlichen die Ergebnisse auch, dass die entdeckten Rechenwege stark von den gestellten Kontextproblemen und den auftretenden Zahlen abhängen.

In allen genannten Studien war der Zugang zu den Rechenwegen der Kinder ein problemorientierter mit dem Ziel, die Kinder selbst Rechenwege entdecken zu lassen, indem sie konkrete Problemstellungen lösen und dabei mathematisches Wissen entdecken und konstruieren. Die Lehrkraft förderte diesen Prozess, doch war es die Intention der Forscherinnen und Forscher, dass die Kinder möglichst eigenständig im Austausch untereinander ohne gemeinsame (lehrerinnenzentrierte bzw. lehrerzentrierte) Konstruktionsphasen Rechenwege erschließen.

Weitere Studien (Hirsch 2001; Schulz 2018; Heirdsfield et al. 1999; Hofemann und Rautenberg 2010) untersuchten unter anderem auch die Nutzung unterschiedlicher Rechenwege für Multiplikationen mit mehr als einstelligen Faktoren. Mit Blick auf die aufgabenadäquate Wahl der Rechenwege sind die Ergebnisse dieser Studien teilweise ernüchternd. Kinder zeigen in den genannten Untersuchungen so gut wie keine Flexibilität im Umgang mit den unterschiedlichen Rechenwegen für die Multiplikation. In Aufgaben, bei denen der Rechenweg freigestellt wurde, rechneten die Kinder fast ausnahmslos schrittweise (Hofemann und Rautenberg 2010).

In den zitierten Studien können im Hinblick auf die Bedeutung des Unterrichtsgeschehens für die Untersuchung drei Varianten unterschieden werden:

- Das Unterrichtsgeschehen wird kaum bis gar nicht beschrieben bzw. folgt dem traditionellen Ansatz, z. B. bei Hirsch (2001) und Schulz (2018).
- Der Unterricht in der Studie folgt dem konstruktivistischen Problemlöseansatz: möglichst wenig von der Lehrkraft geleitet, sondern von den Kindern selbst in die Hand genommen, z. B. bei Ambrose et al. (2003) und Baek (2006).
- Der Unterricht steht in der Studie als *teaching experiment* explizit im Mittelpunkt. Ein Schwerpunkt liegt auf der Erstellung und Erforschung von Unterrichtssequenzen unter Berücksichtigung besonderer didaktischer Leitideen, z. B. bei Mendes (2012).

Dass die Kontextvariable Unterricht einen großen Einfluss auf die Entwicklung multiplikativer Rechenwege ausübt (siehe Abschnitt 2.2: *context variables*), stellte Threlfall (2009) treffend mit einem bereits in Abschnitt 2.3 wiedergegebenen

Zitat fest: „*...students do just what they are instructed to do...*" (Threlfall 2009, S. 545). Unterschiedliche Fokussierungen im Unterrichtsgeschehen haben einen entscheidenden Einfluss auf die Rechenwegentwicklung (Ambrose et al. 2003, S. 52; Baroody und Dowker 2003, XII) und im Zuge dessen auch auf die in empirischen Studien publizierten Ergebnisse in Bezug auf (aufgabenadäquate) Nutzung von Rechenwegen und Einsichten in die den Rechenwegen zugrundeliegenden Konzepte, Strukturen und Zusammenhänge. Heinze et al. (2009b) stellen betreffend Unterrichtsbedingungen für das Erlernen eines flexiblen Einsatzes von Rechenwegen einen erheblichen Mangel an Forschung fest und fordern unter Berufung auf die wenigen, aber vielversprechenden Beispiele an Erprobungen innovativer Unterrichtsansätze zur Durchführung weiterer Studien auf (Heinze et al. 2009b, S. 536). Ebenso weisen Verschaffel et al. (2009) darauf hin, dass es, um Fortschritte im theoretischen Verstehen und in der praktischen Umsetzung von Flexibilität im Grundschulbereich machen zu können, notwendig sein wird, insbesondere „*design experiments*" zu beforschen (Verschaffel et al. 2009, S. 350).

Für den Bereich der Addition und Subtraktion existieren bereits Studien (Rathgeb-Schnierer 2006; Rechtsteiner-Merz 2013), die verdeutlichen, dass durch eine gezielte Förderung flexibler Rechenkompetenzen im Mathematikunterricht, wie etwa offene Lernangebote zur Schulung des Zahlenblicks oder Kommunikation über Rechenwege im sozialen Kontext, ein höheres Maß an aufgabenadäquaten Rechenwegen zu erreichen ist (Rathgeb-Schnierer 2006, S. 279). Der Forschungsstand zur Multiplikation mit mehr als einstelligen Faktoren ist im Vergleich dazu jedoch eher dürftig (Padberg und Benz 2021, S. 214).

Zusammenfassend kann die Ausgangslage für die vorliegende Arbeit im Hinblick auf den Forschungsstand wie folgt beschrieben werden:

(1) Es gibt in der mathematikdidaktischen Literatur eine Vielzahl von Empfehlungen und Überlegungen zur unterrichtlichen Umsetzung des multiplikativen Zahlenrechnens, die aus der didaktischen Analyse des Themas und didaktischen Leitideen zur Gestaltung von Lehr -und Lernprozessen abgeleitet werden können (siehe Abschnitt 4.2 und Abschnitt 4.3).

(2) Die Analyse fünf gängiger österreichischer Schulbücher bestätigt in Abstufungen, dass in Schulbüchern, die die Unterrichtspraxis wesentlich mitprägen, zentrale lernförderliche Aspekte zum multiplikativen Zahlenrechnen nicht umgesetzt werden (siehe Abschnitt 4.4.)

(3) Im deutschsprachigen Raum existieren wenige Untersuchungen zum Zahlenrechnen im Bereich der Multiplikation (einstellig mal zweistellig) (siehe Abschnitt 3.3).

(4) Im deutschsprachigen Raum liegt keine Studie vor, die die Nutzung von Rechenwegen für einstellig mal zweistelligen Multiplikationen unter Einfluss eines Lernarrangements, das bestimmten didaktischen Ansätzen folgt, untersucht. Ebenso ist die Forschungslage im englischsprachigen Raum dazu spärlich (siehe Abschnitt 3.3).

5.2 Inhaltliche Zielsetzungen und Forschungsfragen

Erich C. Wittmann stellte bereits 1998 fest:

> *„Aus meiner Sicht kann die spezifische Aufgabe der Mathematikdidaktik nur wahrgenommen werden, wenn die Entwicklung und Erforschung inhaltsbezogener theoretischer Konzepte und praktischer Unterrichtsentwürfe mit dem Ziel einer Verbesserung des realen Unterrichts als Kernbereich in den Mittelpunkt der wissenschaftlichen Arbeit gerückt wird"* (Wittmann 1998, S. 330).

Diesem Zitat von Erich C. Wittmann kann die übergeordnete Absicht der vorliegenden Studie entnommen werden. Demnach ist es Ziel, praxisnahe Entwicklungsarbeit mit empirischer und theoretischer Absicherung zum konkreten Lerngegenstand der Rechenwege für die Multiplikation einstelliger mit zweistelligen Zahlen zu verknüpfen. In diesem Sinne können die inhaltlichen Zielsetzungen der vorliegenden Arbeit auf zwei Ebenen gesehen werden, auf der Entwicklungsebene und auf der Theorieebene.

Zielsetzungen auf der Entwicklungsebene
Auf der Entwicklungsebene wird ein prototypisches Lernarrangement zu Rechenwegen für die Multiplikation einstelliger mit zweistelligen Zahlen angestrebt, mit der Intention, das multiplikative Zahlenrechnen als eigenständige Rechenart zu implementieren. Die Gestaltungsprinzipien, die die Konzeption des Lernarrangements leiten, können folgendermaßen zusammengefasst werden:

- Anknüpfen an das Vorwissen der Kinder in Bezug auf bereits erarbeitete Ableitungsstrategien des kleinen Einmaleins und Aufgreifen informeller Rechenwege zur Lösung *großer* Malaufgaben;
- Entdecken und Erarbeiten von Rechenwegen auf Basis von Einsicht in operative Zusammenhänge und zugrundeliegende Konzepte und Strukturen, insbesondere durch Punktefelder als Arbeitsmittel;

- Verbalisieren und Begründen von Rechenwegen und operativen Zusammenhängen;
- Erkennen und Nutzen besondere Aufgabenmerkmale.

Zielsetzungen auf der Theorieebene und Forschungsfragen

Auf der Theorieebene sollen aus der empirischen Erforschung von Erprobungen des konzipierten Lernarrangements lokale Theorien des Lehrens und Lernens unter Bezugnahme auf die in den Gestaltungsprinzipien verfolgten Zielsetzungen für Rechenwege zur Multiplikation abgeleitet werden. Die Theoriebeiträge sollen das Wissen über Rechenwege für die Multiplikation einstelliger mit zweistelligen Zahlen erweitern im Hinblick auf

- die Nutzung und Verteilung von Rechenwegen.
- das Erkennen operativer Beziehungen und das Begründen von Rechenwegen.
- eine Typisierung der Kinder nach ihren Rechenwegen und dem Erkennen zugrundeliegender operativer Beziehungen.
- Hürden in Lernprozessen im Zuge der Erarbeitung.
- die Entwicklung, Weiterentwicklung und Überarbeitung des Lernarrangements.

Die nachfolgenden Forschungsfragen beziehen sich auf Kinder in der dritten Schulstufe und sind wie folgt formuliert:

(1) Welche Rechenwege zur Lösung von Multiplikationen einstelliger mit zweistelligen Zahlen verwenden Kinder *vor* einer expliziten Behandlung des Themas im Unterricht?
(2) Welche Typenbildung kann auf Basis der von den Kindern genutzten Rechenwegen für die Multiplikation einstelliger mit zweistelligen Zahlen *vor* einer expliziten Behandlung des Themas im Unterricht abgeleitet werden?
(3) Welche Rechenwege zur Lösung von Multiplikationen einstelliger mit zweistelligen Zahlen verwenden Kinder *nach* der Umsetzung des entwickelten Lernarrangements?
(4) Wie viele Kinder sind *nach* der Umsetzung des entwickelten Lernarrangements in der Lage, angebotene operative Beziehungen zur Lösung von Multiplikationen einstelliger mit zweistelligen Zahlen (Verdoppeln, Zerlegen in eine Differenz und gegensinniges Verändern) zu nutzen?

(5) Wie viele Kinder sind *nach* der Umsetzung des entwickelten Lernarrangements in der Lage, Rechenwege für Multiplikationen einstelliger mit zweistelligen Zahlen auf Grundlage des Distributivgesetzes am 400er-Punktefeld zu begründen?

(6) Wie begründen Kinder *nach* der Umsetzung des entwickelten Lernarrangements die Wahl des einfachsten Rechenweges für die Multiplikation einstelliger mit zweistelligen Zahlen?

(7) Welche Typenbildung kann auf Basis der von den Kindern genutzten Rechenwegen für die Multiplikation einstelliger mit zweistelligen Zahlen *nach* der Umsetzung des entwickelten Lernarrangements abgeleitet werden?

(8) Welche Hürden in Lernprozessen lassen sich *nach* der Umsetzung des entwickelten Lernarrangements rekonstruieren, und welche Hinweise für eine weitere Optimierung ergeben sich daraus?

5.3   Methodologische Grundlegung – Fachdidaktische Entwicklungsforschung

Zur Beantwortung der in Abschnitt 5.2 formulierten Forschungsfragen wurde für die vorliegende Untersuchung der im deutschsprachigen Raum als *fachdidaktische Entwicklungsforschung* bezeichnete Ansatz gewählt. Im englischsprachigen Raum wird dieser Ansatz unter dem Namen *Educational Design Research* (Van den Akker et al. 2006b; Plomp 2013), *Design-Based Research* (Barab und Squire 2004), oder *Design Experiments* (Schoenfeld 2006) geführt (Prediger et al. 2012, S. 452). Kennzeichnend für diese Art der Forschungskonzeption ist eine enge Verzahnung zwischen Praxis und Forschung. So liegt der Schwerpunkt der fachdidaktischen Entwicklungsforschung sowohl auf der Entwicklung von Unterrichtsaktivitäten als auch auf einer Weiterentwicklung wissenschaftlicher Theorien über das Lehren und Lernen des spezifischen Lerngegenstandes. In weiterer Folge werden die Begriffe *Educational Design Research* und *fachdidaktische Entwicklungsforschung* synonym verwendet bzw. der Einfachheit halber wird auf die Zusätze *Educational* bzw. *fachdidaktisch* verzichtet.

Zur Definition des Begriffs *Design Research* stellen Van den Akker et al. (2006b) als Herausgeberin und Herausgeber in der Einleitung fest, dass es keinen Konsens über eine einheitliche Begriffsdefinition gebe. Sie verwenden diesen Begriff als ein *common label* für eine Familie verwandter Forschungsansätze, die unterschiedliche Schwerpunktsetzungen in Bezug auf Ziele und Eigenschaften ausweisen (Van den Akker et al. 2006b, S. 4). Darüber hinaus formulieren sie gemeinsam Merkmale von *Design Research*. Demnach ist *Design Research*

- interventionistisch: *Design Research* ziele darauf ab, eine Intervention in der realen Situation zu gestalten (Van den Akker et al. 2006b, S. 5).
- iterativ: *Design Research* sei gekennzeichnet durch einen zyklischen Ansatz von Entwicklung, Erprobung, Auswertung und Überarbeitung. Die Phasen eines Zyklus sind in Abbildung 5.1 dargestellt. Dabei werden aufbauend auf den Ergebnissen und Erfahrungen in den Erprobungen die Unterrichtsaktivitäten immer weiter optimiert, bis ein angemessenes Gleichgewicht zwischen der Absicht und der Verwirklichung erreicht sei (Van den Akker et al. 2006b, S. 5).
- prozessorientiert: *Design Research* sei prozessorientiert. Der Fokus liege auf dem Verstehen und Optimieren von Interventionen:

  ○ „Welche Lernprozesse werden durch die Unterrichtsaktivitäten initiiert?"
  ○ „Stimmen diese mit den erwarteten Lernprozessen überein?"
  ○ „Unterstützen die Unterrichtsaktivitäten die Lernprozesse der Schülerinnen und Schüler so wie beabsichtigt" (Link 2012, S. 106)?

  Zur Analyse der Lernprozesse wird empirische Forschung genutzt (Van den Akker et al. 2006b, S. 5).

- nutzenorientiert: Der Wert einer Intervention werde zum Teil durch seine Praktikabilität für Benutzerinnen und Benutzer in realen Kontexten gemessen (Van den Akker et al. 2006b, S. 5).
- theorieorientiert: Interventionen basieren (zumindest teilweise) auf theoretischen Aussagen; die systematische Evaluierung aufeinanderfolgender Erprobungen trage zur Theoriebildung bei (Van den Akker et al. 2006b, S. 5).

Plomp (2013) nennt als weiteres Merkmal von *Design Research* die Involvierung von Praktikerinnen und Praktikern. *Design Research* beinhalte die aktive Teilnahme von oder Zusammenarbeit mit Praktikerinnen und Praktikern, dies erhöhe die Wahrscheinlichkeit einer erfolgreichen Umsetzung (Plomp 2013, S. 20).

Erprobungen von Unterrichtsaktivitäten, sogenannte *Design-Experimente*, können nach Cobb et al. (2003) in unterschiedlichen Settings durchgeführt werden, die sich sowohl in der Art als auch im Umfang unterscheiden. Dazu gehören nach Cobb et al. (2003) unter anderem das *one-on-one design experiment* und das *classroom experiment*:

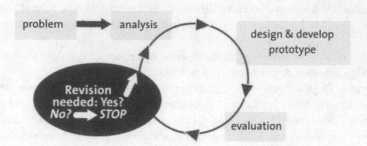

Abbildung 5.1 Beschreibung eines Zyklus nach *Educational Design Research* (Plomp 2013, S. 17)

- In *one-on-one design experiments*, auch *Laborsettings* genannt (Zwetzschler 2015, S. 134), führt ein Forschungsteam eine Reihe von Unterrichtsstunden mit Kleingruppen durch. Dadurch wird die Komplexität des alltäglichen Klassenunterrichts reduziert, im gleichen Zuge aber auch die Generalisierbarkeit von Forschungs- und Entwicklungsergebnissen. Der Vorteil ist aber eine intensivere Beforschung der individuellen Lernprozesse, Ressourcen und Herausforderungen (Cobb et al. 2003, S. 9).
- *Classroom experiments*, auch *Klassensettings* genannt, beschreiben Erprobungen im regulären Klassenunterricht (Cobb et al. 2003, S. 9).

Gemeinsam ist allen *Design Research*-Studien, wie bereits in der Einleitung zum Begriff *Entwicklungsforschung* festgestellt, ein zweifacher Nutzen (*twofold yield*) in Bezug auf

- die Entwicklung von Unterrichtsaktivitäten zum brauchbaren und effektiven Einsatz im Unterricht sowie
- die (Weiter-)Entwicklung (domänenspezifischer) Theorien über Lehren und Lernen.

Innerhalb der Forschungsfamilie *Design Research* unterscheiden Nieveen et al. (2006) je nach Schwerpunktsetzung zwischen *development studies* und *validation studies* (Nieveen et al. 2006, S. 152). *Development studies* haben das vorrangige Ziel, ein Problem in der Unterrichtspraxis durch die Entwicklung brauchbarer Unterrichtsaktivitäten zu lösen. *Validation studies* hingegen legen den Schwerpunkt mehr auf die (Weiter-)Entwicklung und Validierung (domänenspezifischer)

Unterrichtstheorien (Nieveen et al. 2006, S. 152). Dieser Unterschied in Bezug auf die wissenschaftlichen Ergebnisse wird im Folgenden herausgearbeitet.

Development studies versus validation studies

Der Schwerpunkt von *development studies* liegt in der Entwicklung brauchbarer und funktionaler Unterrichtsaktivitäten für komplexe Probleme in der Praxis. Dies geschieht durch systematische Analyse, Design und Evaluation von Interventionen, mit dem doppelten Ziel, forschungsbasierte Lösungen für komplexe Probleme in der Praxis zu generieren und das Wissen über die Charakteristika dieser Interventionen und die Gestaltungsprozesse zu erweitern *(Plomp 2013, S. 16).* McKenney und Reeves (2012) sprechen in diesem Zusammenhang von *research on intervention* (McKenney und Reeves 2012, S. 136).

Validation studies legen den Schwerpunkt im Zusammenhang mit der Beforschung von Unterrichtsaktivitäten mehr auf die Entwicklung, Erarbeitung und Validierung von Theorien über Lernprozesse und auf daraus resultierende Implikationen für die Gestaltung von Unterrichtsaktivitäten (Plomp 2013, S. 16). McKenney und Reeves (2012) sprechen in diesem Zusammenhang von *„research through interventions"*. Im Folgenden werden diese zwei Differenzierungen von *Design Research* noch einmal beschrieben, wobei zunächst ausführlich auf *development studies* eingegangen wird.

Das vorrangige Ziel von *development studies* ist die Ableitung sogenannter *Designprinzipien (design principles)* aus den Erprobungen. Designprinzipien können sich einerseits auf die Charakteristika der Intervention (*„what it should look like"*) oder andererseits auf deren Prozeduren (*„how it should be developed"*) beziehen (Van den Akker et al. 1999, S. 5).

Development studies können gewöhnlich in folgende Phasen eingeteilt werden:

- Vorrecherche (*„preliminary research"*):
  gründliche Kontext- und Problemanalyse sowie Entwicklung eines konzeptionellen und theoretischen Rahmens basierend auf Literaturrecherche;
- Entwicklungsphase (*„development or prototyping phase"*):
  iterative Entwicklung der Unterrichtsaktivitäten und formative Evaluation der Iterationen zum Zwecke der Verbesserung und Verfeinerung der Unterrichtsaktivitäten;
- Evaluationsphase (*„assessment phase"*):
  summative Evaluation, um zu entscheiden, ob die Ergebnisse bzw. die Intervention den vorgegebenen Spezifikationen entsprechen. Da diese Phase oft zu Empfehlungen für die Verbesserung der Intervention führt, wird diese Phase als (semi-)summativ bezeichnet.

- Systematische Reflexion und Dokumentation („*systematic reflection and docu-mentation*"):
  Während des gesamten Prozesses werden implizite und explizite Designent-scheidungen erfasst, durch Aufrollen des Designprozesses werden Desi-gnprinzipien abgeleitet, die zukünftige Entwicklungs- und Implementierungs-entscheidungen beeinflussen können. Diese werden in der letzten Phase herausgearbeitet und mit dem konzeptionellen Rahmen verbunden (Nieveen et al. 2006, S. 154; Plomp 2013, S. 20).

Während die Ableitung von Designprinzipien für die Anwendung in der Praxis ein grundlegendes Ziel der meisten *development studies* darstellt, hat in *validation studies* der praktische Beitrag einen sekundären Nutzen. Mit dem Ziel, die Theorien des Lehrens und Lernens voranzutreiben, tragen *validation studies* auf mehreren Ebenen zur gegenstandsspezifischen Theorieentwicklung bei, nämlich auf der Ebene

- einer Unterrichtsaktivität („*micro theories*"),
- der Unterrichtseinheit („*local instruction theories*") und
- des Lerngegenstandes („*domain-specific instruction theory*") (Plomp 2013, S. 25).

In *validation studies* arbeiten Forscherinnen und Forscher nicht in kontrollier-ten Umgebungen (*Laborsettings*), sondern wählen die natürliche Umgebung einer Klasse als Testumgebung (*Klassensetting*) (Plomp 2013, S. 26).
    Nieveen et al. (2006) unterscheiden folgende drei Phasen bei *validation studies*:

Phase 1: „*Environment preparation*":

- Entwurf der vorläufigen Unterrichtsaktivitäten und Erläutern des interpretati-ven Rahmens;

Phase 2: „*Classroom experiment*":

- Umsetzung, Ausarbeitung und Verbesserung der Unterrichtsaktivitäten oder der zugrundeliegenden Unterrichtstheorie und Entwicklung eines Verständnis-ses davon, wie es funktioniert;

Phase 3: „*Retrospective analysis*":

- Untersuchung des gesamten Datensatzes, um zur Entwicklung einer lokalen Lehrtheorie beizutragen (Nieveen et al. 2006, S. 153).

Die Differenzierung in *development studies* und *validation studies* ist nicht strikt zu sehen. So werden im Zuge von *validation studies* auch Unterrichtsaktivitäten entwickelt, die aber im Gegensatz zu *development studies* nicht in vergleichbarer Exaktheit erprobt und verbessert werden. In der Praxis können Forscherinnen und Forscher beide Richtungen kombinieren. So ist es möglich, in Studien Designprinzipien aus anderen Studien in die eigene Forschung zu übernehmen und anhand dieser im weiteren Verlauf gegenstandsspezifische Theorien zu entwickeln (Plomp 2013, S. 25).

Konzeption der vorliegenden Untersuchung
Das Forschungskonzept der fachdidaktischen Entwicklungsforschung (*Educational Design Research)* bietet die methodologische Rahmung der vorliegenden Studie. Diese erfüllt die in diesem Kapitel zu Beginn angeführten Merkmale eines *Design Research*-Projektes nach Van den Akker et al. (2006b). Die Studie ist

- interventionistisch: Ein Lernarrangement wird für den realen Unterricht entwickelt, im realen Unterricht erprobt und evaluiert.
- iterativ: Die Studie beinhaltet zwei Zyklen; dabei wird das Lernarrangement aufbauend auf den Ergebnissen und Erfahrungen des ersten Zyklus weiter optimiert.
- prozessorientiert: Der Fokus liegt auf den Lernprozessen, die durch das umgesetzte Lernarrangement in Gang gebracht werden. In der Studie werden zur Analyse von Lernprozessen empirische Forschungsmethoden genutzt. Die Daten zur Analyse der Lernprozesse werden mittels klinischer Interviews, schriftlichen Befragungen und Leitfadeninterviews mit den Lehrkräften erhoben.
- nutzenorientiert: Das Lernarrangement wird entwickelt mit dem Ziel, im realen Unterricht einer dritten Klasse förderlich verwendet zu werden.
- theorieorientiert: Das entwickelte Lernarrangement basiert auf theoretischen und wissenschaftlichen Erkenntnissen, die im Theorieteil ausführlich dargelegt wurden. Die Analyse und Auswertung der erhobenen Daten tragen zur (Weiter-)Entwicklung gegenstandsspezifischer Theorien des Lernens und Lehrens bei.

Die vorliegende Studie wird als *validation study* geführt. Der Schwerpunkt der Beforschung der Unterrichtsaktivitäten liegt – im Sinne einer *validation study* – auf der Entwicklung, Erarbeitung und Validierung von Theorien über Lernprozesse, die durch das umgesetzte Lernarrangement ausgelöst wurden. Im Gegensatz zu *development studies* wird das Lernarrangement in der vorliegenden Studie nicht in Laborsettings evaluiert und verbessert, sondern in der natürlichen Umgebung einer Klasse erprobt und beforscht. Eine Ableitung von Designprinzipien aus der Beforschung, wie es *development studies* beabsichtigen, ist nicht angedacht.

Nach Prediger und Link (2012, S. 29) wird die Generierung gegenstandsspezifischer Theorien zu folgenden Bereichen (Lernstände, Lerninhalte, Verläufe und Hürden) angestrebt:

- Lernstände: Nutzung von Rechenwegen zur Lösung von einstellig mal zweistelligen Multiplikationen *vor* und *nach* der Umsetzung des Lernarrangements
- Lerninhalte: sichere und aufgabenadäquate Verwendung von Rechenwegen und Begründen der den Rechenwegen zugrundeliegenden operativen Beziehungen
- Verläufe: Typisierung von Lernverläufen nach der Verwendung von Rechenwegen
- Hürden: Hürden in der Umsetzung des Lernarrangements

In der vorliegenden Studie wurden zwei Erprobungen (Zyklen) des Lernarrangements durchgeführt und im Klassensetting umgesetzt. Insgesamt waren acht Klassen an der Studie beteiligt; für jeden der zwei Zyklen wurden vier dritte Klassen verschiedener Kärntner Volksschulen ausgewählt. Die Erprobungen fanden für den ersten Zyklus im Frühjahr 2016 und für den zweiten Zyklus im Frühjahr 2017 statt. Zur Auswahl der Klassen und Lehrkräfte siehe Abschnitt 5.4.

Die Konzeption der vorliegenden Studie wird in Tab. 5.1 schematisch nach den von Nieveen et al. (2006) beschriebenen drei Phasen von *validation studies* (*Environment preparation – Classroom experiment – Retrospective analysis*) dargestellt. Ferner werden in der Darstellung die Ebenen der Entwicklung und Theoriegewinnung getrennt angeführt:

Tab. 5.1 Konzeption der vorliegenden Untersuchung

	Entwicklungsebene	Entwicklungsebene	Ebene der (Weiter-) Entwicklung von Theorien	Zeitschiene
Environment preparation			Entwicklung eines Lernarrangements zur Multiplikation einstelliger mit zweistelligen Zahlen auf Basis theoretischer und fachdidaktischer Überlegungen		2015
			Interviews mit den Kindern zur Ermittlung der Lernausgangslage	Herbst 2015
	ZYKLUS 1	Seminarreihe für die am Projekt beteiligten Klassenlehrkräfte		Erstes Semester Schuljahr 2015/16
Classroom experiment		Umsetzung des Lernarrangements in den Klassen	Dokumentation des Unterrichts (Analyse der Schulübungshefte und Arbeitsblätter – Interviews mit den Klassenlehrkräften)	Frühjahr 2016
			Interviews mit den Kindern nach Durchführung des Lernarrangements	
		Überarbeitung des Lernarrangements aufgrund der Ergebnisse und Erfahrungen aus Zyklus 1		Sommer 2016

(Fortsetzung)

Tab. 5.1 (Fortsetzung)

	Entwicklungsebene	Ebene der (Weiter-) Entwicklung von Theorien	Zeitschiene
	ZYKLUS 2	Interviews und schriftliche Befragungen mit den Kindern zur Ermittlung der Lernausgangslage	Herbst 2016 und Frühjahr 2017
	Seminarreihe für die am Projekt beteiligten Klassenlehrkräfte		Erstes Semester Schuljahr 2016/17
	Umsetzung des Lernarrangements in den Klassen	Dokumentation des Unterrichts (Analyse der Schulübungshefte und Arbeitsblätter – Interviews mit den Klassenlehrkräften)	Frühjahr 2017
Retrospective analysis		Interviews und schriftliche Befragungen mit den Kindern nach Durchführung des Lernarrangements	
		Auswertung der Daten im Hinblick auf die Forschungsfragen	2017/18

5.4 Beschreibung der Stichprobe

Für die vorliegende Studie wurden insgesamt acht dritte Klassen verschiedener Kärntner Volksschulen ausgewählt. Die Auswahl der acht Klassenlehrkräfte erfolgte gezielt nach folgenden Vorüberlegungen:

- *Alle acht teilnehmenden Lehrkräfte* zeigten sich sehr an der Entwicklung und am Denken der Kinder interessiert und offen für neue fachdidaktische Konzepte.

- *Alle acht teilnehmenden Lehrkräfte* waren Absolventinnen einer in Kärnten laufenden Fortbildungsmaßnahme namens *EVEU* (Ein veränderter Elementarunterricht), die das Ziel verfolgt, fachdidaktisch fundierte Anregungen mit Fokus auf den Arithmetikunterricht des ersten und zweiten Schuljahres zu vermitteln (Gaidoschik et al. 2017, 101 f.). Im Zuge dieser Fortbildungsmaßnahme werden fünf Nachmittagsseminare als sogenannte Basismodule absolviert, wobei sich drei der fünf Nachmittagsseminare auf den Arithmetikunterricht des ersten und zweiten Schuljahres beziehen. Die EVEU-Basismodule „beanspruchen" nach Gaidoschik et al. (2017), „Basiswissen" zu den „Empfehlungen der aktuellen Fachdidaktik" in „praxisnaher Form" zu vermitteln. In den Skripten zur Umsetzung der fachdidaktischen Anregungen wird in dieser Fortbildungsmaßnahme insbesondere auf Gaidoschik (2015) und Gaidoschik (2007) verwiesen. Begleitend zu den Basismodulen, können die Absolventinnen und Absolventen der Basismodule sogenannte *Qualitätszirkel* besuchen, die als eine „Form von professionellen Lerngemeinschaften" zu betrachten sind und dem „Erfahrungsaustausch" dienen. Darüber hinaus gibt es zusätzlich das Angebot einer *Intensivbegleitung*, die einem „Coaching auf Basis von Unterrichtsbeobachtungen" entspricht (Gaidoschik et al. 2017, S. 102).

- *Alle acht teilnehmenden Lehrkräfte* hatten neben den EVEU-Basismodulen auch *Qualitätszirkel* besucht, einige davon begleitend zur Studie, einige in den Schuljahren davor. *Fünf der acht Lehrkräfte* hatten auch eine Intensivbegleitung in Anspruch genommen. Tab. 5.2 liefert für alle acht Lehrkräfte in den Fußnoten zu *) und **) eine detaillierte Aufstellung zur Terminisierung der absolvierten Qualitätszirkel und beanspruchten Intensivbegleitungen.

- *Alle acht teilnehmenden Lehrkräfte* hatten das kleine Einmaleins in der zweiten Schulstufe über Ableitungsstrategien unter Nutzung des Distributivgesetzes und unter Nutzung von Verdoppelungen erarbeitet. Bei dieser Form der Erarbeitung des kleinen Einmaleins werden sämtliche Aufgaben aus den sogenannten *Kernaufgaben* (2 mal, 5 mal, 10 mal) abgeleitet. Sieben Lehrkräfte

Tab. 5.2 Übersicht – Charakterisierung der Lehrkräfte

Lehrkraft	Zyklus 1 (Schuljahr 2015/16)				Zyklus 2 (Schuljahr 2016/17)				
	A1	B1	C1	D1		A2	B2	C2	D2
Abschluss der Ausbildung als Volksschullehrerin	1988	1991	1994	1995		1985	1992	2011	1997
Anzahl der Dienstjahre	27	24	22	17		30	25	30[1]	20
Absolvierung der Basismodule zu EVEU	JA	JA	JA	JA		JA	JA	JA	JA
Besuch der Qualitätszirkel zu EVEU	JA*)	Ja*)	JA*)	JA*)		JA*)	JA*)	JA*)	JA*)
Intensivbegleitung zu EVEU	NEIN	NEIN	JA**)	NEIN		JA**)	JA**)	JA**)	JA**)
Einmaleinserarbeitung über Ableitungsstrategien innerhalb einer Reihe	NEIN	NEIN	JA	JA		JA	JA	JA	JA
Konsequent ganzheitliche Erarbeitung des kleinen Einmaleins	JA	JA	JA	NEIN		NEIN	NEIN	NEIN	NEIN
Schulbuch 2. Schuljahr	ZB2	ZB2	ZB2	ZB2		ZB2	ZB2	ZB2	MM2
Schulbuch 3. Schuljahr	ZB3	ZB3	ZB3	AK3		ZB3	ZB3	ZB3	MM3

(Fortsetzung)

[1] Lehrkraft C2 arbeitete zuvor als Sonderpädagogin an der Schule.

Tab. 5.2 (Fortsetzung)

Lehrkraft	A1	B1	C1	D1	A2	B2	C2	D2
*) zeitliche Angaben zum Besuch der Qualitätszirkel zu EVEU								
A1: in den SJ 2009/10, 2010/11 und 2011/12 B1: in den SJ 2013/14 und 2014/15 C1: in den SJ 2013/14 und 2014/15 D1: in den SJ 2013/14 und 2014/15 regelmäßig, im SJ der Studie (2015/16) sporadisch					A2: konsequent ab dem SJ 2009/10, auch während der Studie (2016/17) B2: konsequent ab dem SJ 2012/13, auch während der Studie (2016/17) C2: in den SJ 2014/15 und 2015/16 D2: in den SJ 2012/13, 2013/14 und 2014/15			
**) zeitliche Angaben zur Intensivbegleitung zu EVEU								
C1: in den SJ 2013/14 und 2014/15 in der untersuchten Klasse (erste und zweite Schulstufe) A2: in den SJ 2010/11 und 2011/12 B2: in den SJ 2014/15 und 2015/16 in der untersuchten Klasse (erste und zweite Schulstufe)					C2: im SJ 2014/15 in der untersuchten Klasse (erste Schulstufe) D2: in den SJ 2013/14 und 2014/15 in der untersuchten Klasse (erste und zweite Schulstufe)			
Erklärung der Abkürzungen								
AK3 ...Alles Klar! 3 ZB2 ...Das Zahlenbuch 2 ZB3 ...Das Zahlenbuch 3					MM2 ...Mini Max 2 MM3 ...Mini Max 3			

hatten in der zweiten Schulstufe *Das Zahlenbuch 2* von Wittmann und Müller benutzt und eine Lehrkraft hatte *MiniMax 2* von Holub et al. verwendet. Beide Schulbücher nutzen *Kernaufgaben* (Das Zahlenbuch 2) bzw. *Königsaufgaben* (MiniMax2), um daraus Malaufgaben innerhalb einer Reihe abzuleiten. Dieser Ansatz wird auch als Herleitung von Einmaleins-Aufgaben aus den *kurzen Reihen* bezeichnet (Krauthausen 2018, S. 72). Während fünf der acht Lehrkräfte angaben, Ableitungsstrategien innerhalb von Reihen (Konzept der sogenannten *kurzen Reihen*) thematisiert zu haben, gaben drei Lehrkräfte aus dem ersten Zyklus an, bei der Einmaleinserarbeitung eine *konsequent ganzheitliche* Erarbeitung verfolgt zu haben. Diese Lehrkräfte hatten zusätzlich im Schuljahr 2014/15 eine Seminarreihe zur *Entwicklungsforschung zum Lehren und Lernen des kleinen Einmaleins* an der Pädagogischen Hochschule Kärnten besucht, die von Professor Michael Gaidoschik methodisch-fachdidaktisch begleitet worden war. Die Intention dieser Seminarreihe war die Umsetzung des konsequent ganzheitlichen Ansatzes der Einmaleinserarbeitung nach Gaidoschik (2014) gewesen. Bei dieser Erarbeitung wird auf die Strukturierung der Aufgaben in Reihen zunächst gänzlich verzichtet. Zuerst werden die sogenannten *Kernaufgaben* Verdoppeln (Malaufgaben mit 2), Verzehnfachen (Malaufgaben mit 10) und Verfünffachen (Malaufgaben mit 5) aller Zahlen bis 10 thematisiert. Konkret heißt das etwa für die Erarbeitung der Kernaufgabe Verdoppeln, dass Malaufgaben mit 2 quer über alle Malreihen hinweg thematisiert werden. Dabei wird das Kommutativgesetz von Anfang an bei allen Aufgaben konsequent genutzt, was den Merkaufwand fast um die Hälfte reduziert. Alle Einmaleinsaufgaben der Form *x mal 2* wie auch alle Einmaleinsaufgaben der Form *2 mal x* werden in einem Zug erarbeitet. Aus den Kernaufgaben werden dann im zweiten Schritt Ableitungsstrategien für alle anderen Einmaleinsaufgaben mittels operativer Beziehungen universell herausgearbeitet. Diese Strategien stehen dann von Anfang an für alle Einmaleinsaufgaben parallel zur Verfügung (Gaidoschik 2014, S. 17; Schipper 2009, S. 154).

- *Alle acht teilnehmenden Lehrkräfte* absolvierten begleitend im Schuljahr ihrer Teilnahme an der der vorliegenden Studie eine zwölfstündige Fortbildung zum Thema, die an drei Nachmittagshalbtagen an der Pädagogischen Hochschule Kärnten, von der Forscherin geleitet, stattfand. Zur Beschreibung der Fortbildung siehe Abschnitt 5.9.1.
- *Alle acht teilnehmenden Lehrkräfte* machten Rechenwege für Multiplikationen einstelliger mit zweistelligen Zahlen bzw. mehrstelliger Zahlen *vor* der Umsetzung des Lernarrangements in der Klasse nicht zum Thema. Es wurde in Bezug auf die Multiplikation zu Beginn des dritten Schuljahres lediglich

das kleine Einmaleins wiederholt und das Multiplizieren mit Zehnerzahlen bzw. Hunderterzahlen erarbeitet.

- Als Schulbücher nutzten die Lehrkräfte folgende Werke:

  o In der zweiten Schulstufe verwendeten sieben Lehrkräfte *Das Zahlenbuch 2* von Wittmann und Müller und eine Lehrkraft *MiniMax2* von Holub et al.
  o In der dritten Schulstufe verwendeten sechs Lehrkräfte *Das Zahlenbuch 3* von Wittmann und Müller, eine Lehrkraft verwendete *MiniMax3* von Holub et al. und eine *Alles klar!* von Grosser und Koth.

Zusammenfassend kann folgende Kurzübersicht zur Charakterisierung der ausgewählten Klassenlehrkräfte gegeben werden (siehe Tab. 5.2):

An jedem der zwei Zyklen nahmen je vier Klassen teil, in denen jeweils eine Vollerhebung durchgeführt wurde. Mit der Vollerhebung wird, wie von Kelle und Kluge (2010) gefordert, ein bestimmtes Spektrum an „Einflüssen" erfasst, „in dem theoretisch relevante Merkmale in ausreichendem Umfang durch Einzelfälle vertreten sind" (Kelle und Kluge 2010, S. 55). Lediglich in einer Klasse (D2) wurde aus forschungsökonomischen Gründen folgende Auswahl getroffen: Aus dieser Klasse, in der insgesamt 23 Kinder unterrichtet wurden, wurden jeweils drei in Mathematik leistungsstarke, drei in Mathematik durchschnittliche und drei in Mathematik leistungsschwache Kinder ausgewählt. Die Einschätzung der Leistungsfähigkeit der Kinder erfolgte durch die Klassenlehrkraft. Eine Vollerhebung hätte die Kapazitäten der Forscherin überfordert.

In Tab. 5.3 wird die Größe der jeweiligen Stichproben, gegliedert nach Zyklus, Klasse, Geschlecht und Einzugsgebiet dargestellt:

Somit nahmen am ersten Zyklus 71 Kinder und am zweiten 55 Kinder teil. Einschränkungen im Hinblick auf das ursprüngliche Bestreben, eine Vollerhebung zu generieren, ergaben sich in einigen Klassen aufgrund folgender Besonderheiten:

- Da eine Einverständniserklärung der Erziehungsberechtigten zum Videografieren der Interviews vorzulegen war, wurden nur jene Kinder in die Untersuchung aufgenommen, deren Erziehungsberechtigten diese Einverständniserklärung unterschrieben. Aus diesem Grund wurden in der Klasse B1 ein Kind, in der Klasse D1 drei Kinder und in der Klasse B2 zwei Kinder nicht in die Untersuchung aufgenommen.
- Darüber hinaus verließ in den Klassen B1, D1 und B2 jeweils ein Kind den Klassenverband innerhalb des Jahres, ein in der Klasse D2 von der Lehrkraft

Tab. 5.3 Anzahl der untersuchten Kinder nach Zyklus, Klasse, Geschlecht und Einzugsgebiet der Schule

	Buben	Mädchen	gesamt	Prägung des Einzugsgebietes
Zyklus 1				
Klasse A1	15	10	25	vorstädtischer Raum
Klasse B1	8	7	15	ländlicher Raum
Klasse C1	4	9	13	ländlicher Raum
Klasse D1	6	12	18	städtischer Raum
Summe	**33**	**38**	**71**	
Zyklus 2				
Klasse A2	8	10	18	vorstädtischer Raum
Klasse B2	6	10	16	ländlicher Raum
Klasse C2	4	8	12	ländlicher Raum
Klasse D2	4	5	9	städtischer Raum
Summe	**22**	**33**	**55**	

als leistungsschwaches Kind eingestuftes Kind konnte aufgrund einer längeren Krankheit nicht zu allen Erhebungsterminen interviewt werden. Die Daten dieser Kinder wurden nicht in die Untersuchung aufgenommen.

- Zusätzlich wurden die Klassen C1 und C2 als sogenannte *Integrationsklassen* geführt. Das sind Klassen, in denen gemäß schulischer Bestimmung *behinderte* (Kinder, die aufgrund ihrer Behinderung dem Unterricht der Regelschule nicht folgen können) und *nicht-behinderte* Kinder gemeinsam und ihrem Entwicklungsstand entsprechend unterrichtet werden. Diese sogenannten *Integrationskinder* aus den Klassen C1 bzw. C2 nahmen an der Untersuchung nicht teil, da sie nicht nach dem Lehrplan der Volksschule, sondern nach dem Lehrplan der Allgemeinen Sonderschule unterrichtet wurden.

Ferner wurde in der Tab. 5.3 auch das Einzugsgebiet der Schule angeführt. Es zeigt sich, dass der Großteil der untersuchten Kinder im zweiten Zyklus aus einem ländlichen Raum kam, während im ersten Zyklus die Einzugsgebiete Stadt-Land ziemlich ausgeglichen verteilt waren.

Abschließend muss festgestellt werden, dass die beschränkten Fallzahlen in der Studie auch dazu führen können, dass „für die Theoriebildung gegebenenfalls wichtige Merkmalskombinationen, die in der Population existieren, übersehen werden" (Döring und Bortz 2016, 303f) bzw. gefundene Muster und Strukturen nicht ohne Weiteres generalisierbar sind.

5.5   Methoden der Datenerhebung und Datenauswertung

Um den Forschungsinteressen der Arbeit folgen zu können, wurde ein qualitativer Forschungsrahmen gewählt. Zur Beantwortung der in Abschnitt 5.2 formulierten Forschungsfragen wurden in drei Bereichen Daten erhoben:

- Im Rahmen einer Längsschnittstudie mit zwei Messpunkten wurden im ersten Zyklus durchgehend mit 71 und im zweiten Zyklus durchgehend mit 55 Drittklässlern und Drittklässlerinnen aus acht verschiedenen Volksschulklassen jeweils zu Beginn des dritten Schuljahres und *nach* der Umsetzung des Lernarrangements im Frühjahr qualitative (klinische) Interviews durchgeführt, die videografiert wurden.
- Zusätzlich zu den qualitativen Interviews wurde aus forschungsökonomischen Gründen, um die Erkenntnismöglichkeiten über den untersuchten Gegenstandsbereich zu erweitern, im zweiten Zyklus *vor* der Umsetzung des Lernarrangements und *nach* der Umsetzung des Lernarrangements je eine schriftliche Befragung durchgeführt.
- Die acht Lehrkräfte, die das Lernarrangement in ihren Klassen umsetzten, wurden *nach* der Umsetzung in halbstandardisierten Einzelinterviews zu relevanten Fragen der Umsetzung befragt.

5.5.1   Klinische Interviews

Die Erhebung der Denk- und Rechenwege der Kinder geschah vorrangig anhand klinischer Interviews. Klinische Interviews sind in der mathematikdidaktischen Forschung anerkannte qualitative Erhebungsmethoden, um das Denken der Kinder zu untersuchen (Selter und Spiegel 1997, 100f; Wittmann 1982). Die Methode der klinischen Interviews kommt ursprünglich aus der Psychoanalyse und verfolgt das Ziel, durch „behutsames Nachfragen" einen Patienten zur „Offenlegung seiner eigenen Gedanken" zu bewegen (Selter und Spiegel 1997, S. 100). Der Schweizer Psychologe Piaget nutzte diese Methode ab der ersten Hälfte des 20. Jahrhunderts, um die kognitive Entwicklung von Kindern zu erfassen. Im Zuge seiner Arbeiten erweiterte er die Methode zur *revidierten klinischen Methode*, indem er die Kinder zusätzlich aufforderte, Zeichnungen zu erstellen oder Handlungen am Material durchzuführen, denn es zeigte sich, dass die Kinder beim Verbalisieren der Gedankengänge oft große Schwierigkeiten hatten. So werden in der revidierten klinischen Methode neben den Verbalisierungen der Gedankengänge auch Zeichnungen und Handlungen analysiert, um weitere Rückschlüsse auf die kognitiven Prozesse der Kinder zu erhalten (Selter und Spiegel 1997, S. 101). Der Einfachheit halber wird in weiterer Folge von *klinischen Interviews* gesprochen.

Klinische Interviews sind eine angepasste Form halbstrukturierter Interviews, deren Besonderheit darin liegt, dass diese auf einem „Interviewleitfaden" als „Grundgerüst" basieren, das „für eine Vergleichbarkeit der Interviews sorgt" (Döring und Bortz 2016, S. 372). Der Interviewleitfaden kann flexibel an die jeweilige Interviewsituation angepasst werden. Dies hat den Vorteil, dass die bzw. der Interviewende flexibel auf die Antworten der Kinder reagieren kann. Da die Denkwege und Rechenwege der Kinder vielschichtig und nicht vorhersagbar sind, ist es oftmals notwendig, weitere Fragen und Impulse zu setzen, damit Kinder ihre Rechenwege und Denkwege offenbaren. Durch die Möglichkeit, im Verlauf des Gespräches individuell auf das Kind einzugehen und weitere Impulse und Fragen zu stellen, wird auch die Unvorhersehbarkeit der Denkweisen berücksichtigt (Selter und Spiegel 1997, S. 101).

Um Einsicht in die internen Prozesse zu bekommen, die während der Beschäftigung mit Mathematik im Kopf der Kinder stattfinden, sind offene Fragetechniken nötig. Die Fragen sollten weder erwartete Antworten herbeiführen noch die Kinder in ihren Formulierungen und Begründungen der Antworten einschränken (Hasemann 1986, S. 9). Das Verhalten der bzw. des Interviewenden sollte von „bewusster Zurückhaltung" geprägt sein (Selter und Spiegel 1997, S. 101). Weiters erfordert das Durchführen klinischer Interviews von der Interviewerin bzw. dem Interviewer ein hohes Maß an „zielgerichteter Flexibilität" in Bezug auf das Verstehen der Antworten der Kinder und ein situationsadäquates Reagieren auf Antworten mittels passender Frage bzw. Impulse (Selter und Spiegel 1997, S. 107). Vor allem das Erzeugen „kognitiver Konflikte" ist dabei eine hilfreiche Methode, die dazu führen soll, Widersprüche im Denken aufzudecken, um in weiterer Folge das Kind zu veranlassen, durch entsprechende Argumentation einen der „widersprüchlichen Standpunkte" auszuräumen (Selter und Spiegel 1997, S. 108). Eine weitere hilfreiche Methode, Vermutungen über die den verbalen und nonverbalen Äußerungen zugrundeliegenden Denkwege zu verifizieren, ist das Variieren von Aufgaben. Dabei werden in der Frage oder Aufgabe einige Variablen festgehalten und andere verändert (Hasemann 1986, S. 25).

Um gegenüber den Denkwegen der Kinder entsprechend offen zu sein, wird von der bzw. vom Interviewenden ein fundiertes theoretisches Fachwissen über den Untersuchungsgegenstand und die möglichen Rechenwege und Denkwege der Kinder erwartet. Hußmann et al. (2013) stellen fest, dass klinische Interviews für das Forschungsformat der fachdidaktischen Entwicklungsforschung besonders geeignet sind (Hußmann et al. 2013, S. 38).

Mögliche Problembereiche klinischer Interviews
Das klinische Interview als Erhebungsmethode birgt auch mögliche Probleme und Schwierigkeiten. In der Literatur werden unter anderem folgende genannt:

Wittmann (1982) sieht mögliche Problembereiche des klinischen Interviews in der „starken Abhängigkeit von der Sprache, dem großen Zeitaufwand und der Abhängigkeit der Güte des Interviews vom Interviewer" (Wittmann 1982, S. 38). Weiters liefern klinische Interviews keine absolute Gewissheit darüber, dass das, was das Kind sagt oder zeigt, auch dem entspricht, wie es denkt. Selter und Spiegel (1997) stellen dazu salopp fest, dass man „Kindern nicht in den Kopf schauen" kann (Selter und Spiegel 1997, S. 105). Fehlinterpretationen können beispielsweise wie folgt zustande kommen:

- Das Kind hat Schwierigkeiten, seine Denkwege zu verbalisieren. Es besteht die Gefahr, dass die verbalisierten Rechenwege dann oft nicht die wahren Rechenwege sind, sondern es werden jene genannt, die am Ende leichter zu verbalisieren sind (Ashcraft 1990, S. 201).
- Das Kind nennt nur den finalen Denk- bzw. Rechenweg, Änderungen während der Überlegungen und Argumente für oder gegen bestimmte Ansätze bleiben oft verborgen (Threlfall 2009, S. 549).
- Das Kind vermutet Antworterwartungen, vor allem dann, wenn es sich im Zuge der Befragung durch einen Erwachsenen in einer Prüfungssituation fühlt. Das Kind äußert in der Folge nicht das, was es wirklich denkt, sondern das, was seine Lehrkraft als Antwort erwartet hätte (Selter und Spiegel 1997, S. 105; Threlfall 2009, S. 549).
- Das Kind ist von der Art der Fragestellung irritiert und kann den Sinn des Interviews für sich nicht deuten, insbesondere wenn ihm Fragen nach der Denkweise in dieser Form noch nie gestellt wurden (Selter und Spiegel 1997, S. 106).
- Das Kind stimmt der bzw. dem Interviewenden zu, weil es einfach Ruhe vor weiterem Nachfragen haben will (Selter und Spiegel 1997, S. 105).

5.5.2 Konzeption und Durchführung der klinischen Interviews

In der vorliegenden Studie fanden die klinischen Interviews zu zwei unterschiedlichen Zeitpunkten statt:

- zu Beginn des dritten Schuljahres (Oktober/November 2015 bzw. Oktober/November 2016) und
- unmittelbar in den Wochen nach Beendigung der Umsetzung des Lernarrangements (Mai/Juni 2016 bzw. Mai/Juni 2017).

Die Interviews dauerten zwischen 15 und 25 Minuten und fanden in der Unterrichtszeit in gerade nicht genutzten Räumen (Musikzimmer, Bibliothek, Religionsraum etc.) statt. Die Kinder wurden dafür nacheinander einzeln aus ihren Klassen geholt. Alle Interviews wurden mittels einer Videokamera zur Gänze in Bild und Ton aufgenommen. Die Rechenaufgaben wurden zusätzlich auf Kärtchen in symbolischer Form vorgelegt. Darüber hinaus lagen Stifte und Papier am Tisch bereit und den Kindern wurde zu Beginn des Interviews gesagt, dass sie sich gerne Notizen zu den einzelnen Rechnungen machen können.

Im Folgenden werden die Leitfragen der einzelnen Fragegruppen 1–4 des Interviewleitfadens zu den klinischen Interviews beschrieben und die Intentionen hinter den Leitfragen und Aufgaben erläutert.

5.5.2.1 Fragegruppe 1: Art der Rechenwege für 5·14, 4·16, 19·6
Ich lege dir jetzt Kärtchen mit Rechnungen hin. Kannst du das ausrechnen?

- Das Kärtchen mit der Aufgabe wird dem Kind vorgelegt.
- Dem Kind wird zur Berechnung keine Hilfestellung gegeben.
- Falls das Kind die Aufgabe ausrechnen kann, wird nachgefragt, wie es zum Ergebnis gekommen sei.
- Falls das Kind die Rechnung nicht ausrechnen kann und keine Idee zur Lösungsfindung hat, wird mit der Frage abgebrochen.
- Falls das Kind bereits die erste Aufgabe nicht ausrechnen kann bzw. diese nur mit extrem hohem zeitlichem Aufwand bewältigt und eine Überforderung des Kindes droht, werden die weiteren Fragen nicht mehr gestellt.

Zur Auswahl der Leitfragen aus Fragegruppe 1
In Fragegruppe 1 werden die Rechenwege der Kinder für die Aufgaben 5·14, 4·16 und 19·6 erfasst. Neben der Art des Rechenweges wird in der Auswertung auch die Adäquatheit der genutzten Rechenwege festgehalten. Ähnlich den empirischen Untersuchungen von Blöte et al. (2000), Blöte et al. (2001), Torbeyns et al. (2009a) und Heinze et al. (2009a) zur Addition und Subtraktion wurden in einem ersten Schritt unterschiedliche Rechenwege zu Multiplikationen einstelliger mit zweistelligen Zahlen nach Aufgabenmerkmalen kategorisiert (siehe Tab. 2.1, Abschnitt 2.5). Daraus wurden Aufgaben für die empirische Erhebung abgeleitet, die einen, oder mehrere der genannten Rechenwege aufgrund besonderer Aufgabenmerkmale wie folgt angegeben nahelegen:

5·14: Halbierung des Zehnfachen oder das Gesetz von der Konstanz des Produktes (gegensinniges Verändern)
4·16: Verdoppelung unter Verwendung des Assoziativgesetzes oder das Gesetz von der Konstanz des Produktes (gegensinniges Verändern)
19·6: stellengerechte Zerlegung in eine Differenz unter Verwendung des Distributivgesetzes

5.5.2.2 Fragegruppe 2: Operative Beziehungen nutzen

Fragegruppe 2a: Verdoppeln – Hilft die Rechnung 2·15 = 30 für 4·15?
Ich lege dir jetzt ein Kärtchen mit einer Rechnung hin. Rechne diese Rechnung bitte nicht aus! Ich möchte nämlich gar nicht das Ergebnis, sondern etwas Anderes fragen! Ein Kind soll 4·15 ausrechnen. Dieses Kind weiß, dass 2·15 = 30 ist. Hilft dem Kind die Rechnung 2·15 = 30 für 4·15?

- Das Kärtchen mit der Aufgabe 4·15 wird dem Kind vorgelegt.
- Das Kärtchen mit 2·15 = 30 wird links von 4·15 dem Kind vorgelegt.
- Falls das Kind sagt, die Rechnung helfe, wird weitergefragt:
  Wie hilft sie denn?
  Oder situationsadäquat, wenn die operative Beziehung bereits korrekt genutzt wurde:
  Du hast gesagt, man muss 30+30 rechnen. Warum kannst du so rechnen?
  Oder situationsadäquat, wenn die operative Beziehung nicht korrekt genutzt wurde:
  Du hast gesagt, man muss 30+2 rechnen. Warum musst du da plus 2 rechnen?
  Gegebenenfalls, wenn das Kind von sich aus die Aufgabe nicht ausrechnet, wird weitergefragt:
  Kannst du die Aufgabe 4·15 mit dieser Hilfe ausrechnen?

- Falls das Kind sagt, die Rechnung helfe nicht, wird weitergefragt:
  Du hast gesagt, 2·15 = 30 hilft nicht. Kannst du mir sagen, warum es nicht hilft?
  Oder situationsadäquat:
  Wie würdest du 4·15 rechnen?

Fragegruppe 2b: Zerlegen in eine Differenz – Hilft die Rechnung 20·4 = 80 für 19·4?

Ich lege dir jetzt ein Kärtchen mit einer Rechnung hin. Rechne diese Rechnung bitte nicht aus! Ich möchte nämlich gar nicht das Ergebnis, sondern etwas Anderes fragen! Ein Kind soll 19·4 ausrechnen. Dieses Kind weiß, dass 20·4 = 80 ist. Hilft dem Kind die Rechnung 20·4 = 80 für 19·4?

- Das Kärtchen mit der Aufgabe 19·4 wird dem Kind vorgelegt.
- Das Kärtchen mit 20·4 = 80 wird links von 19·4 dem Kind vorgelegt.
- Falls das Kind sagt, die Rechnung helfe, wird weitergefragt:
  Wie hilft sie denn?
  Oder situationsadäquat, wenn die operative Beziehung bereits korrekt genutzt wurde:
  Du hast gesagt, man muss 80 – 4 rechnen. Warum musst du da minus 4 rechnen?
  Oder situationsadäquat, wenn die operative Beziehung nicht korrekt genutzt wurde:
  Du hast gesagt, man muss 80 – 1 rechnen. Warum musst du da minus 1 rechnen?
  Gegebenenfalls, wenn das Kind von sich aus die Aufgabe nicht ausrechnet, wird weitergefragt:
  Kannst du die Aufgabe 19·4 mit dieser Hilfe ausrechnen?
- Falls das Kind sagt, die Rechnung helfe nicht, wird weitergefragt:
  Du hast gesagt, 20·4 = 80 hilft nicht. Kannst du mir sagen, warum es nicht hilft?
  Oder situationsadäquat:
  Wie würdest du 19·4 rechnen?

Fragegruppe 2c: Gegensinniges Verändern – Hilft die Rechnung 8·10 = 80 für 16·5?

Ich lege dir jetzt ein Kärtchen mit einer Rechnung hin. Rechne diese Rechnung bitte nicht aus! Ich möchte nämlich gar nicht das Ergebnis, sondern etwas Anderes fragen! Ein Kind soll 16·5 ausrechnen. Dieses Kind weiß, dass 8·10 = 80 ist. Hilft dem Kind die Rechnung 8·10 = 80 für 16·5?

- Das Kärtchen mit der Aufgabe 16·5 wird dem Kind vorgelegt.
- Das Kärtchen mit 8·10 = 80 wird links von 16·5 dem Kind vorgelegt.
  Falls das Kind sagt, die Rechnung helfe, wird weitergefragt:
  Wie hilft sie denn?
  Oder situationsadäquat, wenn die operative Beziehung bereits korrekt genutzt wurde:
  Du hast gesagt, die Rechnungen sind die gleichen. Kannst du mir sagen, warum?
  Oder situationsadäquat, wenn die operative Beziehung nicht korrekt genutzt wurde:
  Du hast gesagt, man muss 80 verdoppeln. Warum musst du da 80 verdoppeln?
  Gegebenenfalls, wenn das Kind von sich aus die Aufgabe nicht ausrechnet, wird weitergefragt:
  Kannst du die Aufgabe 16·5 mit dieser Hilfe ausrechnen?
- Falls das Kind sagt, die Rechnung helfe nicht, wird weitergefragt:
  Du hast gesagt, 20·4 = 80 hilft nicht. Kannst du mir sagen, warum es nicht hilft?
  Oder situationsadäquat:
  Wie würdest du 16·5 rechnen?

Zur Auswahl der Leitfragen aus Fragegruppe 2
Die Fragen wurden gewählt, um herauszufinden, ob das Kind in der Lage ist, operative Zusammenhänge (Assoziativgesetz, Distributivgesetz der Multiplikation in Bezug auf die Subtraktion und Gesetz von der Konstanz des Produktes) in Verbindung mit einer angebotenen Hilfsaufgabe zu erkennen und zu nutzen. Durch die Aufforderung zu verbalisieren, wie denn die vorgegebene Hilfsaufgabe nütze, können aufgrund der Antworten Einblicke in Einsichten zu den genannten operativen Beziehungen gewonnen werden. Danach wird das Kind erst explizit zum Rechnen aufgefordert.

5.5.2.3 Fragegruppe 3: Begründen von Zerlegen in eine Summe und Zerlegen in eine Differenz am 400er-Punktefeld (nur für den zweiten Erhebungstermin)

Fragegruppe 3a: Begründen von Zerlegen in eine Summe am 400er-Punktefeld
Verena hat die Rechnung 15·7 ausgerechnet. Sie hat das so gemacht: Sie hat zuerst die Rechnung 15·7 am 400er-Punktefeld eingestellt. Kannst du mir 15·7 am 400er-Punktefeld einstellen?

- Das Kärtchen mit 15·7 wird dem Kind vorgelegt.
- Das Kind wird aufgefordert, 15·7 am 400er-Punktefeld zu legen. Es wird überprüft, ob die Einstellung korrekt ist, und nachgefragt, wie das Kind die Aufgabe 15·7 am 400er-Punktefeld sehe.

Verena hat dann gesagt: Jetzt sehe ich, dass ich 10·7+5·7 rechnen muss! Kannst du mir sagen, wie Verena das gesehen hat?

- Das Kärtchen wird umgedreht und es erscheint folgende Abbildung (siehe Abbildung 5.2):

Abbildung 5.2 Kärtchen zur Begründung von Zerlegen in eine Summe am 400er-Punktefeld

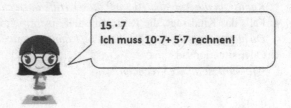

Fragegruppe 3b: Begründen von Zerlegen in eine Differenz am 400er-Punktefeld
Verena hat auch die Rechnung 8·19 ausgerechnet. Sie hat das so gemacht: Sie hat zuerst die Rechnung 8·20 am 400er-Punktefeld eingestellt. Kannst du mir 8·20 am 400er-Punktefeld einstellen?

- Das Kärtchen mit 8·19 wird dem Kind vorgelegt.
- Das Kind wird aufgefordert, 8·20 am 400er-Punktefeld einzustellen. Es wird überprüft, ob die Einstellung korrekt ist, und nachgefragt, wie das Kind die Aufgabe 8·20 am 400er-Punktefeld sehe.

Verena hat dann gesagt: Jetzt sehe ich, dass ich 8·20 − 8 rechnen muss! Kannst du mir sagen, wie Verena das gesehen hat?

- Das Kärtchen wird umgedreht und es erscheint folgende Abbildung (siehe *Abbildung 5.3*)

Abbildung 5.3 Kärtchen
zur Begründung von
Zerlegen in eine Differenz
am 400er-Punktefeld

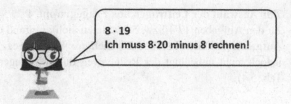

8 · 19
Ich muss 8·20 minus 8 rechnen!

Zur Auswahl der Leitfragen aus Fragegruppe 3
Diese Fragegruppe soll erfassen, ob die Kinder in der Situation in der Lage
sind, Rechenwege durch *Zerlegen und Plus* sowie *Zerlegen und Minus* anschauungsgestützt mithilfe des 400er-Punktefeldes zu begründen. Die Einsichten in
die zugrundeliegenden Rechengesetze können anhand des Darstellungswechsels
(symbolisch – ikonisch) verdeutlicht werden.

5.5.2.4 Fragegruppe 4: Verschiedene Rechenwege für die Aufgaben 17·4 und 5·24 (nur für den zweiten Erhebungstermin)

*Ihr habt in der Klasse verschiedene Arten gelernt, Malaufgaben auszurechnen. Wie
würdest du diese Aufgabe rechnen?*

- Das Kärtchen mit der Aufgabe wird dem Kind vorgelegt.
- Dem Kind wird zur Berechnung keine Hilfestellung gegeben.
- Falls das Kind die Rechnung nicht ausrechnen kann und keine Idee zur
  Lösungsfindung hat, wird mit der Frage abgebrochen.
- Falls das Kind die Aufgabe ausrechnen kann, wird nachgefragt, wie es zum
  Ergebnis gekommen sei. Danach wird eine weitere Frage gestellt:
  Kennst du eine andere Art, wie man das noch rechnen kann?
- Im Idealfall nennt das Kind einen zweiten Rechenweg und wird aufgefordert,
  die Aufgabe mit dem genannten Rechenweg auszurechnen.
- Falls möglich:
  Kennst du auch eine dritte Art, diese Rechnung auszurechnen?
- Im Idealfall nennt das Kind einen dritten bzw. so viele weitere Rechenwege,
  wie ihm einfallen, und es wird aufgefordert, die Aufgabe mit den genannten
  Rechenwegen auszurechnen.
- Wenn ein Kind mehr als einen Rechenweg nennen kann, wird folgende Frage
  gestellt:
  Welche Art zu rechnen findest du am einfachsten und warum?

Zur Auswahl der Leitfragen aus Fragegruppe 4

Zu den Aufgaben 17·4 bzw. 5·24 bieten sich aufgrund der Festlegung besonderer Aufgabenmerkmale in Tab. 2.1 mehrere Rechenwege als aufgabenadäquat an, jedoch nicht unbedingt der Rechenweg durch Zerlegen in eine Differenz (siehe Tab. 5.4):

Tab. 5.4 Aufgabenadäquate Rechenwege für 17·4 und 5·24

	Zerlegen in eine Summe	Rechenwege unter Einbezug von Verdoppelungen	Rechenwege unter Einbezug von Halbierungen	Rechenwege unter Nutzung des Gesetzes von der Konstanz des Produktes
17·4	10·4+7·4	(17·2)·2		34·2
5·24	5·20+5·4		(10·24):2	10·12

In Anlehnung an die Studie von Blöte et al. (2001) sollen die Kinder die Aufgabe zunächst mit einem Rechenweg ihrer Wahl lösen. Dann werden die Kinder aufgefordert, weitere Rechenwege für die Aufgabe zu nennen. Mit dieser Frage wird einerseits erhoben, ob die Kinder mehrere Rechenwege zu einer Aufgabe im Repertoire haben und wenn ja, welche. Darüber hinaus kann mit dieser Fragestellung erfahrbar gemacht werden, ob jene Kinder, die in Fragegruppe 1 – bei freier Wahl – strikt immer denselben Rechenweg nutzten, in der Lage sind, auf Nachfrage alternative Rechenwege anzuwenden. Von Interesse sind in weiterer Folge die Begründungen des ihrem Empfinden nach einfachsten Rechenweges.

5.5.3 Konzeption und Durchführung der schriftlichen Befragung

Die schriftlichen Befragungen fanden im zweiten Zyklus unmittelbar vor Beginn der Umsetzung des Lernarrangements (Februar/März 2017) und unmittelbar nach Abschluss des Lernarrangements (April/Mai 2017) statt. In der schriftlichen Befragung wurden die Kinder aufgefordert, Aufgaben auszurechnen und ihre Rechenwege zu verschriftlichen. Die schriftlichen Befragungen erfolgten in der Klasse unter Anwesenheit der Forscherin. Diese war bemüht, die „Kommunikativität" und „Natürlichkeit" der Erhebungssituation in der Klasse zu gewährleisten, und achtete vor allem auf die „Authentizität des erhobenen Materials" (Lamnek und Krell 2016, S. 288). Die Aufgabenstellung wurde mündlich ausführlich erklärt und Fragen zu Verständnisschwierigkeiten in Bezug auf die Aufgaben-stellung wurden wohlwollend beantwortet. Ferner waren die Kinder bereits aus dem Unterricht gewohnt, Teilschritte beim Rechnen zu notieren. Mit dem Satz *Rechne so, wie es für dich am leichtesten ist, und schreibe die Rechenwege so auf, dass andere verstehen, wie du gerechnet hast,* wurden die Kinder aufgefordert, ihre Denkschritte (meist in Form von Teilrechnungen) zu verschriftlichen.

Auch bei dieser Erhebungsform können, ebenso wie bei klinischen Interviews, Zweifel an der Validität bestehen. An dieser Stelle wird auf die Problembereiche klinischer Interviews in Abschnitt 5.5.1 verwiesen.

Zur Auswahl der Aufgaben
In der schriftlichen Befragung wurden den Kindern folgende Aufgaben vorgelegt: 19·6, 9·23, 15·6, 65·4, 5·17, 8·29

Während eine Zerlegung in eine Summe bei allen Aufgaben als Universalre-chenweg genutzt werden kann, bieten sich aufgrund der gezielten Festlegung besonderer Aufgabenmerkmale in Tab. 2.1 weitere Rechenwege an. Für die einzelnen Aufgaben treffen folgende besondere Aufgabenmerkmale zu:

- Ein Faktor liegt nahe unter einer Zehnerzahl:

  ○ $19·6 = 20·6 - 6 = 120 - 6 = 112$
  ○ $9·23 = 10·23 - 23 = 230 - 23 = 207$
  ○ $8·29 = 8·30 - 8 = 240 - 8 = 232$

- Der einstellige Faktor beträgt 5:

  ○ $5·17 = (10·17):2 = 170:2 = 85$

- Der einstellige Faktor beträgt 4 oder 8:

  ○ $65·4 = (65·2)·2 = 130·2 = 260$
  ○ $8·29 = 2·(2·(2·29)) = 2·(2·58) = 2·116 = 232$

- Durch Verdoppeln des einen und Halbieren des anderen Faktors wird die Aufgabe in eine leichter zu lösende Aufgabe übergeführt:

  ○ $15·6 = 30·3 = 90$
  ○ $65·4 = 130·2 = 260$

5.5.4 Auswertung der klinischen Interviews und der schriftlichen Befragung

In der Auswertung wurde das beschriebene Datenmaterial mittels *qualitativer Kodierverfahren* in Form von Kategorien erfasst oder anders gesagt durch „Kodierung" bzw. „Indizierung[2]" systematisch aufbereitet (Kelle und Kluge 2010, S. 59). Kategorien dienen dazu, Phänomene jeglicher Art zu kennzeichnen und zu unterscheiden und können in weiterer Folge zur „Erschließung, Beschreibung und Erklärung der Daten genutzt werden" (Kelle und Kluge 2010, S. 60). Begrifflich wird in der Untersuchung nicht unterschieden zwischen *Kategorie*, *Kodewort* oder *Code*.

Im Prozess der Kodierung wird das Material in Textpassagen, sogenannte *Analyseeinheiten*, aufgegliedert und den einzelnen *Analyseeinheiten* werden Kategorien zugeordnet, welche der jeweiligen Textpassage „Bedeutungen zuschreiben" (Döring und Bortz 2016, S. 541). Der wesentliche Charakter qualitativer Kodierverfahren wird nach Kelle und Kluge (2010) durch folgende Schritte beschrieben:

- 1. Schritt:
  Die Textpassagen werden kodiert, indem ihnen bestimmte Kategorien zugeordnet werden.
- 2. Schritt:
  Textpassagen, die bestimmte Kategorien gemeinsam haben, werden systematisch verglichen und analysiert. Dabei kann „fallvergleichend" vorgegangen werden, oder eine „thematisch vergleichend und fallübergreifende" Vorgehensweise gewählt werden (Kelle und Kluge 2010, S. 59):

  ○ Bei der *fallvergleichenden Analyse* werden Textpassagen zuerst nur auf der Ebene von Einzelfällen verglichen, und die daraus entwickelten Subkategorien werden danach mit denen verglichen, die anhand des Materials anderer Fälle entwickelt wurden.
  ○ Bei der *thematisch vergleichenden und fallübergreifenden Vorgehensweise* wird nach der Kodierung des gesamten Datenmaterials für jede Kategorie das gesamte Textmaterial über alle Fälle hinweg herausgesucht.

---

[2] Indizierung und Kodierung sind nach Kelle und Kluge synonym zu verwenden, sie stellen dazu folgendes fest: „Obwohl der Begriff ‚Kodierung' somit zu Missverständnissen Anlass gibt, weil er mit der Kodierung für eine quantitative Datenanalyse verwechselt werden kann (…), hat er sich in der qualitativen Methodendiskussion mittlerweile weitgehend gegenüber dem weniger missverständlichen Begriff ‚Indizierung' durchgesetzt" (ebd., S. 58).

Die Textsegmente werden dann fallübergreifend in einer vergleichenden Gegenüberstellung analysiert.

- 3. Schritt:
Auf Grundlage des Vergleichs in Schritt 2 werden Strukturen und Muster im Datenmaterial identifiziert, die dann zur Bildung neuer Kategorien bzw. Subkategorien führen können (Kelle und Kluge 2010, S. 59).

In Anlehnung an die unterschiedlichen Varianten der Schlussfolgerung kann die Kategoriengewinnung auf unterschiedliche Arten erfolgen:

- Die Kategoriengewinnung kann „induktiv" aus den Daten heraus geschehen. In diesem Modell ist die Definition der „Selektionskriterien", die „schrittweise Materialbearbeitung" und die „Revision der neu entwickelten Kategorien" wesentlich (Mayring 2001, 5 f.).
- Die Kategoriengewinnung kann „deduktiv" auf der Basis von Theorien, die an das Material herangetragen werden, erfolgen (Döring und Bortz 2016, S. 603). Dabei legt ein im Vorfeld theoretisch entwickelter Kodierleitfaden genaue Zuordnungsregeln fest, unter welchen Bedingungen die Zuordnung einer Kategorie zu einer Analyseeinheit zulässig ist (Mayring 2001, S. 6).

Entsprechend der gewählten Kategoriengewinnung kann im Kodierprozess die Analyseeinheit einerseits einer bereits bestehenden Kategorie zugeordnet werden. Dies wird als „subsumptive Indizierung" bezeichnet (Kelle und Kluge 2010, S. 61). Oder es muss zur Beschreibung der Analyseeinheit eine neue Kategorie geschaffen werden. In diesem Fall spricht man von „abduktiver Kodierung" (Kelle und Kluge 2010, S. 61).

Die Kategorien sollten zu Beginn, wenn es vor allem um die Systematisierung des Datenmaterials geht, möglichst „offen" sein, damit gewährleistet werden kann, dass die gesamte Bandbreite „relevanter Phänomene" erfasst wird. Sie sollten erst am Ende des Analyseprozesses zu „empirisch gehaltvolle Aussagen" angereichert werden (Kelle und Kluge 2010, S. 71). Nach der Kodierung der Textpassagen und der (Weiter-)Entwicklung und Zuordnung von Kategorien, wie in den Schritten 1 bis 3 beschrieben, ist das Ergebnis eine Anzahl von Kategorien und eine Anzahl von zugeordneten Analyseeinheiten. Es bietet sich an, diese Zuordnung von Analyseeinheiten zu Kategorien als „Daten" aufzufassen und in einem zweiten Analyseschritt weiterzuverarbeiten (Mayring 2001, S. 6).

In der vorliegenden Studie erfolgt eine Weiterverarbeitung der Kategorien auf zwei Ebenen. In der Weiterverarbeitung mit deskriptiven statistischen Verfahren werden die Kategorien nach Häufigkeit ihres Auftauchens im Material geordnet und Prozentangaben berechnet, um Aussagen über Tendenzen zu treffen, die in einem finalen Schritt wieder qualitativ interpretiert werden müssen. In der Weiterverarbeitung zu einer Typenbildung erfolgt eine Strukturierung der Kinder nach der Nutzung von Rechenwegen und dem Erkennen, Nutzen und Begründen operativer Beziehungen.

5.5.5 Der Prozess der Typenbildung nach Kelle und Kluge (2010)

Die Typenbildung stellt eine Auswertungsmethode innerhalb der qualitativen Sozialforschung dar. Eine Typisierung macht durch Strukturierung und Informationsreduktion den Untersuchungsgegenstand übersichtlicher, komplexere Zusammenhänge verständlich und hebt charakteristische Züge, eben das „Typische" von Teilbereichen, hervor, sodass Gemeinsamkeiten oder Ähnlichkeiten sowie Unterschiede deutlich werden (Lamnek und Krell 2016, S. 218). Dieses Verdeutlichen wesentlicher Unterschiede und Gemeinsamkeiten im Datenmaterial fördert hypothesengenerierende Absichten und regt zur Formulierung von Hypothesen über die „kausalen Beziehungen und Sinnzusammenhänge" an (Kelle und Kluge 2010, S. 11).

Im Folgenden wird das von Kelle und Kluge (2010) beschriebene Verfahren zur Typenbildung näher erläutert, welches im empirischen Teil zur weiteren Auswertung der aus dem Material gewonnenen Kategorien genutzt wird. Alle folgenden Ausführungen wurden sinngemäß aus Kelle und Kluge (2010) übernommen. Um die Vorgehensweise bei der Typenbildung zu beschreiben, bedarf es zuerst der Klärung der Begriffe und Konzepte.

Kategorie (= Merkmal)
Das allgemeinste Konzept nach Kelle und Kluge (2010) ist die *Kategorie*. Eine entsprechende Definition wurde bereits im vorangegangenen Kapitel gegeben. Kategorien können durch einfache Nomen oder Wortgruppen benannt werden, inhaltlich sehr einfach oder theoretisch sehr abstrakt und komplex sein. Synonym zum Begriff der Kategorie können auch die Begriffe *Merkmal* und *Variable* verwendet werden, die eher in der quantitativen Sozialforschung gebräuchlich sind (Kelle und Kluge 2010, S. 86). Im Konkreten stellt in der vorliegenden Studie die *Art des Rechenweges* eine Kategorie bzw. ein Merkmal dar.

Subkategorie (= Merkmalsausprägung)
Aufgrund der Tatsache, dass sich ein bestimmtes Phänomen einer Kategorie bzw. einem Merkmal zuordnen lässt oder nicht, gibt es immer mindestens zwei Möglichkeiten zur Bildung von Subkategorien bzw. Merkmalsausprägungen (Kelle und Kluge 2010, S. 87). So kann etwa die Kategorie bzw. das Merkmal *Art des*

Rechenweges durch die Subkategorien bzw. Merkmalsausprägungen *fortgesetzte Addition, Zerlegen in eine Summe, Rechenwege unter Einbezug von Verdoppelungen* usw. erfasst werden.

Dimension (= Merkmalsraum) – Merkmalskombinationen

Alle Subkategorien bzw. Merkmalsausprägungen einer Kategorie bzw. eines Merkmals bilden dann zusammen eine Dimension oder einen Merkmalsraum (Kelle und Kluge 2010, S. 87). Die Dimension bzw. der Merkmalsraum der Kategorie bzw. des Merkmals *Art des Rechenweges* beinhaltet somit alle in der Untersuchung kategorisierten Rechenwege.

Für die Typenbildung sind Merkmalskombinationen von besonderer Bedeutung. Merkmalskombinationen stellen bestimmte Kategorien bzw. Merkmale und/oder ihre Subkategorien bzw. Merkmalsausprägungen in Zusammenhang. Eine Merkmalskombination aus den Subkategorien *Lösungsrichtigkeit* und *Art des Rechenweges* könnte *eine richtige Lösung unter Nutzung der fortgesetzten Addition* sein, oder *eine falsche Lösung unter Nutzung von Zerlegen in eine Summe*. Dimensionen bzw. Merkmalsräume von Merkmalskombinationen sind stets mehrdimensional (je nach dem, wie viele Merkmale kombiniert werden). So beinhaltet die Dimension bzw. der Merkmalsraum der Merkmalskombination aus *Art des Rechenweges* und *Lösungsrichtigkeit* alle möglichen Kombinationen der Ausprägungen der beiden Merkmale. Zweidimensionale Dimensionen können mithilfe von Kreuztabellen veranschaulicht werden, wie dies in Abbildung 5.4 für die Dimension der Kategorien A und B mit den Subkategorien bzw. Merkmalsausprägungen A1, A2 bzw. B1 und B2 dargestellt wird:

Kategorie A	Kategorie B	
	Subkategorie B1	Subkategorie B2
Subkategorie A1	Fälle mit der Merkmals-kombination A1, B1	A1, B2
Subkategorie A2	A2, B1	A2, B2

Abbildung 5.4 Darstellung des Merkmalsraumes in einer Kreuztabelle (Kelle & Kluge, 2010, S. 96)

Dadurch kann ein guter Überblick über sämtliche theoretisch denkbare Kombinationsmöglichkeiten der Kategorien erhalten werden, aus denen später gemeinsame Typen gebildet werden können.

Nach dieser Klärung der Begriffe Kategorie bzw. Merkmal, Subkategorie bzw. Merkmalsausprägung und Dimension bzw. Merkmalsraum werden in weiterer Folge nur mehr die in der qualitativen Sozialforschung gebräuchlicheren Begriffe Kategorie, Subkategorie und Merkmalsraum verwendet (Kelle und Kluge 2010, S. 86).

Typologie und Typus

Eine Typologie ist das Ergebnis eines Gruppierungsprozesses, bei dem Fälle anhand einer oder mehrerer Kategorien verglichen und strukturiert werden. Die Fälle werden aufgrund unterschiedlicher Subkategorien in Typen eingeteilt. Als Typus werden die infolge des Gruppierungsprozesses entstandenen „Teil- oder Untergruppen" bezeichnet, die gemeinsame Kategorien aufweisen und „anhand der spezifischen Konstellation" dieser Kategorien „beschrieben und charakterisiert werden können" (Kelle und Kluge 2010, S. 85). Die Fälle unterschiedlicher, aus dem Gruppierungsprozess resultierender Typen sollten sich voneinander möglichst stark unterscheiden („externe Heterogenität"), wogegen die Fälle innerhalb eines Typus möglichst ähnlich sein sollen („interne Homogenität") (Kelle und Kluge 2010, S. 85; Lamnek und Krell 2016, S. 219).

Ein Typus kann sowohl aufgrund einer Kategorie als auch aufgrund mehrerer Merkmalskombinationen gebildet werden. Es wird daher zwischen eindimensionalen und mehrdimensionalen Typologien unterschieden. So stellt etwa die Unterscheidung zwischen allen Subkategorien der Kategorie *Art des Rechenweges* (z. B. *fortgesetzte Addition, Zerlegen in eine Summe...*) eine einfache Typologie dar. Der Merkmalsraum enthält in diesem Fall alle möglichen Subkategorien der Kategorie *Art des Rechenweges*. Werden Typologien durch eine Kombination von Kategorien gebildet, so wird von sogenannten mehrdimensionalen Typologien gesprochen (Kelle und Kluge 2010, S. 87).

Dimensionalisierung

Die theoretisch relevanten Subkategorien für die Typisierung stehen oft nicht von vornherein fest, sondern müssen für die betrachteten Kategorien oft noch bestimmt werden. Dabei sollten die Subkategorien zu einer guten Beschreibung des Datenmaterials führen. Dieser Vorgang, bei dem relevante Subkategorien identifiziert werden, wird Dimensionalisierung genannt (Kelle und Kluge 2010, S. 91).

Zur Vorgehensweise bei der Typenbildung nach Kelle und Kluge (2010)
Nach Kelle und Kluge (2010) lässt sich der Prozess der Typenbildung in vier
Stufen einteilen, wobei die einzelnen Stufen logisch aufeinander aufbauen, ein-
zelne Stufen aber mehrfach durchlaufen werden können (Kelle und Kluge 2010,
S. 92). Anhand des Stufenmodells in Abbildung 5.5 wird im Folgenden die
Vorgehensweise bei der Typenbildung beschrieben.

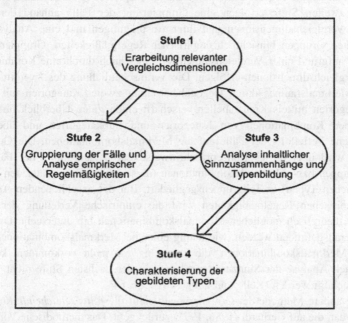

Abbildung 5.5 Stufenmodell empirisch begründeter Typenbildung (Kelle & Kluge, 2010,
S. 92)

Stufe 1: Erarbeitung relevanter Vergleichsdimensionen
Wird der Typus auf Basis einer Kombination mehrerer Kategorien definiert, werden zunächst Kategorien, auch Vergleichsdimensionen genannt, benötigt, die die
Grundlage für die Typologie bilden. Diese Kategorien müssen die Ähnlichkeiten und Unterschiede zwischen den Untersuchungselementen passend erfassen
und zur Charakterisierung der ermittelten Typen dienen. Relevante Vergleichsdimensionen können bereits vor der Datenerhebung festgelegt oder im Laufe
des Auswertungsprozesses anhand des Datenmaterials und des theoretischen

Vorwissens erarbeitet werden (Kluge 2000, S. 4). Die Erarbeitung relevanter Vergleichsdimensionen anhand des Datenmaterials und des theoretischen Vorwissens erfolgt in der sogenannten *Dimensionalisierung* (siehe dazu auch die Ausführungen zur Begriffserklärung der Dimensionalisierung weiter oben im Kapitel).

Stufe 2: Gruppierung der Fälle und Analyse empirischer Regelmäßigkeiten
In der zweiten Stufe erfolgen eine Gruppierung der Fälle anhand der definierten Vergleichsdimensionen und ihrer Ausprägungen und eine Analyse der ermittelten Gruppen hinsichtlich empirischer Regelmäßigkeiten. Gruppierungen können aufgrund einer Vergleichsdimension, aber auch durch eine Kombination von Vergleichsdimensionen erfolgen. Die Veranschaulichung des zweidimensionalen Merkmalsraumes durch Gegenüberstellung zweier Kategorien mit ihren Subkategorien mittels Kreuztabellen verschafft einen guten Überblick über alle möglichen Kombinationen von Kategorien und Subkategorien und über die empirische Verteilung der Fälle auf die Merkmalskombinationen. Die Gesamtgruppe wird über dieses Konzept schrittweise durch Zuordnung der Fälle zu den Gruppen bzw. Merkmalskombinationen (diese entsprechen später den unterschiedlichen Typen) in Teilgruppen gegliedert. Bei der anschließenden Analyse der empirischen Regelmäßigkeiten wird die empirische Verteilung der Fälle auf alle theoretisch möglichen Merkmalskombinationen hin untersucht. Dadurch kann herausgefunden werden, wie häufig einzelne Merkmalskombinationen auftreten. Merkmalskombinationen, die kaum bis gar nicht vorkommen, können etwa nach Analyse der Sinnzusammenhänge in der nächsten Stufe nicht weiter berücksichtigt werden (Kelle und Kluge 2010, 96 f.).

Eine andere Methode der Gruppierungen stellt die *fallvergleichende Kontrastierung* dar, die auf Gerhardt (1986, 1991) zurückgeht. Das methodische Vorgehen beruht dabei auf Fallvergleich und Fallkontrastierung mit dem Ziel, einen Überblick über Ähnlichkeiten und Unterschiede im Datenmaterial auf Einzelfallebene und auch auf Gesamtebene zu erhalten, mit dem weiteren Ziel, möglichst ähnliche Fälle zu Gruppen zusammenzufassen (interne Homogenität) und möglichst unterschiedliche Fälle zu trennen (externe Heterogenität). Durch die Kontrastierung der Fälle sollen Begrifflichkeiten entstehen, mit deren Hilfe die entdeckten Ähnlichkeiten und Unterschiede und die zugrundeliegende übergreifende Struktur beschrieben werden können (Kelle und Kluge 2010, 83 f.).

Stufe 3: Analyse inhaltlicher Sinnzusammenhänge und Typenbildung
In diesem Schritt werden die inhaltlichen Sinnzusammenhänge analysiert, die den empirisch vorgefundenen Gruppen bzw. Merkmalskombinationen zugrunde liegen, mit dem Ziel, die untersuchten Phänomene nicht nur zu beschreiben, sondern auch zu verstehen und zu erklären.

Nach der Analyse und Berücksichtigung von Sinnzusammenhängen im Typisierungsprozess kommt es häufig zu einer Reduktion des Merkmalsraums. Oft können dadurch Gruppen aufgrund ihrer inhaltlichen Bedeutung zu wenigen Typen zusammengefasst werden. Ferner ergeben sich bei der Analyse inhaltlicher Sinnzusammenhänge oft weitere Kategorien und Subkategorien, sodass der Prozess der Typenbildung häufig nach Stufe 3 wieder neu durchlaufen werden muss. Die sich neu ergebenden Gruppierungen werden wiederum auf empirische Regelmäßigkeiten (Stufe 2) und inhaltliche Sinnzusammenhänge (Stufe 3) hin untersucht. Dies wird durch das zyklische Modell in Abbildung 5.5 veranschaulicht. Auch bei der Analyse inhaltlicher Sinnzusammenhänge gilt, dass die gebildeten Typen möglichst hohe interne Homogenität und externe Heterogenität aufweisen sollen (Kelle und Kluge 2010, 101 f.; Kluge 2000, 5 f.).

Stufe 4: Charakterisierung der gebildeten Typen
Im letzten Schritt werden die gebildeten Typen anhand ihrer Merkmalskombinationen so wie der inhaltlichen Sinnzusammenhänge charakterisiert. Ferner sollte in der Charakterisierung angegeben werden, ob es sich um *Prototypen* oder *Idealtypen* handelt. Prototypen werden nach Kelle und Kluge (2010, S. 105) als „reale Fälle, die die Charakteristika jedes Typus am besten ‚repräsentieren'" definiert. Der Idealtypus wird, angelehnt an Kuckartz (1988), als ein „idealer Vertreter oder ‚Modellfall' beschrieben, der aus jenen realen Fällen, die den gebildeten Typus hinsichtlich möglichst vieler Merkmalsausprägungen deutlich repräsentieren, konstruiert wird" (Kelle und Kluge 2010, S. 106).

5.5.6 Konstruktion des Kategoriensystems

Von den 71 Kindern des ersten Zyklus und den 55 Kindern des zweiten Zyklus lagen qualitative Daten in Form von zwei klinischen Interviews pro Kind (zu Beginn des dritten Schuljahres (Oktober/November 2015 bzw. Oktober/November 2016) in videografierter Form zur Auswertung vor. Basierend auf der methodischen Grundlegung der Auswertung, die in Abschnitt 5.5.4 erläutert wurde, wird im Folgenden die Vorgehensweise bei der Auswertung der klinischen Interviews sowie die Kategoriengewinnung dargestellt.

Grundsätzlich können in den für die vorliegende Studie durchgeführten klinischen Interviews zwei verschiedene Fragetypen unterschieden werden (siehe Tab. 5.5):

- Fragetypen, bei denen die Kinder aufgefordert werden, Aufgaben auszurechen und ihre Rechenwege zu verbalisieren (*Art des Rechenweges*) und
- Fragetypen, bei denen die Kinder aufgefordert werden, mathematische Sachverhalte und Begründungen zu verbalisieren (sogenannte Zusatzaufgaben).

Zu beiden Fragetypen erfolgte die Kategoriengewinnung am Material selbst sowohl mittels induktiver Kategorienbildung (Mayring 2001, 5 f.) als auch deduktiv auf der Basis von Theorien, die an das Material herangetragen wurden (Döring und Bortz 2016, S. 603). Die deduktive Kategoriengewinnung basierte auf den Ergebnissen der in Abschnitt 3.3 erörterten Studien sowie auf mathematisch-sachlogischen Hintergründen.

Tab. 5.5 Fragetypen in den klinischen Interviews

Fragetyp	Fragegruppe und Fragestellung
Art des Rechenweges	Fragegruppe 1: Art der Rechenwege für 5·14, 4·16, 19·6 und 12·15 Fragegruppe 4: Verschiedene Rechenwege für die Aufgaben 17·4 und 5·24
mathematische Sachverhalte verbalisieren und begründen (Zusatzaufgaben)	Fragegruppe 2: Operative Beziehungen nutzen • Verdoppeln • Zerlegen in eine Differenz • Gesetz von der Konstanz des Produktes (nur für den zweiten Erhebungstermin) Fragegruppe 3: Begründen von • Zerlegen in eine Summe am 400er-Punktefeld • Zerlegen in eine Differenz am 400er-Punktefeld Fragegruppe 4: Verschiedene Rechenwege für die Aufgaben 17·4 und 5·24 – Begründung des einfachsten Rechenwegs bei Nennung mehrerer Rechenwege für eine Aufgabe

Im Folgenden wird die Auswertung der zwei unterschiedenen Fragetypen beschrieben:

Art des Rechenweges

In einem ersten Sichtungsdurchgang der Daten wurden die videografierten Interviews transkribiert. Dazu wurden die von den Kindern geäußerten bzw. auf dem Notizzettel niedergeschriebenen Rechenschritte vollständig schriftlich festgehalten. In der ersten Auswertungsschleife wurden auf diese Weise pro Aufgabe 18 bis 22 unterschiedliche Varianten der Lösungsfindung identifiziert.

Im zweiten Durchlauf wurde das indizierte Datenmaterial für jede Kategorie thematisch und fallübergreifend verglichen. Durch diese thematisch vergleichende und fallübergreifende Vorgehensweise (siehe Abschnitt 5.5.4) wurde aus dem bereits bestehenden Kategorienschema ein übergreifendes Kategorienschema entwickelt, mit dem alle dokumentierten Lösungswege auf Basis der Nutzung gleicher Rechengesetze, gleicher operativer Beziehungen bzw. gleicher strategischer Vorgehensweisen beschrieben werden können. Dadurch wurde die ursprünglich große Anzahl von Subkategorien wieder auf wenige für die Fragestellung der Untersuchung und die Theoriebildung relevante Begriffe reduziert. Die einzelnen Kurzbezeichnungen der so abgeleiteten Kategorien sind in Tab. 5.6 abgebildet.

Tab. 5.6 Kategorienschema zu *Art des Rechenweges*

Nummer	Art des Rechenweges
1	Rechenwege unter Nutzung des vollständigen Auszählens mithilfe ikonischer Hilfsmittel
2	Rechenwege unter Nutzung der wiederholten Addition eines Faktors
3	Rechenwege unter Einbezug von Verdoppelungen
4	Rechenwege unter Einbezug von Halbierungen des Zehnfachen
5	Rechenwege unter Nutzung der Verzehnfachung des einstelligen Faktors als Ankeraufgabe mit anschließendem additiven Weiterrechnen
6	Rechenwege unter Nutzung des Distributivgesetzes auf Grundlage • einer Zerlegung des einstelligen Faktors in eine Summe • einer stellengerechten Zerlegung des zweistelligen Faktors in eine Summe • einer nicht stellengerechten Zerlegung des zweistelligen Faktors in eine Summe • einer Zerlegung eines Faktors in eine Differenz
7	Rechenwege unter Nutzung des Gesetzes von der Konstanz des Produktes
8	Nutzung des schriftlichen Verfahrens
9	Fehlerhafte Rechenwege
10	Die Aufgabe wurde nicht gelöst

Zur Weiterverarbeitung der Kategorien mit deskriptiven statistischen Verfahren wurden die entwickelten Kategorien und Subkategorien mittels SPSS erfasst.

Mathematische Sachverhalte verbalisieren und begründen (Zusatzaufgaben)
Antworten bzw. Dialoge zwischen dem Kind und der Interviewerin zu Fragen, bei denen mathematische Sachverhalte zu verbalisieren und zu begründen waren, wurden für die Auswertung zunächst vollständig transkribiert. In einem ersten Durchlauf wurden Textpassagen mittels induktiver Kategorienbildung kodiert. Diese Kodierung war geleitet von Selektionskriterien, die aus der Intention der Fragestellung (siehe Abschnitt 5.5.4) hervorgingen. In weiteren Durchläufen wurden die kodierten Textpassagen thematisch und fallübergreifend in einer vergleichenden Gegenüberstellung analysiert. Dabei wurden Textpassagen, die bestimmte Kategorien gemeinsam haben, systematisch verglichen und analysiert sowie einander ähnliche Einzelfälle zusammengefasst. Auf der Grundlage des Vergleichs in den vorangegangenen Schritten wurden dann folgende Kategorien für die drei Fragegruppen gebildet.

Selektionskriterien:

- Erkennt und nutzt das Kind den operativen Zusammenhang zwischen $2 \cdot 15 = 30$ und $4 \cdot 15$?
- Erkennt und nutzt das Kind den operativen Zusammenhang zwischen $20 \cdot 4 = 80$ und $19 \cdot 4$?
- Erkennt und nutzt das Kind den operativen Zusammenhang zwischen $8 \cdot 10 = 80$ und $16 \cdot 5$?

Aus der Auswertung der Antworten konnten folgende 4 Kategorien abgeleitet werden, die in Tab. 5.7 aufgelistet sind.

Tab. 5.7 Kategorienschema zu *Operative Beziehungen nutzen*

Nummer	Operative Beziehung *Verdoppeln* nutzen
1	Operative Beziehung zwischen $2 \cdot 15 = 30$ und $4 \cdot 15$ erkannt und genutzt. Operative Beziehung zwischen $20 \cdot 4 = 80$ und $19 \cdot 4$ erkannt und genutzt. Operative Beziehung zwischen $8 \cdot 10 = 80$ und $16 \cdot 5$ erkannt und genutzt.
2	Operative Beziehung fehlerhaft genutzt.
3	$2 \cdot 15 = 30$ hilft nicht für $4 \cdot 15$. $20 \cdot 4 = 80$ hilft nicht für $19 \cdot 4$. $8 \cdot 10 = 80$ hilft nicht für $16 \cdot 5$.
4	Ich weiß es nicht.

Fragegruppe 3a: Begründen von Zerlegen in eine Summe am 400er-Punktefeld
Selektionskriterium:

• Ist das Kind in der Lage, Rechenwege auf Basis einer Zerlegung in eine
  Summe anschauungsgestützt mithilfe des 400er-Punktefeldes zu begründen?

Aus der Auswertung der Antworten konnten folgende Kategorien abgeleitet
werden (siehe Tab. 5.8):

Tab. 5.8 Kategorienschema zu *Begründen von Zerlegen in eine Summe am 400er-Punktefeld*

Nummer	Begründen von Zerlegen in eine Summe am 400er-Punktefeld
1	Das Kind erkennt die Zerlegung von 15·7 in 10·7 und 5·7 am Punktefeld und zeigt die entsprechenden Malaufgaben.
2	Das Kind zeigt zuerst 10·7 und 5·7 überlappend – erst durch Hilfestellung erkennt das Kind die Zerlegung am Punktefeld.
3	Das Kind kann 15·7 am Punktefeld zeigen, kann aber die Zerlegung in 10·7 und 5·7 nicht erläutern.

Fragegruppe 3b: Veranschaulichung von Zerlegen in eine Differenz am 400er-Punktefeld
Selektionskriterium:

• Ist das Kind in der Lage, Rechenwege auf Basis einer Zerlegung in eine
  Differenz anschauungsgestützt mithilfe des 400er-Punktefeldes zu begründen?

Aus der Auswertung der Antworten konnten folgende Kategorien abgeleitet
werden (siehe Tab. 5.9):

Tab. 5.9 Kategorienschema zu *Begründen von Zerlegen in eine Differenz am 400er-Punktefeld*

Nummer	Begründen von Zerlegen in eine Differenz am 400er-Punktefeld
1	Das Kind liefert eine korrekte Erklärung durch Verschieben des Malwinkels von 8·20 auf 8·19.
2	Das Kind liefert eine fehlerhafte Erklärung des Zusammenhangs.
3	Das Kind kann die Begründung des Rechenweges nicht in eigenen Worten erläutern.

Fragegruppe 4 (zweiter Teil): Begründung des einfachsten Rechenwegs bei Nennung mehrerer Rechenwege für eine Aufgabe
Selektionskriterien:

- Mit welchen Argumenten begründen Kinder, dass der Universalrechenweg unter Nutzung der stellengerechten Zerlegung in eine Summe am einfachsten ist?
- Mit welchen Argumenten begründen Kinder, dass Rechenwege, die besondere Aufgabenmerkmale nutzen, am einfachsten sind?

Aus der Auswertung der Antworten konnten folgende Kategorien abgeleitet werden (siehe Tab. 5.10):

Tab. 5.10
Kategorienschema zu
Begründung des einfachsten Rechenwegs bei Nennung mehrerer Rechenwege zu einer Aufgabe

Argumente für den Universalrechenweg
• Die Teilrechnungen sind leichte Rechnungen.
• Man braucht nur das Einmaleins gut zu können.
• Man braucht nur einen Faktor in Zehner und Einer zu zerlegen und mit dem zweiten Faktor zu multiplizieren.
• Man kann rechnen, ohne viel nachzudenken.
• Der Rechenweg ist sehr sicher.
Argumente für Rechenwege unter Nutzung besonderer Aufgabenmerkmale
• Der Rechenweg ist leicht.
• Der Rechenweg hat weniger Teilrechnungen.
• Man muss weniger aufschreiben.
• Kind verweist auf besondere Aufgabenmerkmale.

Zur Auswertung der schriftlichen Befragung
Ferner lagen pro Kind des zweiten Zyklus je zwei schriftliche Befragungen zu Rechenwegen vor, in denen die Kinder aufgefordert wurden, ihre Denkschritte (meist in Form von Teilrechnungen) zur Lösung zu verschriftlichen (siehe Abschnitt 5.5.3). Die Rechenwege der Kinder wurden anhand des entwickelten Kategoriensystems für die *Art des Rechenweges* (siehe Tab. 5.6) ausgewertet.

5.5.7 Konzeption des Leitfadens für das Interview mit den Lehrkräften

Die Leitfadeninterviews mit den Lehrkräften wurden als „informatorisches Interview" geführt mit dem Ziel „der deskriptiven Erfassung von Tatsachen aus den Wissensbeständen der Befragten" (Lamnek und Krell 2016, S. 709). Die Interviews dienten

Tab. 5.11 Interviewleitfaden für die Lehrkräfte

Allgemeine Informationen zur Lehrperson

- Abschluss der Ausbildung zur Volksschullehrerin
- Anzahl der Dienstjahre
- Zusätzliche Fortbildungsveranstaltungen zu Mathematik (ca. wie viele Einheiten, Jahr, Titel bzw. Inhalte, eventuell auch Referentinnen bzw. Referenten der absolvierten Fortbildungen)
- Weitere zusätzliche Ausbildungen

Zur Verwendung des Schulbuches

- Welches Schulbuch wird im laufenden Schuljahr im Mathematikunterricht verwendet?
- Welches Schulbuch wurde in der zweiten Klasse im Mathematikunterricht verwendet?

Zur Erarbeitung des kleinen Einmaleins im zweiten Schuljahr

- Wie wurde das kleine Einmaleins im zweiten Schuljahr erarbeitet?
- In welcher Form wurden Ableitungsstrategien thematisiert?

Allgemeine Informationen zur Unterrichtsdurchführung

- Wurde die chronologische Reihenfolge des Lernarrangements eingehalten?
- Welche Unterrichtsaktivitäten aus dem Lernarrangement wurden gemacht/welche nicht?
- Wurden Unterrichtsaktivitäten abgeändert, wenn ja, warum?
- Was wurde zusätzlich (neben dem Lernarrangement) in Bezug auf die Multiplikation noch gemacht und wie gingen Sie dabei vor?
- Wie viel Zeiteinheiten nahm das Lernarrangement in Anspruch?

Zur Seminarreihe und zu den Unterlagen zum Lernarrangement (didaktischer Leitfaden und Arbeitsblätter)

- War die Vorbereitung im Seminar ausreichend?
- Was hätte man verbessern können?
- Waren die Unterlagen gut einsetzbar (bzgl. Aufbereitung und bzgl. Inhalt)?

(Fortsetzung)

Tab. 5.11 (Fortsetzung)

Dokumentation der Unterrichtsdurchführung anhand der einzelnen Unterrichtsaktivitäten

Anhand der in schriftlicher Form vorliegenden Beschreibung des Lernarrangements (siehe Abschnitt 5.7) wird chronologisch nach der inhaltlichen Gliederung jede Unterrichtsaktivität in Bezug auf ihre konkrete Umsetzung thematisiert. Zusätzlich werden die Ausführungen der Lehrkraft mit einem Schulübungsheft eines Kindes verglichen. Im Einzelnen werden die folgenden Aktivitäten besprochen:

- Operative Zusammenhänge entdecken – Malaufgaben mit gleichen Ergebnissen
- Das 400er-Punktefeld einführen – Malaufgaben darstellen und aus Darstellungen erkennen
- Aufgreifen informeller Rechenwege für einstellig mal zweistellige Multiplikationen in Rechenkonferenzen
- Spezielle Rechenwege gezielt erarbeiten – Zerlegen und Plus
- Spezielle Rechenwege gezielt erarbeiten – Zerlegen und Minus
- Spezielle Rechenwege gezielt erarbeiten – Verdoppeln
- Spezielle Rechenwege gezielt erarbeiten – Verdoppeln und Halbieren
- Geschicktes Rechnen durch Erkennen und Nutzen besonderer Aufgabenmerkmale

Dabei wird die Lehrkraft aufgefordert, eine Beschreibung des konkreten Unterrichts im Hinblick auf die didaktische und methodische Umsetzung zu geben sowie Hürden und Knackpunkte aus der eigenen Sicht zu beschreiben:

- Wie sind Sie bei dieser Unterrichtsaktivität konkret vorgegangen?
- Wo lagen die Hürden/Knackpunkte?

Einschätzungen im Hinblick auf ausgewählte Fragen der Umsetzung

- Welche Bedeutung hatte das Thema Rechnen auf verschiedenen Wegen und geschicktes Rechnen im Unterricht?
- Wie oft haben die Kinder die Gelegenheit bekommen, über Rechenwege zu kommunizieren?
- Welche Einschätzungen können Sie hinsichtlich folgender Punkte abgeben?
○ Einschätzung im Hinblick auf die Wirksamkeit des Lernarrangements auf leistungsschwächere Kinder
○ Einschätzung im Hinblick auf die Wirksamkeit des Lernarrangements zur Entwicklung von aufgabenadäquatem Handeln

Verbesserungsvorschläge

- Welche konkreten Verbesserungsvorschläge haben Sie in Bezug auf die Aufbereitung und Umsetzung und warum?

- der Charakterisierung der beteiligten Klassenlehrkräfte,
- zur möglichst genauen Dokumentation des durchgeführten Unterrichts und
- zur Erfassung der Sichtweisen der Lehrkräfte zu Wirkungsweisen, Hürden und Bedingungen des Lernarrangements.

Die Interviews fanden in beiden Zyklen unmittelbar nach Abschluss des Lernarrangements (April/Mai 2016 bzw. April/Mai 2017) statt. Im Folgenden wird der Interviewleitfaden abgebildet:

5.5.8 Auswertung der Interviews mit den Lehrkräften

Die Auswertung der acht Leitfadeninterviews mit den Lehrkräften erfolgte in zwei Schritten. Nach einer vollständigen Transkription wurde der Inhalt analysiert, Textpassagen, die die beteiligten Klassenlehrkräfte charakterisierten (siehe Abschnitt 5.4), wurden insbesondere aus den Antworten der Lehrkräfte zu den ersten drei Themenblöcken (*Allgemeine Informationen zur Lehrperson, Zur Verwendung des Schulbuches, Zur Erarbeitung des kleinen Einmaleins im zweiten Schuljahr*) extrahiert. Textpassagen, die den durchgeführten Unterricht beschrieben, waren insbesondere in den Antworten der Lehrkräfte zum vierten und sechsten Themenblock (*Allgemeine Informationen zur Unterrichtsdurchführung* und *Dokumentation der Unterrichtsdurchführung anhand der einzelnen Unterrichtsaktivitäten*) zu finden. Die extrahierten Textpassagen wurden systematisch nach dem Interviewleitfaden kodiert und zusammengefasst.

Textpassagen, die Aussagen zu Wirkungsweisen, Hürden, Bedingungen und Verbesserungsvorschlägen zum Lernarrangement in Bezug auf die Umsetzung beinhalteten, wurden ebenfalls in einem ersten Durchlauf mittels induktiver Kategorienbildung geleitet von Selektionskriterien (Aussagen zu Hürden, Aussagen zu Wirkungsweisen, Aussagen zu Bedingungen, Aussagen zu Verbesserungsvorschlägen) kodiert. In einem zweiten Durchlauf wurden die kodierten Textpassagen thematisch und fallübergreifend geordnet.

5.6 Überlegungen zur Entwicklung des Lernarrangements

Bei der Entwicklung des Lernarrangements wird davon ausgegangen, dass die Kinder bereits folgende Lernvoraussetzungen mitbringen:

- tragfähige Grundvorstellungen zur Multiplikation,
- weitgehende Automatisierung des kleinen Einmaleins,
- Verständnis von Ableitungsstrategien (operativen Zusammenhängen) im Bereich des kleinen Einmaleins (siehe zur Beschreibung der Stichprobe in Abschnitt 5.4),

- grundlegende Einsichten ins dezimale Stellenwertsystem bis 1000,
- Addieren und Subtrahieren im zweistelligen und dreistelligen Bereich und
- Multiplizieren von zweistelligen Zahlen mit Zehnerpotenzen und Zehnerzahlen sowie Hunderterzahlen.

Die Entwicklung des Lernarrangement erfolgte vor dem theoretischen Hintergrund des in Kapitel 3 analysierten Lerngegenstandes sowie der in den Abschnitten 4.2 und 4.3 diskutierten konkreten gegenstandsspezifischen Überlegungen zur unterrichtlichen Umsetzung und des aktuellen Forschungsstandes zum Lerngegenstand in Abschnitt 3.3. Aus diesen Analysen ergeben sich folgende Zielsetzungen für das Lernarrangement:

- *Zielsetzungen* in Bezug auf das Repertoire an Rechenwegen:
  Die Kinder wenden verschiedene Rechenwege für die Multiplikation schnell, sicher und korrekt an.
- *Zielsetzungen* in Bezug auf Einsichten in die den Rechenwegen zugrundeliegenden Strukturen und Zusammenhänge:
  Die Kinder entdecken und erarbeiten Rechenwege auf Basis von Einsichten in die zugrundeliegenden Zusammenhänge und Rechengesetze (ohne diese aber explizit zu nennen) und veranschaulichen ihre Rechenwege mithilfe des 400er-Punktefeldes.
- *Zielsetzungen* in Bezug auf aufgabenadäquates Vorgehen beim Rechnen:
  Die Kinder wählen Rechenwege zunehmend aufgabenadäquat, d. h., sie entscheiden sich für ihre Rechenwege in Abhängigkeit von den Zahlen und unter Nutzung von Rechenvorteilen.

Diese genannten Zielsetzungen sind als differenzierte Lernziele mit steigendem Anspruchsniveau unter Berücksichtigung der unterschiedlichen Lernvoraussetzungen einzelner Kinder zu betrachten. Bezugnehmend auf Hußmann und Prediger (2007), die das Lernen von Strategien als Beispiel anführen, wie Lehrkräfte „ganz bewusst Lernziele gestuft für einzelne Lernende festsetzen können" (Hußmann und Prediger 2007, S. 7), werden die genannten Zielsetzungen nach steigendem Anspruchsniveau wie folgt gestuft:

- Minimalziel/Stufe 1: Die Kinder wenden den Rechenweg auf Basis einer Zerlegung in eine Summe als Universalrechenweg sicher an und können die zugrundeliegenden operativen Beziehungen erläutern.

- Erweitertes Ziel/Stufe 2: Die Kinder wenden über das Minimalziel hinaus noch andere Rechenwege sicher an und können die zugrundeliegenden operativen Beziehungen erläutern.
- Idealziel/Stufe 3: Die Kinder wählen Rechenwege aufgabenadäquat durch Nutzung besonderer Aufgabenmerkmale und können die zugrundeliegenden operativen Beziehungen erläutern.

Eine Differenzierung der Ziele je nach Leistungsvermögen für Rechenwege in Bereich des Zahlenrechnens wird ebenfalls von Padberg und Benz (2021, S. 238) vorgeschlagen.

5.6.1 Leitideen bei der Gestaltung des Lernarrangements

Folgende Leitideen bilden die Grundlage für die Entwicklung des Lernarrangements:

Leitidee 1
Anknüpfen an das Vorwissen der Kinder in Bezug auf bereits erarbeitete Ableitungsstrategien des kleinen Einmaleins und Aufgreifen informeller Rechenwege zur Lösung von mehrstelligen Malaufgaben
Rechenwege für die Multiplikation einstelliger mit zweistelligen Zahlen können aus den Ableitungsstrategien des kleinen Einmaleins abgeleitet werden und müssen nicht zur Gänze neu erarbeitet werden. Die zugrundeliegenden Rechengesetze sind jeweils dieselben, es ändert sich jedoch die Anzahl der Stellen der Faktoren. Im Lernarrangement werden gezielt Aufgaben aufgegriffen, in denen die Kinder aufgefordert werden, die Ableitungsstrategien für 9mal-Aufgaben (10mal minus 1mal) und 4mal-Aufgaben (Verdoppelung von 2 mal) vom kleinen Einmaleins auf einstellig mal zweistellige Multiplikationen zu übertragen:

(1) Beispiel aus dem kleinen Einmaleins: $9 \cdot 6 = 10 \cdot 6 - 1 \cdot 6$ – Transfer auf $9 \cdot 16$
(2) Beispiel aus dem kleinen Einmaleins: $4 \cdot 7$ als $2 \cdot 2 \cdot 7$ – Transfer auf $4 \cdot 64$

Darüber hinaus wird gezielt auch die informellen Rechenwege der Kinder angeknüpft. Diese Leitidee wurde bereits in Abschnitt 4.2.1 erörtert.

Leitidee 2
Punktefelder als Arbeitsmittel, um Rechenwege zu verstehen und darüber zu kommunizieren
Veranschaulichungen von Rechenwegen am 400er-Punktefeld wurden in Abschnitt 4.2.3 ausführlich diskutiert. Dabei wird das Punktefeld im Lernarrangement vorrangig dazu verwendet, Rechenwege zu begründen und Rechenwege anderer Kinder zu verstehen. Für eine Verwendung der Punktefelder spricht darüber hinaus noch, dass die Veranschaulichung von Aufgaben und Ableitungsstrategien des kleinen Einmaleins mittels Punktefeldern eins zu eins auf die Veranschaulichung von Multiplikationen und Rechenwegen einstelliger mit zweistelligen Zahlen übertragen werden kann (Wessolowski 2011, S. 31). Die Ableitungsstrategien bzw. Rechenwege basieren auf denselben Gesetzen (Distributivgesetz und Assoziativgesetz).

Leitidee 3
Rechenwege und operative Zusammenhänge konsequent verbalisieren und begründen als mathematische Grundtätigkeit
Kommunizieren wird in den österreichischen Bildungsstandards als mathematische Grundtätigkeit und in Folge als eigener Kompetenzbereich innerhalb der allgemeinen mathematischen Kompetenzen angesehen (Bundesinstitut für Bildungsforschung, Innovation & Entwicklung 2011, S. 12). „Den Kindern sind Unterrichtsformen anzubieten, die Fragen aufwerfen, Gespräche begünstigen und Erklärungen verlangen" (Bundesinstitut für Bildungsforschung, Innovation & Entwicklung 2011, S. 9). *Kommunizieren* bedeutet für das vorliegende Lernarrangement, eigene Vorgehensweisen zu beschreiben, Lösungswege anderer (durch das Beschreiben) zu verstehen und gemeinsam darüber zu reflektieren. Kommunikationsanlässe werden in Rechenkonferenzen in den Du-Phasen und Wir-Phasen geboten (siehe Abschnitt 4.2.2). Anlässe für inhaltlich-anschauliche Begründungen werden im Lernarrangement sowohl durch Aufgabenstellungen gegeben, die zum Begründen operativer Beziehungen anregen, als auch im Zusammenhang mit dem Begründen aufgabenadäquater Rechenwege (Zahlenblick).

Leitidee 4
Besondere Aufgabenmerkmale als Voraussetzung für aufgabenadäquates Vorgehen beim Rechnen erkennen und nutzen
Die unterschiedlichen Instruktionsansätze zur Vermittlung aufgabenadäquater Rechenkompetenzen, die sich aus dem *Strategiewahlmodell* bzw. *Emergenzmodell* ergeben, wurden bereits im Abschnitt 4.2.5 diskutiert. Der *Instruktionsansatz* nach dem *Strategiewahlmodell* fokussiert die Erarbeitung eines Repertoires an

Rechenwegen, aus dem beim Lösen einer Aufgabe der passende gewählt werden könne, und das Entwickeln von Kriterien, die bei der Auswahl eines adäquaten Lösungsweges herangezogen werden können (Rathgeb-Schnierer 2010, S. 262). Beim *Instruktionsansatz* nach dem *Emergenzmodell* hingegen steht im Unterricht nicht das Erlernen bestimmter Rechenwege im Vordergrund. Stattdessen wird Wert auf den Erwerb von Zahl- und Operationswissen und das Erkennen von Zahlen- und Aufgabenmerkmalen gelegt (Rathgeb-Schnierer 2011, S. 19). Das entspricht der inhärenten Idee, dass sich flexible Rechenkompetenzen längerfristig im Zuge einer Fokussierung auf das Erkennen und Nutzen von Zahl- und Aufgabenmerkmalen entwickeln.

Das in der vorliegenden Studie entwickelte Lernarrangement bemüht sich um einen Mittelweg zwischen beiden Instruktionsansätzen. Im Lernarrangement werden sowohl verschiedene Rechenwege für Multiplikationen in einzelnen Einheiten gezielt auf Basis von Einsichten in die zugrundeliegenden Strukturen erarbeitet (*Strategiewahlmodell*). Darüber hinaus wird in anderen Einheiten der Fokus auf die Analyse von Zahlmerkmalen und Zahlbeziehungen in Aufgaben gelegt (*Emergenzmodell*). Zusammenfassend kann festgestellt werden, dass das erprobte Lernarrangement einem *kombinierten Instruktionsansatz* aus *Strategiewahlmodell* und *Emergenzmodell* folgt.

Für die Wahl dieses *kombinierten Instruktionsansatzes* sprechen vor allem die Ziele des Lernarrangements. Der Erwerb aufgabenadäquater Rechenkompetenzen ist lediglich eine von mehreren Zielsetzungen des vorliegenden Lernarrangements. Das explizite Thematisieren von Rechenwegen soll die Absicherung des Universalrechenweges für alle Kinder sicherstellen und der Gefahr entgegenwirken, dass manche Rechenwege, wie etwa das gegensinnige Verändern, von den Kindern nicht selbst entdeckt werden. Demgegenüber ermöglicht die Thematisierung von Aufgabenmerkmalen und operativen Zusammenhängen und das Nachdenken über geschickte Rechenwege die Entwicklung von Zahl- und Operationswissen. Das Lernarrangement enthält mehrere Aufgabenformate, die darauf abzielen, die Aufgaben nicht sofort auszurechnen, sondern im Hinblick auf ihre Merkmale, auf ihre Struktur und Beziehungen zu den anderen Aufgaben zu betrachten und zu vergleichen. Speziell sollen Aufgaben mit besonderen Merkmalen erkannt und unter Begründung mit einem Rechenweg gelöst werden., analog der Konzeption der *Zahlenblickschulung* nach Schütte (2004), Rathgeb-Schnierer (2006) und Rechtsteiner-Merz (2013). Diese Vorgehensweise stützt sich auch auf die Resultate von Schulz (2015), der in seiner Studie für das halbschriftliche Multiplizieren nachweist, dass sowohl das Erkennen und Nutzen von Aufgabenbeziehungen als auch das vorhandene Strategierepertoire Einfluss auf flexible Rechenkompetenzen hat.

5.7   Beschreibung des Lernarrangements

Im Folgenden wird das Lernarrangement vorgestellt, das aufgrund der oben beschriebenen Lernausgangslage, den Zielen und den didaktischen Leitideen sowie der Überarbeitung aus den Erfahrungen und Ergebnissen der Erprobung im ersten Zyklus entwickelt wurde. Die wesentlichen Elemente der Überarbeitung werden in Abschnitt 5.8 ausgeführt. Einige Aufgabenstellungen des Lernarrangements wurden von bereits existierenden Aufgaben aus der Literatur angeregt. Um kindgerechte Bezeichnungen der einzelnen Rechenwege für Kinder zu verwenden, wurden in der Beschreibung des Lernarrangements folgende Namen für die Rechenwege verwendet:

- *Zerlegen und Plus* für Rechenwege unter Nutzung des Distributivgesetzes auf Grundlage einer Zerlegung in eine Summe;
- *Zerlegen und Minus* für Rechenwege unter Nutzung des Distributivgesetzes auf Grundlage einer Zerlegung in eine Differenz;
- *Verdoppeln* für Rechenwege unter Einbezug von Verdoppelungen;
- *Verdoppeln und Halbieren* für Rechenwege unter Nutzung des Gesetzes von der Konstanz des Produktes[3].

Es stand den Lehrkräften frei, gemeinsam mit den Kindern andere Bezeichnungen für diese Rechenwege zu finden.

Zur Strukturierung des Lernarrangements
Aufgrund der Strukturierung des Lerngegenstandes ergab sich für das Lernarrangement folgende inhaltliche Gliederung:

(1) Operative Zusammenhänge entdecken – Malaufgaben mit gleichen Ergebnissen
(2) Das 400er-Punktefeld einführen – Malaufgaben darstellen und aus Darstellungen erkennen
(3) Aufgreifen eigener, informeller Rechenwege für einstellig mal zweistellige Multiplikationen in Rechenkonferenzen
(4) Spezielle Rechenwege gezielt erarbeiten – Zerlegen und Plus
  ○ Aktivität 1: *Zerlegen und Plus* am 400er-Punktefeld darstellen und begründen

---

[3] Dies erfolgt im Bewusstsein, dass es weitere Rechenwege unter Nutzung des Gesetzes von der Konstanz des Produktes gibt.

○ Aktivität 2: *Zerlegen und Plus* üben

(5) Spezielle Rechenwege gezielt erarbeiten – *Zerlegen und Minus*

○ Aktivität 1: Anknüpfen an die Ableitungsstrategie von 9 mal-Aufgaben des kleinen Einmaleins

○ Aktivität 2: *Zerlegen und Minus* am 400er-Punktefeld darstellen und begründen

○ Aktivität 3: *Zerlegen und Minus* üben

○ Aktivität 4: Weitere Rechenwege anregen

○ Aktivität 5: Zahlenblick für Zerlegen und Minus

(6) Spezielle Rechenwege gezielt erarbeiten – Verdoppeln

○ Aktivität 1: Anknüpfen an die Ableitungsstrategie von 4 mal-Aufgaben des kleinen Einmaleins

○ Aktivität 2: *Verdoppeln* am 400er-Punktefeld darstellen und begründen

○ Aktivität 3: *Verdoppeln* üben

(7) Spezielle Rechenwege gezielt erarbeiten – *Verdoppeln und Halbieren*

○ Aktivität 1: *Verdoppeln und Halbieren* im Zahlenhaus

○ Aktivität 2: *Verdoppeln und Halbieren* am Punktefeld darstellen und begründen

○ Aktivität 3: *Verdoppeln und Halbieren* üben

○ Aktivität 4: Zahlenblick für *Verdoppeln und Halbieren*

○ Aktivität 5: Rechnen nach Beispiellösungen

(8) Geschicktes Rechnen durch Erkennen und Nutzen besonderer Aufgabenmerkmale

○ Aktivität 1: Rechnungen nach besonderen Aufgabenmerkmalen sortieren und Sortierungen begründen

○ Aktivität 2: Mehrere Rechenwege finden und begründen

○ Aktivität 3: Aufgaben mit besonderen Aufgabenmerkmalen geschickt lösen

Im Folgenden werden die einzelnen Unterrichtsaktivitäten des Lernarrangements chronologisch vorgestellt und beschrieben, inklusive Hinweise zur Umsetzung, die für die Lehrkräfte in der Seminarreihe (siehe Abschnitt 5.9.1) konzipiert wurden.

5.7.1   Operative Zusammenhänge entdecken – Malaufgaben mit gleichen Ergebnissen

Diese Aktivität dient vor allem als Vorübung, um das Gesetz von der Konstanz des Produktes bei mehrstelligen Multiplikationen anzubahnen. In Arbeitsblatt 1 (siehe Abbildung 5.6) geht es dabei darum, möglichst viele Malaufgaben mit dem Ergebnis 120, 150 bzw. 100 zu finden und die zugrundeliegenden operativen Beziehungen zu entdecken. Darüber hinaus können Arbeitsblatt 2 (nicht abgebildet): Malaufgaben mit dem Ergebnis 36, 140, 108 und Arbeitsblatt 3 (nicht abgebildet): Malaufgaben mit dem Ergebnis 1000 bearbeitet werden.

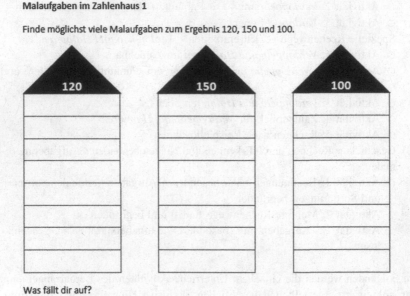

Malaufgaben im Zahlenhaus 1

Finde möglichst viele Malaufgaben zum Ergebnis 120, 150 und 100.

Was fällt dir auf?

Abbildung 5.6   Arbeitsblatt 1 – Operative Zusammenhänge entdecken

5.7.2 Das 400er-Punktefeld einführen – Malaufgaben darstellen und aus Darstellungen erkennen

Zum Vertrautmachen mit dem 400er-Punktefeld werden zu Beginn folgende Fragen gestellt:

- Wie viele Punkte siehst du insgesamt?
- Wo liegen Trennlinien und Abstände?

Danach werden folgende Aktivitäten initiiert:

- Mittels Malwinkel werden Malaufgaben am 400er-Punktefeld dargestellt. Dabei werden in Partnerarbeit folgende Aktivitäten variiert:

  o Malaufgabe darstellen und die entsprechende Malaufgabe nennen
  o Malaufgabe nennen und die entsprechende Malaufgabe darstellen (Wessolowski 2011, S. 32)

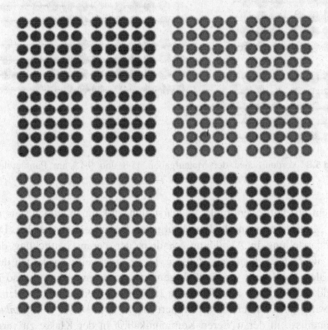

Abbildung 5.7 400er-Punktefeld

Hinweise zur Umsetzung

Um der Gefahr entgegenzuwirken, dass sich das Kind rein mechanisch den ersten Faktor als die Anzahl der Punkte in der ersten Spalte und den zweiten Faktor als die Anzahl der Punkte in der ersten Reihe einprägt und dabei den Bezug zur Malaufgabe nicht mehr herstellt, ist es notwendig beim Darstellen der Malaufgaben immer wieder nachzufragen, wie das Kind die Malaufgabe im Punktefeld sieht (Selter et al. 2014, S. 78). Daher ist eine Verdeutlichung des Multiplikanden durch Fingerbewegungen (z. B.: zeilenweises Mitzeigen, 1mal 8, 2mal 8…) empfehlenswert. Eventuell können die Multiplikanden auch mittels Strichen oder Fäden verdeutlicht werden, wie in Abbildung 5.8 dargestellt.

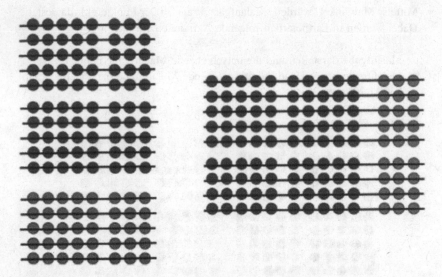

Abbildung 5.8 Verdeutlichen der Malaufgaben 15·8 und 9·13 am Punktefeld mittels Strichen

Aus nicht-quadratischen Punktefelddarstellungen können jedoch stets mindestens zwei Multiplikationen als Tauschaufgaben herausgelesen werden. Die erste Punktefelddarstellung in Abbildung 5.8 dient der Veranschaulichung der Aufgabe 15·8 als *15 Reihen mit je 8 Punkten*. Diese Sichtweise wird auch durch die Striche in der Abbildung verständlich gemacht. 15·8 kann aber ebenso in einer Punktefelddarstellung mit 8 Reihen zu je 15 Punkten verdeutlicht werden. In diesem Fall wird das Punktefeld interpretiert als *15 Spalten mit je 8 Punkten*. Um Missverständnisse in der weiteren Kommunikation in der Klasse zu vermeiden, ist es empfehlenswert, über die Leseweise der Punktefelder zu verhandeln und zum Beispiel mit den Kindern auszumachen, dass der erste Faktor üblicherweise die Anzahl der Spalten und der zweite Faktor die Anzahl der Zeilen bestimmt. Den Kindern sollte klar sein, dass beide Sichtweisen „gleich richtig" sind, sie sich jedoch für eine „Hauptsichtweise" entscheiden, um Missverständnissen in der Kommunikation auszuweichen (Gaidoschik 2014, S. 69).

Der Tausenderstreifen (optional)
Der Tausenderstreifen lässt eine Veranschaulichung von Multiplikationsaufgaben bis zu 10·100 zu (siehe Abschnitt 4.2.3.1). Nach dem Vertrautmachen mit dem Tausenderstreifen (Wie viele Punkte sind es insgesamt? Wo liegen Trennlinien und Abstände?) können ähnliche Aktivitäten wie beim 400er-Punktefeld umgesetzt werden, nun jedoch mit entsprechend größeren Faktoren. Für größere Malaufgaben können mehrere Tausenderstreifen untereinandergelegt werden.

5.7.3 Aufgreifen informeller Rechenwege für einstellig mal zweistellige Multiplikationen in Rechenkonferenzen

Auf Arbeitsblatt 4 in Abbildung 5.9 wird ein Punktefeld dargestellt, auf dem ein großer Fleck zu sehen ist. Die Kinder bekommen die Aufgabe, die ursprüngliche Anzahl der Punkte auf dem Punktefeld zu ermitteln (Radatz et al. 1999, S. 102).

Auf einem Punktefeld ist ein großer Fleck. Wie viele Punkte waren insgesamt vor dem Fleck zu sehen?

Wie kannst du das berechnen?

Abbildung 5.9 Arbeitsblatt 4 – Aufgreifen eigener, informeller Rechenwege für einstellig mal zweistellige Multiplikationen im Rahmen einer Rechenkonferenz

Darüber hinaus besteht noch die Möglichkeit Arbeitsblatt 5 (nicht abgebildet): Fliesen im Bad (Idee aus Radatz et al. 1999, S. 102) und Arbeitsblatt 6 (nicht abgebildet): Stunden der Woche zu bearbeiten.

Hinweise zur Umsetzung
Kinder, die rein durch fortgesetzte Addition vorgehen (z. B.: 16+16+16+16+16+16+16+16), sollten im Zuge der Rechenkonferenz erkennen, dass bei diesem Rechenweg sehr viele Additionen auszuführen sind, es sehr lange dauert und ein Verrechnen leicht möglich ist. Es kann davon ausgegangen werden, dass einige Kinder bereits in der Lage sind, diese Aufgabe durch Zerlegen in eine Summe zu lösen. Die Lösungen dieser Kinder bieten sich als Überleitung zum nächsten Kapitel an, in dem das Zerlegen in eine Summe in der Klasse thematisiert wird. Diese Kinder können bei der Erarbeitung des Rechenweges miteinbezogen werden.

5.7.4 Spezielle Rechenwege gezielt erarbeiten – Zerlegen und Plus

Aktivität 1: *Zerlegen und Plus* am 400er-Punktefeld darstellen und begründen
Auf Arbeitsblatt 7 in Abbildung 5.10 werden Rechenwege durch *Zerlegen und Plus* am 400er-Punktefeld dargestellt und begründet. Dabei können die Kinder die rechnerische Zerlegung am 400er-Punktefeld z. B. durch Einzeichnen eines Trennstriches nachvollziehen und die Teilaufgaben einkreisen, wie in Abbildung 5.11 dargestellt:
In einem nächsten Schritt werden die Kinder dabei unterstützt, diese Rechenwege an weiteren Aufgaben desselben Typs auszuprobieren und die Veranschaulichung am Punktefeld zu erläutern.

Hinweise zur Umsetzung
Es ist darauf zu achten, dass die Kinder immer wieder zusätzlich zum Ausrechnen aufgefordert werden, die Veranschaulichung der Rechenwege am 400er-Punktefeld darzustellen. Ebenfalls wesentlich ist, dass die Kinder diesem Rechenweg einen Namen geben. Es kann sein, dass die Kinder selbst einen treffenden Namen finden, oder die Lehrkraft schlägt den Begriff *Zerlegen und Plus* vor. Hierbei können die Wörter *Zerlegen* und *Plus* gut mit dem Rechenweg assoziiert werden: Zerlegen in zwei Malaufgaben, deren Ergebnisse addiert werden. Auch ist es erforderlich, über die Notation zu sprechen. Eine mögliche Variante

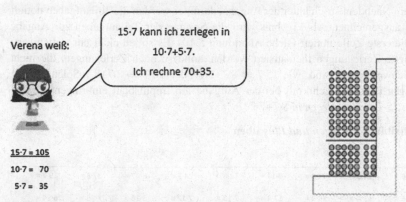

Verena weiß:

> 15·7 kann ich zerlegen in
> 10·7+5·7.
> Ich rechne 70+35.

15·7 = 105
10·7 = 70
5·7 = 35

Kannst du am 400er-Punktefeld zeigen, wie Verena gerechnet hat?

Rechne auf ähnliche Weise 16·7 und erkläre deinen Rechenweg mit dem 400er-Punktefeld.

Abbildung 5.10 Arbeitsblatt 7 – *Zerlegen und Plus* am 400er-Punktefeld darstellen und begründen

Abbildung 5.11
Zerlegung in eine Summe
am Punktefeld
verdeutlichen

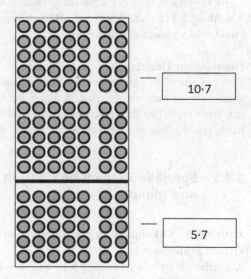

ist ein Nachdenkstrich unter der Angabe, darunter werden die Teilaufgaben notiert und ausgerechnet. Als Ergebnis wird die Summe der Teilaufgaben zur Angabe in die erste Zeile notiert (siehe Abbildung 5.10). Es sollen nicht nur stellenwert-basierte Zerlegungen thematisiert werden, sondern auch Zerlegungen, die nicht stellenwertbasiert sind, wie $15 \cdot 7 = 8 \cdot 7 + 7 \cdot 7$ oder $16 \cdot 7 = 8 \cdot 7 + 8 \cdot 7$ Solche Zerle-gungen kann die Lehrkraft bei der Aufgabe am Impulsblatt einbringen: *Könnte man 15·7 auch zerlegen in 8·7+7·7?*

Aktivität 2: *Zerlegen und Plus* üben

15·6 =	14·5 =	7·24 =	6·14 =	12·8 =	24·7 =	6·37 =	17·8 =	19·7 =
4·16 =	15·4 =	18·3 =	17·4 =	7·13 =	7·12 =	5·16 =	7·35 =	6·24 =
36·4 =	48·3 =	22·8 =	25·9 =	37·8 =	5·74 =	54·6 =	6·39 =	62·8 =

Abbildung 5.12 Aufgaben zur Festigung des Rechenweges *Zerlegen und Plus*

   Im Folgenden wird der Rechenweg anhand weiterer Aufgaben gefestigt (siehe Abbildung 5.12), dabei können die Rechenwege bei Bedarf zusätzlich am 400er-Punktefeld veranschaulicht werden.

Hinweise zur Umsetzung
Zerlegen und Plus soll als sicherer Rechenweg auch für weniger leistungsstarke Kinder abgesichert werden, da sich dieser Rechenweg für alle Malaufgaben eig-net. Wie viele Übungsaufgaben notwendig sind, um *Zerlegen und Plus* zu festigen, hängt von der konkreten Klassensituation ab.

5.7.5 Spezielle Rechenwege gezielt erarbeiten – Zerlegen und Minus

Aktivität 1: Anknüpfen an die Ableitungsstrategie von 9mal-Aufgaben des kleinen Einmaleins
Auf Arbeitsblatt 8 in Abbildung 5.13 wird der Zusammenhang des Rechenweges *Zerlegen und Minus* zu den Ableitungsstrategien des kleinen Einmaleins herge-stellt. Die Aufgabe an die Kinder lautet, sich zu überlegen, ob der vorgestellte Rechenweg (10mal minus 1mal) für 9·4 hilft, um etwa 9·16 auszurechnen.

Elena hat einem Zweitklässler erklärt, wie er 9·6 ausrechnen kann, wenn er die Rechnung noch nicht auswendig kann:

> Bei 9·6 kannst du dir helfen wenn
> du die 9 in eine 10 auswechselst
> und 10·6 rechnest. Warscheinlich
> kennst du das Ergebnis. Wenn
> du von 10·6 6 weg tust, hast
> du das Ergebnis.

Sprecht darüber:

Kannst du verstehen, wie Elena das erklärt hat?

Hilft dieser Rechenweg auch für 9·16?

Wie könntest du Elena das erklären?

Abbildung 5.13 Arbeitsblatt 8 – Anknüpfen an die Ableitungsstrategie für 9mal-Aufgaben des kleinen Einmaleins

Aktivität 2: *Zerlegen und Minus* am 400er-Punktefeld darstellen und begründen

Die Intention des Arbeitsblattes 9 in Abbildung 5.14 ist, Rechenwege durch *Zerlegen und Minus* am 400er-Punktefeld darzustellen und zu begründen. Die Kinder vollziehen die rechnerische Zerlegung am Punktefeld durch Verschieben des Malwinkels nach oben. Danach werden weitere Aufgaben desselben Typs gerechnet und veranschaulicht.

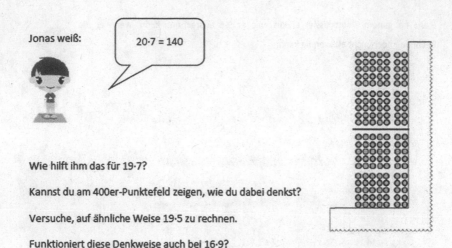

Jonas weiß:

20·7 = 140

Wie hilft ihm das für 19·7?

Kannst du am 400er-Punktefeld zeigen, wie du dabei denkst?

Versuche, auf ähnliche Weise 19·5 zu rechnen.

Funktioniert diese Denkweise auch bei 16·9?

Abbildung 5.14 Arbeitsblatt 9 – *Zerlegen und Minus* am 400er-Punktefeld darstellen und begründen

Hinweise zur Umsetzung
Der Malwinkel kann, je nachdem, welcher Faktor in eine Differenz zerlegt wird, entweder nach oben oder nach links verschoben werden. Dies könnte einigen Kindern Schwierigkeiten bereiten und sollte gezielt thematisiert werden:

• Zum Beispiel bei der Aufgabe 19·7 in Abbildung 5.15:
  Der Malwinkel wird, wenn der erste Faktor als Anzahl der Reihen gedeutet wird, um eine Reihe nach *oben* verschoben.
• Zum Beispiel bei der Aufgabe 7·19 in Abbildung 5.16:
  Der Malwinkel wird, wenn der erste Faktor als Anzahl der Reihen gedeutet wird, um eine Reihe nach *links* verschoben.

Auch hier sollte dem Rechenweg ein Name gegeben werden. Es kann sein, dass die Kinder selbst einen Namen finden (z. B.: Zehnertrick), oder die Lehrkraft den Begriff *Zerlegen und Minus* vorschlägt.

Aktivität 3: *Zerlegen und Minus* üben

• Rechne folgende Aufgaben aus. Verwende einen Rechenweg, den wir gemeinsam in der Klasse als geschickt entdeckt haben.

Abbildung 5.15 *Zerlegen
und Minus* für 19·7 =
20·7 − 1·7 − Verschieben
des Malwinkels nach oben

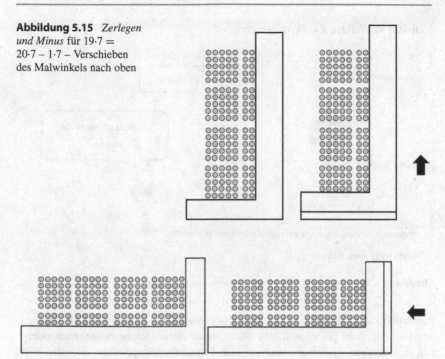

Abbildung 5.16 *Zerlegen und Minus* für 7·19 = 7·20 − 7·1 − Verschieben des Malwinkels
nach links

| 19·6 = | 84·9 = | 5·69 = | 5·19 = | 89·7 = | 29·4 = |
| 3·39 = | 9·19 = | 49·4 = | 99·19 = | 59·8 = | 39·6 = |

Abbildung 5.17 Aufgaben zur Festigung des Rechenweges *Zerlegen und Minus*

- Denke dir selbst zwei ähnliche Malaufgaben aus. Lege deinen Rechenweg
  auch am 400er-Punktefeld.

Anschließend werden Rechenwege auf Basis von *Zerlegen und Minus* anhand
geeigneter Aufgaben geübt (siehe Abbildung 5.17).

Aktivität 4: Weitere Rechenwege anregen

Abbildung 5.18 Arbeitsblatt 10 – Weitere Rechenwege anregen

Zusätzlich kann folgender Impuls auf Arbeitsblatt 10 in Abbildung 5.18 gegeben werden, der sich gut eignet, um über verschiedene Rechenwege nachzudenken und darüber zu kommunizieren. Dabei sind für die gestellte Aufgabe 4·79 sowohl Rechenwege über das *Verdoppeln* sowie *Zerlegen und Minus* aufgrund der besonderen Aufgabenmerkmale geschickt:

    Weitere Fragen dazu:

- Was ist an diesem Rechenweg vorteilhafter?
- Bei welcher Art von Zahlen hilft er?

Aktivität 5: Zahlenblick für Zerlegen und Minus

Am Arbeitsblatt 11 in Abbildung 5.19 geht es um das Erkennen und Nutzen besonderer Aufgabenmerkmale, wobei die Aufgaben zunächst nicht ausgerechnet werden müssen (siehe Schütte (2004, 144f)). Jene Aufgaben, die sich aufgrund der Aufgabenmerkmale geschickt mittels Zerlegens und Minus lösen lassen, sollen in die Tabelle eingetragen werden. Darüber hinaus wird auch die Hilfsaufgabe dazu notiert.

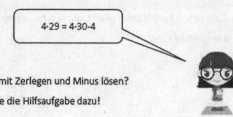

$4 \cdot 29 = 4 \cdot 30 - 4$

Zahlenblick 1

Welche Aufgaben kannst du geschickt mit Zerlegen und Minus lösen?
Trage sie in die Tabelle ein und schreibe die Hilfsaufgabe dazu!

$4 \cdot 29$ $9 \cdot 15$ $4 \cdot 25$ $84 \cdot 6$ $94 \cdot 3$

$6 \cdot 43$ $89 \cdot 7$ $19 \cdot 8$ $21 \cdot 5$ $6 \cdot 49$

Rechnung	Diese Rechnung hilft mir

Abbildung 5.19   Arbeitsblatt 11 – Zahlenblick 1

5.7.6   Spezielle Rechenwege gezielt erarbeiten – Verdoppeln

Aktivität 1: Anknüpfen an das Ableiten von 4mal-Aufgaben des kleinen Einmaleins

Auf Arbeitsblatt 12 in Abbildung 5.20 wird das Verdoppeln vom kleinen Einmaleins auf einstellig mal zweistellige Multiplikationen übertragen. Die Aufgabe an die Kinder lautet, sich zu überlegen, ob der vorgestellte Rechenweg für $4 \cdot 7$ hilft, um etwa $4 \cdot 67$ auszurechnen.

Elena hat einem Zweitklässler erklärt, wie er 4·7 ausrechnen kann, wenn er die Rechnung noch nicht auswendig kann:

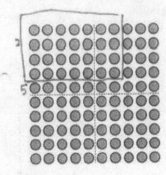

Elena

Wenn du von 4·7 die Hälfte nimmst, ist das 2·7. 2·7 kannst du gut im Kopf ausrechnen: 2·7 = 14. Das Ergebnis rechnest du mal 2, dann erhältst du 28.

Sprecht darüber:

Kannst du verstehen, wie Elena das erklärt hat?

Hilft dieser Rechenweg auch für 4·67?

Wie könntest du Elena das erklären?

Abbildung 5.20 Arbeitsblatt 12 – Anknüpfen an die Ableitungsstrategie für 4mal-Aufgaben des kleinen Einmaleins

Aktivität 2: *Verdoppeln* am 400er-Punktefeld darstellen und begründen
Am Arbeitsblatt 13 in Abbildung 5.21 wird der Rechenweg unter Einbezug des Verdoppelns am 400er-Punktefeld dargestellt und begründet. Die Kinder vollziehen die rechnerische Zerlegung am 400er-Punktefeld durch Verschieben des Malwinkels nach, indem sie die 2mal-Aufgabe (hier 16·2) darstellen und die Anzahl der Spalten verdoppeln (16·4). Die Kinder versuchen dann, die Aufgaben 4·26 und 15·8 (mehrmaliges Verdoppeln) unter Einbezug des Verdoppelns zu lösen.

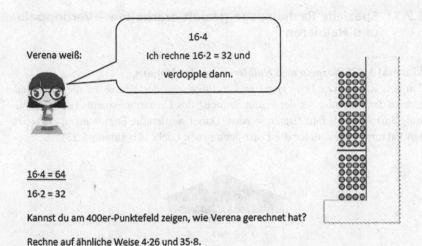

Abbildung 5.21   Arbeitsblatt 13 – *Verdoppeln* am 400er-Punktefeld darstellen und begründen

Hinweise zur Umsetzung

Es kann (vor allem bei Aufgaben mit kleineren Zahlen) oft keine eindeutige Aussage getroffen werden, ob nun Rechenwege unter Einbezug des Verdoppelns oder Rechenwege durch *Zerlegen und Plus* geschickter sind, wie folgendes Beispiel verdeutlicht: $18 \cdot 4 = 36 + 36 = 72$ oder $18 \cdot 4 = 10 \cdot 4 + 8 \cdot 4 = 40 + 32 = 72$. Doch es lohnt sich, Rechenwege unter Einbezug des Verdoppelns zu thematisieren. Bei Aufgaben in größeren Zahlenräumen ist der Vorteil dieser Rechenwege mitunter deutlicher, wie bei $4 \cdot 154 = 308 + 308 = 616$.

Aktivität 3: *Verdoppeln* üben

Anschließend werden Rechenwege unter Einbezug des Verdoppelns anhand geeigneter Aufgaben eingeübt (siehe Abbildung 5.22):

$4 \cdot 135 =$	$13 \cdot 4 =$	$46 \cdot 4 =$	$26 \cdot 8 =$	$4 \cdot 42 =$	$46 \cdot 4 =$
$55 \cdot 8 =$	$8 \cdot 25 =$	$27 \cdot 4 =$	$29 \cdot 4 =$	$65 \cdot 4 =$	$75 \cdot 4 =$

Abbildung 5.22   Aufgaben zur Festigung des Rechenweges *Verdoppeln*

5.7.7 Spezielle Rechenwege gezielt erarbeiten – Verdoppeln und Halbieren

Aktivität 1: *Verdoppeln und Halbieren* im Zahlenhaus
Um den Rechenweg *Verdoppeln und Halbieren* in der Klasse zu thematisieren, können die Zahlenhäuser der ersten Sequenz des Lernarrangements (siehe Abbildung 5.6) wieder herangezogen werden. Dabei werden die Beziehungen zwischen den Faktoren erneut unter die Lupe genommen (siehe Abbildung 5.23).

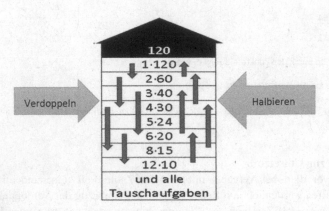

Abbildung 5.23 Gegensinniges Verändern – *Verdoppeln und Halbieren* im Zahlenhaus begründen

Folgende Impulse können gesetzt werden:

- Finde Aufgaben, bei denen eine Zahl verdoppelt und die andere halbiert wurde!
  Was fällt auf?
- Kannst du diesen Rechentrick auch verwenden, um 5·18 auszurechnen?
- Finde selbst Aufgaben, bei denen dieser Rechenweg genutzt werden kann.

Aktivität 2: *Verdoppeln und Halbieren* am **Punktefeld darstellen und** begründen

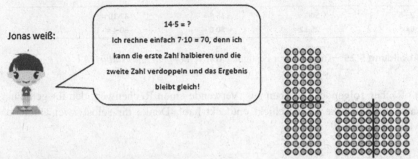

Kannst du mit Punkten erklären, wie Jonas gedacht hat?

Schneide 14·5 aus und überlege, wie du daraus 7·10 machen kannst?

Denke dir selbst zwei ähnliche Malaufgaben aus.

Abbildung 5.24   Arbeitsblatt 14 – *Verdoppeln und Halbieren* am Punktefeld darstellen und begründen

Die Intention des Arbeitsblattes 14 in Abbildung 5.24 ist, Rechenwege durch *Verdoppeln und Halbieren* am 400er-Punktefeld darzustellen und zu begründen. Die Kinder schneiden dazu aus einem Punktefeld die Aufgabe 14·5 (14 Reihen und 5 Spalten) aus und können durch Zerschneiden des Punktefeldes (zwischen der 7. und 8. Reihe) erkennen, dass durch Umlegen die Aufgabe 7·10 entsteht, wobei der erste Faktor halbiert, und der zweite Faktor verdoppelt wird (das Punktefeld soll keine Abstände haben, siehe Abschnitt 5.8). Danach denken sich die Kinder selbst Aufgaben dieses Typs aus. Wieder sollen die Kinder diesem Rechenweg einen Namen geben, wie etwa *Verdoppeln und Halbieren* oder *gegensinniges Verändern*.

Aktivität 3: Verdoppeln und Halbieren üben
Je zwei Aufgaben haben dasselbe Ergebnis. Was fällt dir auf?

25·6 =	50·3 =	15·8 =	32·10 =
64·5 =	25·12 =	50·6 =	30·4 =

Abbildung 5.25 Aufgaben zur Festigung von *Verdoppeln und Halbieren* I

Rechne folgende Aufgaben aus. Verwende einen Rechenweg, den ihr gemeinsam in der Klasse als geschickt entdeckt habt. Denke dir selbst zwei ähnliche Malaufgaben aus!

5·42 =	8·25 =	24·50 =	15·8 =	25·18 =	48·5 =

Abbildung 5.26 Aufgaben zur Festigung von *Verdoppeln und Halbieren* II

In weiterer Folge werden Rechenwege durch *Verdoppeln und Halbieren* anhand geeigneter Aufgaben geübt, wie etwa mit folgenden Aufgabenstellungen (siehe Abbildung 5.25 und Abbildung 5.26).

Multiplikationen, die einen Faktor 5 aufweisen, z. B. 64·5, 5·42 und 48·5, können auch geschickt unter Einbezug der Halbierung des Zehnfachen berechnet werden, etwa als (64·10):2, (10·42):2 oder als (48·10):2. In diesem Fall wird der Faktor 5 verdoppelt, die vorteilhafte Multiplikation mit 10 genutzt und das Ergebnis anschließend halbiert. Gegebenenfalls soll auch dieser Rechenweg mit den Kindern besprochen werden; auf jeden Fall aber, wenn dieser von einem Kind selbst als vorteilhafter Rechenweg für eine 5mal-Aufgabe entdeckt wird.

Aktivität 4: Zahlenblick für *Verdoppeln und Halbieren*
Auf Arbeitsblatt 15 in Abbildung 5.27 geht es um das Erkennen und Nutzen besonderer Aufgabenmerkmale, wobei die Aufgaben nicht ausgerechnet werden müssen (siehe Schütte (2004, 144f)). Jene Aufgaben, die sich aufgrund der Aufgabenmerkmale geschickt durch *Verdoppeln und Halbieren* lösen lassen, werden in die Tabelle eingetragen, dazu wird die Hilfsaufgabe notiert. Die Kinder bekommen dabei Gelegenheit, zu verbalisieren, wie sie erkennen, ob diese Aufgaben geschickt mit *Verdoppeln und Halbieren* zu lösen sind.

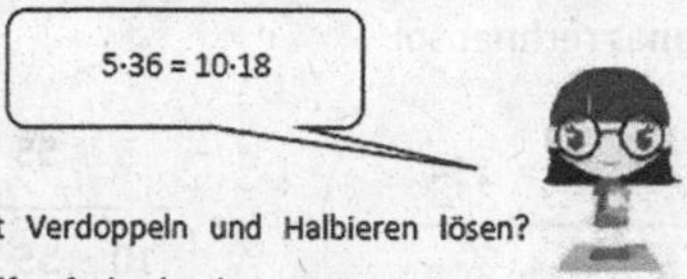

$5\cdot36 = 10\cdot18$

Zahlenblick 2

Welche Aufgaben kannst du geschickt mit Verdoppeln und Halbieren lösen?
Trage sie in die Tabelle ein und schreibe die Hilfsaufgabe dazu!

15·8   5·48   4·25   46·4   94·3
6·43   89·7   35·12   37·5   37·4

Rechnung	Diese Rechnung hilft mir

Abbildung 5.27 Arbeitsblatt 15 – Zahlenblick 2

Aktivität 5: Rechnen nach Beispiellösungen

Unter Nutzung des Arbeitsblattes 16 in Abbildung 5.28 können Rechenwege durch *Zerlegen und Minus* sowie *Verdoppeln und Halbieren* noch einmal thematisiert werden. Dabei werden die Kinder aufgefordert, so zu rechnen, wie Jonas und Verena es vorrechnen.

Hinweise zur Umsetzung

Dazu sei angemerkt, dass dieses Aufgabenformt bewusst nur zur Festigung von Rechenwegen und nicht zur Erarbeitung dieser eingesetzt wurde, da nach es

Jonas rechnet so:

$$6 \cdot 49 = 294$$
$$\overline{6 \cdot 50 = 300}$$
$$6 \cdot 1 = 6$$

$$9 \cdot 55 = 495$$
$$\overline{10 \cdot 55 = 550}$$
$$1 \cdot 55 = 55$$

Erkläre, wie Jonas rechnet!

Rechne die Aufgaben 6·39 und 9·27 wie Jonas!

Verena rechnet so:

$$5 \cdot 26 = 130$$
$$\overline{10 \cdot 13}$$

$$4 \cdot 26 = 104$$
$$\overline{2 \cdot 52}$$

Erkläre, wie Verena rechnet!

Rechne die Aufgaben 5·88 und 32·25 wie Verena!

Abbildung 5.28 Arbeitsblatt 16 – Rechnen nach Beispiellösungen

manchen Kindern schwer fällt, „andere Lösungen (auch die der eigenen Klassen-kammeraden) verstehend nachzuvollziehen oder gar selbst anzuwenden" (Schütte 2004, S. 142).

5.7.8 Geschicktes Rechnen durch Erkennen und Nutzen besonderer Aufgabenmerkmale

Aktivität 1: Rechnungen nach Aufgabenmerkmalen sortieren und Sortierungen begründen
Die Intention des Arbeitsblattes 17 in Abbildung 5.29 ist, die angegebenen Aufgaben nicht auszurechnen, sondern im Hinblick auf ihre Merkmale im Vergleich

Zahlenblick 3 – Aufgaben sortieren

Welche Aufgaben kannst du geschickt mit folgenden Rechenwegen lösen?

8·12	4·16	6·39	5·24	9·25	12·25	15·6
7·24	48·3	4·99	34·6	15·9	21·5	19·6
84·9	64·4	5·17	64·5	7·13	5·16	55·8

Zerlegen und Plus	Zerlegen und Minus	Verdoppeln	Verdoppeln und Halbieren

Verdoppeln und Halbieren:

$24 \cdot 5 = 120$

$12 \cdot 10 = 120$

Verdoppeln:

$65 \cdot 4 = 260$

$130 + 130 = 260$

Zerlegen und Minus:

$19 \cdot 7 = 133$

$20 \cdot 7 = 140$

$1 \cdot 7 = 7$

$140 - 7 = 133$

Zerlegen und Plus:

$15 \cdot 7 = 105$

$10 \cdot 7 = 70$

$5 \cdot 7 = 35$

$70 + 35 = 105$

Abbildung 5.29 Arbeitsblatt 17 – Rechnungen nach Aufgabenmerkmalen sortieren und Sortierungen begründen

mit den anderen Aufgaben zu betrachten, angelehnt an die „Sortiermaschine"
nach (Schütte 2002, S. 6).

Hinweise zur Umsetzung

Es ist in der Umsetzung zu beachten, dass eine eindeutige Sortierung nicht
immer möglich ist, manchmal sind sogar mehrere Wege geschickt. So kann zum
Beispiel 5·24 genauso geschickt mit *Zerlegen und Plus* gelöst werden wie mit
Verdoppeln und Halbieren. Falls Kinder anderer Meinung sind, ist es lohnend,
darüber zu sprechen: *Wer rechnet dies lieber so, wer so und warum?* In einer
weiteren Variante können die Aufgaben auch auf Kärtchen vorbereitet und mit
der Klasse gemeinsam besprochen werden. Jedes Kind bekommt ein Kärtchen
und erklärt der Klasse, warum es diese Rechnung mit genau diesem Rechenweg
lösen würde. Dabei wird darüber diskutiert, ob nicht andere Kinder diese Aufgabe anders rechnen würden und warum. Die Kärtchen können mittels Magneten
in die entsprechende Spalte einer Tabelle eingeordnet werden.

Aktivität 2: Mehrere Rechenwege finden und begründen

Berechne 6·18!

Versuche einen Rechenweg zu finden, den du besonders geschickt findest.

Finde auch einen zweiten, der auch ganz gut ist.

Begründe: Warum hast du den ersten Rechenweg gewählt?

Abbildung 5.30 Arbeitsblatt 18 – Mehrere Rechenwege finden und begründen

Hinweise zur Umsetzung

Die Aufgabe 6·18 wurde bewusst gewählt, da sich dafür mehrere Rechenwege
als geschickt anbieten und nicht eindeutig festgelegt werden kann, welcher
Rechenweg der *geschickteste* ist. Dieser Umstand soll Diskussionen anregen.

Aktivität 3: Aufgaben mit besonderen Aufgabenmerkmalen geschickt lösen

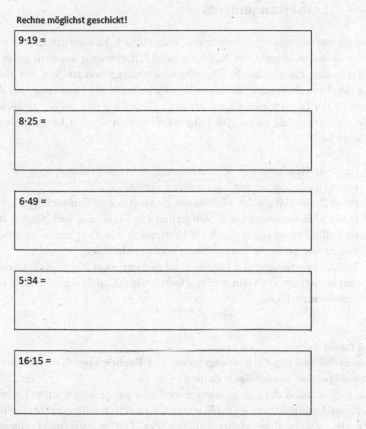

Rechne möglichst geschickt!

9·19 =

8·25 =

6·49 =

5·34 =

16·15 =

Abbildung 5.31 Arbeitsblatt 19 – Aufgaben mit besonderen Aufgabenmerkmalen geschickt lösen

5.8 Ergebnisse und Erfahrungen aus der ersten Erprobung im Hinblick auf die Überarbeitung des Lernarrangements

Gemäß Forschungsdesign wurde das ursprünglich konzipierte Lernarrangement unter Berücksichtigung der Ergebnisse und Erfahrungen aus dem ersten Zyklus überarbeitet. Entsprechende Überarbeitungsanlässe wurden von der Forscherin aus der Auswertung der klinischen Interviews nach der Erprobung, aus der Auswertung der Leitfadeninterviews mit den Lehrkräften und aus der Dokumentation der Umsetzung abgeleitet. Im Folgenden werden diese Überarbeitungsanlässe beschrieben.

- Punkt 1: Beschränkung des Lernarrangements auf Rechenwege für Multiplikationen *einstelliger* mit *zweistelligen* Zahlen
- Punkt 2: Weglassen des Malkreuzes als strukturelle Hilfestellung
- Punkt 3: Bewusstes früheres Aufgreifen des Erkennens und Nutzens besonderer Aufgabenmerkmale durch die Konzeption von zwei neuen Unterrichtsaktivitäten und präzisere Formulierung von Impulsfragen
- Punkt 4: Anpassung der Unterrichtsaktivitäten zum Anknüpfen an die Ableitungsstrategien des kleinen Einmaleins – Briefe analysieren, anstatt sie selbst schreiben zu lassen

Ad Punkt 1:
Beschränkung des Lernarrangements auf Rechenwege für Multiplikationen
***einstelliger* mit *zweistelligen* Zahlen**
Die erste Version des Lernarrangements thematisierte neben einstellig mal zweistelligen Multiplikationen (E·ZE und ZE·E) auch zweistellige Multiplikationen (ZE·ZE). Zweistellige Multiplikationen (ZE·ZE) wurden unter Nutzung von Zerlegungen in eine Summe sowohl in zwei Teilprodukte als auch in vier Teilprodukte zerlegt und mithilfe des Punktefeldes veranschaulicht. Im überarbeiteten Lernarrangement wurde die Behandlung zweistelliger Multiplikationen (ZE·ZE) aus folgenden Gründen gestrichen:

- Die Auswertungen der Interviews *nach* der Umsetzung in Zyklus 1 ergaben, dass 49 der 71 ausgewerteten Rechenwege für die zweistellige Multiplikation 12·15 fehlerhaft waren. 43 dieser 49 Kinder berechneten die Aufgabe trotz Thematisierung falsch als 10·10+2·5. Die vielen fehlerhaften Ergebnisse deuten darauf hin, dass für die Erarbeitung und Festigung zu wenig Zeit anberaumt wurde.

- Aus den Interviews mit den Lehrkräften ging hervor, dass sie zweistellige Multiplikationen (ZE·ZE) sehr wohl in Verbindung mit dem Punktefeld als Zerlegung in zwei bzw. vier Teilaufgaben und in Verbindung mit dem Malkreuz thematisiert hatten, doch fehlten entsprechende Festigungsphasen im Unterricht.

- Darüber hinaus wird nach österreichischem Lehrplan das Multiplizieren mit zweistelligem Multiplikator erst im vierten Schuljahr erarbeitet. Mehr Zeitressourcen für die Erarbeitung in der dritten Schulstufe zu investieren, wäre nicht zielführend.

- Zweistellige Multiplikationen ohne besondere Aufgabenmerkmale werden auch eher mit schriftlichen Verfahren gelöst, da die entsprechenden Produkte und Teilprodukte häufig sehr groß werden können.

Ad Punkt 2:
Weglassen des Malkreuzes als strukturelle Hilfestellung
In der ursprünglichen Version wurde das Malkreuz als Strukturierungshilfe zur Lösung von Multiplikationsaufgaben durchgenommen. Bedenken bezüglich des Einsatzes wurden bereits in Abschnitt 3.2.1 unter dem Punkt: *Stellenweises Rechnen/Malkreuz* erläutert. Die von Leuders (2017) bekundete Gefahr, dass Kinder das Malkreuz ohne „inhaltliche Vorstellung davon, was die Multiplikation bedeutet" (Leuders 2017, S. 421) nutzen, wurde in den Interviews mehrmals beobachtet. Die Analysen zeigen, dass Kinder diese Strukturierungshilfe oft im Sinne eines Algorithmus, quasi mechanisch, anwenden. Aus diesen Gründen wurde beschlossen im zweiten Zyklus, auf eine Thematisierung des Malkreuzes im Lernarrangement zu verzichten. Es trägt auch wenig dazu bei, das Erkennen und Nutzen besonderer Aufgabenmerkmale zu fördern.

Ad Punkt 3:
Bewusstes früheres Aufgreifen des Erkennens und Nutzens besonderer Aufgabenmerkmale durch die Konzeption von zwei neuen Unterrichtsaktivitäten und präzisere Formulierung von Impulsfragen dazu
Aus den Interviews ging hervor, dass die Lehrkräfte des ersten Zyklus das Erkennen und Nutzen besonderer Aufgabenmerkmale nicht von Beginn an als durchgehendes Ziel des Lernarrangements betrachteten, sondern erst am Ende bei der Umsetzung der hierfür konzipierten Unterrichtsaktivitäten aufgriffen. Deshalb wurden in der Rekonzeption nach der Erarbeitung der Rechenwege *Zerlegen*

und Minus und *Verdoppeln und Halbieren* zwei neue Unterrichtsaktivitäten entwickelt, die explizit das Erkennen und Nutzen besonderer Aufgabenmerkmale zum Ziel haben (siehe Arbeitsblatt 11 in Abbildung 5.19 und Arbeitsblatt 15 in Abbildung 5.27). Ferner wurden Impulsfragen, die das Erkennen und Nutzen von Aufgabenmerkmalen betreffen, an entsprechenden Stellen des Lernarrangements ergänzt bzw. präziser ausformuliert.

Ad Punkt 4:
Anpassung der Unterrichtsaktivitäten zum Anknüpfen an die Ableitungsstrategien des kleinen Einmaleins – Briefe analysieren, anstatt sie selbst schreiben zu lassen
In der ersten Version des Lernarrangements sollten die Kinder Briefe an Zweitklässler schreiben, in denen Sie ihnen Ableitungsstrategien im kleinen Einmaleins erklären. Diese Briefe hatten die Funktion, die Ableitungsstrategien wieder in Erinnerung zu rufen, um danach den Transfer auf einstellig mal zweistellige Multiplikationen vorzubereiten. In der Überarbeitung der Unterrichtsaktivitäten wurden auf diese Unterrichtsaktivität aus Zeitgründen verzichtet. Stattdessen wurden die im ersten Zyklus verfassten Briefe in das Lernarrangement integriert. In zwei Unterrichtsaktivitäten (Arbeitsblatt 8 in Abbildung 5.13 und Arbeitsblatt 13 in Abbildung 5.21) werden die Kinder mithilfe der Briefe angeregt, die Ableitungsstrategien des kleinen Einmaleins (9mal als 10mal minus 1mal und 4mal als Verdoppelung von 2mal) auf einstellig mal zweistellige Multiplikationen zu übertragen.

Aus den Interviews mit den Lehrkräften nach dem ersten Zyklus leiteten sich zwei weitere Überarbeitungsanlässe ab, die insbesondere die didaktische Aufbereitung einzelner Unterrichtsaktivitäten betraf. Ein Überarbeitungsanlass bezog sich auf die Veranschaulichung des Gesetzes von der Konstanz des Produktes durch Zerschneiden und Umlegen eines Punktefeldes. Hier waren die operativen Beziehungen wegen der Abstände zwischen fünfter und sechster Reihe/Spalte und zwischen zehnter und elfter Reihe/Spalte am 400er-Punktefeld schwer nachvollziehbar. Im Zuge der Überarbeitung wurde den Lehrkräften für diese Aktivität ein Punktefeld ohne Abstände zur Verfügung gestellt (siehe Abbildung 4, Anhang A im elektronischen Zusatzmaterial)

Ein weiterer Überarbeitungsanlass betraf ein Arbeitsblatt, das mithilfe der Aufgaben 6·19, 4·16 und 5·36 eine Rechenkonferenz initiieren sollte. Alle drei Aufgaben weisen unterschiedliche besondere Aufgabenmerkmale auf und favorisieren in Folge auch unterschiedliche Rechenwege (*Zerlegen und Minus – Verdoppeln – Verdoppeln und Halbieren*). Diese Rechenwege sollten in der

Rechenkonferenz von den Kindern selbst entdeckt werden. Im Zuge der Überarbeitung wurde das beschriebene Arbeitsblatt weggelassen. Die dahinterliegende Intention wurde von den Lehrkräften insofern als zu schwierig befunden, als gleich drei unterschiedliche besondere Aufgabenmerkmale zu identifizieren waren und ohne entsprechende vorherige Thematisierung geschickte Rechenwege dazu gefunden werden mussten.

Ansonsten wurden von den vier Lehrkräften des ersten Zyklus keine weiteren Verbesserungsvorschläge genannt. Die Rückmeldungen aller vier Lehrkräfte waren sehr positiv und sie bedankten sich für die Aufbereitung des Lernarrangements in Form von Arbeitsblättern und des didaktischen Leitfadens. Die Aussage der Lehrkraft B1 unterstreicht die gewonnene Erkenntnis:

Lehrkraft_B1:   Durch die Ausarbeitung in Form von Arbeitsblättern und Unterrichtsplanung war das für mich relativ wenig Arbeit. Ich habe mir schon noch Notizen gemacht und bin das Ganze noch einmal durchgegangen, aber es war absolut ausreichend. Du hast einen schönen Faden vorgegeben, es gibt nichts zu verbessern.

5.9   Zur Dokumentation der zweiten Erprobung

In diesem Kapitel wird die Erprobung des zweiten Zyklus dokumentiert. Dazu erfolgt zu Beginn in Abschnitt 5.9.1 eine Beschreibung der von den Lehrkräften absolvierten Seminarreihe, die begleitend im Schuljahr der Umsetzung stattfand. Anschließend werden in Abschnitt 5.9.2 allgemeine Informationen zur Unterrichtsdurchführung, wie Informationen zur zeitlichen Rahmung und zum Ablauf der Durchführung des Lernarrangements, gegeben. Auf eine ausführliche Dokumentation der Umsetzung in den einzelnen Klassen wird in der vorliegenden Untersuchung verzichtet, da aus der Auswertung der Interviews mit den Lehrkräften und den Schülerdokumenten hervorging, dass die einzelnen Lehrkräfte die konzipierten Unterrichtsaktivitäten in enger Anlehnung an die in Abschnitt 5.7 vorgeschlagene Vorgehensweise umsetzten. In Anhang A im elektronischen Zusatzmaterial erfolgt eine exemplarische Dokumentation der Umsetzung ausgewählter Unterrichtsaktivitäten anhand von Schulübungsheften und Arbeitsblättern.

5.9.1 Beschreibung der Seminarreihe

Voraussetzung für die Teilnahme am Projekt war für die Lehrkräfte die Absolvierung einer zwölfstündigen Seminarreihe zum Thema. Die Seminarreihe wurde an drei Nachmittagen an der Pädagogischen Hochschule Kärnten abgehalten und von der Forscherin geleitet:

- ein Nachmittag zu Beginn des Schuljahres im Oktober 2015 bzw. Oktober 2016,
- ein Nachmittag im Jänner 2016 bzw. Jänner 2017 und
- ein Nachmittag kurz vor der ersten Erprobung im März 2016 bzw. März 2107.

In den Veranstaltungen wurden folgende Inhalte thematisiert:

- Fachliche Grundlagen (siehe Abschnitt 3.1 und Abschnitt 3.2):
  In diesem Teil wurden die unterschiedlichen Rechenformen und Rechenwege zur Lösung mehrstelliger Multiplikationen erarbeitet bzw. vorgestellt. Im Zuge dessen erfolgte ein explizit Machen der genutzten Rechengesetze und ein Herausarbeiten besonderer Aufgabenmerkmale, die für Rechenvorteile genutzt werden können. Insbesondere wurden auch Übungen eingebaut, in denen die Lehrkräfte selbst *aufgabenadäquate* Rechenwege finden und operative Beziehungen benennen und nutzen mussten. Ferner fand eine Diskussion des Begriffs Aufgabenadäquatheit mit Bezug zu einstellig mal zweistelligen Multiplikationen statt (siehe Kapitel 2).
- Fachdidaktische Grundlagen (siehe Kapitel 4):
  Im Sinne einer didaktisch orientierten Sachanalyse wurden auf den fachlichen Grundlagen aufbauend die dem Lernarrangement zugrundeliegenden didaktischen Leitideen dargelegt und in Bezug auf die Umsetzung diskutiert:

  o der forschende Ansatz des Mathematiklernens nach Baroody (2003): aktive Konstruktion von Verständnis durch forschendes Lernen, geleitet und angeregt durch die Lehrkraft und die Lernumgebung;
  o Anknüpfen an das Vorwissen der Kinder in Bezug auf bereits erarbeitete Ableitungsstrategien des kleinen Einmaleins und Aufgreifen informeller Rechenwege zur Lösung von *großen Malaufgaben*;
  o Punktefelder als Arbeitsmittel, um Rechenwege zu verstehen und darüber zu kommunizieren;
  o Rechenwege und operative Zusammenhänge als mathematische Grundtätigkeit konsequent verbalisieren und begründen;

○ besondere Aufgabenmerkmale als Voraussetzung aufgabenadäquater Rechenkompetenzen erkennen und nutzen.

• Vorstellung und Diskussion des von der Forscherin entwickelten Lernarrangements (siehe Abschnitt 5.7) und Aufnehmen von Anregungen seitens der Lehrkräfte.

Den Lehrkräften wurde neben den Arbeitsblättern auch ein Leitfaden zur Umsetzung zur Verfügung gestellt, in dem die Unterrichtsaktivitäten beschrieben und didaktisch erläutert wurden.

5.9.2 Zeitliche Rahmung und Ablauf der Umsetzung im zweiten Zyklus

Die Interviews mit den Lehrkräften *nach* der Umsetzung (siehe Interviewleitfaden in Abschnitt 5.5.7, Punkt 4) und die Stundenprotokolle, die die Lehrkräfte verfassten, geben Aufschluss über die zeitliche Rahmung der Durchführung des Lernarrangements in den einzelnen Klassen des zweiten Zyklus. Im Folgenden wird ein Überblick über die aufgewendeten Unterrichtseinheiten (eine Unterrichtseinheit entspricht 50 Minuten) gegeben. Dabei wurde bei der Auswertung der Stundenprotokolle wie folgt vorgegangen:

Laut Aufzeichnungen gab es einige Stunden, die nicht eindeutig einem Themenbereich zuzuordnen waren, denn es wurden oftmals die Inhalte der letzten Stunde wiederholt, auftretende Fragen geklärt, Hausübungen zu vorangegangenen Unterrichtsaktivitäten besprochen oder auch einzelne Unterrichtsaktivitäten abgeschlossen und danach in derselben Einheit mit einer neuen Unterrichtsaktivität aus einem anderen Themenbereich begonnen. In der Auswertung wurden die Stunden gemäß Hauptschwerpunkt dem jeweiligen Themenbereich zugeordnet. Ferner wurde in fast allen Einheiten eine Hausübung zum Thema gegeben. Die Hausübung zielte jeweils auf die Festigung des erarbeiteten Themenbereichs ab. Die Aufgabenstellungen dazu wurden dem Lernarrangement entnommen. Die aufgewendeten Unterrichtseinheiten (UE) pro Klasse und pro Themenbereich sind in der Tab. 5.12 dargestellt:

Aus Tab. 5.12 ist ersichtlich, dass die vier Klassenlehrkräfte 13 bis 16 Unterrichtseinheiten für die Umsetzung des Lernarrangements aufwendeten. Es gibt auch innerhalb der Themenbereiche leichte Unterschiede zwischen den Klassen. Doch wie bereits erwähnt, konnte die Zuordnung nicht ganz exakt durchgeführt werden. Es besteht die Möglichkeit, dass leichte Schwankungen vorliegen,

Tab. 5.12 Anzahl der aufgewendeten Unterrichtseinheiten für das Lernarrangement in Zyklus 2

Anzahl der Unterrichtseinheiten in Klasse				
Themenbereiche	A2	B2	C2	D2
Operative Zusammenhänge entdecken (Malaufgaben mit den gleichen Ergebnissen)	2	1	1	2
Das 400er-Punktefeld einführen – Malaufgaben legen und lesen	2	1	1	1
Aufgreifen eigener, informeller Rechenwege für einstellig mal zweistellige Multiplikationen in Form einer Rechenkonferenz	1	1	1	1
Spezielle Rechenwege gezielt erarbeiten –*Zerlegen und Plus*	4^4	2	2	2
Spezielle Rechenwege gezielt erarbeiten – *Zerlegen und Minus*	2	4	3	2
Spezielle Rechenwege gezielt erarbeiten – *Verdoppeln*	1	1	1	2
Spezielle Rechenwege gezielt erarbeiten – *Verdoppeln und Halbieren*	2	3	2	3
Geschicktes Rechnen durch Erkennen und Nutzen besonderer Aufgabenmerkmale	2	3	2	1
Summe	**16**	**16**	**13**	**14**

da die Unterrichtseinheiten nicht auf die Minute genau mitprotokolliert wurden bzw. nicht immer exakt 50 Minuten dauerten, weil das Fach Mathematik in der Volksschule im Gesamtunterricht geführt wird.

Darüber hinaus wurden die Lehrkräfte im Interview auch zum Ablauf der Umsetzung befragt (siehe Interviewleitfaden in Abschnitt 5.5.7, Punkt 4). Hierzu gaben alle vier Lehrkräfte an, dass sie die vorgeschlagene chronologische Reihenfolge der Unterrichtsaktivitäten laut Abschnitt 5.7 bzw. gemäß didaktischem Leitfaden eingehalten hatten. Aus den Interviews ging weiters hervor, dass alle vier Lehrkräfte alle vorgeschlagenen Unterrichtsaktivitäten in der Klasse umgesetzt und auch keine Veränderungen an den Unterrichtsaktivitäten vorgenommen hatten. Einzelne Aufgaben seien als Hausaufgabe ausgelagert aber im Unterricht

---

[4] Lehrkraft A2 thematisierte zusätzlich noch das Malkreuz als Strukturierungshilfe zur Lösung von Aufgaben mit Zerlegen und Plus.

gemeinsam verbessert worden. Lediglich die optionalen Aufgaben auf Arbeitsblatt 3 (Malaufgaben zu 1000) und Arbeitsblatt 6 (Stunden der Woche) wurden
laut Aussagen der Lehrkräfte nicht von allen bearbeitet.

Die Lehrkräfte der Klassen A2 und C2 führten an, dass sie zur Festigung
einzelner Rechenwege zusätzlich Arbeitsblätter entworfen hätten. Die Lehrkraft
der Klasse A2 konzipierte zu drei erarbeiteten Rechenwegen (Zerlegen in eine
Summe, Zerlegen in eine Differenz und gegensinniges Verändern) eigene Arbeitsblätter mit Aufgaben zur Festigung der Rechenwege, die als Hausübung gegeben
wurden. Die Lehrkraft der Klasse C2 teilte ebenfalls ein selbst entworfenes
Arbeitsblatt zum Festigen des gegensinnigen Veränderns aus.

Empirische Ergebnisse 6

In diesem Kapitel werden die zentralen Forschungsergebnisse ausgehend von den in Abschnitt 5.2 vorgestellten Forschungsfragen dargestellt. Entsprechend den Forschungsfragen wird das vorliegende Kapitel in vier Teile gegliedert.

In Abschnitt 6.1 werden die Rechenwege der Kinder für Mult_1×2_ZR[1] in den Interviews *vor* der Umsetzung des Lernarrangements kategorisiert, beschrieben und analysiert. Im Anschluss erfolgt eine Typisierung der Kinder anhand der kategorisierten Rechenwege, der Lösungsrichtigkeit und der Zusatzaufgaben zu operativen Beziehungen *vor* der Umsetzung.

Abschnitt 6.2 befasst sich mit der Beschreibung und Analyse der Rechenwege *nach* der Umsetzung des Lernarrangements. Darüber hinaus werden die Auswertungen der Zusatzaufgaben *nach* der Umsetzung des Lernarrangements vorgestellt. Diese umfassen das Erkennen und Nutzen operativer Beziehungen, das Begründen von Rechengesetzen am 400er-Punktefeld sowie Begründungen für die Wahl des einfachsten Rechenweges.

In Abschnitt 6.3 erfolgt eine Typenbildung nach Kelle und Kluge (2010). Die Kinder werden auf Basis ihrer genutzten Rechenwege zu Mult_1×2_ZR *nach* der Umsetzung des Lernarrangements zu Typen zusammengefasst. Die abgeleiteten Typen werden danach beschrieben und inhaltlich interpretiert.

---

[1] Multiplikationen einstelliger mit zweistelligen Zahlen im Bereich des Zahlenrechnens.

Ergänzende Information Die elektronische Version dieses Kapitels enthält Zusatzmaterial, auf das über folgenden Link zugegriffen werden kann https://doi.org/10.1007/978-3-658-37526-3_6.

Abschnitt 6.4 beschreibt ausgewählte Hürden, die im Zuge der Umsetzung des Lernarrangements in den Lernprozessen der Kinder beobachtet wurden. Darüber hinaus werden Hinweise für eine Überarbeitung des umgesetzten Lernarrangements rekonstruiert, die sich aus der Beforschung des Lernarrangements ergaben.

6.1 Rechenwege und Typisierung *vor* der Umsetzung des Lernarrangements

Das vorliegende Abschnitt 6.1 beantwortet folgende in Abschnitt 5.2 formulierten Forschungsfragen:

(1) Welche Rechenwege zur Lösung von Multiplikationen einstelliger mit zweistelligen Zahlen verwenden Kinder *vor* einer expliziten Behandlung des Themas im Unterricht?
(2) Welche Typenbildung kann auf Basis der von den Kindern genutzten Rechenwegen für die Multiplikation einstelliger mit zweistelligen Zahlen *vor* einer expliziten Behandlung des Themas im Unterricht abgeleitet werden?

6.1.1 Analyse der Rechenwege *vor* der Umsetzung

Um die Rechenwege und deren Häufigkeiten *vor* der Thematisierung zu analysieren, wurden die Interviewfragen aus Fragegruppe 1: *Art der Rechenwege für 5·14, 4·16, 19·6* (siehe Abschnitt 5.5.2.1) des ersten Erhebungstermins ausgewertet. Die Stichprobe enthält Daten aller 71 Kinder des ersten Zyklus und aller 55 Kinder des zweiten Zyklus. Den 378 erhobenen Rechenwegen zu den drei Aufgaben wurden die in Abschnitt 5.5.6, Tab. 5.6 beschriebenen Kategorien zugeordnet. Die absolute Häufigkeit der beobachteten Kategorien ist in Tab. 6.1 für jede Aufgabe einzeln und in Summe angeführt. Ferner kann aus der letzten Spalte der prozentuelle Anteil der jeweiligen Kategorie in Bezug zur Gesamtheit aller ausgewerteten Rechenwege abgelesen werden. Aus platztechnischen Gründen wurden für einzelne Kategorien Kurzbezeichnungen eingeführt, die am Ende von Tab. 6.1 erklärt werden:

Tab. 6.1 Verteilung der Rechenwege zu den Aufgaben 5·14, 4·16 und 19·6 *vor* der Umsetzung

Art des Rechenweges	5·14	4·16	19·6	gesamt absolut	gesamt Prozent
Vollständiges Auszählen	3	1	1	5	1,3 %
Wiederholte Addition	24	19	19	61	16,1 %
Verdoppeln	8	26	8	43	11,4 %
Halbieren	5	4	3	12	3,2 %
Ankeraufgabe	17	14	13	44	11,6 %
Rechenwege unter Nutzung des Distributivgesetzes					
• stellengerechte Zerlegung des zweistelligen Faktors in eine Summe	40	38	34	112	29,6 %
• Zerlegung des einstelligen Faktors in eine Summe	1	0	0	1	0,3 %
• Zerlegung eines Faktors in eine Differenz	0	0	16	16	4,2 %
Fehlerhafte Rechenwege	25	21	22	68	18,0 %
Die Aufgabe wurde nicht gelöst	3	3	10	16	4,2 %
Summe	**126**	**126**	**126**	**378**	**100,0 %**

Erklärung der Kurzbezeichnungen:

Vollständiges Auszählen:	Rechenwege unter Nutzung vollständigen Auszählens mithilfe ikonischer Hilfsmittel
Wiederholte Addition:	Rechenwege unter Nutzung der wiederholten Addition eines Faktors
Verdoppeln:	Rechenwege unter Einbezug von Verdoppelungen
Halbieren:	Rechenwege unter Einbezug von Halbierungen des Zehnfachen
Ankeraufgabe:	Rechenwege unter Nutzung der Verzehnfachung des einstelligen Faktors als Ankeraufgabe mit anschließendem additiven Weiterrechnen

Aus Tab. 6.1 ist ersichtlich, dass die *stellengerechte Zerlegung des zweistelligen Faktors in eine Summe unter Nutzung des Distributivgesetzes* mit 29,6 Prozent die am häufigsten beobachtete Kategorie *vor* der Thematisierung im Unterricht darstellt. Weitere 18,0 Prozent der beobachteten Rechenwege können der Kategorie *Fehlerhafte Rechenwege* zugeordnet werden. Zweistellige Prozentsätze weisen die Kategorien *Rechenwege unter Nutzung der wiederholten Addition eines Faktors* (16,1 Prozent), *Rechenwege unter Einbezug von Verdoppelungen* (11,4 Prozent) und *Rechenwege unter Nutzung der Verzehnfachung des einstelligen Faktors als Ankeraufgabe mit anschließendem additiven Weiterrechnen* (11,4 Prozent) auf. Rechenwege über eine *Zerlegung eines Faktors in eine Differenz* (4,2 Prozent), *Rechenwege unter Einbezug von Halbierungen des Zehnfachen* (3,2 Prozent) und das *Vollständige Auszählen mit Hilfe ikonischer Hilfsmittel* (1,3 Prozent) treten in geringerem Ausmaß auf.

Des Weiteren ergeben die Auswertungen, dass 16 der 378 gestellten Aufgaben nicht gelöst wurden. Diese Aufgaben verteilen sich wie folgt auf einzelne Kinder:

- Ein Kind löste alle drei Aufgaben nicht.
- Drei Kinder lösten genau zwei Aufgaben nicht.
- Sieben Kinder lösten genau eine Aufgabe nicht, nämlich 19·6.

Dem Kind, das keine der drei Aufgaben löste, wurde allerdings auch nur die erste Aufgabe gestellt. Nachdem das Kind nach längerem Überlegen keinen Rechenweg zur Lösung hatte finden können, wurden, um keine Überforderung zu provozieren, auch die weiteren Aufgaben aus dieser Fragegruppe nicht mehr gestellt (siehe Abschnitt 5.5.2 – Konzeption und Durchführung der klinischen Interviews). Alle anderen Kinder konnten zu mindestens einer Aufgabe bzw. zu mindestens zwei Aufgaben einen Lösungsweg angeben. In neun Fällen wurden aufgrund des hohen zeitlichen Aufwandes für die Lösungsfindung der vorangegangenen Aufgabe die nachfolgenden Aufgaben bzw. wurde die letzte Aufgabe nicht mehr gestellt, um Überforderung zu vermeiden.

Im Folgenden werden die einzelnen Kategorien der Rechenwege beschrieben. Die abgebildeten Bilddokumente stammen von schriftlichen Aufzeichnungen der Kinder im Interview. Es stand den Kindern frei, Notizen zu den einzelnen Aufgaben zu machen (siehe Abschnitt 5.5.2). Stifte und Papier lagen am Tisch. Von den 126 ausgewerteten Rechenwegen pro Aufgabe wurden zur Aufgabe 5·14 von 35 Kindern, zur Aufgabe 4·16 von 36 Kindern und zur Aufgabe 19·6 von 52 Kindern Notizen gemacht. Alle anderen Rechenwege wurden von den Kindern im Kopf gelöst.

6.1.1.1 Rechenwege unter Nutzung des vollständigen Auszählens mithilfe ikonischer Hilfsmittel (Vollständiges Auszählen)

Rechenwege unter Nutzung des vollständigen Auszählens mithilfe ikonischer Hilfsmittel ermitteln die Lösung anhand von Bildern (Striche, Kreise…) zählend (z. B. Kathrin siehe Abbildung 6.1). In allen beobachteten Fällen wurde bei der ikonischen Darstellung eine Bündelung eines Faktors vorgenommen.

Diese Kategorie tritt unter den 378 Lösungen genau fünfmal auf (1,3 Prozent), wobei ein Kind alle drei Aufgaben mit diesem Rechenweg löste, die anderen zwei Kinder nur jeweils eine Aufgabe auf diese Art und Weise lösten und die anderen zwei Aufgaben entweder aufgrund des hohen zeitlichen Aufwandes zur Lösungsfindung nicht gestellt oder unter Nutzung der wiederholten Addition eines Faktors gelöst wurden.

Abbildung 6.1 Kathrins
Rechenweg für 5·14 unter
Nutzung vollständigen
Auszählens mithilfe
ikonischer Hilfsmittel

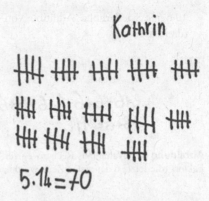

6.1.1.2 Rechenwege unter Nutzung der wiederholten Addition eines Faktors (Wiederholte Addition)

In die Kategorie *Rechenwege unter Nutzung der wiederholten Addition eines Faktors* werden alle Rechenwege eingeordnet, die die Multiplikation über Rückführung auf die fortgesetzte Addition lösten (z. B. Mia siehe Abbildung 6.2):

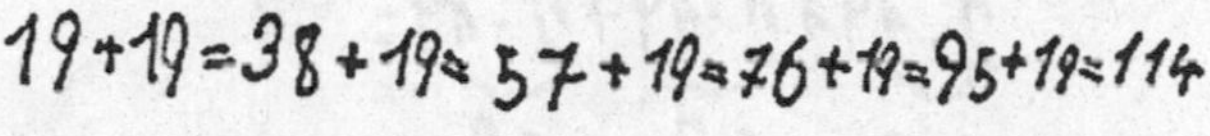

$$19+19=38+19=57+19=76+19=95+19=114$$

Abbildung 6.2   Mias Rechenweg für 19·6 über wiederholte Addition eines Faktors

Mia nutzte den ersten/kleineren Faktor als Multiplikator und addierte sechsmal die 19. 61 der 378 (16,1 Prozent) beobachteten Rechenwege der Kinder werden der Nutzung der wiederholten Addition zugeordnet. In 54 Fällen wird der größere Faktor als Multiplikand verwendet, der umgekehrte Fall, der einen aufwändigeren Rechenweg zur Folge hat, tritt bei sieben Rechenwegen auf (siehe Abbildung 6.3).

Folgende konkreten Rechenwege zur Kategorie *Wiederholte Addition* wurden beobachtet:

- 5·14 als wiederholte Addition von 14 (21-mal)
- 5·14 als wiederholte Addition von 5 (dreimal)
- 4·16 als wiederholte Addition von 16 (18-mal)
- 4·16 als wiederholte Addition von 4 (einmal)
- 19·6 als wiederholte Addition von 19 (16-mal)

- 19·6 als wiederholte Addition von 6 (z.B. Valentina siehe Abbildung 6.3)
  (dreimal)

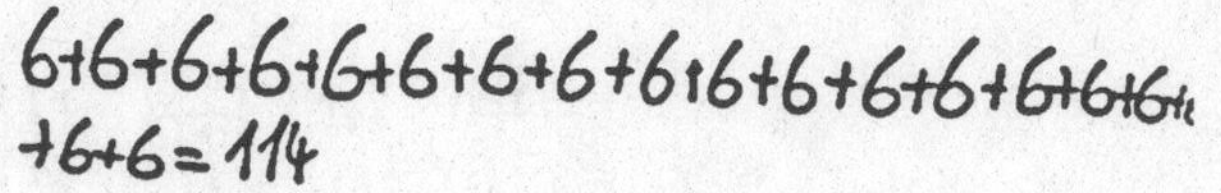

$$6+6+6+6+6+6+6+6+6+6+6+6+6+6+6+6$$
$$+6+6=114$$

Abbildung 6.3 Valentinas Rechenweg für 19·6 über wiederholte Addition des kleineren Faktors (die letzte 6 der ersten Zeile wurde am Tisch notiert)

6.1.1.3 Rechenwege unter Einbezug von Verdoppelungen (Verdoppeln)

Rechenwege, die auf Verdoppelungen zurückgreifen, werden in die Kategorie *Rechenwege unter Einbezug von Verdoppelungen* eingeordnet. Ein Beispiel dafür ist Johannas Rechenweg zu 19·6 mit Rechenfehler (siehe Abbildung 6.4):

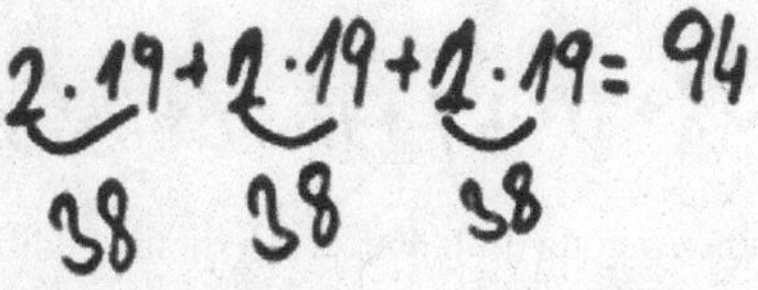

$$2\cdot19+2\cdot19+2\cdot19=94$$
$$38 \qquad 38 \qquad 38$$

Abbildung 6.4 Johannas Rechenweg für 19·6 unter Einbezug von Verdoppelungen mit Rechenfehler (fehlerhafte Zehnerüberschreitung bei der Addition)

Johanna fasste jeweils zwei Summanden zusammen, um die Anzahl der anschließenden Additionen zu reduzieren. Verdoppelungsstrategien können mathematisch sowohl mit dem Distributivgesetz als auch mit dem Assoziativgesetz erklärt werden. Hinter Johannas Rechenweg in Abbildung 6.4 steckt eine Zerlegung mithilfe des Distributivgesetzes in $6\cdot19 = (2 + 2 + 2)\cdot19 = 2\cdot19 + 2\cdot19 + 2\cdot19$, aber auch eine Interpretation mithilfe des Assoziativgesetzes als $6\cdot19 = 3 (2\cdot19) = 3\cdot38$ ist bei diesem Rechenweg zulässig.

43 der 378 Rechenwege (11,4 Prozent) können dieser Kategorie zugeordnet werden. Folgende Rechenwege dazu wurden beobachtet:

- 5·14 als Verdopplung von 2·14 und Addition von 14 (siehe Abbildung 6.5)
  (siebenmal)

Abbildung 6.5 Ajanas
Rechenweg für 5·14 unter
Einbezug von
Verdoppelungen

$$14 + 14 = 28$$
$$28 + 28 = 8 = 56$$
$$56 + 14 = 70$$

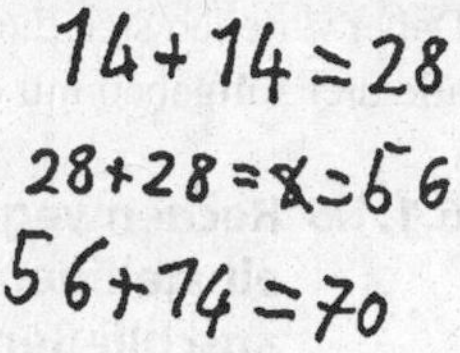

- 5·14 als Verdoppelung von 5 und anschließender siebenmaliger Addition von 10 (siehe Abbildung 6.6) (einmal)

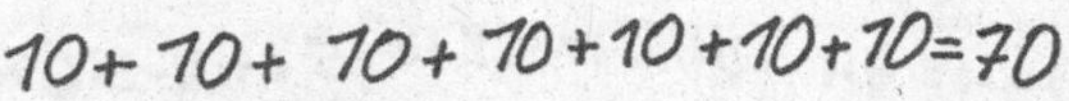

$$10 + 10 + 10 + 10 + 10 + 10 + 10 = 70$$

Abbildung 6.6 Leonies Rechenweg für 5·14 unter Einbezug von Verdoppelungen

- 4·16 als Verdoppelung von 4 und anschließender achtmaliger Addition von 8 (einmal)
- 4·16 als Verdopplung von 2·16 (24-mal)
- 4·16 als Verdopplung von 4·8 (einmal)
- 19·6 als Verdoppelung von 19 und anschließender dreimaliger Addition von 38 (dreimal)
- 19·6 als Verdopplung von 3·19, wobei 3·19 viermal über die wiederholte Addition ermittelt wurde und einmal durch Zerlegen in 3·10 + 3·9 (fünfmal)

6.1.1.4 Rechenwege unter Einbezug von Halbierungen des Zehnfachen (Halbieren)

Rechenwege, die auf Halbierungen des Zehnfachen zurückgreifen, werden in die Kategorie *Rechenwege unter Einbezug von Halbierungen des Zehnfachen* eingeordnet. Zwölf der 378 ausgewerteten Rechenwege (3,2 Prozent) können dieser Kategorie zugeordnet werden. Folgende konkrete Rechenwege wurden dazu beobachtet:

- 5·14 als Halbierung von 10·14 (fünfmal)
- 4·16 als Halbierung von 10·16 − 16 (viermal)
- 19·6 als Halbierung von 10·19 + 19 (dreimal)

Dabei verteilen sich diese zwölf Rechenwege auf fünf Kinder. Zwei Kinder lösten alle drei Aufgaben mit diesem Rechenweg und drei Kinder je zwei der Aufgaben.

6.1.1.5 Rechenwege unter Nutzung der Verzehnfachung des einstelligen Faktors als Ankeraufgabe mit anschließendem additiven Weiterrechnen (Ankeraufgabe)

Einige Kinder verwendeten die Verzehnfachung des einstelligen Faktors als Ankeraufgabe und rechneten anschließend additiv weiter (Vergleiche dazu: *Multiplying successively from a product of reference* (Mendes et al. 2012, S. 3)). Als Beispiele sind in Abbildung 6.7 Leas Rechenweg zu 4·16 und in Abbildung 6.9 Viviennes Rechenweg für 19·6 angeführt:

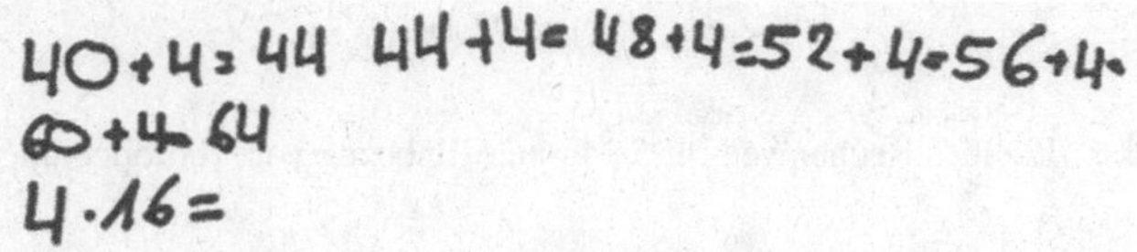

$$40+4=44 \quad 44+4=48+4=52+4=56+4=$$
$$60+4=64$$
$$4 \cdot 16 =$$

Abbildung 6.7 Leas Rechenweg für 4·16 unter Nutzung von 4·10 als Ankeraufgabe mit anschließender fortgesetzter Addition von 4

Lea nutzte zur Lösung von 4·16 das Kommutativgesetz, dadurch wurde der kleinere Faktor zum Multiplikanden. Sie rechnete dann die Ankeraufgabe 10·4 = 40 und addierte anschließend sukzessive 4 dazu, um zum Ergebnis zu kommen. Diese Vorgehensweise wird einer eigenen Kategorie zugeordnet, denn es erfolgt keine Zerlegung der Aufgabe in Teilaufgaben in der Weise, dass zuerst Teilprodukte berechnet und diese dann addiert werden. Vielmehr bewegen sich die Kinder sukzessive über Nachbaraufgaben zum Ergebnis hin (Schwätzer 1999, S. 17).

Ferner wurde in fünf Fällen beobachtet, dass Summanden beim additiven Weiterrechnen durch Verdoppeln zusammengefasst wurden, so wie Eileen in Abbildung 6.8 zur Lösung von 4·16 je zwei 4er zu 8 zusammenfasste und die 8 dreimal addierte:

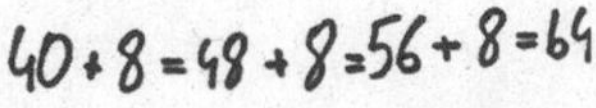

$$40+8=48+8=56+8=64$$

Abbildung 6.8 Eileens Rechenweg für 4·16 unter Nutzung von 4·10 als Ankeraufgabe mit anschließender fortgesetzter Addition (sie fasste dabei je zwei 4er zu einem 8er zusammen)

Ebenso ging Elias vor, der im Interview zur Lösung von 5·14 die Aufgabe 5·10 = 50 als Ankeraufgabe nutzte, anschließend additiv weiterrechnete und dabei jeweils zwei 5er zu einem 10er zusammenfasste. Er erläuterte seinen Denkweg folgendermaßen:

E: 5·10 = 50, dann plus 10 ist 60 und dann noch einmal, ist 70.
I: Woher weißt du, dass du zweimal plus 10 rechnen musst?
E: Weil plus 1 ist dann der 11er, also dann plus 5 ist 55 und dann noch einmal plus 5, dann ist erst der 12er, dann rechne ich gleich plus 10.

Insgesamt wurden fünf Rechenwege beobachtet, die Verdoppelungen zum Addieren der Summanden nutzten. Diese Rechenwege werden ebenfalls der Kategorie *Ankeraufgabe* zugeordnet. Aufgrund der Vorgehensweise wäre auch eine Zuordnung zu *Rechenwegen unter Nutzung des Distributivgesetzes* möglich (4·16 = 4·10 + 4·2 + 4·2 + 4·2 bzw. 5·14 = 5·10 + 5·2 + 5·2). Eine Einordnung in die Kategorie *Ankeraufgabe* wird dem Denken der Kinder vermutlich gerechter, da diese wohl nicht von Beginn an den Plan verfolgten, beispielsweise die Rechnung 5·14 in 5·10 + 5·2 + 5·2 zu zerlegen. Die Zusammenfassungen der Summanden zu zwei 10ern entwickelten sich eher im Laufe des Prozesses, um hier etwa vier 5er vorteilhaft zur Ankeraufgabe zu addieren.

44 der 378 beobachteten Rechenwege (11,6 Prozent) können diesem Rechenweg zugeordnet werden.

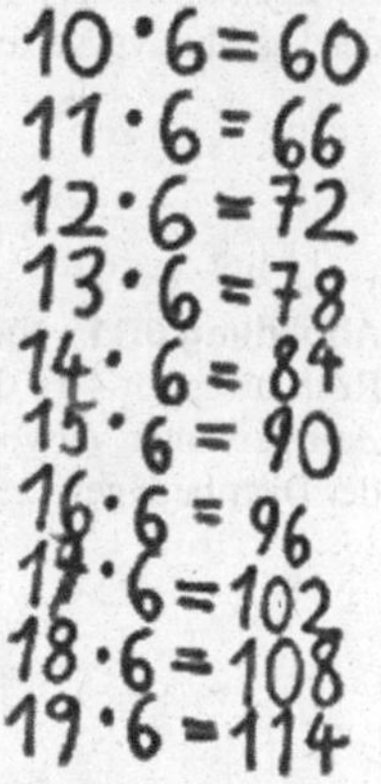

Abbildung 6.9 Viviens Rechenweg für 19·6 unter Verwendung von 10·6 als Ankeraufgabe mit anschließender Fortsetzung der 6er-Reihe

$$10 \cdot 6 = 60$$
$$11 \cdot 6 = 66$$
$$12 \cdot 6 = 72$$
$$13 \cdot 6 = 78$$
$$14 \cdot 6 = 84$$
$$15 \cdot 6 = 90$$
$$16 \cdot 6 = 96$$
$$17 \cdot 6 = 102$$
$$18 \cdot 6 = 108$$
$$19 \cdot 6 = 114$$

6.1.1.6 Rechenwege unter Nutzung des Distributivgesetzes

In die Kategorie Zerlegungsstrategien unter Verwendung des Distributivgesetzes werden Rechenwege eingeordnet, bei denen das Kind die Aufgabe unter Verwendung des Distributivgesetzes in zwei Teilprodukte zerlegte, die Teilprodukte berechnete und dann die Ergebnisse addierte beziehungsweise subtrahierte. 129 der 378 Rechenwege können dieser Kategorie zugeordnet werden, das war rund ein Drittel aller Lösungen (34,1 Prozent). Dabei kann im Detail zwischen folgenden Arten der Zerlegung unterschieden werden:

Stellengerechtes Zerlegen des zweistelligen Faktors in eine Summe
In diese Subkategorie können 112 der 378 (29,6 Prozent) beobachteten Rechenwege eingeordnet werden. 107 Kinder zerlegten stellengerecht in zwei Teilprodukte:

- $5 \cdot 14 = 5 \cdot 10 + 5 \cdot 4$ (39-mal)
- $4 \cdot 16 = 4 \cdot 10 + 4 \cdot 6$ (36-mal)
- $19 \cdot 6 = 10 \cdot 6 + 9 \cdot 6$ (32-mal)

Abbildung 6.10 und Abbildung 6.11 zeigen exemplarisch zwei Rechenwege von Linus und Nicole zu $5 \cdot 14$ bzw. $4 \cdot 16$:

Abbildung 6.10 Linus'
Rechenweg für $5 \cdot 14$ durch
Zerlegen unter Verwendung
des Distributivgesetzes

$$5 \cdot 10 = 50 + 20 = 70$$
$$5 \cdot 4 = 20$$

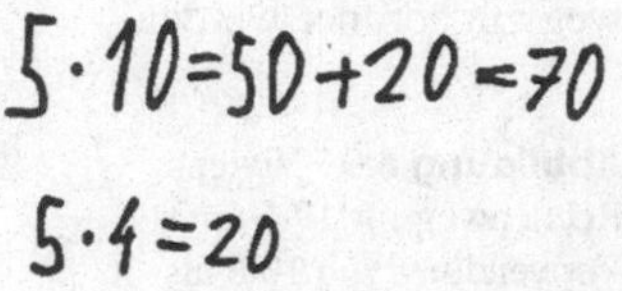

Abbildung 6.11 Nicoles
Rechenweg für $4 \cdot 16$ durch
Zerlegen unter Verwendung
des Distributivgesetzes

$$4 \cdot 16 = 64$$
$$4 \cdot 10 = 40$$
$$6 \cdot 4 = 24$$

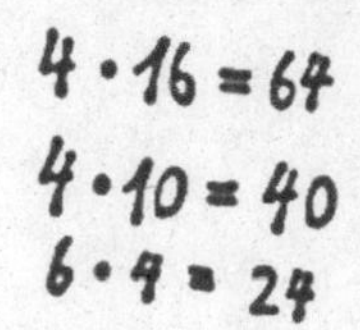

Fünf Kinder rechneten mit drei Teilprodukten, indem sie die zweite Teilaufgabe weiter zerlegten[2]:

- $5 \cdot 14 = 5 \cdot 10 + 2 \cdot 4 + 3 \cdot 4$ (einmal)
- $4 \cdot 16 = 4 \cdot 10 + 5 \cdot 4 + 4$ (einmal) und $4 \cdot 16 = 10 \cdot 4 + 4 \cdot 5 + 4$ (einmal)
- $19 \cdot 6 = 10 \cdot 6 + 6 \cdot 5 + 4 \cdot 6$ (siehe Abbildung 6.12) (einmal) und $19 \cdot 6 = 10 \cdot 6 + 5 \cdot 6 + 4 \cdot 6$ (einmal)

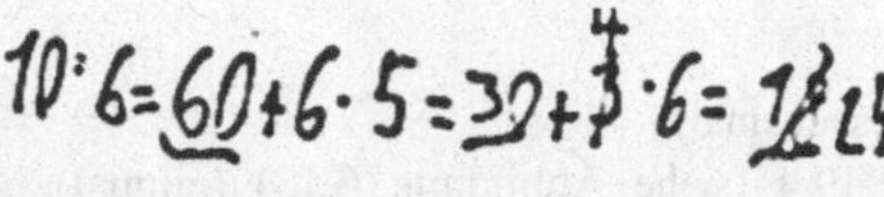

$$10 \cdot 6 = \underline{60} + 6 \cdot 5 = \underline{30} + \overset{4}{\cancel{3}} \cdot 6 = \underline{\underline{12}}24$$

Abbildung 6.12 Martins Rechenweg für $19 \cdot 6$ durch Zerlegen unter Verwendung des Distributivgesetzes in drei Teilprodukte (die Addition von $60 + 30 + 24$ führte er im Kopf durch)

In den oben beschriebenen Rechenwegen ist zu bemerken, dass es einigen Kindern offensichtlich ganz leichtfiel, das Kommutativgesetz zu nutzen. Nicht nur, dass sie die Faktoren der ursprünglichen Aufgabenstellung vertauschten, sie wendeten das Kommutativgesetz auch in den Teilaufgaben an und tauschten die Faktoren in den Rechenwegen beachtlich schnell. Beispielsweise erläuterte Elena ihren Denkweg zu $5 \cdot 14 = 5 \cdot 10 + 2 \cdot 4 + 3 \cdot 4$ wie folgt:

E: Ich habe zuerst $5 \cdot 10$ gerechnet, dann habe ich $2 \cdot 4$ dazugetan, ist 58 und dann habe ich $3 \cdot 4$ gerechnet, es ist 12 herausgekommen und $12 + 58$ ist 62, ah 70.

Ebenfalls vertauschte Martin im Rechenprozess Faktoren und berechnete in Abbildung 6.12 zur Lösung von $19 \cdot 6$ das zweite Teilprodukt ($9 \cdot 6$) als $6 \cdot 5 + 4 \cdot 6$.

Zerlegung des einstelligen Faktors in eine Summe
Lediglich ein Kind zerlegte bei der Aufgabe $5 \cdot 14$ den einstelligen Faktor und rechnete $5 \cdot 14 = 3 \cdot 14 + 2 \cdot 14$. Es rechnete und notierte dazu die Aufgaben

---

[2] Jene Rechenwege, die lediglich Verdoppelungen nutzten, um ausgehend von der Verzehnfachung als Ankeraufgabe sukzessive die weiteren Summanden zu addieren, wurden der Kategorie *Ankeraufgabe* zugeordnet (siehe Kapitel Ankeraufgabe).

$2 \cdot 14 = 28$ und $3 \cdot 14 = 42$, die es durch fortgesetzte Addition löste. Anschließend nutzte es die Zerlegung von 5 in $3 + 2$ und addierte die zwei errechneten Ergebnisse. Im Vergleich zu Rechenwegen der Kategorie *Verdoppeln* stand bei dieser Vorgehensweise nicht die Nutzung von Verdoppelungen zur Ermittlung der Teilprodukte im Vordergrund.

Zerlegung eines Faktors in eine Differenz

16 der 378 (4,2 Prozent) Rechenwege wurden durch Zerlegen eines Faktors in eine Differenz gelöst. Alle diese Rechenwege erfolgten zur Lösung der Aufgabe $19 \cdot 6$:

- $19 \cdot 6 = 20 \cdot 6 - 6$ (sechsmal)
- $19 \cdot 6 = 19 \cdot 10 - 19 \cdot 4$ (siehe Abbildung 6.13) (einmal), wobei $19 \cdot 4$ durch Verdoppeln von $19 \cdot 2$ gelöst wurde.

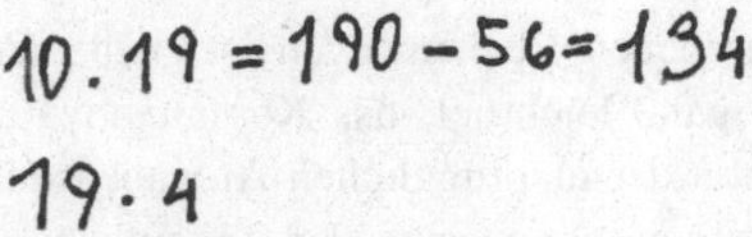

$$10 \cdot 19 = 190 - 56 = 134$$
$$19 \cdot 4$$

Abbildung 6.13 Daniels Rechenweg für $19 \cdot 6$ durch Zerlegen unter Verwendung des Distributivgesetzes. $19 \cdot 4$ löste er fehlerhaft durch Verdoppeln von $19 \cdot 2$, wobei er für $19 \cdot 2$ das Ergebnis 28 erhielt

- $19 \cdot 6 = 10 \cdot 6 + 10 \cdot 6 - 6$ (siehe Abbildung 6.14) (neunmal)

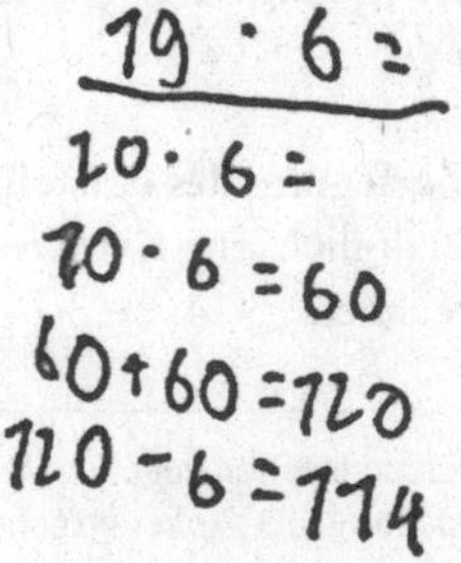

Abbildung 6.14 Elias
Rechenweg für $19 \cdot 6$ durch
Zerlegen unter Verwendung
des Distributivgesetzes

$$19 \cdot 6 =$$
$$20 \cdot 6 =$$
$$10 \cdot 6 = 60$$
$$60 + 60 = 120$$
$$120 - 6 = 114$$

6.1.1.7 Fehlerhafte Rechenwege

In der Kategorie *Fehlerhafte Rechenwege* werden all jene Rechenwege zusammengefasst, die Denkfehler bzw. Verfahrensfehler in der Vorgehensweise beinhalten. Die Richtigkeit des Ergebnisses wird getrennt vom Rechenweg ausgewertet. Aufgaben, die mit einem zielführenden Rechenweg gelöst wurden, deren Ergebnis jedoch aufgrund eines Rechenfehlers falsch war, werden entsprechend dem zugrundeliegenden Rechenweg kodiert, so wie Julias Rechenweg (siehe Abbildung 6.15) in die Kategorie *Verdoppeln* eingeordnet wird, da sie lediglich zwei Teilsummanden falsch addierte, der Denkweg jedoch richtig war:

$$14 + 14 = 28 + 28 = 56 + 14 = 60$$

Abbildung 6.15 Julias Rechenweg für 5·14 unter Einbezug von Verdoppelungen mit Rechenfehler (56 + 14)

Traten jedoch Denkfehler bzw. Verfahrensfehler in der Vorgehensweise auf, wird die Aufgabe in die Kategorie *Fehlerhafte Rechenwege* eingeordnet. 68 der 378 Rechenwege (18,0 Prozent) können dieser Kategorie zugeordnet werden.

Die fehlerhaften Rechenwege kamen, wie anschließend skizziert, meistens aufgrund fehlerhafter Zerlegungen in eine Summe bzw. in eine Differenz zustande. Im Folgenden werden mehrfach aufgetretene Fehlermuster in den Interviews *vor* der Thematisierung im Unterricht beschrieben:

Fehlermuster 1: Fehlerhafte Ermittlung der Teilprodukte bei Zerlegen in eine Summe I

Noni multiplizierte in Abbildung 6.16 zur Lösung von 5·14 den Zehner des zweistelligen Faktors mit dem einstelligen Faktor 5, die Einer des zweistelligen Faktors addierte sie dann fälschlicherweise einfach dazu.

$$5 \cdot 10 \cdot 50 + 4 = 54$$

Abbildung 6.16 Nonis fehlerhafter Rechenweg für 5·14 als 5·10 + 4

Dieses Fehlermuster trat bei der Aufgaben 5·14 zehnmal auf. Auch bei den Aufgaben 4·16 (siehe Abbildung 6.17) und 19·6 wurden dasselbe Fehlermuster achtmal bzw. neunmal beobachtet.

Abbildung 6.17 Elmas
fehlerhafter Rechenweg für
4·16 als 4·10 + 6

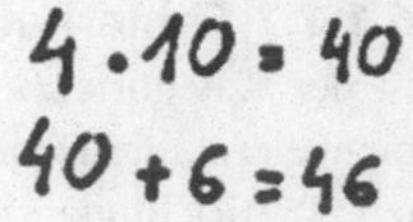

$$4 \cdot 10 = 40$$
$$40 + 6 = 46$$

Fehlermuster 2: Fehlerhafte Ermittlung der Teilprodukte bei Zerlegen in eine Summe II

Ein weiteres Fehlermuster war, dass zwar die Zehner des zweistelligen Faktors mit dem einstelligen Faktor multipliziert wurden, danach aber das Zehnfache der Einerstelle des zweistelligen Faktors addiert wurde, wie in Moritz' Lösung in Abbildung 6.18. Er löste 5·14 fehlerhaft als 5·10 + 40. Dieses Fehlermuster trat bei der Aufgabe 5·14 viermal auf. Auch bei den Aufgaben 4·16 und 19·6 wurde dasselbe Fehlermuster je zweimal beobachtet (4·16 als 4·10 + 60 und 19·6 als 10·6 + 90).

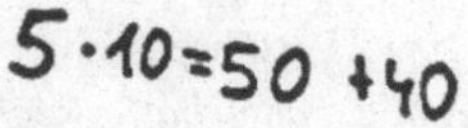

$$5 \cdot 10 = 50 + 40$$

Abbildung 6.18 Moritz' fehlerhafter Rechenweg für 5·14 als 5·10 + 40

Weitere Fehlermuster

Bei der Nutzung der Verzehnfachung als Ankeraufgabe wurde neunmal eine fehlerhafte Anzahl von Summanden addiert. Dabei konnten zwei Fälle unterschieden werden.

- Ausgehend von der Ankeraufgabe irrte sich das Kind im Zuge der Addition bei der Anzahl der bereits addierten Summanden. So wurde in einem Fall die Aufgabe 5·14 gelöst, indem zu 5·10 zweimal die 5 anstatt viermal addiert wurde.
- Ein weiteres Fehlermuster dieser Art war bei Sofia (siehe Abbildung 6.19) zu beobachten. Sie nutzte zur Lösung von 6·19 die Ankeraufgabe 6·10 = 60 und addierte trotzdem 19-mal den 6er.

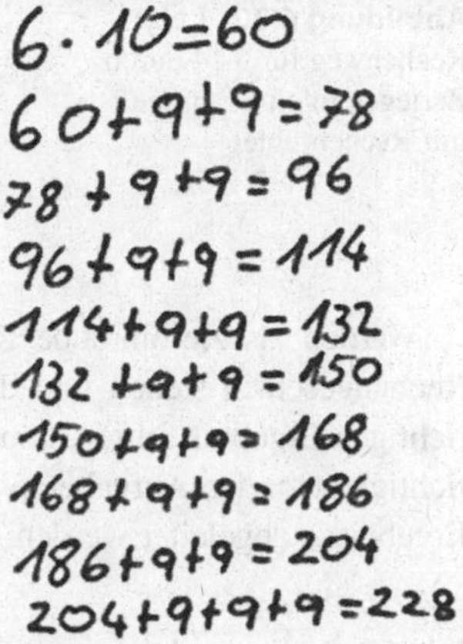

Abbildung 6.19 Sophias
fehlerhafter Rechenweg für
19·6 als 6·10 + 19·6

$$6 \cdot 10 = 60$$
$$60 + 9 + 9 = 78$$
$$78 + 9 + 9 = 96$$
$$96 + 9 + 9 = 114$$
$$114 + 9 + 9 = 132$$
$$132 + 9 + 9 = 150$$
$$150 + 9 + 9 = 168$$
$$168 + 9 + 9 = 186$$
$$186 + 9 + 9 = 204$$
$$204 + 9 + 9 + 9 = 228$$

Folgende zwei Fehlermuster kamen ebenfalls zweimal vor:

- 5·14 = 56 als Verdoppelung von 2·14
- 5·14 = 7 unter Nutzung folgender Logik: 7 ist die Hälfte von 14 und mal 5 bedeutet immer die Hälfte

Alle weiteren 20 beobachteten fehlerhaften Rechenwege kamen nur einmal vor und werden nicht einzeln angeführt.

6.1.2 Lösungsrichtigkeit *vor* der Umsetzung

Die Rechenwege wurden gesondert vom Ergebnis ausgewertet. Rechenwege, die nur aufgrund von Rechenfehlern nicht zum richtigen Ergebnis führen, werden trotzdem der zugrundeliegenden Kategorie zugeordnet (siehe auch Abbildung 6.15 und Abbildung 6.20). Der Rechenweg zur Aufgabe 5·14 von Leon in Abbildung 6.20 wird zum Beispiel der Kategorie *Zerlegung unter Verwendung des Distributivgesetzes* zugeordnet. Aufgrund eines Rechenfehlers bei 5·4 erhielt er 82 (50 + 32) als Ergebnis.

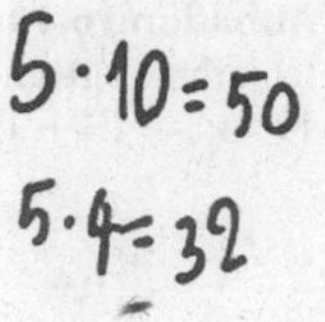

Abbildung 6.20 Leons
Rechenweg für 5·14 durch
Zerlegen in eine Summe
mit Rechenfehler

$$5 \cdot 10 = 50$$
$$5 \cdot 4 = 32$$

Werden als zielführende Rechenwege jene verstanden, die im Einklang mit Rechengesetzen stehen und daher, wenn ohne Rechenfehler durchgeführt, zum richtigen Ergebnis führen, können aus der Auswertung in Bezug auf die Lösungsrichtigkeit zu den Aufgaben 5·14, 4·16 und 19·6 folgende in Tab. 6.2 dargestellten Ergebnisse abgeleitet werden:

Tab. 6.2 Lösungsrichtigkeit zu den Aufgaben 5·14, 4·16 und 19·6 *vor* der Umsetzung

Aufgabe	Anzahl der zielführenden Rechenwege (von 126)	davon mit richtigem Ergebnis	
		absolut	Prozent
5·14	98	69	70,4 %
4·16	102	72	70,6 %
19·6	94	55	58,5 %

Rund 70 Prozent der zielführenden Rechenwege lieferten zu den Aufgaben 5·14 und 4·16 auch richtige Ergebnisse. Bei der Aufgabe 19·6 betrug die Lösungsrichtigkeit bei den zielführenden Rechenwegen rund 59 Prozent und fiel somit geringer aus. Aufgefallen ist bei den falschen Ergebnissen zur Aufgabe 5·14 das häufige Auftreten von 60 (fünfmal bei zielführenden Rechenwegen) und bei den falschen Ergebnissen zur Aufgabe 4·16 das häufige Auftreten von 54 (sechsmal bei zielführenden Rechenwegen). Bei der Aufgabe 19·6 kamen die Ergebnisse 94 (fünfmal bei zielführenden Rechenwegen) und 104 (sechsmal bei zielführenden Rechenwegen) oft vor. Bei Betrachtung der angeführten falschen Ergebnisse ist zu erkennen, dass diese alle auf Fehler im Umgang mit gebündelten Zehnern zurückgeführt werden können.

In Abbildung 6.21 wird die Verteilung der Lösungsrichtigkeit auf die einzelnen Rechenwege dargestellt:

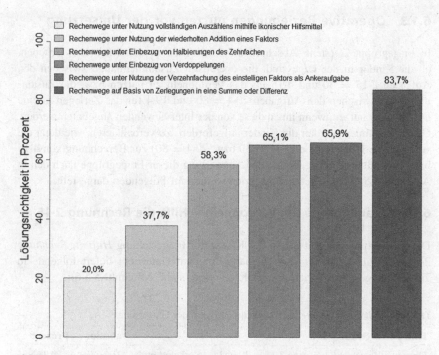

Abbildung 6.21 Lösungsrichtigkeit in Bezug zu den genutzten Rechenwegen *vor* der Umsetzung

- Am geringsten ist die Lösungsrichtigkeit bei Rechenwegen unter Nutzung des vollständigen Auszählens (20,0 Prozent). Er erfordert viele Zählschritte, die Gefahr des sich Verzählens ist dabei groß.
- Rechenwege durch wiederholte Addition weisen die zweitniedrigste Lösungsrichtigkeit auf (37,7 Prozent). Viele beobachtete Fehler können auf nicht (vollständig) berücksichtigte gebündelte Zehnern zurückgeführt werden.
- Die höchste Lösungsrichtigkeit liegt bei Rechenwegen unter Nutzung des Distributivgesetzes vor (83,7 Prozent). Diese Rechenwege können – im Vergleich zum vollständigen Auszählen und zur wiederholten Addition eines Faktors – als anspruchsvollere und effizientere Rechenwege bezeichnet werden.

6.1.3 Operative Beziehungen nutzen *vor* der Umsetzung

In Fragegruppe 2 (siehe Abschnitt 5.5.2.2) wurde in den Interviews erhoben, ob die Kinder in der Lage sind, die operativen Zusammenhänge zwischen den Aufgaben $2 \cdot 15 = 30$ und $4 \cdot 15$ für das Verdoppeln zu nutzen bzw. die Zusammenhänge zwischen den Aufgaben $20 \cdot 4 = 80$ und $19 \cdot 4$ für das Zerlegen in eine Differenz zu nutzen, wenn ihnen diese von der Interviewenden angeboten werden. Genaugenommen wurden die Kinder aufgefordert, zu verbalisieren, wie denn die vorgegebene Hilfsaufgabe ($2 \cdot 15 = 30$ bzw. $20 \cdot 4 = 80$) zur Berechnung von $4 \cdot 15$ bzw. $19 \cdot 4$ nütze. Die Ergebnisse der Auswertung dieser Fragegruppe nach den in Abschnitt 5.5.6 abgeleiteten Kategorien werden im Folgenden dargestellt.

6.1.3.1 Fragegruppe 2a: Verdoppeln – Hilft die Rechnung $2 \cdot 15 = 30$ für $4 \cdot 15$?

Die Auswertung der Antworten der Kinder zur Fragestellung *Hilft die Rechnung $2 \cdot 15 = 30$ für $4 \cdot 15$?* vor der Thematisierung im Unterricht liefert folgende in Tab. 6.3 dargestellte Verteilung der Kategorien (siehe Abschnitt 5.5.6):

Tab. 6.3 *Hilft die Rechnung $2 \cdot 15 = 30$ für $4 \cdot 15$?* vor der Umsetzung

Hilft $2 \cdot 15 = 30$ für $4 \cdot 15$?	absolut	Prozent
Operative Beziehung zwischen $2 \cdot 15 = 30$ und $4 \cdot 15$ erkannt und genutzt	106	84,1 %
Operative Beziehung fehlerhaft genutzt.	9	7,1 %
$2 \cdot 15 = 30$ hilft nicht für $4 \cdot 15$.	8	6,4 %
Ich weiß es nicht.	2	1,6 %
Antwort des Kindes erlaubt keine klare Zuordnung	1	0,8 %
Summe	**126**	**100,0 %**

84,1 Prozent der Kinder (106 von 126) nutzten die Rechnung $2 \cdot 15 = 30$ zur Lösung der Aufgabe $4 \cdot 15$. Fehlerhafte Ableitungswege waren bei neun Kindern zu beobachten. Weitere acht Kinder erklärten, dass $2 \cdot 15 = 30$ für $4 \cdot 15$ nicht helfe und zwei Kinder konnten keine Aussage darüber treffen, ob $2 \cdot 15 = 30$ für $4 \cdot 15$ helfe.

Kategorie 1: Operative Beziehung zwischen 2·15 = 30 und 4·15 erkannt und genutzt.
Die große Mehrheit der Argumentationen (99 von 106), die dieser Kategorie zugeordnet werden können, nutzten das Verdoppeln zur Lösung von 4·15 auf Basis der operativen Beziehung zwischen 2·15 = 30 und 4·15 und stellten fest, dass die Rechnung 2·15 = 30 für 4·15 hilft, z. B. weil

- 2 die Hälfte von 4 ist,
- 4 das Doppelte von 2 ist,
- 2·15 die Hälfte von 4·15 ist,
- 4·15 das Doppelte von 2·15 ist,
- 4·15 zerlegt werden kann in 2·15 + 2·15.

und daher nur das Doppelte, oder noch einmal 30, oder 30 + 30 gerechnet werden muss, so wie Lukas aus der Klasse A1, der wie folgt argumentierte:

L: Weil 2·15 ist 30 und da (zeigt auf 4·15) ist das Doppelte. Also von 2 ist 4 das Doppelte und dann musst du einfach 2·30 rechnen, ist dann 60.

Es waren auch sieben Argumentationen zu beobachten, bei denen die Aufgabe 2·15 = 30 nicht verdoppelt wurde, um 4·15 zu berechnen, sondern mit fortgesetzter Addition weitergerechnet wurde. Diese Begründungen wurden ebenfalls der Kategorie 1 zugeordnet.

Kategorie 2: Operative Beziehung fehlerhaft genutzt.
Drei Kinder, die der Kategorie 2 zugeordnet werden können, leiteten fehlerhaft aus 2·15 = 30 für 4·15 das Ergebnis 30 + 2 = 32 ab, so wie in Emilys Argumentation aus der Klasse A2 erkennbar, die Folgendes erläuterte:

E: Ja, da muss man einfach 2 dazugeben.
I: Was wäre dann das Ergebnis von 4·15?
E: 32
I: Wie siehst du denn das, dass du da einfach 2 dazugeben musst?
E: Weil 22 ist 4!

Anstatt 30 mit 2 zu multiplizieren, addierte Emily die 2 zu 30.
    Weitere fehlerhafte Ableitungen, die nicht öfter als einmal genannt wurden, waren z. B.

- f: Ja, ich muss 30 + 15 rechnen,
- f: Ja, 2·15 = 30 und 2 Zehner dazu, ergibt 50.

Kategorie 3: 2·15 hilft nicht für 4·15.
In Kategorie 3 werden Argumentationen eingeordnet, bei denen die Kinder feststellten, dass die Aufgabe 2·15 = 30 zur Berechnung von 4·15 nicht helfe.

Kategorie 4: Ich weiß es nicht.
In Kategorie 4 werden Argumentationen eingeordnet, bei denen die Kinder feststellten, dass sie nicht wissen, ob die Aufgabe 2·15 = 30 zur Berechnung von 4·15 helfe.

6.1.3.2 Fragegruppe 2b: Zerlegen in eine Differenz – Hilft die Rechnung 20·4 = 80 für 19·4?

Die Auswertung der Antworten der Kinder zur Fragestellung *Hilft die Rechnung 20·4 = 80 für 19·4? vor* der Thematisierung im Unterricht liefert folgende in Tab. 6.4 dargestellte Verteilung der Kategorien (siehe Abschnitt 5.5.6):

Tab. 6.4 *Hilft die Rechnung 20·4 = 80 für 19·4? vor* der Umsetzung

Hilft 20·4 = 80 für 19·4?	absolut	Prozent
Operative Beziehung zwischen 20·4 = 80 und 19·4 erkannt und genutzt	76	60,3 %
Operative Beziehung fehlerhaft genutzt.	31	24,6 %
20·4 = 80 hilft nicht für 19·4.	6	4,8 %
Ich weiß es nicht.	13	10,3 %
Summe	**126**	**100,0 %**

Rund 60 Prozent der Kinder nutzten die Hilfsaufgabe 20·4 = 80 zur Lösung der Aufgabe 19·4 durch Zerlegen in eine Differenz unter Verwendung des Distributivgesetzes. Fehlerhafte Ablcitungen traten in 24,6 Prozent auf, am häufigsten leiteten die Kinder das Ergebnis 80 – 1 = 79 ab. Sechs Kinder erklärten, dass 20·4 = 80 für 19·4 nicht helfe und 13 Kinder konnten keine Aussage darüber treffen, ob 20·4 = 80 für 19·4 helfe.

Kategorie 1: Operative Beziehung zwischen 20·4 = 80 und 19·4 erkannt und genutzt.

Argumentationen, die zur Kategorie 1 gehören, verdeutlichen schnell und sicher, dass *nur* 80 − 4 gerechnet werden müsse, weil das Ergebnis von 19·4 um 4 kleiner ist als das Ergebnis von 20·4, so wie Georg aus der Klasse A2, der im Interview Folgendes feststellte:

G: Ich mache einfach minus 4, weil ich habe ja 20·4 und ich muss 19·4 nehmen. Ich habe 1·4 zu viel genommen.

Analoge Argumentationen dieser Kinder lauteten:

- „weil da (zwischen den beiden Rechnungen) ist ein 4er Unterschied"
- „weil 19·4 ist um einen 4er weniger als 20·4"
- „weil man ja 1·4 mehr gerechnet hat"
- „weil 80, da hat man einen 4er zu viel, denn es gehört ja nur 19·4, nicht 20·4"

In der Interviewführung wurde auszuschließen versucht, dass Kinder die Aufgabe 19·4 auf einem anderen Rechenweg ausrechnen, um dann vom Ergebnis den Unterschied zu 80 zu ermitteln. Dies geschah einerseits durch die Fragestellung (siehe Abschnitt 5.5.2 − *Rechne diese Rechnung bitte nicht aus! Ich möchte nämlich gar nicht das Ergebnis, sondern etwas Anderes fragen!*) und andererseits wurden Kinder, die länger nachdachten, mit der Aufforderung unterbrochen, nicht zu rechnen, sondern von der Hilfsaufgabe auf die Lösung zu schließen.

Es kann aber mit Bezug zu den in Abschnitt 5.5.1 erörterten möglichen Problembereichen klinischer Interviews nicht mit Sicherheit ausgeschlossen werden, dass dennoch einige Kinder zuerst die Aufgabe 19·4 über einen anderen Rechenweg ausrechneten und danach die Differenz zu 80 ermittelten. Die Gefahr, dass Kinder oft auch Antworterwartungen vermuten und in der Folge nicht das äußern, was sie wirklich denken, sondern das, was die Lehrkraft als Antwort erwartet, muss in der Durchführung klinischer Interviews stets mitberücksichtigt werden (Selter und Spiegel 1997, S. 105).

Kategorie 2: Operative Beziehung fehlerhaft genutzt.

17 Kinder leiteten aus 20·4 = 80 für 19·4 fehlerhaft das Ergebnis 80 − 1 ab, so wie Elma aus der Klasse C2:

E: Ja, 19·4, da kann man den Neunertrick machen. Da tut man 20·4 = 80 und dann minus 1 ist gleich 79.

Fünf Kinder leiteten aus $20{\cdot}4 = 80$ für $19{\cdot}4$ fehlerhaft das Ergebnis $80 - 10$ ab, so wie Hanna aus der Klasse 2B:

H: Eigentlich hilft es mir schon, dass ($20{\cdot}4 = 80$ ist), halt 10 mehr wie das Ergebnis (von $19{\cdot}4$).
I: Wie viel wäre dann $19{\cdot}4$?
H: 70
I: Wie siehst du denn das?
H: Weil 20 einen Zehner nach dem 19er ist.

Weitere fehlerhafte Argumentationen, die nicht öfters als zweimal vorkamen, z. B.

- f: Ja, ich muss $80 - 19$ rechnen.
- f: Ja, ich muss $80 - 9$ rechnen.
- f: Ja, ich muss $80 + 80$ rechnen.

Kategorie 3: $20{\cdot}4 = 80$ hilft nicht für $19{\cdot}4$.
In Kategorie 3 werden Argumentationen eingeordnet, bei denen die Kinder feststellten, dass die Aufgabe $20{\cdot}4 = 80$ zur Berechnung von $19{\cdot}4$ nicht helfe.

Kategorie 4: Ich weiß es nicht.
In Kategorie 4 werden Argumentationen eingeordnet, bei denen die Kinder feststellten, dass sie nicht wüssten, ob die Aufgabe $20{\cdot}4 = 80$ zur Berechnung von $19{\cdot}4$ helfe.

6.1.4 Typisierung nach Rechenwegen *vor* der Umsetzung

Das vorliegende Abschnitt 6.1.4 beantwortet folgende in Abschnitt 5.2 formulierte Forschungsfrage:

(2) Welche Typenbildung kann auf Basis der von den Kindern genutzten Rechenwegen für Multiplikationen einstelliger mit zweistelligen Zahlen *vor* einer expliziten Behandlung des Themas im Unterricht abgeleitet werden?

Für eine Typisierung der Kinder nach Kelle und Kluge (2010) müssen in einem ersten Schritt die Vergleichsdimensionen erarbeitet werden. Im konkreten

Fall werden dazu die Kategorien *Art des Rechenweges, Lösungsrichtigkeit* und *Operative Beziehungen nutzen* wie folgt dimensionalisiert.

6.1.4.1 Dimensionalisierung der Art des Rechenweges

Die Dimensionalisierung der Subkategorien zur Art des Rechenweges erfolgt anhand der im Abschnitt 3.4 abgeleiteten *vier Hauptkategorien* multiplikativer Rechenwege im Bereich des Zahlenrechnens. Zur besseren Nachvollziehbarkeit für die Leserin bzw. den Leser werden an dieser Stelle die vier Hauptkategorien kurz in Erinnerung gerufen:

* Rechenwege unter Nutzung von Zählstrategien,
* Rechenwege durch Addition und Verdoppeln,
* Rechenwege auf Basis von Zerlegungen und
* Rechenwege unter Nutzung besonderer Aufgabenmerkmale.

Die Dimensionalisierung der Subkategorien zur Art des Rechenweges anhand dieser vier Hauptkategorien liefert folgende Klassifizierung (siehe Tab. 6.5):

Tab. 6.5 Dimensionalisierung der *Art des Rechenweges vor* der Umsetzung

Rechenwege durch vollständiges Auszählen mithilfe ikonischer Hilfsmittel (Vollständiges Auszählen)
Rechenwege durch Addition und Verdoppeln   • Rechenwege unter Nutzung der wiederholten Addition eines Faktors (Wiederholte Addition)   • Rechenwege unter Einbezug von Verdoppelungen (Verdoppeln)   • Rechenwege unter Nutzung einer Zerlegung des einstelligen Faktors in eine Summe
Fehlerhafte Rechenwege aufgrund fehlerhafter Zerlegungen
Rechenwege unter Nutzung der Multiplikation von Zehnerzahlen als Folge einer stellengerechten Zerlegung des zweistelligen Faktors in eine Summe   • Rechenwege unter Nutzung der Verzehnfachung des einstelligen Faktors als Ankeraufgabe mit anschließendem additiven Weiterrechnen (Ankeraufgabe)   • Rechenwege unter Nutzung des Distributivgesetzes auf Grundlage einer stellengerechten Zerlegung des zweistelligen Faktors in eine Summe (stellengerechte Zerlegung in eine Summe)
Rechenwege, die besondere Aufgabenmerkmale nutzen   • Rechenwege unter Nutzung einer Zerlegung eines Faktors in eine Differenz (Zerlegen in eine Differenz)   • Rechenwege unter Einbezug von Halbierungen des Zehnfachen (Halbieren)

Die einzelnen Subkategorien der Dimensionalisierung aus Tab. 6.5 können mit Bezug zur Literatur wie folgt charakterisiert werden:

Rechenwege durch vollständiges Auszählen mithilfe ikonischer Hilfsmittel
Die Kategorie *Vollständiges Auszählen* umfasst Rechenwege, die Zählstrategien basierend auf konkreten Materialien oder auch Bildern nutzen. Diese Rechenwege stellen die elementarsten Rechenwege zur Lösung von Mult_1 × 2_ZR dar (siehe Abschnitt 3.3.1, Abschnitt 3.3.2 und Abschnitt 3.3.3: *Direct Modeling* (Baek 1998), *Concrete Multiplication Strategies* (Ambrose et al. 2003) sowie *Counting procedures* (Mendes et al. 2012)).

Rechenwege durch Addition und Verdoppeln
Durch die Rückführung der Multiplikation auf die fortgesetzte Addition werden die Auszählstrategien durch effizientere Rechenwege ersetzt (Mulligan und Mitchelmore 1997; Sherin und Fuson 2005). Dabei können zur schnelleren Ermittlung des Ergebnisses einzelne Summanden (meist paarweise) addiert und dann zur Gesamtsumme zusammengefügt werden. In die Kategorie *Rechenwege durch Addition und Verdoppeln* können alle Rechenwege eingeordnet werden, die die wiederholte Addition eines Faktors oder Verdoppelungen nutzen. In dieser Kategorie erfolgt noch keine stellengerechte Zerlegung des zweistelligen Faktors unter Nutzung des Distributivgesetzes. Diese Rechenwege durch Addition und Verdoppeln wurden für die mehrstellige Multiplikation bereits in Abschnitt 3.3 als *Complete Number Strategies* (Baek 1998), *Adding and Doubling Strategies* (Ambrose et al. 2003) und *Additive procedures* (Mendes et al. 2012) beschrieben. Auch Rechenwege unter Nutzung einer Zerlegung des einstelligen Faktors in eine Summe werden dieser Gruppe zugeordnet, da die Zerlegung des einstelligen Faktors in eine Summe zu Teilprodukten führt, die wiederum (unter Einbezug von Verdoppelungen) additiv gelöst werden (siehe Abschnitt 3.3.1: *Adding and Doubling Strategies* (Ambrose et al. 2003)).

Fehlerhafte Rechenwege aufgrund fehlerhafter Zerlegungen
Im Zuge dieser Dimensionalisierung fällt auf, dass die Subkategorie *Fehlerhafte Rechenwege aufgrund fehlerhafter Zerlegungen* sich nicht in die vier Hauptkategorien einordnen lässt. *Fehlerhafte Rechenwege aufgrund fehlerhafter Zerlegungen* werden in keiner der in Abschnitt 3.3 zitierten Studien zu multiplikativen Rechenwegen als eigene Kategorie geführt. Doch wurden solche Rechenwege in der vorliegenden Studie im erheblichen Ausmaß (18 Prozent) gezeigt. Die Beobachtungen in der vorliegenden Studie lassen vermuten, dass manche Kinder eine

Zwischenstufe (zwischen additiven und multiplikativen Rechenwegen) durchlaufen, in der sie fehlerhafte Rechenwege aufgrund fehlerhafter Zerlegungen beschreiten. Es erscheint wichtig – insbesondere aufgrund des beachtlichen Prozentsatzes an beobachteten fehlerhaften Rechenwegen – diese Rechenwege als eigene Kategorie anzuführen.

Rechenwege unter Nutzung der Multiplikation von Zehnerzahlen als Folge einer stellengerechten Zerlegung des zweistelligen Faktors in eine Summe

In die Kategorie *Rechenwege unter Nutzung der Multiplikation von Zehnerzahlen als Folge einer stellengerechten Zerlegung des zweistelligen Faktors in eine Summe* können alle Rechenwege eingeordnet werden, die einerseits die Verzehnfachung des einstelligen Faktors als Ankeraufgabe mit anschließendem additiven Weiterrechnen nutzen sowie andererseits das Distributivgesetz, um Faktoren in eine Summe zu zerlegen. Die Aufgabe wird dadurch in eine Multiplikation mit einer Zehnerzahl und in eine Einmaleinsaufgabe zerlegt. Diese Zerlegung führt dazu, dass Vielfache von 10 effizient zur Ergebnisermittlung genutzt werden können (siehe *Invented Algorithms using ten* (Ambrose et al. 2003, S. 57)).

Zwar kann bei der Nutzung von Ankeraufgaben nicht davon ausgegangen werden, dass das Distributivgesetz als Zerlegung eines Produktes in eine Summe von Teilprodukten erfasst wurde, doch wird die Multiplikation mit einer Zehnerzahl bereits effizient genutzt. Ferner ist es vor allem bei niedrigen Einerstellen des zweistelligen Faktors auch ökonomisch, die Faktoren fortgesetzt zu addieren, da der Rechenaufwand relativ gering ist.

Rechenwege, die besondere Aufgabenmerkmale nutzen

Die vierte Kategorie umfasst Rechenwege, die mit dem Prinzip der Kompensation/des Ausgleichens oder des Ableitens erklärt werden können. Da diese Rechenwege nur bei besonderen Aufgabenmerkmalen zu Rechenvorteilen führen, wird diese Kategorie als *Rechenwege, die besondere Aufgabenmerkmale nutzen* bezeichnet.

Dies sind mit Bezug zu den ausgewerteten Kategorien zur Art des Rechenweges *vor* der Umsetzung des Lernarrangements

- Rechenwege unter Nutzung einer Zerlegung eines Faktors in eine Differenz (bei Aufgabenmerkmal: ein Faktor liegt nahe unter einer Zehnerzahl) und
- Rechenwege unter Einbezug von Halbierungen des Zehnfachen (bei Aufgabenmerkmal: der einstellige Faktor beträgt 5, aber auch 4 oder 6).

Zur Nutzung dieser Rechenwege müssen in den Aufgaben die entsprechenden besonderen Aufgabenmerkmale erkannt und genutzt werden[3].

6.1.4.2 Dimensionalisierung der Lösungsrichtigkeit und der Nutzung operativer Beziehungen

In der Erhebung der Rechenwege wurde die Lösungsrichtigkeit dokumentiert und für jeden beobachteten Rechenweg in *richtig gelöst* oder *nicht richtig gelöst* kategorisiert (siehe Abschnitt 6.1.2). Da nur drei Aufgaben zur Art des Rechenweges in die Typisierung einfließen, kann wie folgt dimensionalisiert werden:

- Geringe Lösungsrichtigkeit (0–1 Aufgabe richtig gelöst)
- Hohe Lösungsrichtigkeit (2–3 Aufgaben richtig gelöst)

Das Kategoriensystem zur Nutzung operativer Beziehungen wurde bereits in Tab. 5.7 festgelegt und in Abschnitt 6.1.3 und 6.2.3 ausführlich anhand der erhobenen Daten beschrieben. Die vier Subkategorien werden im Hinblick auf die Typenbildung zu zwei Subkategorien zusammengefasst:

- Operative Beziehung zwischen $2 \cdot 15 = 30$ und $4 \cdot 15$ erkannt und genutzt.
- Operative Beziehung zwischen $20 \cdot 4 = 80$ und $19 \cdot 4$ erkannt und genutzt.
- Operative Beziehung zwischen $2 \cdot 5 = 30$ und $4 \cdot 15$ nicht erkannt und genutzt.
- Operative Beziehung zwischen $20 \cdot 4 = 80$ und $19 \cdot 4$ nicht erkannt und genutzt.

6.1.4.3 Gruppierung der Fälle

In weiterer Folge werden nun die einzelnen Kinder nach ihren Ergebnissen zur Fragegruppe 1: *Art der Rechenwege für 5·14, 4·16, 19·6* zum ersten Erhebungstermin im Oktober/November 2016 bzw. 2017 vor einer expliziten Behandlung des Themas im Unterricht nach den Vergleichsdimensionen in Tab. 6.5 gruppiert.

---

[3] Rechenwege unter Einbezug von Verdoppelungen wurden *vor* der Umsetzung des Lernarrangements nicht als Nutzen besonderer Aufgabenmerkmale eingeordnet, da in der Auswertung eine Unterscheidung, ob das Verdoppeln aufgrund der besonderen Aufgabenmerkmale oder nur zur schnelleren Addition gewählt wurde, nicht feststellbar war. Rechenwege unter Nutzung des Gesetzes von der Konstanz des Produktes wurden *vor* der Umsetzung nicht gezeigt.

Nachfolgend zeigt Tab. 6.6 die relative Verteilung der gebildeten Gruppen getrennt für beide Zyklen[4] und als Gesamtschau. Die Gruppierungen werden als Vortyp 1 bis Vortyp 5 bezeichnet, da die Typisierung die Daten *vor* der Umsetzung des Lernarrangements verarbeitet. Die Langform der Vortypen beschreibt die von den Fällen angewandten Rechenwege (Kind nutzt...).

Tab. 6.6 Typisierung der Kinder nach den genutzten Rechenwegen zu Mult_1 × 2_ZR *vor* der Umsetzung

	Zyklus 1 (n = 70)	Zyklus 2 (n = 55)	beide Zyklen (n = 125[5])
Vortyp 1 Kind nutzt Rechenwege durch vollständiges Auszählen mithilfe ikonischer Hilfsmittel	2,9 %	0,0 %	1,6 %
Vortyp 2 Kind nutzt überwiegend[6] Rechenwege durch Addition und Verdoppeln	27,1 %	23,6 %	25,6 %
Vortyp 3 Kind nutzt fehlerhafte Rechenwege aufgrund fehlerhafter Zerlegungen	17,1 %	21,8 %	19,2 %
Vortyp 4 Kind nutzt die Multiplikation von Zehnerzahlen auf Basis einer stellengerechten Zerlegung in eine Summe			
• Kind nutzt Verzehnfachung als Ankeraufgabe (Vortyp 4a)	8,6 %	10,9 %	9,6 %
• Kind nutzt stellengerechtes Zerlegen in eine Summe (Vortyp 4b)	32,9 %	27,3 %	30,4 %
Vortyp 5 Kind erkennt und nutzt zusätzlich besondere Aufgabenmerkmale	11,4 %	16,4 %	13,6 %
Summe	**100,0 %**	**100,0 %**	**100,0 %**

---

[4] Diese Trennung in der Auswertung der Zyklen wurde vorgenommen, da die Lernverläufe der Kinder *nach* der Umsetzung des Lernarrangements in weiterer Folge nur mehr für den zweiten Zyklus weiterverfolgt werden.

[5] Ein Kind aus dem ersten Zyklus, welches keine Aufgabe lösen konnte, wurde in der Gruppierung nicht erfasst.

[6] Die Charakterisierung von *überwiegend* ist der Beschreibung des Vortyps 2 in Abschnitt 6.1.4.4 zu entnehmen.

Eine Gruppierung nach Lösungsrichtigkeit und operativen Beziehungen bringt hingegen keine weiteren Typen mehr hervor.

6.1.4.4 Charakterisierung der gebildeten Vortypen

Vortyp 1: Kind nutzt Rechenwege durch vollständiges Auszählen mithilfe ikonischer Hilfsmittel
In diese Gruppe können zwei der 125 untersuchten Kinder eingeordnet werden. Beide Kinder nahmen am ersten Zyklus teil. Die Rechenwege dieses Vortyps wurden bereits in Abschnitt 6.1.1.1 näher beschrieben, wobei ein Kind alle drei Aufgaben durch vollständiges Auszählen Rechenweg löste, das andere nur jeweils eine Aufgabe und die anderen zwei Aufgaben aufgrund des hohen zeitlichen Aufwandes zur Lösungsfindung nicht gestellt wurden. Die Lösungsrichtigkeit bei diesem Vortyp ist gering. Ein Kind zählte nur die Aufgabe 5·14 richtig aus, für das andere Kind wurden keine richtigen Ergebnisse dokumentiert. Von diesen Kindern wurden die operativen Beziehungen zwischen 2·15 = 30 und 4·15 zur Lösung von 4·15 unter Einbezug des Verdoppelns und die operative Beziehung zwischen 20·4 = 80 und 19·4 zur Lösung von 19·4 durch Zerlegen in eine Differenz auf Nachfrage nicht erkannt oder falsch erläutert (z. B. Ja, ich muss 80 – 1 rechnen.).

Vortyp 2: Kind nutzt überwiegend Rechenwege durch Addition und Verdoppeln
In diese Gruppe können 32 (25,6 Prozent) der 125 Kinder eingeordnet werden. Die Rechenwege dieser Gruppe wurden bereits in den Abschnitte 6.1.1.2, 6.1.1.3 und 6.1.1.6 im Zuge der Beschreibung der Rechenwege unter Nutzung der wiederholten Addition, der Rechenwege unter Einbezug von Verdoppelungen und der Rechenwege unter Nutzung einer Zerlegung des einstelligen Faktors in eine Summe genau dokumentiert.

Von den 32 Kindern dieses Vortyps

- lösten elf Kinder *alle* Aufgaben unter Nutzung der wiederholten Addition;
- lösten drei Kinder *alle* Aufgaben unter Einbezug des Verdoppelns;
- nutzten vier Kinder die fortgesetzte Addition bei den Aufgaben 5·14 und 19·6 und lösten 4·16 unter Einbezug von Verdoppelungen;
- nutzten 14 Kinder in zwei von drei Rechenwegen die wiederholte Addition und/oder Verdoppeln. Die dritte Aufgabe wurde entweder gar nicht gelöst (6), mit der Verzehnfachung als Ankeraufgabe (3), unter vollständigem Auszählen

(1) oder war fehlerhaft (3). Der Fehler bestand darin, dass bei der fortgesetzten Addition bzw. Verzehnfachung als Ankeraufgabe eine falsche Anzahl von Summanden addiert wurde.

Der Rechenweg unter Nutzung einer Zerlegung des einstelligen Faktors in eine Summe wurde bei Kindern dieses Vortyps lediglich einmal beobachtet (siehe Abschnitt 6.1.1.6: $5 \cdot 14 = 3 \cdot 14 + 2 \cdot 14$). Die Lösungsrichtigkeit bei diesem Vortyp ist mehrheitlich gering. Von den drei Aufgaben lösten 65,7 Prozent der zugeordneten Kinder entweder keine oder nur eine Aufgabe richtig. Jedoch erkannten auf Nachfrage elf der 32 Kinder sowohl die operative Beziehung zwischen $2 \cdot 15 = 30$ und $4 \cdot 15$ als auch die operative Beziehung zwischen $20 \cdot 4 = 80$ und $19 \cdot 4$.

Vortyp 3: Kind nutzt fehlerhafte Rechenwege aufgrund fehlerhafter Zerlegungen

In diese Gruppe können 24 (19,2 Prozent) der 125 Kinder eingeordnet werden. Die Rechenwege dieser Gruppe wurden bereits in Abschnitt 6.1.1.7 im Zuge der Beschreibung der Kategorie *Fehlerhafte Rechenwege* genau dokumentiert.

Von den 24 Kindern lösten 14 Kinder *alle drei* Aufgaben und sechs Kinder *mindestens zwei* Aufgaben aufgrund fehlerhafter Zerlegungen fehlerhaft. Bei weiteren vier Kindern dieser Gruppe wurde Folgendes beobachtet: Bei den Aufgaben mit *niedrigeren* Einerziffern ($5 \cdot 14$ und $4 \cdot 16$) nutzten diese Kinder die fortgesetzte Addition, doch für die Aufgabe $19 \cdot 6$, die höhere Einerziffern aufweist, war ihnen vermutlich der Rechenaufwand zu groß. Jedenfalls wählten sie dafür einen Rechenweg über eine Zerlegung, die sie fehlerhaft übertrugen ($19 \cdot 6$ als $10 \cdot 6 + 9$ bzw. als $5 \cdot 20 - 19 + 6$ bzw. als $20 \cdot 6 - 1$).

Die Lösungsrichtigkeit bei Vortyp 3 ist, der Kategorie entsprechend, gering. Über 70 Prozent der zugeordneten Kinder lösten keine einzige Aufgabe korrekt. Zudem erkannten lediglich vier der 24 zugeordneten Kinder sowohl die operative Beziehung zwischen $2 \cdot 15 = 30$ und $4 \cdot 15$ zur Lösung von $4 \cdot 15$ unter Einbezug des Verdoppelns als auch die operative Beziehung zwischen $20 \cdot 4 = 80$ und $19 \cdot 4$ zur Lösung von $19 \cdot 4$ durch Zerlegen in eine Differenz auf Nachfrage. Ferner ist anzumerken, dass neun der 24 Kinder aus diesem Vortyp $80 - 1$ als Lösung für $19 \cdot 4$ ableiteten.

Vortyp 4: Kind nutzt die Multiplikation von Zehnerzahlen auf Basis einer stellengerechten Zerlegung in eine Summe

In diesem Vortyp 4 können 50 (40,0 Prozent) der 125 Kinder eingeordnet werden. Für die Interpretation der Daten ist es zweckdienlich, in dieser Gruppe noch einmal zwischen jenen Kindern zu unterscheiden, die Rechenwege unter Nutzung

der Verzehnfachung des einstelligen Faktors als Ankeraufgabe mit anschließendem additiven Weiterrechnen nutzten (Vortyp 4a), und jenen Kindern, die
stellengerechtes Zerlegen in eine Summe anwendeten (Vortyp 4b). Dem Vortyp 4a
können zwölf Kinder (9,6 Prozent) und dem Vortyp 4b 38 Kinder (30,4 Prozent)
zugeordnet werden.

Die Rechenwege dieser Gruppe wurden bereits in Abschnitt 6.1.1.5 bzw. in
Abschnitt 6.1.1.6 dokumentiert.

Im Detail können die zwölf Kinder des Vortyps 4a gruppiert werden in:

- neun Kinder, die *alle* Aufgaben ausnahmslos unter Nutzung der Verzehnfachung des einstelligen Faktors als *Ankeraufgabe* mit anschließendem additiven
  Weiterrechnen lösten;
- drei Kinder, die die Ankeraufgabe *nur in zwei der drei* Aufgaben nutzten. Die
  dritte Aufgabe lösten sie fehlerhaft, indem sie bei der fortgesetzten Addition
  bzw. Verzehnfachung als Ankeraufgabe eine falsche Anzahl von Summanden
  addierten;

Die 38 Kinder des Vortyps 4b setzen sich zusammen aus:

- 26 Kinder, die *alle* Aufgaben ausnahmslos unter *Nutzung des Distributivgesetzes* mit stellengerechter Zerlegung des zweistelligen Faktors in eine Summe
  lösten;
- vier Kinder, die sowohl Rechenwege unter Nutzung der Verzehnfachung
  als Ankeraufgabe als auch Rechenwege unter Nutzung des stellengerechten
  Zerlegens in eine Summe nutzten;
- sechs Kinder, die neben der stellengerechten Zerlegung zusätzlich noch
  Rechenwege durch Addition und Verdoppeln nutzten, wobei beobachtet werden konnte, dass bei den Aufgaben mit niedrigeren Einerziffern in beiden
  Faktoren (5·14 und 4·16) additive Rechenwege verwendet wurden und bei
  der Aufgabe 19·6, die höhere Einerziffern in beiden Faktoren aufweist,
  stellengerecht in eine Summe zerlegt wurde;
- zwei Kinder, die das stellengerechte Zerlegen für 5·14 anwendeten. Die
  Aufgabe 4·16 lösten sie hingegen durch Verdoppeln, die Aufgabe 19·6 fehlerhaft. Diese Kinder wurden dennoch diesem Vortyp zugeordnet, da sie das
  stellengerechte Zerlegen zumindest in einer Aufgabe richtig anwendeten.

In Bezug auf die Lösungsrichtigkeit erzielt der Vortyp 4b bessere Ergebnisse als
der Vortyp 4a. Während beim Vortyp 4a nur 25 Prozent der Kinder alle drei Aufgaben richtig lösten, waren es bei Vortyp 4b 57,9 Prozent. Auch hinsichtlich des

Erkennens und Nutzens operativer Beziehungen auf Nachfrage sind Unterschiede beobachtbar. In Vortyp 4a erkannten 25 Prozent der Kinder sowohl die Verdoppelung als auch die Zerlegung in eine Differenz auf Nachfrage. Im Vortyp 4b waren es hingegen 76,3 Prozent.

Vortyp 5: Kind erkennt und nutzt zusätzlich besondere Aufgabenmerkmale
In diese Gruppe können 17 (13,6 Prozent) der 125 Kinder eingeordnet werden. Diese 17 Kindern zeigen somit bereits *vor* der Umsetzung des Lernarrangements aufgabenadäquate Rechenwege. Die Rechenwege dieser Gruppe wurden bereits in Abschnitt 6.1.1.6 bzw. in Abschnitt 6.1.1.4 genau dokumentiert.

Von den 17 Kindern nutzten

- 14 Kinder bei der Aufgabe 19·6 Zerlegen in eine Differenz,
- ein Kind bei der Aufgabe 19·6 Zerlegen in eine Differenz und bei der Aufgabe 5·14 und 4·16 Rechenwege unter Einbezug der Halbierung des Zehnfachen sowie
- zwei Kinder bei der Aufgabe 5·14 und 4·16 Rechenwege unter Einbezug der Halbierung des Zehnfachen.

Wie bereits angemerkt, können auch Rechenwege zur Lösung der Aufgabe 4·16 unter Einbezug von Verdoppelungen als Nutzung besonderer Aufgabenmerkmale gesehen werden. Diese Überlegung wird in der vorliegenden Auswertung allerdings nicht aufgegriffen, da viele Kinder das stellengerechte Zerlegen in eine Summe als sogenannten Universalrechenweg noch nicht erarbeitet hatten. Daher ist in der Auswertung schwer zu unterscheiden, ob das Verdoppeln aufgrund der besonderen Aufgabenmerkmale oder nur zur schnelleren Addition gewählt wurde. Alle 17 Kinder dieses Vortyps erkannten und nutzen auf Nachfrage sowohl die operative Beziehung zwischen 2·15 = 30 und 4·15 als auch die operative Beziehung zwischen 20·4 = 80 und 19·4. In Bezug auf die Lösungsrichtigkeit sind in diesem Vortyp im Vergleich zum Vortyp 4 deutlich weniger Kinder, die alle drei Aufgaben richtig lösten (17,6 Prozent). Weiters fällt auf, dass neun der 17 Kinder auch Rechenwege durch Zerlegungen in eine Summe zeigten. Für eine Diskussion und Reflexion aller Ergebnisse aus dem Abschnitt 6.1 *vor* der Thematisierung von Mult_1×2_ZR im Unterricht siehe Abschnitt 7.1.

6.2   Rechenwege und Begründen von Rechenwegen *nach* der Umsetzung des Lernarrangements

Das vorliegende Abschnitt 6.2 beantwortet folgende in Abschnitt 5.2 formulierten Forschungsfragen:

(3) Welche Rechenwege zur Lösung von Multiplikationen einstelliger mit zwei-stelligen Zahlen verwenden Kinder *nach* der Umsetzung des entwickelten Lernarrangements?

(4) Wie viele Kinder sind *nach* der Umsetzung des entwickelten Lernarran-gements in der Lage, angebotene operative Beziehungen zur Lösung von Multiplikationen einstelliger mit zweistelligen Zahlen (Verdoppeln, Zerlegen in eine Differenz und gegensinniges Verändern) zu nutzen?

(5) Wie viele Kinder sind *nach* der Umsetzung des entwickelten Lernarrange-ments in der Lage, für Multiplikationen einstelliger mit zweistelligen Zahlen Rechenwege auf Grundlage des Distributivgesetzes am 400er-Punktefeld zu begründen?

(6) Wie begründen Kinder *nach* der Umsetzung des entwickelten Lernarran-gements die Wahl des einfachsten Rechenweges für die Multiplikation einstelliger mit zweistelligen Zahlen?

6.2.1   Analyse der Rechenwege *nach* der Umsetzung

Für die Analyse der Rechenwege und deren Verteilungen nach der Themati-sierung im Unterricht werden folgende Interviewfragen berücksichtigt: Art der Rechenwege für 5·14, 4·16, 19·6 (siehe Abschnitt 5.5.2.1), der aus Frage-gruppe 4 als erstes genannte Rechenweg für die Aufgaben 17·4 und 5·24 (siehe Abschnitt 5.5.2.4) und die schriftliche Befragung zu den Rechenwegen für 19·6, 9·23, 15·6, 65·4, 5·17, 8·29.

Die Auswertung schließt die Daten aller 55 Kinder des zweiten Zyklus ein. Die Daten der Kinder des ersten Zyklus bleiben unberücksichtigt, da die Inter-viewfragen nach dem ersten Zyklus erweitert wurden (siehe Abschnitt 5.5.2.4: Fragegruppe 4 und Abschnitt 5.5.3: schriftliche Befragung). Durch diese Erweite-rung der Fragen sind detailliertere Antworten auf die Forschungsfragen möglich.

Die 605 (55·11) gezeigten Rechenwege werden in der Auswertung den in Abschnitt 5.5.4 beschriebenen Kategorien zugeordnet. Die absolute Häufigkeit jeder beobachteten Kategorie ist in Tab. 6.7 für jede Aufgabe einzeln und in Summe angeführt. Ferner kann aus der letzten Spalte der prozentuelle Anteil

Tab. 6.7 Verteilung der Rechenwege für die Aufgaben 5·14, 4·16, 19·6, 17·4, 5·24, 9·23, 15·6, 65·4, 5·17, 8·29 *nach* der Umsetzung

Art des Rechenweges	5·14	4·16	19·6 (1)	17·4	5·24	19·6 (2)[7]	9·23	15·6	65·4	5·17	8·29	absolut	Prozent
Verdoppeln	3	12	1	15	3	0	0	0	14	0	5	53	8,8 %
Halbieren	1	0	0	0	4	0	0	0	0	3	0	8	1,3 %
Ankeraufgabe	0	1	1	1	0	0	0	0	0	0	0	3	0,5 %
Zerlegen in eine Summe	39	36	21	32	23	19	22	31	24	39	17	303	50,1 %
Zerlegen in eine Differenz	1	3	26	4	1	32	27	4	4	6	25	133	22,0 %
Gegensinniges Verändern	4	1	0	2	21	0	0	17	8	0	2	55	9,1 %
Fehlerhafte Rechenwege	6	2	6	0	3	4	5	3	5	6	6	46	7,6 %
Schriftliches Verfahren	1	0	0	1	0	0	1	0	0	1	0	4	0,7 %
Summe	**55**	**55**	**55**	**55**	**55**	**55**	**55**	**55**	**55**	**55**	**55**	**605**	**100,0 %**

Erklärung der Kurzbezeichnungen in Tab. 6.7:

Verdoppeln: Rechenwege unter Einbezug von Verdoppelungen

Halbieren: Rechenwege unter Einbezug von Halbierungen des Zehnfachen

Ankeraufgabe: Rechenwege unter Nutzung der Verzehnfachung des einstelligen Faktors als Ankeraufgabe mit anschließendem additiven Weiterrechnen

Zerlegen in eine Summe: Rechenwege unter Nutzung des Distributivgesetzes auf Grundlage einer stellengerechten Zerlegung des zweistelligen Faktors in eine Summe

Zerlegen in eine Differenz: Rechenwege unter Nutzung des Distributivgesetzes auf Grundlage einer Zerlegung eines Faktors in eine Differenz

Gegensinniges Verändern: Rechenwege unter Nutzung des Gesetzes von der Konstanz des Produktes

---

[7] Diese Aufgabe wurde sowohl in den Interviews als auch in der schriftlichen Befragung gestellt. Dazu ist aus der Tabelle abzulesen, dass sich das Format der Fragestellung (schriftlich oder mündlich) auf die Art des genutzten Rechenweges kaum auswirkte (siehe Tab 6-7). Im schriftlichen Format wurden ausschließlich Rechenwege durch Zerlegungen unter Nutzung des Distributivgesetzes und fehlerhafte Rechenwege genutzt. In den Interviews wurden zusätzlich noch ein Rechenweg über Verdoppeln und ein Rechenweg unter Nutzung einer Ankeraufgabe beobachtet.

der jeweiligen Kategorie zur Gesamtheit aller ausgewerteten Rechenwege abgelesen werden. Aus platztechnischen Gründen werden für einzelne Kategorien Kurzbezeichnungen eingeführt, die am Ende der Tab. 6.7 erklärt werden.

In Tab. 6.7 ist ersichtlich, dass die stellengerechte Zerlegung des zweistelligen Faktors in eine Summe mit 50,1 Prozent die am häufigsten beobachtete Kategorie zur Lösung der elf Aufgaben *nach* der Thematisierung im Unterricht darstellt. Dieser Rechenweg kann auch als *Universalrechenweg* bezeichnet werden. Weitere 22,0 Prozent der beobachteten Rechenwege können der Kategorie *Zerlegen in eine Differenz* zugeordnet werden. Dieser Rechenweg erweist sich bei vier der elf Aufgaben aufgrund der besonderen Aufgabenmerkmale als geschickt (19·6 (zweimal), 9·23, 8·29). Einstellige Prozentsätze weisen die Kategorien *Fehlerhafte Rechenwege* (7,6 Prozent), *Verdoppeln* (8,8 Prozent) und *Gegensinniges Verändern* (9,1 Prozent) auf.

Halbieren (1,3 Prozent), Rechenwege unter Nutzung von Ankeraufgaben (0,5 Prozent) und das schriftliche Verfahren (0,7 Prozent) kommen *nach* der Umsetzung des Lernarrangements nicht oder nur vereinzelt vor, ebenso wie vollständiges Auszählen mithilfe ikonischer Hilfsmittel und Rechenwege unter Nutzung der wiederholten Addition (siehe Tab. 6.1).

Im Folgenden werden die einzelnen Kategorien der Rechenwege beschrieben. Die abgebildeten Bilddokumente zu Rechenwegen unter Nutzung des Gesetzes von der Konstanz des Produktes und zu fehlerhaften Rechenwegen stammen von schriftlichen Aufzeichnungen der Kinder im Interview. Es stand den Kindern frei, Notizen zu den Aufgaben 5·14, 4·16, 19·6, 17·4 und 5·24 zu machen (siehe Abschnitt 5.5.1). Stifte und Papier lagen am Tisch. Bei den 55 ausgewerteten Rechenwegen pro Aufgabe wurden zur Aufgabe 5·14 von 14 Kindern, zur Aufgabe 4·16 von 18 Kindern, zur Aufgabe 19·6 von 20 Kindern, zur Aufgabe 17·4 von 12 Kindern und zur Aufgabe 5·24 von 15 Kindern Notizen gemacht. Alle anderen Rechenwege wurden von den Kindern im Kopf gelöst. Zu den Aufgaben 19·6, 9·23, 15·6, 65·4, 5·17, 8·29 wurden die Kinder aufgefordert, im Zuge der schriftlichen Erhebung den Rechenweg schriftlich anzugeben.

6.2.1.1 Rechenwege, die bereits *vor* der Thematisierung im Unterricht beobachtet wurden

Um Redundanzen zu vermeiden, werden zu jenen Kategorien, die bereits in der Auswertung *vor* der Thematisierung im Unterricht (siehe Abschnitt 6.1) ausführlich dargestellt und durch Dokumente aus den Erhebungen beschrieben wurden, lediglich die beobachteten Rechenwege mit ihrer Häufigkeit angegeben.

Rechenwege unter Einbezug von Verdoppelungen (Verdoppeln) (Beschreibung siehe Abschnitt 6.1.1.3)
53 der 605 Rechenwege (8,8 Prozent) können dieser Kategorie zugeordnet werden. Folgende Rechenwege dazu wurden gezeigt:

Zu 5·14:

- 5·14 als Verdopplung von 2·14 und Addition von 14 (dreimal)

Zu 4·16:

- 4·16 als Verdoppelung von 2·16 (zwölfmal)

Zu 19·6:

- 19·6 als Verdoppelung von 3·19 (einmal)

Zu 17·4:

- 17·4 als Verdoppelung von 17·2 (15-mal)

Zu 5·24:

- 5·24 als Verdoppelung von 2·24 und Addition von 24 (zweimal)
- 5·24 als Verdoppelung von 5·12 (einmal)

Zu 65·4:

- 65·4 als Verdoppelung von 2·65 (14-mal)

Zu 8·29:

- 8·29 als Verdoppelung von 4·29 bzw. zweimaliger Verdoppelung von 2·29 (fünfmal)

Rechenwege unter Einbezug von Halbierungen des Zehnfachen (Halbieren) (Beschreibung siehe Abschnitt 6.1.1.4)
Dieser Rechenweg wurde im Lernarrangement lediglich als Sonderfall zu Verdoppeln und Halbieren bei Multiplikationen mit Faktor 5 thematisiert. Acht der

605 *nach* der Umsetzung des Lernarrangements erfassten Rechenwege (1,3 Prozent) können dieser Kategorie zugeordnet werden. Folgende Rechenwege dazu wurden gezeigt:

Zu $5 \cdot 14$:

- $5 \cdot 14$ als Halbierung von $10 \cdot 14$ (einmal)

Zu $5 \cdot 17$:

- $5 \cdot 17$ als Halbierung von $10 \cdot 17$ (dreimal)

Zu $5 \cdot 24$:

- $5 \cdot 24$ als Halbierung von $10 \cdot 24$ (viermal)

Rechenwege unter Nutzung der Verzehnfachung des einstelligen Faktors als Ankeraufgabe mit anschließendem additiven Weiterrechnen (Ankeraufgabe) (Beschreibung siehe Abschnitt 6.1.1.5)
Drei der 605 Rechenwege (0,5 Prozent) können dieser Kategorie zugeordnet werden, und zwar zu den Aufgaben $4 \cdot 16$, $19 \cdot 6$ und $17 \cdot 4$.

Rechenwege unter Nutzung des Distributivgesetzes auf Grundlage einer stellengerechten Zerlegung des zweistelligen Faktors in eine Summe (Zerlegen in eine Summe) (Beschreibung siehe Abschnitt 6.1.1.6)
303 der 605 Rechenwege (50,1 Prozent) können dieser Kategorie zugeordnet werden. Folgende Rechenwege dazu wurden beobachtet:

Zu $5 \cdot 14$:

- $5 \cdot 14$ als $5 \cdot 10 + 5 \cdot 4$ (39-mal)

Zu $4 \cdot 16$:

- $4 \cdot 16$ als $4 \cdot 10 + 4 \cdot 6$ (36-mal)

Zu $19 \cdot 6$:

- $19 \cdot 6$ als $10 \cdot 6 + 9 \cdot 6$ (21-mal im Interview und 19-mal in der schriftlichen Erhebung)

Zu 17·4:

- 17·4 als 10·4 + 7·4 (32-mal)

Zu 5·24:

- 5·24 als 5·20 + 5·4 (20-mal)
- 5·24 als 5·10 + 5·10 + 5·4 (dreimal)

Zu 9·23:

- 9·23 als 9·20 + 9·3 (20-mal) bzw. als 9·10 + 9·10 + 9·3 (zweimal)

Zu 15·6:

- 15·6 als 10·6 + 5·6 (31-mal)

Zu 65·4:

- 65·4 als 60·4 + 5·4 (22-mal) bzw. 60·2 + 60·2 + 5·4 (einmal) bzw. als 30·4 + 30·4 + 5·4 (einmal)

Zu 5·17:

- 5·17 als 5·10 + 5·7 (39-mal)

Zu 8·29:

- 8·29 als 8·20 + 8·9 (16-mal) bzw. als 8·10 + 8·10 + 8·9 (einmal)

Rechenwege unter Nutzung des Distributivgesetzes auf Grundlage einer Zerlegung eines Faktors in eine Differenz (Zerlegen in eine Differenz) (Beschreibung siehe Abschnitt 6.1.1.6)
133 der 605 Rechenwege (21,8 Prozent) können dieser Kategorie zugeordnet werden. Folgende Rechenwege dazu wurden gezeigt:

Zu 19·6:

- 19·6 als 20·6 − 6 (24-mal im Interview und 32-mal in der schriftlichen Erhebung) bzw. als 10·6 + 10·6 − 6 (zweimal im Interview)

Zu 9·23:

- 9·23 als 10·23 – 23 (27-mal)

Zu 8·29:

- 8·29 als 8·30 – 8 (22-mal) bzw. als 10·29 – 2·29 (dreimal)

Zerlegungen in eine Differenz wurden zur Lösung der Aufgaben, die das Aufgabenmerkmal einer 9 an der Einerstelle aufweisen (19·6, 9·23 und 8·29), in über 50 Prozent der gezeigten Rechenwege genutzt. Im geringeren Ausmaß trat dieser Rechenweg auch zur Lösung von Aufgaben auf, die keine 9 bzw. 8 an der Einerstelle aufweisen, wie etwa:

Zu 5·14:

- 5·14 als 5·20 – 5·6 (einmal)

Zu 5·24:

- 5·24 als 5·30 – 5·6 (einmal)

Zu 15·6:

- 15·6 als 20·6 – 5·6 (zweimal) bzw. als 10·6 + 10·6 – 5·6 (einmal) bzw. als 15·10 – 15·4 (einmal)

Zu 4·16:

- 4·16 als 4·20 – 4·4 (dreimal)

Zu 17·4:

- 17·4 als 20·4 – 3·4 (viermal)

Zu 65·4:

- 65·4 als 70·4 – 5·4 (viermal)

Zu 5·17:

- 5·17 als 5·20 − 5·3 (sechsmal)

Einige der gezeigten Rechenwege können durchaus als nicht aufgabenadäquat bezeichnet werden (z. B. 4·16 als 4·20 − 4·4).

6.2.1.2 Rechenwege unter Nutzung des Gesetzes von der Konstanz des Produktes (Gegensinniges Verändern)

Rechenwege unter Nutzung des Gesetzes von der Konstanz des Produktes wurden in der ersten Erhebung *vor* der Umsetzung des Lernarrangements nicht beobachtet und werden daher an dieser Stelle ausführlich beschrieben und auch durch Abbildungen verdeutlicht.

Nach der Thematisierung dieser Rechenwege im Unterricht als *Rechenwege durch Verdoppeln und Halbieren* können 55 der 605 Rechenwege (9,1 Prozent) dieser Kategorie zugeordnet werden. Dabei ist zu beachten, dass Rechenwege durch Verdoppeln und Halbieren sich aufgrund der besonderen Aufgabenmerkmale nur bei den Aufgaben 5·14, 4·16, 17·4, 5·24, 15·6, 65·4 anbieten. Auf diese sechs Aufgaben bezogen betrug der Prozentsatz der Lösungswege über gegensinniges Verändern 16,1 Prozent.

Folgende Rechenwege dazu wurden beobachtet:

Zu 5·14:

- 5·14 als 10·7 (viermal) (Abbildung 6.22)

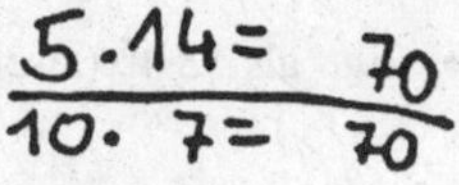

Abbildung 6.22 Emelys Rechenweg für 5·14 durch gegensinniges Verändern

$$5·14 = 70$$
$$10·7 = 70$$

Zu 4·16:

- 4·16 als 8·8 (einmal) (Abbildung 6.23)

Abbildung 6.23 Amelies
Rechenweg für 4·16 durch
gegensinniges Verändern

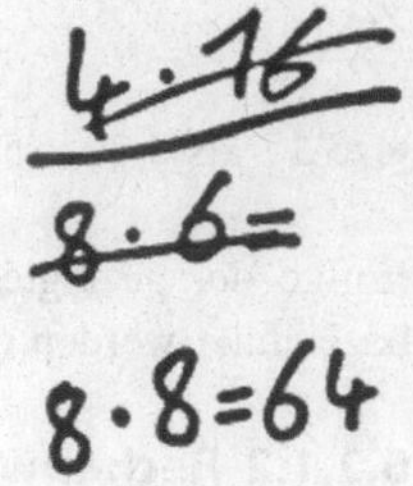

$$4 \cdot 16$$
$$8 \cdot 6 =$$
$$8 \cdot 8 = 64$$

Zu 17·4:

- 17·4 als 34·2 (zweimal)

Zu 5·24:

- 5·24 als 10·12 (21-mal)

Zu 15·6:

- 15·6 als 30·3 (17-mal)

Zu 65·4:

- 65·4 als 130·2 (achtmal)

Zu 29·8:

- 29·8 als 58·4[8] (zweimal)

6.2.1.3 Fehlerhafte Rechenwege

Fehlerhafte Rechenwege wurden bereits in den Erhebungen *vor* der Umsetzung
des Lernarrangements gezeigt und in Abschnitt 6.1.1.7, wie auch in der in
Abschnitt 3.3.6 erläuterten Studie von Hofemann und Rautenberg (2010) ausführlich beschrieben. Doch waren in den Erhebungen *nach* der Umsetzung weitere

---

[8] Wie die Aufgabe 58·4 in der schriftlichen Erhebung gerechnet wurde, geht aus den Aufzeichnungen der beiden Kinder nicht hervor.

fehlerhafte Rechenwege zu beobachten, die in Abschnitt 6.1.1.7 nicht dokumentiert wurden. Diese fehlerhaften Rechenwege werden nun ausführlich beschrieben und durch Abbildungen verdeutlicht.

46 der 605 Rechenwege (7,6 Prozent) können dieser Kategorie zugeordnet werden. Dabei ist festzuhalten, dass die in der Auswertung *vor* der Thematisierung im Unterricht in Abschnitt 6.1.1.7 dokumentierten fehlerhaften Rechenwege nicht mehr auftraten. Die meisten fehlerhaften Rechenwege sind auf fehlerhafte Zerlegungen in Summen bzw. Differenzen zurückzuführen (26 von 46). Die beobachteten fehlerhaften Rechenwege werden, soweit es möglich ist, zu Fehlermustern zusammengefasst. Da in Abschnitt 6.1.1.7 bereits zwei Fehlermuster zu fehlerhaften Zerlegungen beschrieben wurden, wird in Folge mit Fehlermuster 3 fortgesetzt.

Fehlermuster 3: Fehlerhafte Ermittlung der Teilprodukte bei Zerlegen in eine Summe III

Nadia addierte (siehe Abbildung 6.24) zur Lösung von $65 \cdot 4$ unter Nichtbeachtung der Position der Ziffer 6 an der Zehnerstelle die Produkte aus $6 \cdot 4$ und $5 \cdot 4$:

Abbildung 6.24 Nadias fehlerhafter Rechenweg für $65 \cdot 4$ als $5 \cdot 4 + 6 \cdot 4$

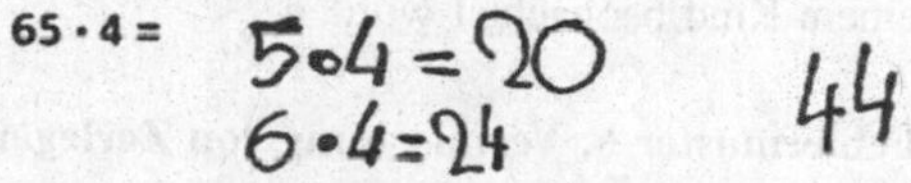

$$65 \cdot 4 = \quad 5 \cdot 4 = 20$$
$$6 \cdot 4 = 24 \qquad 44$$

Dieses Fehlermuster beruht auf einem fehlerhaften Umgang mit den Stellenwerten, ebenso wie die folgenden weiteren beobachteten fehlerhaften Rechenwege:

- $65 \cdot 4$ als $50 \cdot 4 + 60 \cdot 4$
- $5 \cdot 17$ als $5 \cdot 7 + 1 \cdot 7$ (mit Zusatzfehler in der zweiten Teilrechnung)

Fehlermuster 4: Subtraktion falscher Zahlen bei Zerlegen in eine Differenz

Bei Zerlegungen in eine Differenz wurde folgendes fehlerhafte Zerlegungsmuster (siehe Abbildung 6.25) beobachtet: Timo rechnete zur Lösung der Aufgabe $8 \cdot 29$ zunächst $8 \cdot 30$ aus und subtrahierte anschließend 30 anstelle von 8:

Abbildung 6.25 Timos fehlerhafter Rechenweg für $8 \cdot 29$ als $8 \cdot 30 - 30$

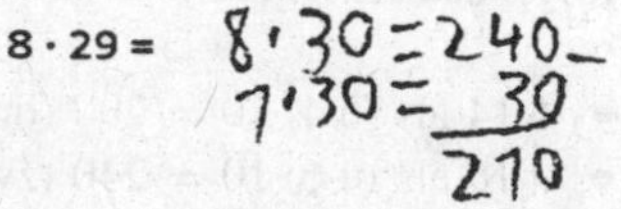

$$8 \cdot 29 = \quad 8 \cdot 30 = 240$$
$$7 \cdot 30 = \underline{30}$$
$$210$$

In ähnlichen Weisen wurden in folgenden Rechenwegen jeweils falsche Zahlen subtrahiert:

- 8·29 als 8·30 − 29 (einmal)
- 8·29 als 8·30 − 9 (einmal)
- 19·6 als 20·6 − 20 (einmal)
- 19·6 als 20·6 − 9·6 (einmal)
- 19·6 als 20·6 − 60 (einmal)
- 9·23 als 10·23 − 9 (zweimal)

Fehlermuster 5: Falsche Verknüpfung der Teilprodukte beim Zerlegen

In Rechenwegen auf Basis einer Zerlegung in eine Differenz wurde auch beobachtet, dass Teilprodukte fälschlicherweise addiert und nicht subtrahiert wurden. So versuchte ein Kind, die Aufgabe 17·5 als 20·5 + 3·5 zu lösen. Es zerlegte also den zweistelligen Faktor in eine Differenz, addierte aber die Teilprodukte, statt diese zu subtrahieren. Weitere Beispiele dieses Fehlermusters sind die fehlerhaften Lösungen von 8·29 als 8·30 + 8·9 und 19·6 als 20·6 + 6, die ebenfalls bei je einem Kind beobachtet wurden.

Fehlermuster 6: Vermischung von Zerlegen in eine Summe mit der Multiplikation von Zehnerzahlen

Martin berechnete (siehe Abbildung 6.26) die Aufgabe 5·14 als 5·4 = 20 und hing dann eine *Null* an, offenbar in der Meinung, auf diese Weise aus dem Ergebnis von 5·4 das Ergebnis von 5·14 abzuleiten.

Abbildung 6.26 Martins fehlerhafter Rechenweg für 5·14 als (5·4)·10

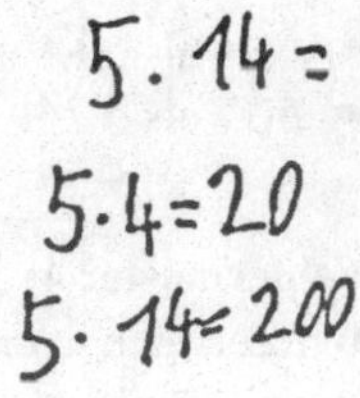

Diese fehlerhafte Übertragung wurde insgesamt in neun Rechenwegen zu folgenden Aufgaben beobachtet:

- 5·14 als (5·4)·10 = 200 (dreimal)
- 4·16 als (4·6)·10 = 240 (zweimal)

- 19·6 als (9·6)·10 = 540 (einmal)
- 5·17 als (5·7)·10 = 350 (einmal)
- 15·6 als (5·6)·10 = 300 (einmal)
- 9·23 als (9·3)·10 = 270 (einmal)

Es kann vermutet werden, dass die Kinder in diesen Fällen den Rechenweg auf Basis einer Zerlegung in eine Summe mit dem Rechenweg zur Multiplikation mit Zehnerzahlen vermischten.

In weiteren zwei Rechenwegen wurde in ähnlicher Weise das erste Teilprodukt ausgerechnet, jedoch dann 100 – anstelle des zweiten Teilproduktes – addiert:

- 5·14 als 5·4 + 100 = 120
- 19·6 als 9·6 + 100 = 154

Fehlermuster 7: Fehler beim gegensinnigen Verändern
Bei der Nutzung des Gesetzes von der Konstanz des Produktes wurden folgende fehlerhafte Anwendungen beobachtet:

- Anstatt die Faktoren zu verdoppeln und zu halbieren, wurde 1 addiert bzw. 1 subtrahiert: 9·23 als 10·22 (einmal)
- Es wurde doppelt verdoppelt (einmal): 15·6 wurde durch gegensinniges Verändern zu 30·3 transformiert, das Ergebnis wurde dann aber noch einmal verdoppelt, also 180.

Unter den elf gestellten Aufgaben wurden für die Aufgaben 5·14, 19·6, 5·17, 8·29 am häufigsten fehlerhafte Rechenwege genutzt (insgesamt sechsmal). Bei der Aufgabe 17·4 war hingegen kein einziger fehlerhafter Rechenweg zu beobachten.

6.2.1.4 Schriftliches Verfahren

Vier Rechenwege in der Erhebung *nach* der Umsetzung des Lernarrangements erfolgten über den schriftlichen Algorithmus der Multiplikation. Diese vier Rechenwege stammten von zwei Kindern, die die Aufgaben 5·14, 17·4, 9·23 und 5·17 schriftlich lösten. Auf Nachfrage gaben die Kinder an, dass sie dieses Verfahren von ihren Vätern erklärt bekommen hätten.

6.2.1.5 Nutzung besonderer Aufgabenmerkmale *nach* der Umsetzung des Lernarrangements

Für Rechenwege, die besondere Aufgabenmerkmale für Rechenvorteile nutzen, fällt in der Auswertung Folgendes auf:

Verdoppeln

Die Aufgaben 4·16, 65·4, 8·29 und 17·4 weisen laut Tab. 2.1 Aufgabenmerkmale für Verdoppeln auf. Von diesen Aufgaben wurden *nach* Umsetzung des Lernarrangements die Aufgaben 17·4 (15-mal), 65·4 (14-mal) und 4·16 (zwölfmal) am häufigsten unter Einbezug des Verdoppelns gelöst. Weiters fällt auf, dass auch Aufgaben, die nicht das besondere Aufgabenmerkmal 4 bzw. 8 als Faktor aufwiesen, ebenfalls durch Verdoppeln gelöst wurden, wie etwa die Aufgaben 5·14 als Verdopplung von 2·14 und Addition von 14 (dreimal), 19·6 als Verdoppelung von 3·19 (einmal) und 5·24 als Verdoppelung von 2·24 und Addition von 24 sowie als Verdoppelung von 5·12 (dreimal).

Halbieren

Rechenwege unter Einbezug von Halbierungen des Zehnfachen (= Halbieren) können für die Aufgaben 5·14, 5·17 und 5·24 als *aufgabenadäquat* bezeichnet werden. Dieser Rechenweg wurde bei der Aufgabe 5·24 am häufigsten genutzt (viermal), bei der Aufgabe 5·17 dreimal und bei der Aufgabe 5·14 nur einmal. Vermutlich hängt die geringere Nutzung dieses Rechenweges bei 5·14 damit zusammen, dass 5·14 als 50 + 20 bereits weitgehend automatisiert ist und daher eher durch Zerlegen in eine Summe gelöst wird. Gesamt gesehen war die Halbierung des Zehnfachen unbedeutend, sie wurde selbst bei vorliegenden Aufgabenmerkmalen nicht häufiger als in 7,3 Prozent der Fälle genutzt.

Gegensinniges Verändern

Gegensinniges Verändern kann bei den Aufgaben 5·14, 4·16, 15·6, 65·4, 17·4 und 5·24 als *aufgabenadäquat* bezeichnet werden. Am häufigsten wurde dieser Rechenweg bei der Aufgabe 5·24 genutzt (21-mal), gefolgt von der Aufgabe 15·6 (17-mal). Alle anderen angeführten Aufgaben wurden nicht einmal halb so oft durch gegensinniges Verändern gelöst. Auffallend hoch ist die große Differenz der Lösungen durch gegensinniges Verändern bei den Aufgaben 5·14 (viermal) und 5·24 (21-mal). Beide Aufgaben weisen mit dem Multiplikator 5 ähnliche Aufgabenmerkmale auf und können durch Überführung in die Aufgaben 10·7 bzw. 10·12 geschickt gelöst werden. Eine mögliche Erklärung kann daran liegen, dass der Faktor 24 mehr Kinder zu diesem Rechenweg angeregt hat als der Faktor 14, da er leichter zu halbieren ist (Zehner und Einer können stellenweise halbiert werden). Die Halbierung von 14 erfordert hingegen eine Entbündelung eines Zehners. Aber es mag auch sein, dass 5·14 als 50 + 20 bereits weitgehend automatisiert war und daher eher durch Zerlegen in eine Summe gelöst wurde, während 5·24 als weniger vertraute Aufgabe mehr Kinder motivierte, über eine geschickte Rechenalternative nachzudenken.

Zerlegen in eine Differenz
Für die Aufgaben 19·6, 9·23 und 8·29 sind laut Tab. 2.1 Rechenwege unter Nutzung des Distributivgesetzes auf Grundlage einer Zerlegung eines Faktors in eine Differenz adäquat. Unter diesen Aufgaben wurde die Aufgabe 19·6 in der schriftlichen Erhebung am häufigsten durch Zerlegen in eine Differenz gelöst (32-mal), also in 58,2 Prozent der Fälle, am wenigsten oft die Aufgabe 8·29 (25-mal), also in 45,5 Prozent der Fälle. Diese relativ hohen Prozentsätze lassen vermuten, dass besonders Aufgabenmerkmale für Zerlegen in eine Differenz (insbesondere der Neuner an der Einerstelle eines Faktors), häufig (in über 45 Prozent der Fälle) auch erkannt und genutzt wurden.

Universalrechenweg
Lagen keine Aufgabenmerkmale für Zerlegen in eine Differenz vor (kein Neuner an der Einerstelle), dann wurde der Universalrechenweg am häufigsten genutzt, z. B. bei 5·14, 4·16, 17·4, 5·24, 15·6, 65·4, 5·17. Die Aufgaben 5·14 und 5·17 wurden 39-mal (in 70,9 Prozent der Fälle) über den Universalrechenweg gelöst. Eine mögliche Erklärung dafür ist wie bereits erläutert, der Umstand, dass 5·14 als 50 + 20 offenbar weitgehend automatisiert war und wenig Anlass bestand über Rechenwege unter Einbezug der Halbierung des Zehnfachen und durch gegensinniges Verändern nachzudenken. Die häufige Nutzung des Universalrechenweges bei der Aufgabe 5·17 könnte mit den zwei ungeraden Faktoren 5 und 17 zusammenhängen, die außer der Halbierung des Zehnfachen keinen weiteren Rechenweg unter Nutzung besonderer Aufgabenmerkmale favorisieren.

6.2.2 Lösungsrichtigkeit *nach* der Umsetzung

Analog zu den Ausführungen in Abschnitt 6.1.2, in dem die Ergebnisse zur Lösungsrichtigkeit *vor* der Umsetzung des Lernarrangements beschrieben wurden, werden als zielführende Rechenwege jene verstanden, die im Einklang mit Rechengesetzen stehen und daher, sofern keine Rechenfehler erfolgen, zum richtigen Ergebnis führen. Für die Auswertung in Bezug auf die Lösungsrichtigkeit zu den Aufgaben 5·14, 4·16, 19·6, 17·4, 5·24, 65·4, 9·23, 15·6, 65·4, 5·17 und 8·29 *nach* der Thematisierung im Unterricht können folgende Ergebnisse in Tab. 6.8 festgehalten werden:

Tab. 6.8 Lösungsrichtigkeit für die Aufgaben 5·14, 4·16, 19·6, 17·4, 5·24, 65·4,9·23, 15·6, 65·4, 5·17, 8·29 *nach* der Umsetzung

Aufgabe	Anzahl der zielführenden Rechenwege (von 55)	davon mit richtigem Ergebnis	
		absolut	Prozent
5·14	49	49	100,0 %
4·16	53	48	90,6 %
19·6 (1)	49	45	91,8 %
17·4	55	53	96,4 %
5·24	52	52	100,0 %
19·6 (2)[9]	51	49	96,1 %
9·23	50	44	88,0 %
15·6	52	50	96,2 %
65·4	50	47	94,0 %
5·17	49	48	98,0 %
8·29	49	44	89,8 %

Die Aufgaben 5·14 und 17·4 wurden von allen Kindern, die einen zielführenden Rechenweg nutzten, korrekt gelöst. Die Lösungsrichtigkeit bei den anderen Aufgaben liegt zwischen 98 Prozent (bei 5·17) und 88 Prozent (bei 9·23).

Bezogen auf die Rechenwege hat der anteilsmäßig am häufigsten genutzte Rechenweg (stellengerechte Zerlegung in eine Summe) eine Lösungsrichtigkeit von 95,4 Prozent. Die Lösungsrichtigkeit für Zerlegen in eine Differenz liegt bei 90,6 Prozent und Rechenwege unter Nutzung des Gesetzes von der Konstanz des Produktes weisen eine Lösungsrichtigkeit von 93,2 Prozent auf.

6.2.3 Operative Beziehungen nutzen *nach* der Umsetzung

In Fragegruppe 2 (siehe Abschnitt 5.5.2.2) wurde in den Interviews erhoben, ob die Kinder auf Nachfrage durch die Interviewende in der Lage sind, die

---

[9] Diese Aufgabe wurde sowohl in den Interviews als auch in der schriftlichen Befragung gestellt.

operativen Zusammenhänge zwischen den Aufgaben $2 \cdot 15 = 30$ und $4 \cdot 15$ bzw. zwischen den Aufgaben $20 \cdot 4 = 80$ und $19 \cdot 4$ zu nutzen. Die einzelnen Kategorien zu den Fragegruppen 2a und 2b wurden bereits in den Abschnitte 6.1.3.1 und 6.1.3.2 beschrieben. Fragegruppe 2c, die erhebt, ob die Kinder in der Lage sind, die operativen Zusammenhänge zwischen den Aufgaben $8 \cdot 10 = 80$ und $16 \cdot 5$ für das gegensinnige Verändern zu nutzen, wurde erstmals *nach* der Umsetzung des Lernarrangements zum zweiten Erhebungstermin gestellt. Im Folgenden werden die Ergebnisse der Auswertung dieser Fragegruppe nach der Umsetzung des Lernarrangements dargestellt. Diese Auswertung strebt die Beantwortung von Forschungsfrage (4) an: Wie viele Kinder sind nach der Umsetzung des entwickelten Lernarrangements in der Lage, angebotene operative Beziehungen zur Lösung von Multiplikationen einstelliger mit zweistelligen Zahlen (Verdoppeln, Zerlegen in eine Differenz und gegensinniges Verändern) zu nutzen?

6.2.3.1 Fragegruppe 2a: Verdoppeln – Hilft die Rechnung $2 \cdot 15 =$ 30 für 4·15?

Die Auswertungen zur Fragegruppe 2a: *Verdoppeln – Hilft die Rechnung $2 \cdot 15 = 30$ für $4 \cdot 15$?* reduzieren sich auf eine Aufzählung der beobachteten Kategorien unter Angabe der Häufigkeit in den Erhebungen *nach* der Umsetzung (siehe Tab. 6.9). Zur näheren Beschreibung der Kategorien siehe Abschnitt 6.1.3.1.

Tab. 6.9 *Hilft die Rechnung $2 \cdot 15 = 30$ für $4 \cdot 15$?* nach der Umsetzung

Hilft $2 \cdot 5 = 30$ für $4 \cdot 15$?	absolut	Prozent
Operative Beziehung zwischen $2 \cdot 15 = 30$ und $4 \cdot 15$ erkannt und genutzt	53	96,4 %
Operative Beziehung fehlerhaft genutzt.	1	1,8 %
$2 \cdot 15 = 30$ hilft nicht für $4 \cdot 15$.	1	1,8 %
Summe	**55**	**100,0 %**

Von den 96,4 Prozent der Kinder (53 von 55), die die operative Beziehung zwischen $2 \cdot 15 = 30$ und $4 \cdot 15$ erkannten und zur Berechnung von $4 \cdot 15$ nutzen, wählten 52 Kinder die Verdoppelung. Ein Kind rechnete unter Verwendung der fortgesetzten Addition weiter. Fehlerhafte Ableitungswege waren bei einem Kind zu beobachten. Es leitete aus der Hilfsaufgabe das Ergebnis 0 ab, da $30 - 2 \cdot 15 = 0$ ist. Dieses Kind wurde von der Klassenlehrerin als leistungsschwach eingestuft und erhielt Zusatzförderung in Mathematik durch eine Förderlehrerin. Ein weiteres Kind erklärte, dass $2 \cdot 15 = 30$ für $4 \cdot 15$ nicht helfe.

6.2.3.2 Fragegruppe 2b: Zerlegen in eine Differenz – Hilft die Rechnung 20·4 = 80 für 19·4?

Die Ergebnisse zur Fragegruppe 2b: *Zerlegen in eine Differenz – Hilft die Rechnung 20·4 = 80 für 19·4? nach* der Umsetzung können wie folgt in Tab. 6.10 dargestellt werden. Zur Beschreibung der Kategorien siehe Abschnitt 6.1.3.2.

Tab. 6.10 *Hilft die Rechnung 20·4 = 80 für 19·4? nach* der Umsetzung

Hilft 20·4 = 80 für 19·4?	absolut	Prozent
Operative Beziehung zwischen 20·4 = 80 und 19·4 erkannt und genutzt.	53	96,4 %
Operative Beziehung fehlerhaft genutzt.	1	1,8 %
20·4 = 80 hilft nicht für 19·4.	1	1,8 %
Summe	**55**	**100,0 %**

96,4 Prozent der Kinder sagten, dass die Hilfsaufgabe 20·4 = 80 zur Lösung von 19·4 helfe. Ein Kind leitete das Ergebnis fehlerhaft als 80 – 1 = 79 ab. Ein Kind erklärte, dass 20·4 = 80 für 19·4 nicht helfe.

6.2.3.3 Fragegruppe 2c: Gegensinniges Verändern – Hilft 8·10 = 80 für 16·5?

Fragegruppe 2c: *Gegensinniges Verändern – Hilft 8·10 = 80 für 16·5?* wurde in den Erhebungen *vor* der Umsetzung des Lernarrangements nicht gestellt, deshalb werden im Anschluss an die Häufigkeitsverteilung die in Tab. 5.7 angeführten Kategorien zur Auswertung näher beschrieben und anhand von Dokumenten aus den Erhebungen erläutert. Die Auswertung der Antworten der Kinder *nach* der Thematisierung im Unterricht ergibt folgende Verteilung der Zuordnungen zu den Kategorien (siehe Tab. 6.11):

Tab. 6.11 *Hilft die Rechnung 8·10 = 80 für 16·5? nach* der Umsetzung des Lernarrangements

Hilft 8·10 = 80 für 16·5?	Absolut	Prozent
Operative Beziehung zwischen 8·10 = 80 und 16·5 erkannt und genutzt	30	54,5 %
Operative Beziehung fehlerhaft genutzt.	6	10,9 %
Ich weiß es nicht.	9	16,4 %
8·10 = 80 hilft nicht für 16·5.	10	18,2 %
Summe	**55**	**100,0 %**

54,5 Prozent der Kinder erkannten und nutzten die Zusammenhänge zwischen den Faktoren in den Rechnungen, indem sie das Ergebnis durch Verdoppeln und Halbieren der Faktoren ableiteten. Weitere 10,9 Prozent der Kinder sahen zwar, dass die Faktoren verdoppelt bzw. halbiert wurden, leiteten daraus aber einen fehlerhaften operativen Zusammenhang ab. 16,4 Prozent der Kinder erkannten die Zusammenhänge zwischen den Faktoren, konnten aber entweder nicht erklären, wie sie diese Zusammenhänge für das Ergebnis nutzen können, oder sahen die operativen Zusammenhänge nicht bzw. gaben an, auf die gestellte Aufgabe keine Antwort zu haben. 18,2 Prozent gaben an, dass die Aufgabe 8·10 = 80 für 16·5 nicht helfe.

Kategorie 1: Operative Beziehung zwischen 8·10 = 80 und 16·5 erkannt und genutzt.

Argumentationen, die zur Kategorie 1 gehören, verdeutlichen schnell und sicher, dass durch Halbierung von 16 und Verdoppelung von 5 die Rechnung 8·10 entstehe und dass die Aufgaben 16·5 und 8·10 dieselben Ergebnisse aufweisen. Mit sehr hoher Wahrscheinlichkeit kann aufgrund der Beobachtungen ausgeschlossen werden, dass diese Kinder sich zuerst die Aufgabe 16·5 ausrechneten und dann bemerkten, dass beide Aufgaben dieselben Ergebnisse besitzen.

Exemplarisch für diese Kategorie wird Timos Argumentation aus der Klasse A1 angeführt. Befragt, ob die Aufgabe 8·10 = 80 für 16·5 helfe, konnte sich Timo noch an die Erklärung des operativen Zusammenhangs zwischen den Aufgaben aus der Durchführung des Lernarrangements erinnern:

T: Weil eigentlich sind das die gleichen Aufgaben, nur du hast den 16er halbiert und den 5er verdoppelt.

I: Wieso die gleichen Aufgaben, da sind ja ganz andere Zahlen? Wie meinst du das mit den gleichen Aufgaben?

T: Ja, wenn du da da die Hälfte wegtust und da das Doppelte machst (zeigt auf die Faktoren der Aufgabe 16·5), dann ist das im Prinzip das gleiche, weil wir haben einmal so gemacht, da haben wir von einem 400er-Feld die Aufgabe 16·5 ausschneiden müssen und darunterschreiben 16·5 und dann noch einmal und in der Mitte durchschneiden und das eine oben drauf und das andere unten, dann hat man 8·10.

Kategorie 2: Operative Beziehung fehlerhaft genutzt.
Sechs Kinder erkannten den Zusammenhang zwischen den Faktoren der beiden Rechnungen, nutzten aber die Hilfsaufgabe fehlerhaft. Das bedeutet im Konkreten, dass diese Kinder sahen, dass die Zahlen in den Rechnungen einmal verdoppelt und einmal halbiert wurden (von $8 \cdot 10$ auf $16 \cdot 5$). Sie leiteten jedoch aus diesem erkannten Aufgabenmerkmal einen fehlerhaften Rechenweg zur Lösung von $16 \cdot 5$ ab. Diese Kinder werden der Kategorie 2 zugeordnet, so wie Stella aus der Klasse B2, die im Interview auf Ebene der Zahlen erkannte, dass $8 \cdot 10$ aus $16 \cdot 5$ durch Verdoppeln und Halbieren der Faktoren hervorgehe. Sie leitete aber daraus einen fehlerhaften Rechenweg zur Lösung ab, indem sie 80 verdoppelte. Auf die Frage *Hilft $8 \cdot 10 = 80$ für $16 \cdot 5$?* antwortete sie folgendermaßen:

S: Boa, ja, eigentlich schon, weil die erste Zahl halbierst du und die zweite Zahl verdoppelst du, das heißt, dann musst du da, wenn du jetzt 80 hast, musst du noch einmal plus 108 rechnen, dann hast du 160.

I: Das heißt, das Ergebnis von 165 ist 160?

S: Du tust dann nur halbieren und verdoppeln und die 80 muss ich verdoppeln. Ja, da musst dann noch einmal plus 80 rechnen.

Kategorie 3: Ich weiß es nicht.
Sieben Kinder erkannten, dass die Faktoren verdoppelt bzw. halbiert wurden, konnten aber nicht sagen, wie aus diesem Zusammenhang das Ergebnis von $16 \cdot 5$ zu ableiten sei. Da Rechenwege durch Verdoppeln und Halbieren im Unterricht thematisiert wurden, war ihnen noch in Erinnerung geblieben, dass Faktoren halbiert und verdoppelt werden können, sie waren aber nicht in der Lage, Rückschlüsse auf die Nutzung dieses Rechenweges zu ziehen bzw. waren verblüfft, dass beide Aufgaben dasselbe Ergebnis aufwiesen, so wie Nadia aus der Klasse D2 im Interview, die auf die Frage *Hilft $8 \cdot 10 = 80$ für $16 \cdot 5$?* wie folgt antwortete:

N: Ich weiß nicht, ob das richtig ist. Weil $8 + 8 = 16$ und da tut man plus 8 und da tut man plus 5. Aber ich weiß nicht, wie man das ausrechnen soll.

I: Du hast erkannt, $8 + 8 = 16$ und $5 + 5 = 10$. Kann man das Ergebnis von $16 \cdot 5$ dann schnell ausrechnen?

N: Weiß ich nicht?

I: Wie würdest denn du $16 \cdot 5$ ausrechnen?

N: $10 \cdot 5$ und $5 \cdot 6$, ist 80. Häh, das ist das gleiche Ergebnis. Ich glaube, weil das mehr ist (zeigt auf 16) und das die Hälfte (zeigt auf 8) und da ist 5 und da ein 10er.

I: Aber ganz genau weißt du nicht, warum?

N: Nein

Zwei Kinder stellten fest, dass sie nicht wüssten, ob die Rechnung $8 \cdot 10 = 80$ helfe, ohne die Zusammenhänge zwischen den Faktoren zu thematisieren.

Kategorie 4: $8 \cdot 10 = 80$ hilft nicht für $16 \cdot 5$.

Zehn Kinder gaben an, dass $8 \cdot 10 = 80$ nicht helfe, um das Ergebnis von $16 \cdot 5$ zu ermitteln, so wie Elmira aus der Klasse C2, die auf die Frage *Hilft $8 \cdot 10 = 80$ für $16 \cdot 5$?* wie folgt antwortete und einen anderen, ebenfalls sehr geschickten Rechenweg zur Lösung der Aufgabe $16 \cdot 5$ als Verdoppelung von $8 \cdot 5$ nannte:

E: Ich glaube nicht.

I: Wie würdest denn du $16 \cdot 5$ rechnen?

E: $8 \cdot 5$, das ist die Hälfte von 16, $8 \cdot 5 = 40$ und noch einmal $8 \cdot 5 = 40$ und $40 + 40 = 80$.

I: $8 \cdot 10 = 80$ hilft dir nicht?

E: Nein!

6.2.3.4 Vergleich zur Nutzung bei freigestelltem Rechenweg

In der vorangegangenen Ergebnisdarstellung wurde ausgewertet, ob die Kinder *bei Nachfrage durch die Interviewende* in der Lage sind, die operativen Zusammenhänge für Verdoppeln, Zerlegen in eine Differenz und gegensinniges Verändern zu nutzen. Beim Vergleich der Resultate mit den Ergebnissen *bei freigestelltem Rechenweg* zu Aufgaben mit denselben Aufgabenmerkmalen ($4 \cdot 16$ für Verdoppeln, $19 \cdot 6$ für Zerlegen in eine Differenz und $5 \cdot 24$ für gegensinniges Verändern) fällt auf,

- dass 52 der 55 Kinder (94,5 Prozent) die operative Beziehung zwischen den Aufgaben $2 \cdot 15 = 30$ und $4 \cdot 15$ zur Lösung der Aufgabe $4 \cdot 15$ unter Einbezug des Verdoppelns auf direkte Nachfrage erkannten und nutzten, jedoch nur
- zwölf der 55 Kinder (21,8 Prozent) die Aufgabe $4 \cdot 16$ im Interview mit freier Wahl der Rechenwege unter Einbezug von Verdoppelungen lösten.

Aus den Auswertungen ist weiters ersichtlich,

- dass 53 der 55 Kinder (96,4 Prozent) auf direkte Nachfrage die operative
  Beziehung zwischen den Aufgaben 20·4 = 80 und 19·4 zur Lösung der Aufgabe 19·4 durch Zerlegen in eine Differenz erkannten und nutzten, jedoch
  nur
- 26 der 55 Kinder (47,3 Prozent) die Aufgabe 19·6 im Interview bei freier Wahl
  der Rechenwege durch Zerlegen in eine Differenz lösten.

Schließlich zeigt sich,

- dass 30 der 55 Kinder (54,5 Prozent) die operative Beziehung zwischen
  den Aufgaben 8·10 = 80 und 16·5 zur Lösung der Aufgabe 16·5 durch
  gegensinniges Verändern auf direkte Nachfrage erkannten und nutzten, jedoch
  nur
- 21 der 55 Kinder (38,2 Prozent) die Aufgabe 5·24 im Interview bei freier Wahl
  der Rechenwege unter Nutzung des Gesetzes von der Konstanz des Produktes
  lösten.

Zusammengefasst ist festzuhalten, dass bei freigestelltem Rechenweg weit weniger Kinder diese operativen Beziehungen auch tatsächlich nutzen. Das Erkennen
von Aufgabenmerkmalen auf Nachfrage impliziert also nicht ohne weiteres auch
ein selbstständiges Nutzen dieser Merkmale bei freigestelltem Rechenweg.

6.2.4 Begründen von Rechenwegen am 400er-Punktefeld *nach* der Umsetzung

Das Veranschaulichen und Begründen von Rechenwegen am 400er-Punktefeld
wurde in der Umsetzung des Lernarrangements ausführlich thematisiert, indem
die Kinder immer wieder aufgefordert wurden, ihre Rechenwege, vor allem bei
Zerlegungen in eine Summe und eine Differenz, aber auch bei Rechenwegen unter
Einbezug von Verdoppelungen und Rechenwegen unter Nutzung des Gesetzes
von der Konstanz des Produktes, am 400er-Punktefeld nachzuvollziehen (siehe
Abschnitt 5.7).

   Im Folgenden werden die Ergebnisse zu Fragegruppe 3: *Begründen von Zerlegen in eine Summe und Zerlegen in eine Differenz am 400er-Punktefeld* aus den
Erhebungen *nach* der Thematisierung im Unterricht vorgestellt. Die Auswertung
dieser Begründungen strebt die Beantwortung von Forschungsfrage (5) an: Wie

viele Kinder sind *nach* der Umsetzung des entwickelten Lernarrangements in der Lage, für Multiplikationen einstelliger mit zweistelligen Zahlen Rechenwege auf Grundlage des Distributivgesetzes am 400er-Punktefeld zu begründen?

6.2.4.1 Zerlegen in eine Summe am 400er-Punktefeld begründen

Ausgehend von der Fragestellung aus Fragegruppe 3, bei der die Kinder in den Interviews aufgefordert wurden, den Rechenweg eines fiktiven Kindes zu 15·7 als 10·7 + 5·7 am 400er-Punktefeld nachzuvollziehen und zu begründen (siehe Abschnitt 5.5.2.3 und 5.5.6), können aus dem Material drei Kategorien abgeleitet werden:

(1) 42 der 55 Kinder (76,4 Prozent) erkannten die Zerlegung von 15·7 in 10·7 und 5·7 am Punktefeld und zeigten die entsprechenden Malaufgaben.

(2) Zwölf der 55 Kinder (21,8 Prozent) stellten zuerst 10·7 und 5·7 überlappend dar und konnten Verenas Rechenweg erst durch gezieltes Nachfragen als Zerlegung am Punktefeld erläutern.

(3) Ein Kind konnte zwar 15·7 am Punktefeld darstellen, war jedoch nicht in der Lage darin die Zerlegung in 10·7 + 5·7 zu verdeutlichen.

Im Folgenden werden die angeführten Kategorien zur Auswertung näher beschrieben und anhand von Dokumenten aus den Erhebungen erläutert.

Kategorie 1: Das Kind erkennt die Zerlegung von 15·7 in 10·7 und 5·7 am Punktefeld und zeigt die entsprechenden Malaufgaben.
In diese Kategorie wurden all jene Begründungen eingeordnet, die den Rechenweg des fiktiven Kindes zu 15·7 am 400er-Punktefeld erkannten und erklären konnten. Diese Kinder (42 von 55) verdeutlichten in ihren Erklärungen den Rechenweg durch eine Zerlegung des Punktefeldes in 10·7 und 5·7 und konnten die Teilrechnungen (z. B. durch Umkreisen mit dem Finger) richtig zuweisen, so wie Leonardo aus der Klasse B2, der folgendermaßen argumentierte (zur Veranschaulichung seiner Argumentationen siehe Abbildung 6.27 – Bild 1):

L: So, das ist 70 (zeigt 10·7 am 400er-Punktefeld in Form von 10 Zeilen und 7 Spalten) und dann noch das dazu, das ist dann 15 (schiebt den Winkel um 5 Zeilen weiter nach unten), also, wenn ich zehnmal plus fünfmal mach, das ist dann 15.

I: Kannst mir noch zeigen, wo du da genau 10·7 siehst?

L: Da ist 10·7. (zeigt genau auf den ersten Punkt der zehnten Reihe)

I: Ist das genau der Punkt?

L: Also da ist die zehnte Reihe und da ist die fünfte Reihe und insgesamt ist da die 15. Reihe (zeigt auf die 15. Reihe)

I: Wenn du sagst, da ist die zehnte Reihe, was gehört alles zu 10·7?

K: Wenn wir das wegtun, ist es 10·7, weil da sind 10 und da sind 7 (deckt die unteren 5 Zeilen ab). Also zehnmal den 7er.

I: Kannst mir auch 5·7 gleich zeigen?

K: Also hier (deckt mit der Hand die oberen 10 Reihen ab), das ist 5·7, weil hier sind 5 und hier sind 7.

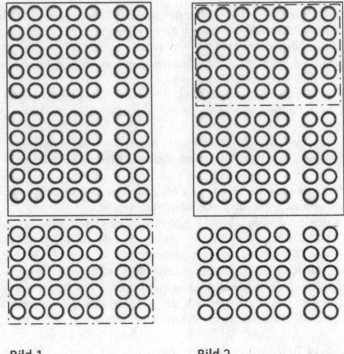

Bild 1   Bild 2

Abbildung 6.27   15·7 als 10·7 + 5·7 (Bild 1) – Überlappende Zeigeweise in den Interviews (Bild 2)

Aus dem Interview mit Leonardo geht hervor, dass er das Punktefeld in 10·7 und 5·7 zerlegen und die Teilrechnungen den entsprechenden Mengen zuweisen konnte. Beim Verdeutlichen der Malaufgabe 10·7 deutete er im ersten Versuch genau auf den ersten Punkt der zehnten Reihe. Erst auf Nachfrage, wo er denn genau die Aufgabe 10·7 sehe, fühlt er sich veranlasst, genauer zu werden und verdeutlichte 10·7 als zehnmal den 7er und umkreiste alle zehn Reihen, also 70 Punkte.

Ähnliche Verhaltensweisen in der Veranschaulichung der entsprechenden Malaufgaben wurden in den Interviews häufig beobachtet. Manche Verdeutlichungsschwierigkeiten konnten bei einigen Kindern durch Nachfragen ausgeräumt werden, wie etwa bei Leonardo, der dann ausdrücklich sagte, dass er zehnmal den 7er sehe. Manche Kinder streiften da ebenfalls mit den Fingern nacheinander über alle Reihen. Doch zeigte sich auch, dass viele Kinder beim Veranschaulichen der Malrechnung lediglich die Punkte in der ersten Reihe und die Punkte in der ersten Spalte markierten, um die Malrechnung zu verdeutlichen. Aus den Erläuterungen ging oftmals nicht klar hervor, ob die Kinder bei diesen Erklärungen auch die Malaufgabe als gesamtes Punktefeld im Blick hatten (z. B. zehnmal den 7er) oder nur die beiden Faktoren als Anzahl der Punkte in der ersten Spalte (den linken Rand) und Anzahl der Punkte in der ersten Zeile (den oberen Rand) mehr oder weniger mechanisch zeigten. Gezielter Nachfrage weckte bei einigen Kindern Zweifel, ob sie die Veranschaulichung in dieser Weise nicht eher mechanisch durchführten und die Malaufgabe räumlich simultan nicht explizit im Blick hatten. Dieser Vermutung wurde jedoch in der vorliegenden Studie aufgrund zeitlicher Ressourcen nicht weiter nachgegangen, könnte aber in einer Folgeuntersuchung aufgegriffen werden.

Kategorie 2: Das Kind zeigt zuerst 10·7 und 5·7 überlappend – erst durch Hilfestellung erkennt das Kind die Zerlegung am Punktefeld.
In diese Kategorie werden all jene Begründungen eingeordnet, die den Rechenweg des fiktiven Kindes zu 15·7 als 10·7 und 5·7 am Punktefeld zuerst nicht als disjunkte Punktemenge verdeutlichen, weil sie die Aufgaben 10·7 und 5·7 in der Veranschaulichung überlappend zeigten (siehe Abbildung 6.27 Bild 2). Diese Kinder (12 von 55) wurden im Zuge des Interviews aufgefordert, die Teilrechnungen so darzustellen, dass man *mit einem Blick erkennt*, dass 15·7 als 10·7 + 5·7 berechnet werden könne. Durch diese Hilfestellung, die in manchen Fällen auch mehrmals wiederholt werden musste, um die Intention der Fragestellung zu erfassen, gelang es dann allen Kindern, 15·7 am Punktefeld in die Teilrechnungen 10·7 und 5·7 disjunkt zu zerlegen.

Kategorie 3: Das Kind kann 15·7 am Punktefeld zeigen, kann aber die Zerlegung in 10·7 und 5·7 nicht erläutern.
Ein Kind konnten die Aufgabe 15·7 am Punktefeld verdeutlichen. Jedoch konnte es danach trotz Hilfestellungen durch die Interviewenden, es möge die Teilrechnungen so zeigen, dass man *mit einem Blick erkennt*, dass 15·7 als 10·7 + 5·7 berechnet werden könne nicht erklären, wie das Punktefeld in 10·7 und 5·7 zerlegt werden kann.

6.2.4.2 Zerlegen in eine Differenz am 400er-Punktefeld begründen

Ausgehend von der Fragestellung aus Fragegruppe 3, bei der die Kinder in den Interviews aufgefordert wurden, den Rechenweg eines fiktiven Kindes für 8·19 als 8·20 − 8 am 400er-Punktefeld nachzuvollziehen und zu begründen (siehe Abschnitt 5.5.2.3 und 5.5.6), können aus dem Material folgende zwei Kategorien abgeleitet werden.

(1) 51 der 55 Kinder (92,7 Prozent) erkannten die Zerlegung am Punktefeld sofort und zeigten die entsprechenden Malaufgaben durch Verschieben des Malwinkels von 8·20 auf 8·19.

(2) Vier der 55 Kinder konnten Verenas Erklärung nicht in eigenen Worten erläutern.

Im Folgenden werden die angeführten Kategorien zur Auswertung näher beschrieben und anhand von Dokumenten aus den Erhebungen erläutert.

Kategorie 1: Das Kind liefert eine korrekte Erklärung durch Verschieben des Malwinkels von 8·20 auf 8·19.
In diese Kategorie wurden all jene Begründungen eingeordnet, die Verenas Rechenweg für 8·19 auf Anhieb am 400er-Punktefeld erkannten und erklären konnten, so wie Martin aus der Klasse C2, der, nachdem er 8·20 am Punktefeld eingestellt hatte, wie folgt argumentierte:

M: Da hat sie gleich 20 gesehen, weil normal ist so 19 (Kind stellt 8·19 als 8 Zeilen und 19 Spalten ein) und dann hat sie gedacht: 20 geht viel leichter, dann hat sie das leichter gerechnet (stellt Winkel wieder auf 8·20) und einfach minus 8. (schiebt Winkel wieder auf 8·19)

I: Wo sind die minus 8 am Punktefeld zu sehen?

M: (zeigt korrekt auf die 8 Punkte in der letzten Spalte, die durch den transparenten Winkel abgedeckt sind).

Begründungen in dieser Kategorie erfolgten somit durch Verschieben des Malwinkels um eine Spalte nach links (bei der Zeigeweise von 8·20 als 8 Zeilen und 20 Spalten). Manche Kinder veranschaulichten die gegebene Rechnung 8·20 auch als 20 Zeilen und 8 Spalten. Diese Kinder schoben den Malwinkel um eine Reihe nach oben. Alle Kinder dieser Kategorie konnten den Subtrahenden 8 am Punktefeld korrekt zeigen.

Kategorie 2: Das Kind kann die Begründung des Rechenweges nicht in eigenen Worten erläutern.

In diese Kategorie werden all jene Begründungen eingeordnet, die den Rechenweg von Verena für 8·19 nicht erklären bzw. nachvollziehen konnten, so wie Sherin aus der Klasse B2, die, nachdem sie 8·20 am Punktefeld korrekt eingestellt hatte, auf die Frage, wie Verena sehe, dass sie 8·20 – 8 rechnen müsse, wie folgt argumentierte:

S: (schiebt den Malwinkel von 8·20 auf 8·19)
I: Was hast denn jetzt gemacht, wie bist du von 8·20 auf 8·19 gekommen?
S: Ich habe so weiter.
I: Kannst du noch mal 8·20 einstellen und mir erklären, wieso Verena da für 8·19 8·20 minus 8 rechnen muss?
S: Ich weiß es nicht.

Sherin konnte in dieser Situation den Zusammenhang zwischen 8·20 und 8·19 nicht verbalisieren. Der Grund dafür ist auf Basis des Interviews nicht nachvollziehbar. Es kann durchaus sein, dass ihr die Aufgabenstellung unklar war, oder sie war nicht in der Lage, den Zusammenhang zu verbalisieren. Möglich war ihr aber auch der Zusammenhang selbst unklar und sie nahm die Verschiebung rein mechanisch vor, weil es die Lehrkraft so vorgezeigt hatte.

6.2.5   Mehrere Rechenwege für eine Aufgabe

Die Aufgabenstellungen aus der Fragegruppe 1: *Art der Rechenwege für 5·14, 4·16, 19·6* und den schriftlichen Erhebungen erforderten von den Kindern jeweils die Lösung einer Aufgabe unter Verwendung eines Rechenweges (jenes, den die Kinder in der Situation eben durchführten). Doch können Kinder auch noch weitere Rechenwege zu einer Aufgabe nennen? Um die Frage zu beantworten, wurde den 55 Kindern aus dem zweiten Zyklus in den Interviews *nach* der Thematisierung im Unterricht die Fragen der Fragegruppe 4: *Verschiedene Rechenwege für die Aufgaben 17·4 und 5·24* gestellt, die in Abschnitt 5.5.2.4 beschrieben wurden. In Tab. 6.12 können die Rechenwege, die die Kinder aufeinander folgend zur Lösung von 5·24 angaben, wie folgt abgelesen werden:

Die *Anzahl der Rechenwege für 5·24 durch Zerlegen in eine Summe im ersten Rechenweg* betrug 23, d. h., 23 Kinder lösten 5·24 im *ersten* Rechenweg auf Basis einer Zerlegung in eine Summe, 22 Kinder lösten 5·24 im *zweiten* Rechenweg auf Basis einer Zerlegung in eine Summe, zwei Kinder im *dritten*, ein Kind jeweils im *vierten* bzw. *fünften* Rechenweg. Insgesamt wurden 49 Rechenwege für 5·24 durch Zerlegen in eine Summe gezeigt. In analoger Weise können die jeweiligen Anzahlen der Rechenwege für 5·24 unter Einbezug des Verdoppelns, durch gegensinniges Verändern, durch Zerlegen in eine Differenz, durch wiederholte Addition und unter Einbezug des Halbierens der Tab. 6.12 entnommen werden.

Tab. 6.12 Mehrere Rechenwege für 5·24

Anzahl der Rechenwege für 5·24 durch	im ersten Rechenweg	im zweiten Rechenweg	im dritten Rechenweg	im vierten Rechenweg	im fünften Rechenweg	Summe
Zerlegen in eine Summe	23	22	2	1	1	49
Gegensinniges Verändern	21	11	2	0	0	34
Zerlegen in eine Differenz	1	3	5	1	0	10
Verdoppeln	2	1	1	1	1	6
Wiederholte Addition	1	0	2	0	1	4
Halbieren	4	2	0	1	0	7
Summe	**52**	**39**	**12**	**4**	**3**	**110**

Aus Tab. 6.12 kann weiters abgelesen werden, dass von den 55 Kindern zur Aufgabe 5·24

- 52 Kinder mindestens einen korrekten Rechenweg[10],
- 39 Kinder mindestens zwei korrekte Rechenwege,
- zwölf Kinder mindestens drei korrekte Rechenwege,

---

[10] Drei Kinder gaben im ersten Lösungsweg fehlerhafte Rechenwege an und konnten auf Nachfrage keinen weiteren Rechenweg mehr nennen.

- vier Kinder mindestens vier korrekte Rechenwege und
- drei Kinder fünf korrekte Rechenwege nannten.

In Tab. 6.13 können die Rechenwege, die die Kinder aufeinander folgend zur Lösung von 17·4 angaben, abgelesen werden:

Tab. 6.13 Mehrere Rechenwege für 17·4

Anzahl der Rechenwege für 17·4 durch	im ersten Rechenweg	im zweiten Rechenweg	im dritten Rechenweg	im vierten Rechenweg	im fünften Rechenweg	Summe
Zerlegen in eine Summe	32	11	4	2	0	49
Verdoppeln	15	11	2	1	0	29
Gegensinniges Verändern	2	15	4	1	0	22
Zerlegen in eine Differenz	4	6	5	2	2	19
Wiederholte Addition	0	0	2	1	1	4
Schriftliches Verfahren	1	0	0	0	0	1
Ankeraufgabe	1	0	0	0	0	1
Summe	**55**	**43**	**17**	**7**	**3**	**125**

Zur Aufgabe 17·4 nannten

- 55 Kinder mindestens einen korrekten Rechenweg,
- 43 Kinder mindestens zwei korrekte Rechenwege,
- 17 Kinder mindestens drei korrekte Rechenwege,
- sieben Kinder mindestens vier korrekte Rechenwege und
- drei Kinder fünf korrekte Rechenwege.

Tiana konnte zur Aufgabe 5·24 fünf Rechenwege angeben, sie notierte ihre gefundenen Rechenwege auf einem Zettel (siehe Abbildung 6.28):

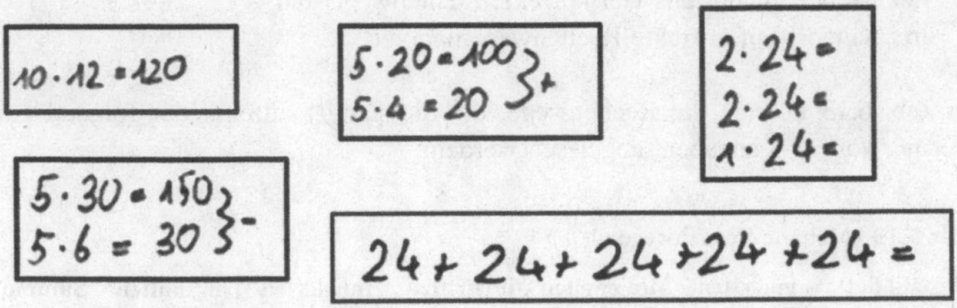

Abbildung 6.28 Tianas Rechenwege für 5·24

Sie gab zur Aufgabe 5·24 folgende Rechenwege an (von links nach rechts):

- 5·24 als 10·12
- 5·24 als 5·30 − 5·6
- 5·24 als 5·20 + 5·4
- 5·24 als wiederholte Addition von 24
- 5·24 als Verdoppelung von 2·24 und Addition von 24.

6.2.6 Welcher Rechenweg ist der einfachste?

Jene Kinder, die für die Aufgaben 5·24 und 17·4 mindestens zwei Rechenwege fanden, wurden aufgefordert, den Rechenweg anzugeben, den sie für den einfachsten hielten, und ihre Aussage zu begründen. Dazu liegen für die Aufgabe 5·24 insgesamt Ergebnisse von 39 Kindern und für die Aufgabe 17·4 insgesamt Ergebnisse von 43 Kindern vor. Tab. 6.14 zeigt, welchen Rechenweg die Kinder für die Aufgaben 5·24 und 17·4 als den einfachsten nannten:

Tab. 6.14 Einfachster Rechenweg für die Aufgaben 5·24 und 17·4

Rechenweg	am einfachsten bei 5·24	am einfachsten bei 17·4
Gegensinniges Verändern	19	9
Zerlegen in eine Summe	10	20
Verdoppeln	2	11
Halbieren	5	0

(Fortsetzung)

Tab. 6.14 (Fortsetzung)

Rechenweg	am einfachsten bei 5·24	am einfachsten bei 17·4
Zerlegen in eine Differenz	0	2
Wiederholte Addition	1	1
Alle gefundenen Rechenwege gleich einfach	2	0
Summe	**39**	**43**

Bei der Interpretation der Ergebnisse muss berücksichtigt werden, dass die Aufgaben 5·24 und 17·4 bewusst so gewählt wurden, dass mehrere Rechenwege als *vorteilhaft* argumentiert werden können (siehe Tab. 5.4 in Abschnitt 5.5.6), so auch das Zerlegen in eine Summe, das als Universalrechenweg angesehen werden kann.

Die Ergebnisse zeigen, dass Kinder, die in der Lage sind, unterschiedliche Rechenwege für eine Aufgabe zu nutzen, nicht alle denselben Rechenweg als den einfachsten bezeichnen. So wurde für die Aufgabe 5·24 mehrheitlich das gegensinnige Verändern als einfachster Rechenweg genannt (19 von 39), doch wählten weitere fünf Kinder die Halbierung des Zehnfachen und weitere zwei Kinder das Verdoppeln als einfachsten Rechenweg. Für den Universalrechenweg auf Basis einer Zerlegung in eine Summe entschieden sich zehn Kinder. Für die Aufgabe 17·4 wählten neun Kinder von 43 das gegensinnige Verändern und elf Kinder von 43 das Verdoppeln als den einfachsten Rechenweg. Für den Universalrechenweg entschieden sich 20 Kinder. Diese unterschiedlichen Ergebnisse weisen darauf hin, dass manche Kinder generell den Universalrechenweg bevorzugen, andere hingegen einen Rechenweg, der besondere Aufgabenmerkmale nutzt. Nicht außer Acht gelassen werden darf bei der Interpretation der Ergebnisse jedoch, dass die restlichen Kinder, die nur einen Rechenweg angeben konnten (16 Kinder für die Aufgabe 5·24 und zwölf Kinder für die Aufgabe 17·4), gar nicht nach dem einfachsten Rechenweg befragt wurden.

6.2.7 Begründungen für den einfachsten Rechenweg

Jene Kinder, die für die Aufgaben 5·24 und 17:4 mindestens zwei Rechenwege fanden, wurden aufgefordert, jenen Rechenweg anzugeben, den sie für den einfachsten hielten (siehe Abschnitt 6.2.6). In weiterer Folge wurden sie nach einer Begründung für den einfachsten Rechenweg befragt. Die Auswertung dieser

Begründungen strebt die Beantwortung von Forschungsfrage (6) an: Wie begründen Kinder *nach* der Umsetzung des entwickelten Lernarrangements die Wahl des einfachsten Rechenweges für die Multiplikation einstelliger mit zweistelligen Zahlen?

Wie bereits áus Abschnitt 6.2.6 bekannt, bezeichneten nicht alle Kinder denselben Rechenweg als den einfachsten. Für die Auswertung war es vor allem von Interesse,

- aufgrund welcher Argumente Kinder den *Universalrechenweg* als den einfachsten bezeichnen (Abschnitt 6.2.7.1) bzw.
- aufgrund welcher Argumente Kinder *Rechenwege, die ein Erkennen von Aufgabenmerkmalen* erfordern, als am einfachsten nannten (Abschnitt 6.2.7.2).

Das Kategorisieren der erhobenen Argumente der Kinder zum einfachsten Rechenweg gestaltete sich in einigen Fällen äußerst schwierig, da die Argumente der Kinder teilweise sehr oberflächlich waren. Auch Hofemann und Rautenberg (2010), die in ihrer Studie ebenfalls Kinder nach der Begründung ihres Rechenweges für mehrstellige Multiplikationen befragten, stellen fest, dass es vielen Kindern schwer fällt, ihre Rechenwege zu erklären, und dass es meist „bei einer oberflächlichen Erklärung, die anhand von Beispielzahlen unterstrichen wird", bleibt (Hofemann und Rautenberg 2010, S. 45).

6.2.7.1 Argumente für den Universalrechenweg auf Basis einer Zerlegung in eine Summe

20 Kinder, die die Aufgabe 17·4 unter anderem durch Zerlegen in eine Summe lösten, hielten fest, dass dieser Rechenweg für sie der einfachste sei. Bei der Aufgabe 5·24 nannten zehn Kinder das Zerlegen in eine Summe als einfachsten Rechenweg. In den Begründungen dazu konnten folgende Argumente identifiziert werden, wobei festzuhalten ist, dass sich die Argumente teilweise überschnitten.

Die Teilrechnungen sind leichte Rechnungen.
Die meisten Kinder argumentierten über die im Rechenweg zu bewältigenden Teilrechnungen. Diese seien in den Rechenwegen durch Zerlegen in eine Summe, weil gefestigt oder automatisiert, *leicht* zu bewältigen. So konnte Elias zwei verschiedene Rechenwege zu 17·4 angeben (Zerlegen in eine Summe und Verdoppeln). Er fand den ersten Rechenweg auf Basis einer Zerlegung in eine Summe am einfachsten und argumentierte folgendermaßen:

E: ..., weil 10·4 ist ganz leicht, das ist 40 und 7·4, das haben wir schon in der zweiten gelernt, dass muss man einfach wissen.

Eine aufgabenspezifischere Argumentation lieferte Sophia, die drei verschiedene Rechenwege zu 17·4 angab (gegensinniges Verändern, Verdoppeln und Zerlegen in eine Summe). Sie fand den dritten Rechenweg auf Basis einer Zerlegung in eine Summe am einfachsten und argumentierte so:

S: ..., weil 17 ein bisschen schwer zum Verdoppeln ist, deswegen tu ich mir leichter beim Zerlegen und Plus.

Während die meisten Kinder lediglich feststellten, dass die Teilrechnungen beim Zerlegen in eine Summe leicht seien, verglich Nevio seine Wahl auch bezüglich der Anzahl der zu bewältigenden Teilschritte. Er konnte für die Aufgabe 5·24 zwei Rechenwege (gegensinniges Verändern und Zerlegen in eine Summe) angeben. Er fand den zweiten Rechenweg auf Basis einer Zerlegung in eine Summe am einfachsten und begründete seine Vorgehensweise wie folgt:

N: Obwohl er länger ist, finde ich den Rechenweg mit 5·10 + 5·10 + 5·4 am leichtesten.
I: Stimmt, du hast das richtig erkannt, der ist länger, warum ist er trotzdem für dich leichter?
N: Er ist zwar länger, aber er ist leicht zum Ausrechnen, weil 5mal äh, 2mal 5 (will den Bezug zur Aufgabe herstellen, da er den Rechenweg aber nicht notiert hatte, konnte er sich offensichtlich an die einzelnen Teilrechnungen nicht mehr so genau erinnern) und so eine, das muss gleich gehen. Deshalb ist der für mich am leichtesten.

Man braucht nur das Einmaleins gut zu können.
Einige Kinder argumentierten, dass beim Zerlegen in eine Summe immer zwei Aufgaben aus dem kleinen Einmaleins zu berechnen sind. Werde das kleine Einmaleins gut beherrscht, dann sei das Zerlegen in eine Summe einfach. Als Beispiel dient Tianas Begründung. Tiana konnte fünf verschiedene Rechenwege für 17·4 angeben (Zerlegen in eine Summe, gegensinniges Verändern, Verdoppeln, Wiederholte Addition und Zerlegen in eine Differenz). Sie fand den ersten Rechenweg auf Basis einer Zerlegung in eine Summe am einfachsten und verdeutlichte dies so:

T: Da gefällt mir der (Zerlegen in eine Summe) am besten, denn man braucht
      ja nur gut Malrechnen und ich kann gut Malrechnen.

Ein weiteres Beispiel lieferte Samuel; er konnte zwei verschiedene Rechenwege
für 17·4 angeben (Zerlegen in eine Summe und gegensinniges Verändern). Er fand
den ersten Rechenweg auf Basis einer Zerlegung in eine Summe am einfachsten
und argumentierte folgendermaßen:

S: …, weil das sehr leicht geht, weil man das kleine Einmaleins sehr fest kennt,
      einfach 10·4 = 40, dann die kleine Rechnung – große und kleine Rechnung.

**Man braucht nur einen Faktor in Zehner und Einer zu zerlegen und mit dem
zweiten Faktor zu multiplizieren.**
Einige Kinder begründeten, der Rechenweg auf Basis einer Zerlegung in eine
Summe sei deshalb besonders einfach, da nach einem Schema vorgegangen werden könne. Sie argumentierten dabei jedoch auf Ebene der Zahlen. Man müsse
nur von der zweistelligen Zahl den Zehner nehmen und diesen mit der zweiten
Zahl multiplizieren und dann mit dem Einer der zweistelligen Zahl gleich vorgehen und die zwei Ergebnisse schließlich addieren. Als Beispiel dient Jasmins
Begründung. Sie konnte drei verschiedene Rechenwege für 17·4 angeben (Zerlegen in eine Summe, Zerlegen in eine Differenz und gegensinniges Verändern).
Jasmin fand den ersten Rechenweg auf Basis einer Zerlegung in eine Summe am
einfachsten und erklärte dies so:

J: Der erste Rechenweg ist am einfachsten, weil da ist es nicht so kompliziert.
      Weil man da nur von 17 den 1er nehmen muss, das ist ein 10er, dann schreibt
      man 10·4, weil da ist der 4er, ist 40 und dann muss man noch das (7) mal
      4, ist 28, und das dann plus rechnen.

Man kann rechnen, ohne viel nachzudenken.
Einige Kinder lösten sich bei der Argumentation von den konkreten Zahlen (im
Vergleich zur Kategorie davor), sowie Hanna, die zwei verschiedene Rechenwege für 17·4 angab (Zerlegen in eine Summe und Verdoppeln). Sie fand den
ersten Rechenweg auf Basis einer Zerlegung in eine Summe am einfachsten und
meinte, dass sie bei diesem Rechenweg nicht viel nachdenken müsse, da er wie
ein Schema abgespult werden könne. Sie konkretisierte dies wie folgt:

H: Weil man da halt alles zusammenzählen kann und dann muss man, also ich finde den halt einfacher, weil ich da alles rechnen kann ohne, dass ich nachdenken muss.

Der Rechenweg ist sehr sicher.
Dino kombinierte einige bereits dokumentierte Argumente. Er fand zwei Rechenwege für die Aufgabe 5·24 (Zerlegen in eine Summe und gegensinniges Verändern). Für ihn war der erste Rechenweg auf Basis einer Zerlegung in eine Summe am einfachsten. Den Ausschlag für die Wahl des einfachsten Rechenweges gab die Sicherheit des Rechenweges als Universalrechenweg, der immer angewendet werden könne und immer nach demselben Schema ablaufe. Er argumentierte folgendermaßen:

D: Der (Zerlegen in eine Summe) ist der einfachste, denn der (gegensinniges Verändern) geht schon schnell und alles, aber der (Zerlegen in eine Summe) ist halt sehr sicher, weil da hat man das kleine Einmaleins, da habe ich auch 5·2 gerechnet, ist 10 und dann ist 100 und dann noch 5·4 ist 20 und 120!

6.2.7.2 Argumente für Rechenwege, die ein Erkennen von Aufgabenmerkmalen erfordern

Kinder, die Verdoppeln, Halbieren und gegensinniges Verändern als die einfachsten nannten, nutzten bei der Wahl des jeweiligen Rechenweges besondere Aufgabenmerkmale (Faktor 4 bei Verdoppelungen, Faktor 5 bei Halbierungen des Zehnfachen und das Überführen in die einfacher zu lösenden Aufgaben 10·12 bzw. 34·2 bei Nutzung des Gesetzes von der Konstanz des Produktes). In den Begründungen dazu konnten unterschiedliche Argumente identifiziert werden. Dabei ist festzuhalten, dass in den Begründungen der Kinder mehrere der genannten Argumente in Kombination vorkamen.

Der Rechenweg ist leicht.
Ähnlich wie in den Begründungen für den Universalrechenweg argumentierten die meisten Kinder über die im Rechenweg zu bewältigenden Teilrechnungen. Kinder, die feststellten, dass der Rechenweg *leicht* sei, wurden in die vorliegende Kategorie eingeordnet. Dabei wird *leicht* überwiegend im Sinne von leichten Rechnungen (meist im Vergleich zum Zerlegen in eine Summe) interpretiert – verursacht durch das Nutzen besonderer Aufgabenmerkmale. So konnte z. B. Lisa

zwei verschiedene Rechenwege für 17·4 finden (Zerlegen in eine Summe und Verdoppeln). Sie empfand den zweiten Rechenweg unter Einbezug des Verdoppelns am einfachsten und erklärte dies wie folgt:

L: …, weil einfach 2·17 ist leicht, ist gleich 34 und dann einfach 34 + 34 = 68, das ist für mich eben leichter.

Lisa bezeichnet, im Gegensatz zu Sophia aus dem Interview in Abschnitt 6.2.7.1, die Verdoppelung von 17 als eine leichte Aufgabe. Sophia empfand die Verdoppelung von 17, wohl aufgrund der Zehnerüberschreitung, als schwierig und entschied sich deshalb für das Zerlegen in eine Summe.

Einige Kinder argumentierten auch, dass beim gegensinnigen Verändern die Rechnung durch die Zahlenmanipulationen leichter würde, so wie Georg. der für die Aufgabe 5·24 zwei Rechenwege nennen konnte (gegensinniges Verändern und Zerlegen in eine Summe) und den ersten Rechenweg durch gegensinniges Verändern als den einfachsten beschrieb, indem er folgendermaßen argumentierte:

G: Weil man da einfach zehnmal und immer, wenn man zehnmal hat, dann ist es immer leicht.

Der Rechenweg hat weniger Teilrechnungen.
Durch die Nutzung besonderer Aufgabenmerkmale kann sich die Anzahl der Teilrechnungen reduzieren. Das Argument der geringeren Anzahl von Teilschritten nannten auch einige Kinder und erklärten so, dass beim Verdoppeln (im Vergleich zum Zerlegen in eine Summe) ein Rechenschritt weniger auszuführen sei. Marco fand zwei Rechenwege für die Aufgabe 5·24 (Zerlegen in eine Summe und gegensinniges Verändern). Er empfand den zweiten Rechenweg durch gegensinniges Verändern am einfachsten. Seine Begründung:

M: …, weil ich weiß, bei 10·12 da tu ich einfach verzehnfachen und einen Nuller anhängen und dann habe ich schon das Ergebnis. Und da (Zerlegen in eine Summe) muss ich wieder 3 Rechnungen machen.

Ähnlich argumentierte Elenia, die vier verschiedene Rechenwege für 17·4 fand (Verdoppeln, Zerlegen in eine Summe, gegensinniges Verändern und Zerlegen in eine Differenz), den ersten Rechenweg unter Einbezug des Verdoppelns am einfachsten nannte und so argumentierte:

E: ..., weil Verdoppeln eigentlich, man muss da nur zweimal die gleiche Rechnung zusammenrechnen.

Man muss weniger aufschreiben.
Neben der Begründung, dass im Vergleich zum Zerlegen in eine Summe der Rechenweg unter Nutzung besonderer Aufgabenmerkmale weniger Teilrechnungen besitze, wurde auch argumentiert, dass dieser Rechenweg (dadurch) auch weniger Schreibaufwand erfordere. Dies stellte Valentina bei Rechenwegen unter Einbezug des Verdoppelns fest. Sie konnte zwei verschiedene Rechenwege für $17 \cdot 4$ finden (Verdoppeln und Zerlegen in eine Summe) und fand den ersten Rechenweg unter Einbezug des Verdoppelns am einfachsten und untermauerte dies folgendermaßen:

V: Weil ich beim Zerlegen und Plus, wenn ich die Aufgabe noch nicht so gut kann, so viel aufschreiben, wie $40 \cdot 4 = 40$, $7 \cdot 4 = 28$ und dann muss ich noch schreiben $40 + 28 = 68$. Und beim Verdoppeln muss ich nur $2 \cdot 17$ aufschreiben und dann $34 + 34$.

Kind verweist auf besondere Aufgabenmerkmale.
Einige Kinder argumentierten gezielt mit besonderen Aufgabenmerkmalen, so wie Timo, der für die Aufgabe $5 \cdot 24$ zwei verschiedene Rechenwege finden konnte (Halbieren und gegensinniges Verändern). Beide Rechenwege erweisen sich durch das Nutzen der Aufgabenmerkmale als geschickt. Timo entschied sich aber für das Halbieren als einfachsten Rechenweg, da er den Faktor 5 als Aufgabenmerkmal identifizierte und für dieses Aufgabenmerkmal bereits den Rechenweg unter Einbezug der Halbierung des Zehnfachen abgespeichert hatte. Er verdeutlichte dies wie folgt:

T: ..., weil wir haben manchmal so Tests und so und ich habe mir halt von Anfang an bei diesen fünfmal-Aufgaben gedacht, dass man die andere Zahl verdoppeln kann, ich rechne zehnmal und dann die Hälfte.

Auffallend anspruchsvoll war Leonardos Begründung, der drei verschiedene Rechenwege für $5 \cdot 24$ finden konnte (gegensinniges Verändern, Zerlegen in eine Summe und Zerlegen in eine Differenz). Er stellte fest, dass das gegensinnige Verändern für die Aufgabe $5 \cdot 24$ der schnellste Rechenweg sei, und im Zuge des Interviews erklärte er weiter, wieso das gegensinnige Verändern nicht immer anwendbar sei:

L: Da muss man einen Zahlenblick haben. Also einfach sind eigentlich alle, aber Zerlegen und Minus, das ist halt viel Aufwand und der allerschnellste ist eigentlich gegensinnig Verändern. Also gegensinnig Verändern, das ist der allerschnellste Rechenweg, aber den kann man nicht immer einsetzen, weil der geht am allerbesten, wenn ein 5er ist und eine andere gerade Zahl, aber z. B. bei 17·4 würde er auch gehen, aber bei 17·7 würde er nicht gehen, weil 17 keine gerade Zahl und 7 keine gerade Zahl ist, also kann man es da nicht anwenden.

Leonardo kannte den Begriff *Zahlenblick*, den wohl die Klassenlehrerin verwendet hatte, und benutzte diesen in den Begründungen passend. Er bezeichnete das gegensinnige Verändern als den allerschnellsten Rechenweg und er war in der Lage Konstellationen von Aufgabenmerkmalen zu nennen, bei denen dieser Rechenweg besonders effizient genutzt werden kann (ein Faktor beträgt 5 und der zweite Faktor ist gerade). Ferner gab er Konstellationen an, bei denen der Rechenweg nicht anwendbar ist (beide Faktoren ungerade) und erläuterte in weiterer Folge beeindruckend (hier nicht mehr transkribiert), dass, sollten beide Faktoren verdoppelt werden, sich der Wert des Produkts nicht verdoppele, sondern vervierfache.

6.2.7.3 Sicherheit oder geschicktes Rechnen?

Die Antworten der Kinder in Bezug auf das Begründen von Rechenwegen zeigen, dass Kinder, die den Universalrechenweg auf Basis einer Zerlegung in eine Summe als den einfachsten bezeichnen, ihre Entscheidung mit Argumenten begründen, die sich einerseits auf die einzelnen zu bewältigenden Teilrechnungen im Rechenweg beziehen, wie

- die Teilrechnungen seien leichte Rechnungen und
- man brauche nur das Einmaleins gut können.

Andererseits werden auch Argumente angeführt, die sich auf den Rechenweg als Ganzes berufen, der leicht wie ein *Rezept* genutzt werden könne:

- Man braucht nur einen Faktor in Zehner und Einer zerlegen und mit dem zweiten Faktor multiplizieren.
- Man kann rechnen, ohne viel nachzudenken.
- Der Rechenweg ist sehr sicher.

Die Charakteristika eines Universalrechenweges, dass er immer angewendet werden und wie ein Schema abgearbeitet werden könne, bei dem nicht über Aufgabenmerkmale nachgedacht werden muss, werden von den so argumentierenden Kindern offenbar geschätzt, weil sie ihnen Sicherheit und/oder Bequemlichkeit vermitteln. Entscheidend für die Wahl des Universalrechenweges als einfachsten Rechenweg waren für diese Kinder also vornehmlich subjektive Variablen (*subject variables*) und nicht Aufgabenmerkmale (*task variables*) (siehe Abschnitt 2.2). Diese Kinder neigten dazu, einen einmal erprobten Rechenweg aus Gründen der Sicherheit oder auch der Bequemlichkeit, nicht immer über Aufgabenmerkmale nachdenken zu müssen, beizubehalten.

Kinder hingegen, die Rechenwege als die einfachsten nennen, die besondere Aufgabenmerkmale nutzen, argumentieren vorwiegend mit der Leichtigkeit und Kürze des Rechenweges. Sie führten folgende Argumente an:

- Der Rechenweg ist leicht.
- Der Rechenweg hat weniger Teilrechnungen.
- Man muss weniger aufschreiben.
- Besonderheiten der Zahlen können genützt werden.

Einige Kinder konnten in den Begründungen dezidiert Aufgabenmerkmale nennen, die sie veranlassten, diesen Rechenweg als den einfachsten zu nominieren. Andere Kinder hingegen bezogen sich in ihren Rechtfertigungen vor allem auf die Schnelligkeit des Rechenweges und die Überführung in leichtere (Teil-)Aufgaben.

Zusammenfassend ist anzumerken, dass die Argumentationen für den einfachsten Rechenweg sowohl bei Kindern, die den Universalrechenweg als den einfachsten nannten, als auch bei Kindern, die einen Rechenweg, der besondere Aufgabenmerkmale nutzt, als den einfachsten nannten, häufig über die Leichtigkeit des Rechenweges erfolgten. Der Begriff *leicht* wurde jedoch von den Kindern unterschiedlich interpretiert. *Leicht* bedeutete für manche Kinder offenbar, dass sie das *Verfahren* des Rechenweges gut beherrschten, weil sie diesen gefestigt oder automatisiert hatten. Andere Kinder hatten dabei mehr die zu bewältigenden Rechnungen im Blick und interpretierten *leicht* eher im Sinne von leichten und/oder weniger Rechnungen.

6.2.8   Ein Vergleich der Ergebnisse *vor* und *nach* der Umsetzung

Es liegen nun Ergebnisse zur Verwendung von Rechenwegen zu Mult_1 × 2_ZR *vor* und *nach* der Umsetzung des Lernarrangements vor. In Zuge eines Vergleichs dieser Ergebnisse können folgende Veränderungen beobachtet werden:

Rechenwege unter Nutzung des vollständigen Auszählens, der fortgesetzten Addition und der Verzehnfachung als Ankeraufgabe werden *nach* der Umsetzung im Unterricht bedeutungslos
In den Erhebungen *nach* der Umsetzung waren alle Kinder in der Lage, Rechenwege für die gestellten Aufgaben anzugeben. Im Gegensatz dazu wurden in den Erhebungen *vor* der Umsetzung 4,2 Prozent der Aufgaben nicht gelöst. Der Grund dafür war primär, dass aus Sorge um Überforderung weitere Aufgaben im Zuge des Interviews nicht mehr gestellt wurden, da die vorangegangenen Aufgaben nur mit extrem hohem Zeitaufwand bewältigt werden konnten. Rechenwege unter Nutzung der wiederholten Addition eines Faktors, die *vor* der Umsetzung noch 16,1 Prozent der Rechenwege ausmachten, und Rechenwege durch vollständiges Auszählen mithilfe ikonischer Hilfsmittel verschwanden zur Gänze. Ebenso werden *nach* der Umsetzung auch keine Kinder mehr beobachtet, die überwiegend Rechenwege unter Nutzung der Verzehnfachung des einstelligen Faktors als Ankeraufgabe mit anschließendem additiven Weiterrechnen nutzen (Vortyp 4a). Diese *Vorstufe* in der Entwicklung distributiver Zerlegungen wurde erfolgreich überwunden.

Rechenwege auf Basis einer stellengerechten Zerlegung in eine Summe werden deutlich häufiger gezeigt
Sowohl *vor* als auch *nach* der Umsetzung des Lernarrangements wurden Rechenwege unter Nutzung einer stellengerechten Zerlegung des zweistelligen Faktors in eine Summe am häufigsten gezeigt. Der Anteil dieser Rechenwege stieg als Folge der Weiterentwicklung bei den Aufgaben 5·14, 4·16 und 19·6 von 29,6 Prozent auf 52,0 Prozent an.

Rechenwege unter Nutzung des Gesetzes von der Konstanz des Produktes treten erst *nach* der Umsetzung des Lernarrangements auf
Rechenwege auf Basis des Gesetzes von der Konstanz des Produktes traten erst nach einer expliziten Thematisierung dieses Rechenweges im Unterricht auf. Es scheint, dass dieser Rechenweg ohne unterrichtliches Zutun von Kindern kaum entdeckt wird.

Die Anzahl der fehlerhaften Rechenwege nimmt um mehr als die Hälfte ab
Darüber hinaus nahmen fehlerhafte Rechenwege *nach* der Umsetzung des Lernarrangements im Unterricht um rund 10 Prozentpunkte ab (Rückgang von 18 Prozent auf 7,6 Prozent).

Die Vielfalt der Rechenwege unter Einbezug von Verdoppelungen nimmt ab
Während *vor* der Thematisierung im Unterricht zu den Aufgaben 5·14, 4·16 und 19·6 sieben unterschiedliche Rechenwege unter Einbezug von Verdoppelungen beobachtet wurden, waren es *nach* der Thematisierung im Unterricht nur noch drei unterschiedliche Rechenwege. Ebenfalls nahm die Anzahl der Rechenwege, die Verdoppelungen nutzten, von 11,6 Prozent auf 8,8 Prozent leicht ab.

Die Lösungsrichtigkeit der Aufgaben erhöht sich deutlich bezogen auf alle zielführenden Rechenwege
Die Lösungsrichtigkeit der Aufgaben erhöhte sich bezogen auf alle zielführenden Rechenwege (Rechenwege ohne Verfahrensfehler) ebenfalls deutlich (z. B. bei den Aufgaben 5·14, 4·16 und 19·6 von 66,5 Prozent auf 94,1 Prozent).

Erkennen und Nutzen operativer Beziehungen nehmen zu
Sowohl *vor* als auch *nach* der Umsetzung des Lernarrangements wurden den Kindern Aufgaben zu operativen Zusammenhängen gestellt: *Hilft die Aufgabe 2·15 = 30 für 4·15?* und *Hilft die Aufgabe 20·4 = 80 für 19·4?* Das Erkennen und Nutzen dieser operativen Zusammenhänge erhöhte sich bei der Aufgabe zum Verdoppeln um 15,9 Prozentpunkte (Zunahme von 78,6 Prozent auf 94,5 Prozent) und bei der Aufgabe zum Zerlegen in eine Differenz sogar um 36,1 Prozentpunkte (Zunahme von 60,3 Prozent auf 96,4 Prozent) (siehe Abschnitt 6.1.3 und Abschnitt 6.2.3).

Zusammengefasst kann gesagt werden, dass additive Rechenwege vor allem *vor* der unterrichtlichen Thematisierung verwendet wurden. *Nach* der Thematisierung wurden mehrheitlich Rechenwege verwendet, die das Assoziativgesetz oder das Distributivgesetz nutzen. Diese Ergebnisse bestätigen die Resultate der Studie von Mendes (2012, S. 495), wonach die überwiegende Mehrheit der Rechenwege für mehrstellige Multiplikationen sich von additiven Rechenwegen zu multiplikativen Rechenwegen entwickelt. Es können auch die Ergebnisse von Heirdsfield et al. (1999) bestätigt werden, wonach die Vielfalt von Rechenwegen im Laufe der Zeit abnimmt. Die Kinder greifen immer mehr auf die inzwischen im Unterricht erarbeiteten Rechenwege zurück.

6.3 Typisierung nach Rechenwegen *nach* der Umsetzung des Lernarrangements

Im vorliegenden Kapitel erfolgt eine Typisierung der Kinder auf Grundlage ihrer verwendeten Rechenwege für Mult_1 × 2_ZR und auf Grundlage der Lösungsrichtigkeit und der erkannten operativen Beziehungen. Das vorliegende Abschnitt 6.3 beantwortet folgende in Abschnitt 5.2 formulierte Forschungsfrage:

(7) Welche Typenbildung kann auf Basis der von den Kindern genutzten Rechenwegen für die Multiplikation einstelliger mit zweistelligen Zahlen *nach* der Umsetzung des entwickelten Lernarrangements abgeleitet werden?

Diese Typisierung geht methodisch nach der empirisch begründeten Typenbildung nach Kelle und Kluge (2010) vor, die in Abschnitt 5.5.5 ausführlich beschrieben wurde. Als *Elemente* der Typen gelten die im zweiten Zyklus interviewten Kinder, die im methodischen Vorgehen auch als *Fälle* bezeichnet werden.

6.3.1 Festlegung der relevanten Vergleichsdimensionen

In diesem Abschnitt werden jene Kategorien definiert, die dazu dienen, Unterschiede und Ähnlichkeiten in den genutzten Rechenwegen, der Lösungsrichtigkeit und den erkannten operativen Beziehungen zu erfassen.

Dimensionalisierung der Art des Rechenweges
Eine Dimensionalisierung der Art des Rechenweges erfolgte bereits in Abschnitt 6.1.4 im Zuge der Typenbildung *vor* der Umsetzung des Lernarrangements. Diese Dimensionalisierung kann leicht modifiziert für die vorliegende Typenbildung *nach* der Umsetzung des Lernarrangements übernommen werden und ist in Tab. 6.15 beschrieben. Die Modifizierung ergibt sich aus den gezeigten Rechenwegen *nach* der Umsetzung des Lernarrangements. Rechenwege, wie Vollständiges Auszählen, Wiederholte Addition, Zerlegung des einstelligen Faktors in eine Summe und Ankeraufgabe traten nach der Umsetzung nicht mehr auf. Rechenwege unter Einbezug von Verdoppelungen werden *nach* der Umsetzung zu den Rechenwegen, die besondere Aufgabenmerkmale nutzen hinzugefügt[11]. Die Herleitung der Dimensionalisierung kann in Abschnitt 6.1.4 nachgelesen werden.

---

[11] Rechenwege unter Einbezug von Verdoppelungen wurden *vor* der Umsetzung des Lernarrangements nicht als *Nutzen besonderer Aufgabenmerkmale* eingeordnet, da in der Auswertung eine Unterscheidung, ob das Verdoppeln aufgrund der besonderen Aufgabenmerkmale oder nur zur schnelleren Addition gewählt wurde, nicht feststellbar war.

Tab. 6.15 Dimensionalisierung der *Art des Rechenweges nach* der Umsetzung

Fehlerhafte Rechenwege aufgrund fehlerhafter Zerlegungen
Rechenwege unter Nutzung des Distributivgesetzes auf Grundlage einer stellengerechten Zerlegung des zweistelligen Faktors in eine Summe
Rechenwege, die besondere Aufgabenmerkmale nutzen • Rechenwege unter Nutzung einer Zerlegung eines Faktors in eine Differenz • Rechenwege unter Einbezug von Halbierungen des Zehnfachen • Rechenwege unter Einbezug von Verdoppelungen • Rechenwege unter Nutzung des Gesetzes von der Konstanz des Produktes

Um Rechenwege, die besondere Aufgabenmerkmale nutzen, zuordnen zu können, muss vorab erklärt werden, auf welche Art und Weise in der vorliegenden Untersuchung das Erkennen und Nutzen besonderer Aufgabenmerkmale für einen bestimmten Rechenweg definiert wird. Dazu wird auf die Festlegung in Tab. 2.1 aus Abschnitt 2.5 zurückgegriffen, die, um die Lektüre zu erleichtern, hier als Tab. 6.16 noch einmal dargestellt ist:

Tab. 6.16 Passung Rechenweg – besondere Aufgabenmerkmale (Kopie von Tab. 2.1)

Art des Rechenweges	besonderes Aufgabenmerkmal
Rechenwege unter Nutzung des Distributivgesetzes auf Grundlage einer Zerlegung eines Faktors in eine Differenz	ein Faktor liegt nahe unter einer Zehnerzahl z. B. $19 \cdot 6$ als $20 \cdot 6 - 6$
Rechenwege unter Einbezug von Halbierungen des Zehnfachen	der einstellige Faktor beträgt 5 z. B. $5 \cdot 14$ als $(10 \cdot 14):2$
Rechenwege unter Einbezug von Verdoppelungen	der einstellige Faktor beträgt 4 oder 8 z. B. $4 \cdot 16$ als $2 \cdot (2 \cdot 16)$
Rechenwege unter Nutzung des Gesetzes von der Konstanz des Produktes	durch Verdoppeln/Verdreifachen/Vervierfachen... des einen und Halbieren/Dritteln/Vierteln... des anderen Faktors wird die Aufgabe in eine leichter zu lösende Aufgabe übergeführt z. B. $15 \cdot 6$ als $30 \cdot 3$

Gemäß dieser Festlegung aus Tab. 6.16 werden für die in den Interviews gestellten Aufgaben $5 \cdot 14$, $4 \cdot 16$, $19 \cdot 6$, $17 \cdot 4$, $5 \cdot 24$, $9 \cdot 23$, $15 \cdot 6$, $65 \cdot 4$, $5 \cdot 17$ und $8 \cdot 29$ folgende Zuweisungen für das Erkennen und Nutzen besonderer Aufgabenmerkmale durchgeführt (siehe Abbildung 6.29):

	5·14	4·16	19·6	17·4	5·24	9·23	15·6	65·4	5·17	8·29
Zerlegen in eine Differenz			aufgaben adäquat			aufgaben adäquat				aufgaben adäquat
Gegensinniges Verändern	aufgaben adäquat	aufgaben adäquat		aufgaben adäquat	aufgaben adäquat		aufgaben adäquat	aufgaben adäquat		
Halbieren	aufgaben adäquat				aufgaben adäquat				aufgaben adäquat	
Verdoppeln		aufgaben adäquat		aufgaben adäquat				aufgaben adäquat		aufgaben adäquat

Abbildung 6.29 Festlegung der besonderen Aufgabenmerkmale für die Aufgaben 5·14, 4·16, 19·6, 17·4, 5·24, 9·23, 15·6, 65·4, 5·17, 8·29

Es ist anzumerken, dass bei den Aufgaben in Abbildung 6.29 auch der Universalrechenweg auf Basis einer Zerlegung in eine Summe als aufgabenadäquat argumentiert werden kann. Zur Diskussion über die Aufgabenadäquatheit des Universalrechenweges für Mult_1 × 2_ZR siehe Abschnitt 2.5.

Dimensionalisierung der Art des Rechenweges nach einer im Hinblick auf die auftretenden Aufgabenmerkmale nicht als aufgabenadäquat zu bezeichnender Nutzung von Rechenwegen
Gemäß Abbildung 6.29 können für die einzelnen Aufgaben in der Erhebung aufgrund besonderer Aufgabenmerkmale bestimmte Rechenwege als aufgabenadäquat argumentiert werden. Doch kann es vorkommen, dass Kinder einen in Abbildung 6.29 genannten Rechenweg auch anwenden, wenn die Aufgabenmerkmale nicht dafürsprechen, wie etwa:

- 4·16 als 4·20 − 4·4 (Zerlegen in eine Differenz),
- 19·6 als 38·3 (Gegensinniges Verändern) oder
- 8·29 als (10·29):2 + 29 + 29 + 29 (Halbieren).

In solchen Fällen kann kaum vom Erkennen und Nutzen besonderer Aufgabenmerkmale gesprochen werden. Um diese Fälle in der Typenbildung angemessen zu berücksichtigen, wird im Zuge des Typisierungsprozesses für jedes Kind einzeln erhoben, ob seine gezeigten Rechenwege als aufgabenadäquat argumentiert werden können oder nicht. Von Interesse sind in weiterer Folge jene Rechenwege, die nicht als aufgabenadäquat bezeichnet werden können.

Dimensionalisierung der Art des Rechenweges nach weiteren, bei freier Wahl des Rechenweges nicht gezeigten Rechenwegen

Die Fragegruppe 4 *Verschiedene Rechenwege für die Aufgaben 17·4 und 5·24* wurde in Abschnitt 6.2.5 im Hinblick auf folgende Subkategorien ausgewertet:

- Anzahl der angegebenen Rechenwege zu den Aufgaben 17·4 und 5·24
- Art der angegebenen Rechenwege zu den Aufgaben 17·4 und 5·24

In der vorliegenden Typenbildung dient diese Kategorie vor allem zur Klärung der Frage, ob ein Kind neben den genutzten Rechenwegen bei freier Wahl des Rechenweges noch weitere Rechenwege zur Verfügung hat, die es, wenn es ums Ausrechnen ging, nicht zeigte. Sofern dies der Fall ist, ist darüber hinaus interessant, welche Rechenwege das Kind zusätzlich nutzen kann. Demzufolge weist diese Dimensionalisierung eine Verzweigung auf, die in Tab. 6.17 dargestellt ist:

Tab. 6.17
Dimensionalisierung der *Art des Rechenweges* nach weiteren, bei freier Wahl des Rechenweges nicht gezeigten Rechenwegen

Konnte das Kind zu den Aufgaben 17●4 und 5●24 weitere Rechenwege nennen?	
Ja	Nein
Wurden diese genannten Rechenwege in den Aufgaben bei freier Wahl des Rechenweges bereits genutzt?	
Ja	Nein
	Nennung dieser Rechenwege

Dimensionalisierung der Lösungsrichtigkeit

In der Erhebung der Rechenwege wurde die Lösungsrichtigkeit dokumentiert und für jeden beobachteten Rechenweg in *richtig gelöst* und *nicht richtig gelöst* kategorisiert (siehe Abschnitt 6.1.2 und Abschnitt 6.2.2). Zur Entwicklung des Merkmalsraums ist eine weitere Dimensionalisierung der Lösungsrichtigkeit im Hinblick auf die Anzahl der richtig gelösten Aufgaben in Relation zu den zu lösenden Aufgaben erforderlich. Dazu werden drei Subkategorien gebildet:

- Kind löste wenige Aufgaben richtig (0 – 5)
- Kind löste einige Aufgaben richtig (6 – 8)
- Kind löste viele Aufgaben richtig (9 – 11)

Dimensionalisierung der Nutzung operativer Beziehungen

Eine Dimensionalisierung der Nutzung operativer Beziehungen erfolgte bereits in Abschnitt 6.1.4.2 im Zuge der Typenbildung *vor* der Umsetzung des Lernarrangements. Diese Dimensionalisierung kann für die vorliegenden Typenbildung *nach* der Umsetzung des Lernarrangements übernommen werden.

- Operative Beziehung zwischen $2 \cdot 15 = 30$ und $4 \cdot 15$ erkannt und genutzt.
  Operative Beziehung zwischen $20 \cdot 4 = 80$ und $19 \cdot 4$ erkannt und genutzt.
  Operative Beziehung zwischen $8 \cdot 10 = 80$ und $16 \cdot 5$ erkannt und genutzt.
- Operative Beziehung zwischen $2 \cdot 5 = 30$ und $4 \cdot 15$ nicht erkannt und genutzt.
  Operative Beziehung zwischen $20 \cdot 4 = 80$ und $19 \cdot 4$ nicht erkannt und genutzt.
  Operative Beziehung zwischen $8 \cdot 10 = 80$ und $16 \cdot 5$ nicht erkannt und genutzt.

Dimensionalisierung der Begründung von Rechenwegen am 400er-Punktefeld

Das Kategoriensystem zur Begründung der Rechenwege am 400er-Punktefeld wurde in Abschnitt 6.2.4 ausführlich beschrieben. Da die Anzahl der Subkategorien für eine Typisierung zu umfangreich ist, wird zur Entwicklung des Merkmalsraumes eine weitere Dimensionalisierung im Hinblick auf das Veranschaulichen der Rechenwege am 400er-Punktefeld vorgenommen. Im Zuge dessen werden folgende Kategorien abgeleitet:

- Zerlegen in eine Summe anhand der Aufgabe $15 \cdot 7$ am 400er-Punktefeld nachvollziehbar begründet.
  Zerlegen in eine Differenz anhand der Aufgabe $8 \cdot 19$ am 400er-Punktefeld nachvollziehbar begründet.
- Zerlegen in eine Summe anhand der Aufgabe $15 \cdot 7$ am 400er-Punktefeld *nicht* nachvollziehbar begründet.
  Zerlegen in eine Differenz anhand der Aufgabe $8 \cdot 19$ am 400er-Punktefeld *nicht* nachvollziehbar begründet.

6.3.2 Gruppierung der Fälle und Analyse der inhaltlichen Zusammenhänge

Im Folgenden wird der Gruppierungsprozess beschrieben, der schrittweise entweder aufgrund einer Vergleichsdimension oder aufgrund einer Kombination von Vergleichsdimensionen erfolgt.

Gruppierung nach der Art des Rechenweges
In einem ersten Schritt werden die einzelnen Fälle (im vorliegenden Fall Kinder) nach der Dimensionalisierung der Art des Rechenweges gemäß Tab. 6.15 gruppiert. Für diese Gruppierung werden die Auswertungen folgender elf Aufgaben *nach* der Umsetzung des Lernarrangements aus dem zweiten Zyklus herangezogen:

- 5·14, 4·16, 19·6, 17·4, 5·24 aus den Interviews
- 19·6, 9·23, 15·6, 65·4, 5·17, 8·29 aus der schriftlichen Erhebung

Dieser Gruppierungsprozess bringt drei Gruppen hervor:

- Gr1: Kind nutzt überwiegend (in mindestens 9 von 11 Aufgaben) fehlerhafte Rechenwege;
- Gr2: Kind nutzt ausschließlich stellengerechtes Zerlegen in eine Summe
- Gr3: Kind erkennt und nutzt zusätzlich besondere Aufgabenmerkmale.

Folgende drei Subkategorien weisen *nach* der Umsetzung des Lernarrangements – im Vergleich zur Typisierung *vor* der Umsetzung – keine Fälle mehr auf:

- Rechenwege durch vollständiges Auszählen mithilfe ikonischer Hilfsmittel;
- Rechenwege durch Addition und Verdoppeln;
- Rechenwege unter Nutzung der Verzehnfachung des einstelligen Faktors als Ankeraufgabe mit anschließendem additiven Weiterrechnen.

Des Weiteren fällt im Gruppierungsprozess auf, dass einige Kinder Verfahrensfehler in der Anwendung von zwei oder drei Rechenwegen zeigten. Die Durchführung eines Fallvergleiches innerhalb der Gruppen führt zur Bildung von Subgruppen in Gr2 und Gr3. In Tab. 6.18 wird das Ergebnis des Gruppierungsprozesses inklusive Häufigkeiten dargestellt:

Tab. 6.18 Erste Gruppierung nach der Art des Rechenweges

	absolut	Prozent
Gr1: Kind nutzt überwiegend (in 9 Aufgaben von 11) fehlerhafte Rechenwege	1	1,8 %
Gr2: Kind nutzt ausschließlich stellengerechtes Zerlegen in eine Summe		
• Gr2a: teilweise (in 2 oder 3 Aufgaben von 11) mit Verfahrensfehlern	2	3,6 %
• Gr2b: ohne Verfahrensfehler	10	18,2 %
Gr3: Kind erkennt und nutzt zusätzlich besondere Aufgabenmerkmale		
• Gr3a: teilweise (in 2 oder 3 Aufgaben von 11) mit Verfahrensfehlern	10	18,2 %
• Gr3b: ohne Verfahrensfehler	32	58,2 %
Summe	**55**	**100 %**

Gruppierung nach einer im Hinblick auf die auftretenden Aufgabenmerkmale nicht als aufgabenadäquat zu bezeichnender Nutzung von Rechenwegen

Rechenwege, die besondere Aufgabenmerkmale nutzen, können auch unvorteilhaft oder ohne erkennbaren Vorteil verwendet werden. Solche Rechenwege können also ebenso angewendet werden, wenn die Aufgabenmerkmale nicht dafürsprechen. Um solche Fälle zu berücksichtigen, werden in einer weiteren Gruppierung gemäß der Festlegung der Vergleichsdimensionen in Abschnitt 6.3.1 all jene Fälle aus der Gr3 herausgefiltert, die Aufgabenmerkmale unvorteilhaft verwendeten bzw. Aufgaben mit einem Rechenweg lösten, der im Hinblick auf die auftretenden Aufgabenmerkmale nicht als aufgabenadäquat bezeichnet werden kann. Als Indikator für aufgabenadäquate Rechenwege dient die Festlegung der besonderen Aufgabenmerkmale für die gestellten Aufgaben in Abbildung 6.29.

Die Analyse ergibt, dass Rechenwege unter Einbezug von Verdoppelungen und unter Einbezug von Halbierungen stets in Verbindung mit entsprechenden Aufgabenmerkmalen angewendet wurden. Bei Betrachtung der Rechenwege durch Zerlegen in eine Differenz und durch gegensinniges Verändern kann bei einem Kind festgestellt werden, dass es in sieben Fällen ohne entsprechende Aufgabenmerkmale den Rechenweg durch Zerlegen in eine Differenz nutzte und auch gegensinniges Verändern anwendete, ohne dass die resultierende Aufgabe entsprechend einfacher wurde. Für diesen Fall wird eine neue Gruppe Gr4 erstellt, die bezeichnet wird als: Gr4: *Kind nutzt Rechenwege, die im Hinblick auf die auftretenden Aufgabenmerkmale nicht als aufgabenadäquat bezeichnet werden können.*

Gruppierung nach weiteren, bei freier Wahl des Rechenweges nicht gezeigten Rechenwegen

In diesem Gruppierungsschritt werden gemäß der Festlegung der Vergleichsdimensionen in Abschnitt 6.3.1 die weiteren auf Nachfrage genannten Rechenwege der Kinder für die Aufgaben 17·4 und 5·24 mit den in den Aufgaben bei freier Wahl des Rechenweges gezeigten Rechenwegen verglichen. Es werden jene Kinder gezählt, die auf Nachfrage weitere, bei freier Wahl des Rechenweges *nicht* gezeigte Rechenwege präsentierten. Die einzelnen Fälle verteilen sich auf die bisher abgeleiteten Gruppierungen wie folgt:

- Sechs Kinder, die bei freier Wahl des Rechenweges ausschließlich stellengerechtes Zerlegen in eine Summe (ohne Verfahrensfehler) nutzten, nannten auf Nachfrage weitere Rechenwege unter Nutzung besonderer Aufgabenmerkmale.
- Sechs Kinder, die bereits bei freier Wahl des Rechenweges zusätzlich besondere Aufgabenmerkmale erkannten und nutzten, zeigten auf Nachfrage noch weitere Rechenwege unter Nutzung besonderer Aufgabenmerkmale.

Von inhaltlichem Interesse sind vor allem jene sechs Kinder, die in den Aufgaben bei freier Wahl des Rechenweges ausschließlich den Universalrechenweg angaben. Diese Kinder nannten auf Nachfrage noch Rechenwege unter Nutzung des gegensinnigen Veränderns (viermal) und Rechenwege durch Zerlegen in eine Differenz (dreimal). Ein Kind führte beide Rechenwege an. Für diese Fälle wird eine weitere Untergruppe erstellt, die bezeichnet wird als Gr2c: *Kind nutzt bei freier Wahl des Rechenweges ausschließlich stellengerechtes Zerlegen in eine Summe, kann aber auf Nachfrage auch Rechenwege unter Nutzung besonderer Aufgabenmerkmale anwenden.*

Gruppierung nach der Anzahl der richtig gelösten Rechenwege

Werden die bisher gebildeten Typen bezüglich Lösungsrichtigkeit gruppiert (siehe Festlegung der Vergleichsdimensionen in Abschnitt 6.3.1), so ergibt sich folgende Kreuztabelle (Lösungsrichtigkeit zeilenweise in Prozent) (siehe Tab. 6.19):

Tab. 6.19 Gruppen nach genutzten Rechenwegen *nach* der Umsetzung und Lösungsrichtigkeit (Kreuztabelle)

	wenige	einige	viele
Gr1: Kind nutzt überwiegend (in 9 Aufgaben von 11) fehlerhafte Rechenwege	100,0 % (1 von 1)	0,0 % (0 von 1)	0,0 % (0 von 1)
Gr2: Kind nutzt ausschließlich stellengerechtes Zerlegen in eine Summe			
• Gr2a: teilweise (in 2 oder 3 Aufgaben von 11) mit Verfahrensfehlern	0,0 % (0 von 2)	50,0 % (1 von 2)	50,0 % (1 von 2)
• Gr2b: mit hoher Lösungsrichtigkeit	0,0 % (0 von 4)	25,0 % (1 von 4)	75,0 % (21 von 4)
• Gr2c: bei freier Wahl des Rechenweges, kann aber auf Nachfrage auch Rechenwege unter Nutzung besonderer Aufgabenmerkmale anwenden – mit hoher Lösungsrichtigkeit	0,0 % (0 von 6)	0,0 % (0 von 6)	100,0 % (6 von 6)
Gr3: Kind erkennt und nutzt zusätzlich besondere Aufgabenmerkmale			
• Gr3a: teilweise (in 2 oder 3 Aufgaben von 11) mit Verfahrensfehlern	0,0 % (0 von 10)	40,0 % (4 von 10)	60,0 % (61 von 10)
• Gr3b: mit hoher Lösungsrichtigkeit	0,0 % (0 von 31)	3,2 % (1 von 31)	96,8 % (30 von 31)
Gr4: Kind nutzt Rechenwege, die im Hinblick auf die auftretenden Aufgabenmerkmale nicht als aufgabenadäquat bezeichnet werden können	0,0 % (0 von 1)	100,0 % (1 von 1)	0,0 % (0 von 1)

Bezüglich Lösungsrichtigkeit kann im Hinblick auf die gebildeten Typen Folgendes festgestcllt werden (siehe Tab. 6.19):

Eine geringe Lösungsrichtigkeit (wenige richtig gelöste Aufgaben: 0 bis 5 von 11) war nur bei dem Kind, welches Gr1: *Kind nutzt überwiegend fehlerhafte Rechenwege* zugeordnet wird, zu beobachten. Bei den Kindern, die den anderen Gruppen zugeordnet werden, wird aus der Tabelle deutlich, dass die Lösungsrichtigkeit mit Ausnahme jener Kinder, die teilweise Verfahrensfehler machten, bei über 75 Prozent der Kinder als *hoch* eingestuft wird (viele Aufgaben richtig (9 – 11)). Deshalb wird in Folge in der Bezeichnung dieser Gruppierungen der Zusatz *mit hoher Lösungsrichtigkeit* hinzugefügt. Aber auch jene Kinder, die teilweise Verfahrensfehler machten, verteilen sich relativ gleichmäßig auf die Kategorien: *Kind löste einige Aufgaben richtig (6 – 8)* und *Kind löste viele Aufgaben richtig (9 – 11)*.

Gruppierung nach der Anzahl der genutzten besonderen Aufgabenmerkmale
Um in weiterer Folge jene Kinder der Gruppe Gr3b: *Kind erkennt und nutzt zusätzlich besondere Aufgabenmerkmale*, die eine hohe Lösungsrichtigkeit zeigten, weiter auszudifferenzieren, werden die Kinder zuletzt auch nach den unterschiedlichen besonderen Aufgabenmerkmalen, die sie erkannten und nutzten, gruppiert. Demnach treten in der Gruppe folgende sieben Kombinationen auf (siehe Abbildung 6.30):

Verdoppeln	Zerlegen in eine Differenz	Gegensinniges Verändern	Halbieren

Abbildung 6.30 Genutzte Kombinationen besonderer Aufgabenmerkmale der Gr3b

Einige Kinder nutzten nur

- jeweils *ein* besonderes Aufgabenmerkmal (Abbildung 6.30, Zeile 1-3: Verdoppeln *oder* Zerlegen in eine Differenz *oder* gegensinniges Verändern),

weitere Kinder nutzten

- zwei besondere Aufgabenmerkmale (Abbildung 6.30, Zeile 4-5: Verdoppeln und Zerlegen in eine Differenz *oder* Zerlegen in eine Differenz und gegensinniges Verändern),
- drei besondere Aufgabenmerkmale (Abbildung 6.30, Zeile 6: Verdoppeln und Zerlegen in eine Differenz und gegensinniges Verändern) und auch
- vier besondere Aufgabenmerkmale (Abbildung 6.30, Zeile 7: Verdoppeln und Zerlegen in eine Differenz und gegensinniges Verändern und Halbieren).

Nach der Anzahl der unterschiedlichen genutzten Rechenwege wird die Gruppe Gr3b: *Kind erkennt und nutzt zusätzlich besondere Aufgabenmerkmale mit hoher Lösungsrichtigkeit* wie folgt in zwei Teilgruppen gegliedert:

- Gr3b1: Kind erkennt und nutzt zusätzlich *ein* besonderes Aufgabenmerkmal mit hoher Lösungsrichtigkeit (Verdoppeln oder Zerlegen in eine Differenz oder gegensinniges Verändern);
- Gr3b2: Kind erkennt und nutzt zusätzlich *mehr als ein* besonderes Aufgabenmerkmal mit hoher Lösungsrichtigkeit (Verdoppeln, Halbieren, Zerlegen in eine Differenz, gegensinniges Verändern).

Gruppierung nach Nutzung operativer Beziehungen und Begründung von Rechenwegen am 400er-Punktefeld

Die Gruppierungen nach den in Abschnitt 6.3.1 beschriebenen Vergleichsdimensionen zur Nutzung operativer Beziehungen und zum Begründen von Rechenwegen am 400er-Punktefeld bringen nach Analyse der inhaltlichen Zusammenhänge keine weiteren Typen hervor, sondern dienen vielmehr dazu, die gebildeten Typen in Bezug auf die genannten Vergleichsdimensionen näher zu charakterisieren. Die detaillierten Ergebnisse dieser Gruppierungsprozesse sind nachzulesen in Anhang B im elektronischen Zusatzmaterial.

Bei Betrachtung der Ergebnisse lieferten 28 der 55 untersuchten Kinder, das sind 50,9 Prozent, Hinweise für Einsicht in die zugrundeliegenden operativen Beziehungen (Verdoppeln, Zerlegen in eine Summe und gegensinniges Verändern) und konnten die Rechenwege auf Basis einer Zerlegung in eine Summe und Zerlegung in eine Differenz am Punktefeld veranschaulichen und erklären. Hinweise für Einsicht in *alle* erhobenen Rechenwege wurden insbesondere bei Kindern der Gruppe Gr3: *Kind erkennt und nutzt zusätzlich besondere Aufgabenmerkmale* am häufigsten beobachtet.

6.3.3 Von Gruppierungen zu Typen

Aus dem Gruppierungsprozess gehen folgende Gruppierungen hervor:

- Gr1: Kind nutzt überwiegend (in 9 Aufgaben von 11) fehlerhafte Rechenwege
- Gr2: Kind nutzt ausschließlich stellengerechtes Zerlegen in eine Summe

  ○ Gr2a: teilweise (in 2 oder 3 Aufgaben von 11) mit Verfahrensfehlern

   ○ Gr2b: mit hoher Lösungsrichtigkeit
   ○ Gr2c: bei freier Wahl des Rechenweges, kann aber auf Nachfrage auch Rechenwege unter Nutzung besonderer Aufgabenmerkmale anwenden – mit hoher Lösungsrichtigkeit

- Gr3: Kind erkennt und nutzt zusätzlich besondere Aufgabenmerkmale

   ○ Gr3a: teilweise (in 2 oder 3 Aufgaben von 11) mit Verfahrensfehlern
   ○ Gr3b1: Kind erkennt und nutzt zusätzlich *ein* besonderes Aufgabenmerkmal mit hoher Lösungsrichtigkeit (Verdoppeln oder Zerlegen in eine Differenz oder gegensinniges Verändern);
   ○ Gr3b2: Kind erkennt und nutzt zusätzlich *mehr als ein* besonderes Aufgabenmerkmal mit hoher Lösungsrichtigkeit (Verdoppeln, Halbieren, Zerlegen in eine Differenz, gegensinniges Verändern).

- Gr4: Kind nutzt Rechenwege, die im Hinblick auf die auftretenden Aufgabenmerkmale nicht als aufgabenadäquat bezeichnet werden können

Welche Typen lassen sich nun aus dem beschriebenen Gruppierungsprozess ableiten? Die Typen sollen sich voneinander möglichst stark unterscheiden (*externe Heterogenität* auf der Ebene der Typologie) (Kelle und Kluge 2010, S. 85). Diese *externe Heterogenität* auf Ebene der Gruppen ist vor allem durch die Nutzung unterschiedlicher Rechenwege und durch die Unterschiede im Erkennen und Nutzen besonderer Aufgabenmerkmale, gegeben. Bei Betrachtung der Anzahl der Fälle pro Gruppierung fällt auf, dass die Gruppierungen Gr1 und Gr4 nur jeweils *einen* Einzelfall enthalten. Für diese Einzelfälle ist auszuloten, ob sie anderen Gruppen zugeordnet werden können, ob sie ausgeschieden werden und damit für die Typologie nicht relevant sind, oder ob ihnen besondere Gewichtung zukommt, wie etwa als eigener Typus oder als Einzelfall. Entsprechende Argumentationen können wie folgt zusammengefasst werden:

Anderen Gruppen zuordnen?
Das Kind in Gr1 verwendete in 9 von 11 Aufgaben fehlerhafte Rechenwege und zeigte in keiner einzigen Aufgabe, dass es imstande ist, den Universalrechenweg korrekt anzuwenden. Die zwei korrekten Rechenwege beruhten nicht auf der Zerlegung von Zahlen, sondern auf der Nutzung der Verelffachung als Ankeraufgabe mit anschließendem additiven Weiterrechnen. Eine Einordnung in die Gruppierungen Gr2a oder Gr3a, die ebenfalls fehlerhafte Rechenwege zeigten, jedoch

nur in 2 oder 3 Rechenwegen von 11 und als Hauptrechenweg den Universalrechenweg nutzten, ist aufgrund der fehlenden inhaltlichen Zusammenhänge nicht begründbar. Ebenfalls zeigt der zweite Einzelfall in Gr4 wenig Ähnlichkeiten mit anderen Fällen. Dieses Kind gebrauchte zwar, wie alle anderen Kinder aus Gr3 auch, unterschiedliche Rechenwege. Jedoch ist in der Verwendung die Passung zwischen Aufgabenmerkmale und Rechenweg nicht gegeben. Eine Zuordnung zu Gr3 ist ebenfalls aufgrund der fehlenden inhaltlichen Zusammenhänge nicht gerechtfertigt.

Eigener Typus?

Um einen eigenen Typus zu legitimieren, fehlt der Vergleich mit anderen Fällen. Dieser Vergleich ist wesentlich für die Charakterisierung eines Typus, um der Forderung der *inneren Homogenität* gerecht zu werden. Kluge (1999) weist in diesem Zusammenhang darauf hin, dass vor allem in Studien mit kleinen Stichproben die Gefahr besteht, dass „Typen lediglich anhand einzelner Fälle gebildet werden" (Kluge 1999, S. 30). Um jedoch Aussagen treffen zu können, die „über den Einzelfall hinausgehende Bedeutung" haben bzw. um zu „Resultaten auf Ebene des Typus" zu kommen, reichen „intensivste Einzelfallanalysen" nicht aus (Kuckartz (1988, S. 127), zit. nach Kluge 1999, S. 182). Man braucht den Vergleich mit anderen Einzelfällen und neben der Klassifizierung auch die Quantifizierung. Diese geringe empirische Absicherung der Gruppierungen Gr1 und Gr4 mit jeweils einen Einzelfall spricht dafür, diese Gruppierungen nicht als eigenen Typus zu führen. Es kann aber nicht ausgeschlossen werden, dass in einer anderen Stichprobe die Merkmalskombinationen der Einzelfälle in Gr1 und Gr4 häufiger auftreten. So kann vielleicht bei einer umfangreicheren Stichprobe die Festlegung als eigener Typus abgesichert werden.

Aussondern oder als Einzelfälle aufnehmen?

Die markanten Eigenschaften der Einzelfälle in Zusammenhang mit der Nutzung unterschiedlicher Rechenwege und der unterschiedlichen Art und Weise, wie besondere Aufgabenmerkmale erkannt und genutzt werden, sind Argumente dafür, diese nicht auszusondern oder zu ignorieren. Wenn auch die empirische Unterfütterung durch weitere Fälle fehlt, ist es gerechtfertigt den Fällen besondere Gewichtung zukommen zu lassen und diese als Einzelfälle in die Untersuchung aufzunehmen:

- Einzelfall 1: *Kind nutzt überwiegend (in 9 Aufgaben von 11) fehlerhafte Rechenwege*

- Einzelfall 2: *Kind nutzt Rechenwege, die im Hinblick auf die auftretenden Aufgabenmerkmale nicht als aufgabenadäquat bezeichnet werden können*

Diese zwei Einzelfälle werden in Abschnitt 6.3.5 und in Abschnitt 6.3.6 als Einzelfallanalysen näher beschrieben. Alle anderen Gruppierungen (Gr2 mit Gr2a, Gr2b und Gr3 mit Gr3a, Gr3b1 und Gr3b2) werden als Typen bzw. Subtypen in die Typisierung aufgenommen und erhalten neue, treffendere Kurzbezeichnungen (Typus A mit Subtypus A1 bis A3 und Typus B mit Subtypus B1 bis B3). Die gebildeten Typen und ihre Häufigkeit werden in Tab. 6.20 dargestellt:

Tab. 6.20 Typisierung der Kinder nach den genutzten Rechenwegen zu Mult_1×2_ZR *nach* der Umsetzung

	absolut	Prozent
Typus A Kind nutzt ausschließlich stellengerechtes Zerlegen in eine Summe		
• teilweise[12] mit Verfahrensfehlern (Subtypus A1)	2	3,6 %
• mit hoher Lösungsrichtigkeit (Subtypus A2)	4	7,3 %
• bei freier Wahl des Rechenweges, kann aber auf Nachfrage auch Rechenwege unter Nutzung besonderer Aufgabenmerkmale anwenden – mit hoher Lösungsrichtigkeit (Subtypus A3)	6	10,9 %
Typus B Kind erkennt und nutzt zusätzlich besondere Aufgabenmerkmale		
• teilweise[13] mit Verfahrensfehlern (Subtypus B1)	10	18,2 %
• Kind erkennt und nutzt zusätzlich *ein* besonderes Aufgabenmerkmal mit hoher Lösungsrichtigkeit (Subtypus B2)	7	12,7 %
• Kind erkennt und nutzt zusätzlich *mehr als ein* besonderes Aufgabenmerkmal mit hoher Lösungsrichtigkeit (Subtypus B3)	24	43,6 %
Einzelfall 1: Kind nutzt überwiegend[14] fehlerhafte Rechenwege	1	1,8 %
Einzelfall 2: Kind nutzt Rechenwege, die im Hinblick auf die auftretenden Aufgabenmerkmale nicht als aufgabenadäquat bezeichnet werden können	1	1,8 %
Summe	**55**	**100 %[15]**

---

[12] in 2 oder 3 Aufgaben von 11.

[13] in 2 oder 3 Aufgaben von 11.

[14] in 9 Aufgaben von 11.

[15] Als Summe ergibt sich rundungsbedingt nicht genau 100 Prozent, sondern 99,9 Prozent.

Die Typologie unterscheidet den Typus A, der ausschließlich stellengerechtes Zerlegen in eine Summe nutzt und den Typus B, der zusätzlich besondere Aufgabenmerkmale verwendet. In Typus A können drei Subtypen unterschieden werden. Alle Subtypen gebrauchen ausschließlich stellengerechtes Zerlegen in eine Summe. Subtypus A1 und Subtypus A2 zeigen auf Nachfrage keine weiteren Rechenwege unter Verwendung von Aufgabenmerkmalen. Typus A1 macht im Gegensatz zu Typus A2 teilweise Verfahrensfehler in der Anwendung des Universalrechenweges. Diesem Typus können zwei Kinder zugeordnet werden. Subtypus A2 umfasst vier Kinder. Typus A3 nutzt ebenfalls bei freier Wahl ausschließlich stellengerechtes Zerlegen in eine Summe, dieser Typus kann aber im Unterschied zu A1 und A2 auf Nachfrage auch weitere Rechenwege des Typus B anwenden (Rechenwege unter Nutzung des gegensinnigen Veränderns und/oder Rechenwege durch Zerlegen in eine Differenz). Diesem Typus können sechs Kinder zugeordnet werden.

Typus B, der neben dem Zerlegen in eine Summe zusätzlich besondere Aufgabenmerkmale erkennt und nutzt, wird weiter ausdifferenziert in die Subtypen B1, B2 und B3. Dem Typus B1 werden jene Kinder zugeordnet, die zusätzlich besondere Aufgabenmerkmale erkennen und nutzen, aber teilweise Verfahrensfehler in der Anwendung von Rechenwegen machen. Diesem Typus können zehn Kinder zugeordnet werden. Typus B2 erkennt und nutzt zusätzlich *ein* besonderes Aufgabenmerkmal (Verdoppeln oder Zerlegen in eine Differenz oder gegensinniges Verändern). Diesem Typus können sieben Kinder zugeordnet werden. Typus B3 erkennt und nutzt zusätzlich *mehr als ein* besonderes Aufgabenmerkmal (Verdoppeln, Halbieren, Zerlegen in eine Differenz, gegensinniges Verändern). Diesem Typus können 24 Kinder zugeordnet werden. Zusätzlich werden in der Tabelle zwei Einzelfälle, die nicht in die Typisierung aufgenommen wurden, denen jedoch besondere Bedeutung zukommt, angeführt:

- Einzelfall 1: Kind nutzt überwiegend fehlerhafte Rechenwege
- Einzelfall 2: Kind nutzt Rechenwege, die im Hinblick auf die auftretenden Aufgabenmerkmale nicht als aufgabenadäquat bezeichnet werden können.

6.3.4 Charakterisierung der Typen

In diesem Kapitel erfolgt eine ausführliche Charakterisierung der gebildeten Typen durch Herausarbeiten typischer Aspekte und durch eine prototypische Beschreibung realer Verhaltensweisen. Im Verlauf der Charakterisierung wird auch Bezug zu den Typen *vor* der Thematisierung im Unterricht (Vortypen) hergestellt und versucht, mögliche Tendenzen der Entwicklung für die jeweiligen Typen bzw. Subtypen abzuleiten.

Diese Charakterisierung der gebildeten Typen ist der vierte Schritt einer Typenbildung, bei dem „die konstruierten Typen umfassend anhand ihrer Merkmalskombinationen sowie der inhaltlichen Sinnzusammenhänge charakterisiert" werden (Kelle und Kluge 2010, S. 92). Am Ende der Charakterisierung wird für jeden Typus ein prototypischer Vertreter vorgestellt, der die Charakteristika jedes Typus am besten repräsentiert (Kelle und Kluge 2010, S. 105).

6.3.4.1 Typus A: Kind nutzt ausschließlich stellengerechtes Zerlegen in eine Summe

Kinder, die ausschließlich Rechenwege auf Basis einer stellengerechten Zerlegung in eine Summe nutzten, wurden dem Typus A zugeordnet. Diese Rechenwege werden in der vorliegenden Arbeit als Universalrechenwege zur Lösung von Mult_1 × 2_ZR bezeichnet. In Typus A werden drei Subtypen unterschieden, die folgendermaßen beschrieben werden können:

Subtypus A1: Kind nutzt ausschließlich stellengerechtes Zerlegen in eine Summe, teilweise mit Verfahrensfehlern

Subtypus A1 nutzte ausschließlich stellengerechtes Zerlegen in eine Summe und zeigte Verfahrensfehler in der Anwendung dieses Rechenweges. Von den elf beobachteten Rechenwegen lösten die Vertreterinnen und Vertreter dieses Subtypus acht bis neun Rechenwege korrekt durch Zerlegen in eine Summe (auch ohne Rechenfehler), doch in zwei bis drei Rechenwegen wendeten sie diesen Rechenweg mit Verfahrensfehlern an. Folgende drei Fehlermuster waren zu beobachten:

Bei der Anwendung des stellengerechten Zerlegens in eine Summe wurde das erste Teilprodukt richtig berechnet (die Multiplikation der Einerstellen). Anschließend wurde das Zwischenergebnis jedoch falsch weiterverarbeitet.

- Im ersten Fall wurde zum ersten Teilprodukt 100 addiert, z. B. 14·5 als 120, weil 4·5 = 20 und 20 + 100 = 120.
- Im zweiten Fall wurde an das erste Teilprodukt eine Null angehängt, z. B. 4·16 als 240, weil 4·6 = 24 und 24·10 = 240.
- Im dritten Fall wurde das zweite Teilprodukt fehlerhaft ermittelt, z. B. 65·4 als 5·4 + 6·4.

Die genannten Fehlermuster wurden in Abschnitt 6.2.1.3 beschrieben (Fehlermuster 3 und Fehlermuster 6).

Dem Subtypus A1 können zwei Kinder zugeordnet werden. Ein prototypischer Vertreter dieses Subtypus ist Philipp. Seine genutzten Rechenwege und seine Einsichten in zugrundeliegende operative Beziehungen zu Mult_1 × 2_ZR lassen sich anhand der Interviewfragen wie folgt beschreiben:

Philipp löste die Aufgaben 5·14, 4·16 und 19·6 in den Interviews *nach* der Umsetzung wie folgt:

- 5·14 als (5·4) + 100 = 120
- 4·16 als (4·6)·10 = 240
- 19·6 als (9·6) + 100 = 154

Wie in der Fehleranalyse oben bereits angeführt, berechnete er das erste Teilprodukt korrekt. Er setzte dann jedoch falsch fort, indem er entweder 100 addierte oder eine Null anhing. In der schriftlichen Befragung, die einen Tag später in der Klasse durchgeführt wurde, konnte er diesen Rechenweg hingegen bei allen Aufgaben korrekt nutzen. Die restlichen neun Aufgaben löste Philipp korrekt unter Nutzung des Universalrechenweges, auch ohne Rechenfehler.

Er sowie auch die zweite Vertreterin dieses Subtypus (Nadia) konnten auf Nachfrage keine weiteren Rechenwege unter Verwendung von Aufgabenmerkmalen· zu den Aufgaben 17·4 und 5·24 angeben. Ferner erkannte Philipp wie auch Nadia aber die operativen Beziehungen zwischen 2·15 = 30 und 4·15 und 20·4 = 80 und 19·4. Philipp konnte auch die operative Beziehung zwischen 8·10 = 80 und 16·5 zur Lösung von 16·5 durch gegensinniges Verändern nutzen, Nadia jedoch nicht. Beide Kinder waren in der Lage, Zerlegen in eine Summe am 400er-Punktefeld zu begründen, konnten aber Zerlegen in eine Differenz nicht argumentativ absichern.

Sowohl Philipp als auch Nadia zeigten größere Unsicherheiten im Lösen der Aufgaben, insbesondere suchten sie stets durch Blickkontakt mit der Interviewenden nach Bestärkung ihrer Rechenwege. Weiters lösten beide Kinder – im Vergleich zu den anderen Kindern des Typus A bzw. Typus B – die Aufgaben im Interview mit einer sehr geringen Rechengeschwindigkeit.

Werden Philipps Rechenwege zu Mult_1 × 2_ZR zu Beginn des Schuljahres und *nach* der Umsetzung des Lernarrangements miteinander verglichen, so kann festgestellt werden, dass Philipp zu Beginn des Schuljahres alle Rechenwege durch fortgesetzte Addition löste und sich dabei bei allen drei Aufgaben (5·14, 4·16 und 19·6) verrechnete. Für die Aufgabe 5·14 ermittelte er beispielsweise bei der Addition von 14 + 14 + 14 + 14 + 14 das Ergebnis 59, indem er wie folgt vorging: 28 + 14 = 32, 32 + 14 = 44, 44 + 14 = 59. Er wurde zu Beginn des Schuljahres von seiner Klassenlehrerin als ein leistungsschwaches Kind in Mathematik eingestuft, was sich im Interview durch seine Unsicherheiten und Fehleranfälligkeiten beim Addieren und Anwenden multiplikativer Rechenwege bestätigte.

Bei Betrachtung der genutzten Rechenwege zu Beginn des Schuljahres kann zusammenfassend für Philipp und Nadia festgestellt werden, dass sie *vor* der Thematisierung von Rechenwegen im Unterricht noch keine Rechenwege durch Zerlegungen zeigten, sondern die fortgesetzte Addition nutzten oder von der Verzehnfachung als Ankeraufgabe sukzessive durch fortgesetzte Addition das Ergebnis ermittelten. Dabei konnten auch große Unsicherheiten in der Lösungs-ermittlung und Lösungsrichtigkeit beobachtet werden. Für beide Kinder des Subtypus A1 war das Zerlegen in eine Summe ein Rechenweg, den sie erst im Unterricht zum Lernarrangement erarbeiteten. Der Rechenweg auf Basis einer Zerlegung in eine Summe konnte von ihnen offensichtlich nicht aus den Einmaleinsstrategien eigenständig übertragen werden (siehe Abschnitt 7.1.4).

Subtypus A2: Kind nutzt ausschließlich stellengerechtes Zerlegen in eine Summe mit hoher Lösungsrichtigkeit

Subtyp A2 verwendete *nach* der Umsetzung des Lernarrangements ausschließlich stellengerechtes Zerlegen in eine Summe zur Lösung der vorgelegten Multi-plikationen und brachte auch auf Nachfrage keine weiteren Rechenwege unter Verwendung von Aufgabenmerkmalen hervor. Dieser Typus zeigte eine hohe Lösungsrichtigkeit und erkannte und nutzte die operative Beziehung zwischen $2 \cdot 15 = 30$ und $4 \cdot 15$ zur Lösung von $4 \cdot 15$ unter Einbezug des Verdoppelns und die operative Beziehung zwischen $8 \cdot 10 = 80$ und $16 \cdot 5$ zur Lösung von $16 \cdot 5$ durch gegensinniges Verändern mehrheitlich (75,0 Prozent). Die operative Beziehung zwischen $20 \cdot 4 = 80$ und $19 \cdot 4$ zur Lösung von $19 \cdot 4$ durch Zer-legen in eine Differenz wurde von allen Kindern dieses Typus erkannt und genutzt. Obwohl angebotene operative Beziehungen erkannt wurden, zeigten Kin-der dieses Subtypus auf Nachfrage keine weiteren Rechenwege unter Verwendung von Aufgabenmerkmalen. Ein Erkennen von Aufgabenmerkmalen auf Nachfrage impliziert somit nicht ohne weiteres auch ein selbstständiges Nutzen derselben bei freigestelltem Rechenweg.

Bei Betrachtung der Rechenwege *vor* der Thematisierung im Unterricht zu Beginn des Schuljahres kann festgestellt werden, dass drei der vier diesem Typus zugeordneten Kinder in Bezug auf die Nutzung von Rechenwegen keine erkenn-baren Fortschritte gemacht hatten. Sie hatten bereits zu Beginn des Schuljahres alle im Interview gestellten Aufgaben durch Zerlegen in eine Summe gelöst. Ein Kind hatte *vor* der Thematisierung zu Beginn des Schuljahres zur Lösung der

Aufgabe 19·6 bereits eine Zerlegung in eine Differenz genutzt, gebrauchte diesen aber in den Erhebungen *nach* der Thematisierung nicht wieder. Die beschriebene Entwicklung lässt die Vermutung zu, dass diese Kinder an einem einmal erprobten Rechenweg festhalten. Weitere Rechenwege, die im Unterricht vermittelt wurden, nahmen sie offenbar nicht an.

Der Lernzuwachs bestand für diese Kinder darin, dass sie im Zuge des Unterrichts Rechensicherheit in Bezug auf den Universalrechenweg gewannen und diesen Rechenweg auch durch Einsichten in zugrundeliegende operative Beziehungen absicherten. Der Zuwachs an Rechensicherheit in Bezug auf den Universalrechenweg wird in einem Vergleich der Lösungsrichtigkeit für die Aufgaben 5·14, 4·16 und 19·6 *vor* und *nach* der Umsetzung des Lernarrangements sichtbar: *Vor* der Umsetzung wurden von diesen Kindern 55,6 Prozent der Rechenwege unter Nutzung des Universalrechenweges richtig gelöst, *nach* der Umsetzung waren es 91,7 Prozent. Weiters zeigen die Ergebnisse der Zusatzaufgabe zum Begründen des Rechenweges auf Basis einer Zerlegung in eine Summe, dass drei der vier Kinder die Zerlegung von 15·7 in 10·7 und 5·7 am Punktefeld erkannten und erklären konnten.

Dem Typus A2 können vier Kinder zugeordnet werden. Eine prototypische Vertreterin dieses Subtypus ist Elmira. Ihre genutzten Rechenwege und ihre Einsichten in zugrundeliegende operative Beziehungen zu Mult_1 × 2_ZR können anhand der Interviewfragen wie folgt beschrieben werden:

Elmira nutzte zur Lösung aller elf Multiplikationen stellengerechtes Zerlegen in eine Summe, wie in Abbildung 6.31 für die Aufgaben 5·14, 4·16 und 19·6 aus ihren schriftlichen Aufzeichnungen zum Interview entnommen.

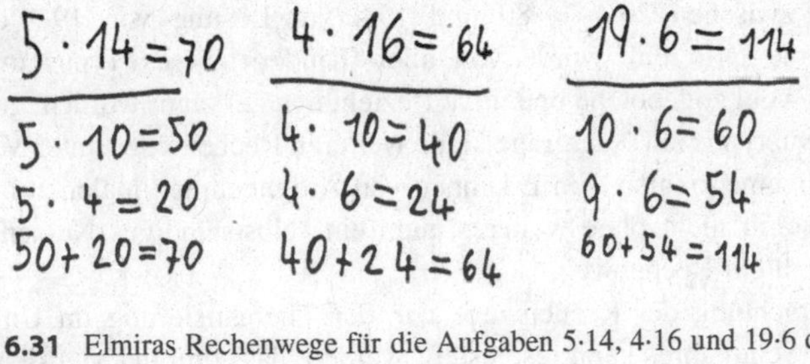

$$5 \cdot 14 = 70 \qquad 4 \cdot 16 = 64 \qquad 19 \cdot 6 = 114$$
$$5 \cdot 10 = 50 \qquad 4 \cdot 10 = 40 \qquad 10 \cdot 6 = 60$$
$$5 \cdot 4 = 20 \qquad 4 \cdot 6 = 24 \qquad 9 \cdot 6 = 54$$
$$50 + 20 = 70 \qquad 40 + 24 = 64 \qquad 60 + 54 = 114$$

Abbildung 6.31 Elmiras Rechenwege für die Aufgaben 5·14, 4·16 und 19·6 durch Zerlegen in eine Summe

Sie löste alle elf Aufgaben richtig und konnte auf Nachfrage keine weiteren Rechenwege für die Aufgaben 17·4 und 5·24 angeben. Darüber hinaus nutzte sie in der Zusatzaufgabe nicht die Verdoppelung, um 4·15 aus 2·15 = 30 abzuleiten, sondern verwendete das Ergebnis von 2·15 als Ankeraufgabe und addierte sukzessive zweimal hintereinander 15. Auch die operative Beziehung zwischen 8·10 = 80 und 16·5 zur Lösung von 16·5 durch gegensinniges Verändern schien sie nicht zu erkennen, jedoch nutzte sie die operative Beziehung zwischen 20·4 = 80 und 19·4 zur Lösung von 19·4 durch Zerlegen in eine Differenz. Ferner konnte sie die Rechenwege auf Basis einer Zerlegung in eine Summe anhand der Aufgabe 15·7 und auf Basis einer Zerlegung in eine Differenz anhand der Aufgabe 8·19 am 400er-Punktefeld begründen. Die zeigte eine hohe Rechensicherheit, da sie alle Ergebnisse richtig ermittelte.

Werden Elmiras genutzte Rechenwege zu Beginn des Schuljahres und *nach* der Umsetzung des Lernarrangements miteinander verglichen, so können bei Elmira keine Fortschritte in der Rechenwegverwendung erkannt werden. Sie löste bereits *vor* der Thematisierung im Unterricht die gestellten Multiplikationsaufgaben durch Zerlegen in eine Summe. Lediglich die Lösungsrichtigkeit erhöhte sich.

Subtypus A3: Kind nutzt bei freier Wahl ausschließlich stellengerechtes Zerlegen in eine Summe, kann aber auf Nachfrage auch Rechenwege unter Nutzung besonderer Aufgabenmerkmale anwenden – mit hoher Lösungsrichtigkeit

Einige Kinder nutzten immer den Universalrechenweg, auch wenn sie auf Nachfrage in der Lage waren, andere Rechenwege anzuwenden. Dies waren Rechenwege unter Nutzung des gegensinnigen Veränderns und/oder Rechenwege durch Zerlegen in eine Differenz und/oder Rechenwege unter Einbezug von Verdoppelungen. Alle Kinder des Subtypus A3 konnten zu den Aufgaben 17·4 und 5·24 neben Zerlegen in eine Summe noch mindestens einen weiteren Rechenweg (gegensinniges Verändern und/oder Zerlegen in eine Differenz und/oder Verdoppeln) nennen.

Dies gilt auch für Roman. Er löste alle elf Aufgaben im Interview durch Zerlegen in eine Summe. Auf Nachfrage konnte er zu den Aufgaben 17·4 und 5·24 (siehe Abbildung 6.32) auch Rechenwege unter Nutzung des gegensinnigen Veränderns angeben:

Ebenso agierte Johanna, die gleichfalls alle elf Aufgaben bei freigestelltem Rechenweg auf Basis einer Zerlegung in eine Summe löste, aber auf Nachfrage zur Aufgabe 5·24 (siehe Abbildung 6.33) einen Rechenweg angeben konnte, der auch eine Zerlegung in eine Differenz verlangte. Sie ermittelte nämlich zur Lösung der Aufgabe 5·24 zuerst 5·25 durch Zerlegen in eine Summe und subtrahierte dann 1·5, um das Ergebnis von 5·24 zu erhalten:

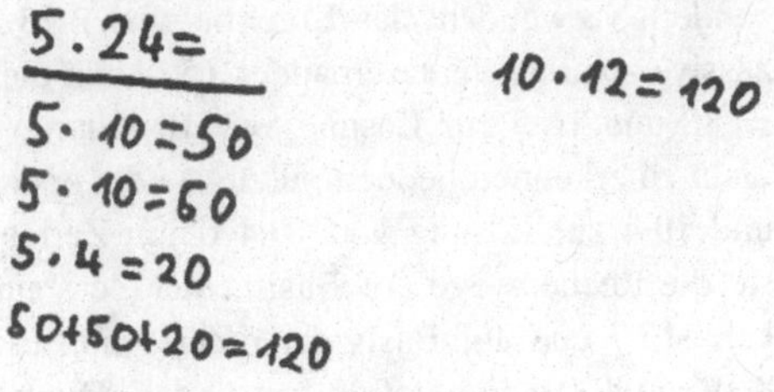

Abbildung 6.32 Romans
Rechenwege für die
Aufgabe 5·24 durch
Zerlegen in eine Summe
und durch gegensinniges
Verändern

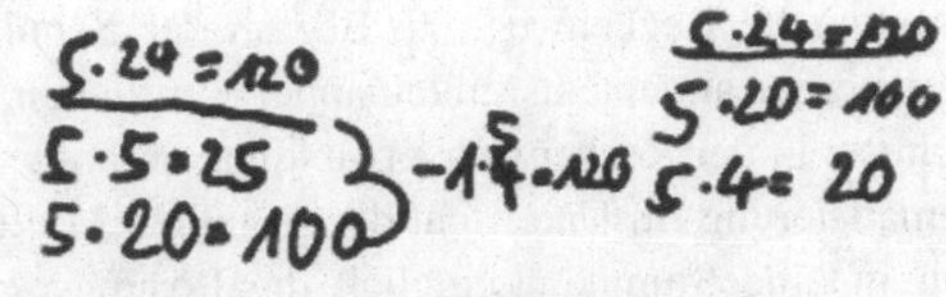

$$5 \cdot 24 = \underline{}$$
$$5 \cdot 10 = 50$$
$$5 \cdot 10 = 60$$
$$5 \cdot 4 = 20$$
$$50 + 50 + 20 = 120$$

$$10 \cdot 12 = 120$$

$$5 \cdot 24 = 120$$
$$\left.\begin{array}{l} 5 \cdot 5 = 25 \\ 5 \cdot 20 = 100 \end{array}\right\} -1 \cdot 5 = 120$$

$$5 \cdot 24 = 120$$
$$5 \cdot 20 = 100$$
$$5 \cdot 4 = 20$$

Abbildung 6.33 Johannas Rechenwege für die Aufgabe 5·24 durch Zerlegen in eine Differenz und durch Zerlegen in eine Summe

Auf die Frage, welcher der genannten Rechenwege nun der einfachste für sie sei, gaben die Kinder dieses Subtypus den Rechenweg auf Basis einer stellengerechten Zerlegung in eine Summe an. Im Hinblick auf die Begründungen, die für die ganze Stichprobe bereits in Abschnitt 6.2.7.1 analysiert wurden, standen bei diesen Kindern vermutlich subjektive Variablen wie Sicherheit, kein Nachdenken über Aufgabenmerkmale notwendig, immer anwendbar…, im Vordergrund. Es scheint, dass auch die Kinder des Subtypus A3 (wie jene von A2) dazu neigen, einen einmal erprobten Rechenweg aus Gründen der Sicherheit oder Bequemlichkeit, nicht immer über Aufgabenmerkmale nachdenken zu müssen, beizubehalten, obwohl sie (anders als jene aus A2) die Fähigkeit zeigen, andere Rechenwege unter Nutzung von Aufgabenmerkmale anzuwenden.

Die Lösungsrichtigkeit von Subtypus A3 lag zwischen 91 Prozent und 100 Prozent. Außerdem erkannten alle Kinder dieses Subtypus die operativen Beziehungen zwischen 2·15 = 30 und 4·15 und 20·4 = 80 und 19·4. Die operative Beziehung zwischen 8·10 = 80 und 16·5 wurde mehrheitlich erkannt (83,3 Prozent). Von allen Kindern dieses Typs wurden die Rechenwege auf Basis einer Zerlegung in eine Summe anhand der Aufgabe 15·7 und auf Basis einer Zerlegung in eine Differenz anhand der Aufgabe 8·19 am 400er-Punktefeld korrekt begründet.

Bei Betrachtung der Rechenwege *vor* der Thematisierung im Unterricht zu Beginn des Schuljahres konnte festgestellt werden, dass die diesem Typus zugeordneten Kinder sehr unterschiedliche Ausgangsvoraussetzungen mitbrachten und sich aus allen in Abschnitt 6.1.4 dokumentierten Vortypen entwickelten: überwiegend Rechenwege durch Addition und Verdoppeln, überwiegend fehlerhafte Rechenwege, Nutzung der Verzehnfachung als Ankeraufgabe, Nutzung des stellengerechten Zerlegens in eine Summe. Auch in Bezug auf die Lösungsrichtigkeit zu Beginn des Schuljahres variieren die Ergebnisse zu den Aufgaben 5·14, 4·16 und 19·6 von keinem richtigen Ergebnis bis zu drei richtigen Ergebnissen.

Dem Typus A3 können sechs Kinder zugeordnet werden. Ein prototypischer Vertreter dieses Subtyps ist Arnel. Seine genutzten Rechenwege und seine Einsichten in zugrundeliegende operative Beziehungen zu Mult_1 × 2_ZR können anhand der Interviewfragen wie folgt beschrieben werden:

Arnel löste, wie alle anderen Kinder des Typus A3, alle elf Multiplikationen unter Nutzung des stellengerechten Zerlegens in eine Summe und kam auch durchgehend zum richtigen Ergebnis. Auf Nachfrage konnte er zur Aufgabe 17·4 neben Zerlegen in eine Summe auch einen Rechenweg unter Einbezug von Verdoppelungen angeben (17·4 = 34 + 34). Er fand den ersten Rechenweg auf Basis einer Zerlegung in eine Summe am einfachsten und begründete dies so:

A: ..., weil da (Rechenweg auf Basis einer Zerlegung in eine Summe) musst du einfach nur das zusammenrechnen und da oben (Rechenweg unter Einbezug des Verdoppelns) musst du im Kopf denken.
I: Was musst du denn oben im Kopf denken?
A: Denn du musst das Doppelte nehmen.

Zur Aufgabe 5·24 konnte Arnel neben Zerlegen in eine Summe auch einen Rechenweg durch gegensinniges Verändern angeben (5·24 = 10·12). Wiederum fand er den ersten Rechenweg auf Basis einer Zerlegung in eine Summe am einfachsten und argumentierte folgendermaßen:

A: ..., weil 10·12 ist eine große Rechnung und da kannst du keine kleine Rechnung machen.

Aus seinen Argumentationen ist abzuleiten, dass Arnel Rechenwege, bei denen er *im Kopf denken* muss, nicht als einfach empfindet. Die Nutzung der Verdoppelung verlangt ein Erkennen von Aufgabenmerkmalen vor der Ausführung der Operationen. Gefordert sind Überlegungen im Hinblick auf die Entscheidung für einen Rechenweg aufgrund dieser Merkmale. Entsprechend dieser Entscheidung muss dann in einem zweiten Schritt die entsprechende Operation (hier Verdoppeln) ausgeführt werden. Solche Überlegungen will sich Arnel vermutlich ersparen und nutzt daher lieber stets den Universalrechenweg, denn da muss er *einfach alles zusammenrechnen*. Der Universalrechenweg kann wie ein Schema angewendet werden. Ferner bevorzugt Arnel den Universalrechenweg offenbar auch, weil dieser nur mit Multiplikationen des kleinen Einmaleins bewältigbar ist. Bei gegensinnigem Verändern bzw. auch beim Verdoppeln werden jedoch Zahlen jenseits von 10 verarbeitet.

Arnel löste alle Aufgaben richtig und konnte sowohl am 400er-Punktefeld alle Rechenwege begründen als auch die operativen Beziehungen zwischen $2 \cdot 15 = 30$ und $4 \cdot 15$ und zwischen $20 \cdot 4 = 80$ und $19 \cdot 4$ erkennen. Die Beziehung zwischen $8 \cdot 10 = 80$ und $16 \cdot 5$ schien er nicht zu erkennen, obwohl er gegensinniges Verändern für $5 \cdot 24$ benutzte.

Im Zuge eines Vergleichs Arnels verwendeter Rechenwege zu Mutl_1 × 2_ZR zu Beginn des Schuljahres und *nach* der Umsetzung des Lernarrangements kann festgestellt werden, dass Arnel bereits zu Beginn des Schuljahres Aufgaben durch Zerlegen in eine Summe mit einer hohen Lösungsrichtigkeit lösen konnte. Überspitzt formuliert kann Arnels Entwicklung wie folgt beschrieben werden: Arnel festigte seinen Rechenweg auf Basis einer Zerlegung in eine Summe und lernte weitere Rechenwege kennen, die er aber bei freier Wahl des Rechenweges nicht nutzte.

6.3.4.2 Typus B: Kind erkennt und nutzt zusätzlich besondere Aufgabenmerkmale

Kinder, die neben stellengerechtem Zerlegen in eine Summe zusätzlich besondere Aufgabenmerkmale erkannten und nutzten, werden dem Typus B zugeordnet. In Typus B werden drei Subtypen unterschieden, die im Folgenden beschrieben werden:

Subtypus B1: Kind erkennt und nutzt zusätzlich besondere Aufgabenmerkmale, teilweise mit Verfahrensfehlern

Bei einigen Kindern, die zusätzlich besondere Aufgabenmerkmale erkannten und nutzten, wurde beobachtet, dass die Rechenwege Verfahrensfehler beinhalteten. Diese Fehler wurden aber nur in zwei bis drei von elf Aufgaben beobachtet. Alle anderen Aufgaben wurden entweder durch Zerlegen in eine Summe bzw. durch korrektes Erkennen und Nutzen besonderer Aufgabenmerkmale (wie Zerlegen in eine Differenz, Verdoppeln, Halbieren oder gegensinniges Verändern) gelöst. Diese Fehler traten also nicht durchgängig auf, fast alle Kinder zeigten den jeweiligen Rechenweg in einer anderen Aufgabe auch korrekt. Die meisten dieser Kinder (90 Prozent) nutzten mehr als eine Art von Rechenwegen mit besonderen Aufgabenmerkmalen. Davon verwendeten alle bis auf ein Kind einen dieser Rechenwege mehr als zweimal.

Insbesondere das Subtrahieren des korrekten Faktors beim Zerlegen in eine Differenz (siehe dazu auch Fehlermuster 4 aus Abschnitt 6.2.1.3) bereitete einigen Kindern Schwierigkeiten, wie etwa Elenia in Abbildung 6.34:

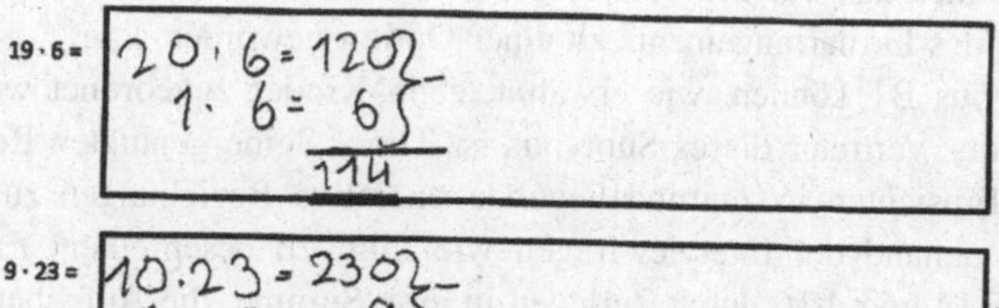

$$
\begin{array}{ll}
19 \cdot 6 = & 20 \cdot 6 = 120 \\
& 1 \cdot 6 = 6 \\
\hline
& 114
\end{array}
$$

$$
\begin{array}{ll}
9 \cdot 23 = & 10 \cdot 23 = 230 \\
& 1 \cdot 9 = 9 \\
\hline
& 221
\end{array}
$$

Abbildung 6.34 Elenias Rechenwege für 19·6 und 9·23 – einmal korrekt und einmal fehlerhaft durch Subtrahieren des falschen Faktors

Elenia zog in der ersten Aufgabe den richtigen Faktor ab, um auf 19·6 zu kommen, in der zweiten Aufgabe jedoch subtrahierte sie 9 anstelle von 23. Dieses Fehlermuster wurde auch von den Lehrkräften als Hürde empfunden und wird in Abschnitt 6.4.1 noch einmal aufgegriffen.

Ein weiteres mehrfach beobachtetes Fehlermuster zu Zerlegen in eine Differenz äußerte sich darin, dass die Teilprodukte fälschlicherweise addiert und nicht subtrahiert wurden (siehe dazu auch Fehlermuster 5 aus Abschnitt 6.2.1.3). Ebenfalls kam es bei Zerlegungen in eine Summe mehrmals vor, dass das erste Teilprodukt korrekt ausgerechnet, jedoch dann falsch weiterverarbeitet wurde, indem anstelle der Addition des zweiten Teilproduktes im ersten Teilprodukt eine Null angehängt wurde (siehe dazu auch Fehlermuster 6 aus Abschnitt 6.2.1.3). Darüber hinaus kam es ebenso zu fehlerhaften Anwendungen des fortgesetzten Verdoppelns und des gegensinnigen Veränderns (siehe dazu auch Fehlermuster 7 aus Abschnitt 6.2.1.3). Auch diese Fehlermuster werden in Abschnitt 6.4.1 noch einmal aufgegriffen.

Kinder, die dem Subtypus B1 zugeordnet werden, konnten auf Nachfrage auch weitere Rechenwege zu den Aufgaben 17·4 und 24·5 nennen. Auffallend ist, dass

zu Beginn des Schuljahres bei neun von zehn Kindern dieses Typus kein zusätzliches Erkennen und Nutzen von Aufgabenmerkmalen beobachtet wurde. Drei
Kinder können zu Beginn des Schuljahres dem Vortyp 2: *Kind nutzt überwiegend*[16] *Rechenwege durch Addition und Verdoppeln*, zwei Kinder dem Vortyp 3:
Kind nutzt fehlerhafte Rechenwege aufgrund fehlerhafter Zerlegungen, vier Kinder dem Vortyp 4b: *Kind nutzt stellengerechtes Zerlegen in eine Summe* und nur
ein Kind dem Vortyp 5: *Kind erkennt und nutzt zusätzlich besondere Aufgabenmerkmale* zugeordnet werden. Rechenwege, die besondere Aufgabenmerkmale
nutzen, scheinen also für den überwiegenden Teil dieses Typus erst im Zuge der
Umsetzung des Lernarrangements zu einer Option geworden sein.

Dem Typus B1 können, wie erwähnt, zehn Kinder zugeordnet werden. Ein
prototypischer Vertreter dieses Subtypus ist Timo. Seine genutzten Rechenwege
und seine Einsichten in zugrundeliegende operative Beziehungen zu Mult_1 ×
2_ZR sind anhand der Interviewfragen wie folgt zu beschreiben: Er löste die
Aufgaben 5·14 und 4·16 durch Zerlegen in eine Summe, die Aufgaben 17·4 und
65·4 unter Einbezug von Verdoppelungen, die Aufgaben 9·23, 15·6 und 19·6 (in
der schriftlichen Befragung) durch Zerlegen in eine Differenz und die Aufgabe
5·24 als Halbierung von 10·24. Dabei ermittelte er für all diese Aufgaben auch
das korrekte Ergebnis und nutzte für die genannten acht Aufgaben *vier* unterschiedliche Rechenwege korrekt unter Nutzung besonderer Aufgabenmerkmale.
Die übrigen drei Aufgaben löste er jedoch mit folgenden Verfahrensfehlern:

* 8·29 als 8·30 − 1·30 (siehe Abbildung 6.25)
* 19·6 als 20·6 − 60
* 5·17 als 10·17 + 5·17 (als Halbierung von 10·17)

Auffällig ist, dass er die Aufgaben 9·23, 15·6 und 19·6 (alle aus der schriftlichen
Erhebung) korrekt durch Zerlegen in eine Differenz löste. Bei der Aufgabe 19·6
aus dem Interview und bei der Aufgabe 8·29 aus der schriftlichen Befragung subtrahierte er jedoch den falschen Faktor. Auch Aufgaben vom Typ 5·ZE rechnete
er in der schriftlichen Befragung korrekt durch Halbierung der Verzehnfachung,
bei der Aufgabe 5·17 jedoch halbierte er die Verzehnfachung und addierte diese
dann zur Verzehnfachung. Hier könnte er Halbieren und Zerlegen in eine Summe
vermischt haben.

Zur Aufgabe 17·4 fand Timo neben der Verdoppelung noch den Rechenweg
auf Basis einer Zerlegung in eine Summe und nannte das Verdoppeln als den

---

[16] Die Charakterisierung von *überwiegend* ist der Beschreibung des Vortyps 2 in
Abschnitt 6.1.4.4 zu entnehmen.

einfachsten Rechenweg. Für die Aufgabe 5·24 entdeckte er neben der Halbierung der Verzehnfachung noch das gegensinnige Verändern und das Zerlegen in eine Summe und empfand das Halbieren als den einfachsten Rechenweg. Seine Begründungen dazu wurden bereits in Abschnitt 6.2.7.2 zitiert. Des Weiteren konnte Timo am 400er-Punktefeld die Rechenwege auf Basis einer Zerlegung in eine Summe und auf Basis einer Zerlegung in eine Differenz begründen und er erkannte die operativen Beziehungen zwischen 2·15 = 30 und 4·15 und zwischen 20·4 = 80 und 19·4 sowie zwischen 8·10 = 80 und 16·5. Somit zeigte er in *allen* Zusatzaufgaben Einsichten in die zugrundeliegenden operativen Beziehungen. In den Erhebungen zu Beginn des Schuljahres wurde Timo der Gruppe 4b: *Kind nutzt stellengerechtes Zerlegen in eine Summe* zugeordnet. Er löste alle drei Aufgaben schon zu diesem Zeitpunkt korrekt durch Zerlegen in eine Summe.

Subtypus B2: Kind erkennt und nutzt zusätzlich *ein* besonderes Aufgabenmerkmal mit hoher Lösungsrichtigkeit (Verdoppeln oder Zerlegen in eine Differenz oder gegensinniges Verändern)

Eine weitere Differenzierung des Typus B erfolgt zwischen Kindern, die zusätzlich *ein* besonderes Aufgabenmerkmal erkannten und nutzten, und jenen, die *mehr als ein* besonderes Aufgabenmerkmal erkannten und nutzten. Kinder, die nur ein besonderes Aufgabenmerkmal erkannten und nutzten, verwendeten neben Zerlegen in eine Summe entweder zusätzlich Rechenwege unter Einbezug von Verdoppelungen *oder* Rechenwege auf Basis einer Zerlegung in eine Differenz *oder* Rechenwege unter Nutzung des Gesetzes von der Konstanz des Produktes. Dieser alternative Rechenweg wurde bei Aufgaben, die die entsprechenden Aufgabenmerkmale aufwiesen, von 57,1 Prozent dieser Kinder dreimal und öfter genutzt, von den anderen (42,9 Prozent) nur je einmal.

Kinder, die dem Subtypus B2 zugeordnet werden, lösten viele Aufgaben richtig (neun bis elf von elf). Ferner wurden von ihnen in den Zusatzaufgaben die operativen Beziehungen zwischen 2·15 = 30 und 4·15 sowie zwischen 20·4 = 80 und 19·4 erkannt und genutzt. Die Zusatzaufgabe zur operativen Beziehung zwischen 8·10 = 80 und 16·5 hingegen wurde nur von 42,9 Prozent dieser Kinder erfolgreich gelöst. Darüber hinaus konnten alle Kinder die Rechenwege auf Basis einer Zerlegung in eine Summe anhand der Aufgabe 15·7 und auf Basis einer Zerlegung in eine Differenz anhand der Aufgabe 8·19 am 400er-Punktefeld begründen. Somit zeigten alle Kinder des Subtypus B2, dass sie Rechenwege nicht nur rein prozedural anwenden können, sondern auch die zugrundeliegenden Zusammenhänge erkennen (mit Ausnahme von Rechenwegen durch gegensinniges Verändern).

Alle Kinder konnten auf Nachfrage zu mindestens einer der Aufgaben 17·4 und 24·5 einen weiteren Rechenweg nennen. Dabei war die Anzahl der gefundenen Rechenwege sehr unterschiedlich. Manche Kinder fanden sogar vier Rechenwege zu einer der Aufgaben, andere hingegen nur einen. Als einfachster Rechenweg wurde der Universalrechenweg auf Basis einer Zerlegung in eine Summe am häufigsten genannt (viermal), gefolgt von gegensinnigem Verändern (dreimal), Verdoppelung und wiederholter Addition (je zweimal) und der Halbierung (einmal).

Bei Betrachtung der genutzten Rechenwege und der Einsichten in zugrundeliegende operative Beziehungen zu Mult_1 × 2_ZR zu Beginn des Schuljahres kann festgestellt werden, dass die diesem Typus zugeordneten Kinder sehr unterschiedliche Ausgangsvoraussetzungen mitbringen und sich aus allen in Abschnitt 6.1.4 dokumentierten Vortypen entwickeln.

Dem Typus B2 können sieben Kinder zugeordnet werden. Eine prototypische Vertreterin dieses Subtypus ist Nicole. Ihre Rechenwege und Einsichten zu Mult_1 × 2_ZR können wie folgt beschrieben werden:

Nicole löste die Aufgaben mehrheitlich auf Basis einer Zerlegung in eine Summe (5·14, 4·16, 5·24, 8·29, 15·6, 5·17), bei zwei Aufgaben jedoch, die Aufgabenmerkmale für Zerlegen in eine Differenz aufwiesen (19·6 und 9·23), nutzte sie auch diesen Rechenweg. Darüber hinaus rechnete sie die Aufgabe 65·4 unter Einbezug von Verdoppelungen *und* durch Zerlegen in eine Summe als (2·60)·2 + 5·4. Sie verwendete jedoch Rechenwege auf Basis von Zerlegungen in eine Differenz nicht konsequent für alle Aufgaben mit einem Neuner an der Einerstelle. Die Aufgabe 8·29 löste sie durch Zerlegen in eine Summe. Sie machte keine Rechenfehler und kann in Bezug auf Multiplikationsaufgaben als Rechnerin mit hoher Rechensicherheit bezeichnet werden. Auf Nachfrage nannte sie zur Aufgabe 5·24 noch den Rechenweg unter Einbezug der Halbierung der Verzehnfachung, den sie auch im Vergleich zum Zerlegen in eine Summe als den einfacheren Rechenweg bezeichnete. Ferner wurden von ihr die operativen Beziehungen zwischen 2·15 = 30 und 4·15 sowie zwischen 20·4 = 80 und 19·4 erkannt und genutzt. Die operative Beziehung zwischen 8·10 = 80 und 16·5 hingegen schien sie in der Zusatzfrage nicht zu erkennen.

Bereits in den Erhebungen zu Beginn des Schuljahres erkannte und nutzte sie das Aufgabenmerkmal des Neuners an der Einerstelle und rechnete 19·6 durch Zerlegen in eine Differenz. Die anderen Aufgaben zu Beginn des Schuljahres löste sie auch bereits durch Zerlegen in eine Summe.

Subtypus B3: Kind erkennt und nutzt zusätzlich *mehr als ein* besonderes Aufgabenmerkmal mit hoher Lösungsrichtigkeit

Kinder, die zusätzlich *mehr als ein* besonderes Aufgabenmerkmal erkannten und nutzen, werden dem Subtypus B3 zugeordnet. Folgende Kombinationen der Art des Rechenweges wurden bei den Kindern dieses Subtypus beobachtet:

- Verdoppeln und Zerlegen in eine Differenz (zwei Kinder);
- Zerlegen in eine Differenz und gegensinniges Verändern (acht Kinder);
- Verdoppeln, Zerlegen in eine Differenz und gegensinniges Verändern (elf Kinder);
- Verdoppeln, Zerlegen in eine Differenz, gegensinniges Verändern und Halbieren (drei Kinder).

Demnach unterscheiden sich die einzelnen Kinder dieses Subtypus vor allem durch *die Anzahl der Arten unterschiedlicher Aufgabenmerkmale*, die genutzt wurden und auch durch *die Anzahl der Aufgaben*, die unter Nutzung besonderer Aufgabenmerkmale gelöst wurden. Abbildung 6.35 stellt den Zusammenhang zwischen der *Art der genutzten Rechenwege* und der *Anzahl der erkannten Aufgabemerkmale* in den Interviewaufgaben im Subtypus B3 als Kreuztabelle dar. Die Tabelle ist wie folgt zu lesen:

Zeile 1: Von den Kindern, die in der Erhebung zur Lösung der elf gestellten Aufgaben die Rechenwege *Zerlegen in eine Differenz und gegensinniges Verändern* verwendeten, lösten *zwei* Kinder *drei* Aufgaben, *ein* Kind *vier* Aufgaben, *zwei* Kinder *fünf* Aufgaben, *ein* Kind *sechs* Aufgaben und *zwei* Kinder *sieben* Aufgaben mit diesen Rechenwegen.

Demnach umfasst Typus B3 in Bezug auf das Erkennen und Nutzen von Aufgabenmerkmalen Kinder mit zwei unterschiedlichen Rechenwegen und drei erkannten Aufgabenmerkmalen bis hin zu Fällen mit vier unterschiedlichen Rechenwegen und zehn erkannten Aufgabenmerkmalen (bei elf gestellten Aufgaben).

Diesem Subtypus können 24 Kinder zugeordnet werden. Dies sind rund 43,6 Prozent aller Kinder. Der Subtypus zeichnet sich durch eine hohe Rechensicherheit aus, 23 der 24 Kinder lösten mindestens neun von elf Aufgaben richtig. Ferner erkannten und nutzten *alle* Kinder dieses Subtypus in der Zusatzfrage die operativen Beziehungen zwischen $2 \cdot 15 = 30$ und $4 \cdot 15$ sowie zwischen $20 \cdot 4 = 80$ und $19 \cdot 4$. Die operative Beziehung zwischen $8 \cdot 10 = 80$ und $16 \cdot 5$ wurde vom Großteil der Kinder erkannt und genutzt (79,2 Prozent). Von jenen fünf Kindern, die $8 \cdot 10 = 80$ nicht als Hilfe für $16 \cdot 5$ erkannten und nutzen, verwendeten jedoch

Anzahl der erkannten Aufgabenmerkmale

Art der genutzten Rechenwege	1	2	3	4	5	6	7	8	9	10
Zerlegen in eine Differenz & Gegensinniges Verändern	0	0	2	1	2	1	2	0	0	0
Zerlegen in eine Differenz & Verdoppeln	0	0	1	0	1	0	0	0	0	0
Zerlegen in eine Differenz & Gegensinniges Verändern & Verdoppeln	0	0	0	0	1	5	1	3	0	1
Zerlegen in eine Differenz & Gegensinniges Verändern & Halbieren & Verdoppeln	0	0	0	0	0	0	0	0	2	1

Abbildung 6.35 Genutzte Rechenwege und Anzahl der erkannten Aufgabemerkmale für den Subtypus B3 (Kreuztabelle)

vier Kinder diesen Rechenweg durch gegensinniges Verändern bei freier Wahl des Rechenweges für die Aufgaben 15·6 bzw. 5·24 oder 17·4.

Ferner konnten alle Kinder in den Zusatzfragen die Rechenwege auf Basis einer Zerlegung in eine Summe anhand der Aufgabe 15·7 und auf Basis einer Zerlegung in eine Differenz anhand der Aufgabe 8·19 am 400er-Punktefeld begründen. Aufgrund dieser Ergebnisse kann vermutet werden, dass alle Kinder des Subtypus B3 Einsicht in die zugrundeliegenden operativen Beziehungen (Verdoppeln und Zerlegen in eine Summe) zeigen und Rechenwege auf Basis einer Zerlegung in eine Summe und einer Zerlegung in eine Differenz am Punktefeld erklären können. Ferner konnten alle Kinder auf Nachfrage zu mindestens einer der Aufgaben 17·4 und 24·5 mindestens einen weiteren Rechenweg nennen.

Werden die Typisierungen *vor* und *nach* der Thematisierung im Unterricht verglichen, kann für die Kinder des Subtypus B3 festgestellt werden, dass diese *vor* der Thematisierung relativ gleichmäßig auf die in Abschnitt 6.1.4 dokumentierten Vortypen 2 bis 5 verteilt waren (siehe Abbildung 6.36).

In weiterer Folge werden die genutzten Rechenwege und die Ergebnisse zu Einsichten in zugrundeliegende operative Beziehungen zu Mult_1×2_ZR zweier prototypischer Kinder *nach* der Thematisierung im Unterricht anhand der Auswertung der Interviewfragen beschrieben. Das erste Kind kann im unteren Spektrum der zusätzlich erkannten und genutzten Aufgabenmerkmalen verortet werden (in Abbildung 6.35 hellgraue Schattierung). Das zweite Kind kann dem oberen Spektrum zugeordnet werden (in Abbildung 6.35 dunkelgraue Schattierung).

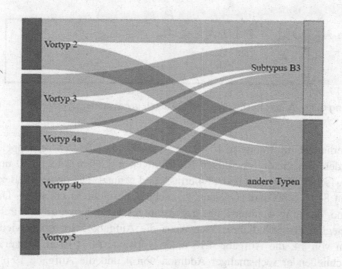

Abbildung 6.36 Entwicklung des Subtypus B3 *vor* und *nach* der Umsetzung

Eine prototypische Vertreterin des Subtypus B3 aus dem unteren Spektrum stellt Anna dar. Anna löste die elf Aufgaben aus dem Interview und aus der schriftlichen Erhebung folgendermaßen:

- 5·14, 4·16, 17·4, 5·24, 5·17, 9·23 und 19·6 (in der schriftlichen Erhebung) durch Zerlegen in eine Summe;
- 19·6 (im Interview) durch Zerlegen in eine Differenz;
- 65·4, 15·6 und 8·29 durch gegensinniges Verändern;

In der Nutzung des Rechenweges auf Basis einer Zerlegung in eine Differenz war Anna nicht konsequent. Sie rechnete lediglich die Aufgabe 19·6 im Interview mit diesem Rechenweg, in der schriftlichen Erhebung nutzte sie für die Aufgaben 9·23 und 19·6 die Zerlegung in eine Summe. Auffallend ist auch, dass sie als einziges Kind die Aufgabe 8·29 durch gegensinniges Verändern in 58·4 umformte (siehe Abbildung 6.37). Wie sie aber die Aufgabe 58·4 weiter löste, wurde nicht dokumentiert. Es könnte sein, dass sie das gegensinnige Verändern wiederholt nutzte und 58 zweimal verdoppelte.

Relativ konsequent verhielt sich Anna in der Anwendung des gegensinnigen Veränderns. Sie machte dabei keine Rechenfehler und konnte auf Nachfrage zu den Aufgaben 17·4 und 5·24 neben Zerlegen in eine Summe noch die Rechenwege durch gegensinniges Verändern nennen, wobei sie aber zur Aufgabe 5·24

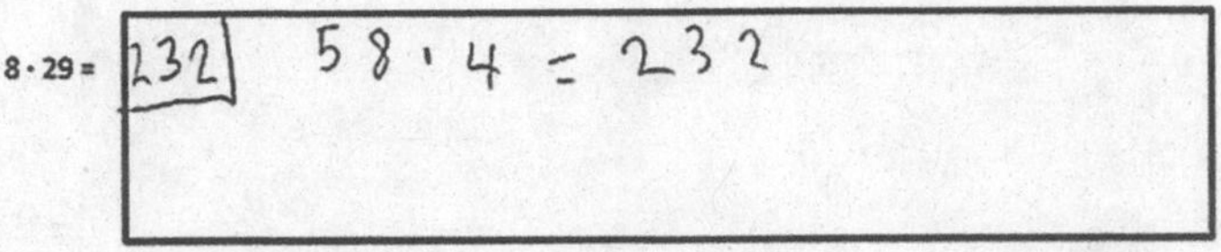

Abbildung 6.37 Annas Rechenweg für 8·29 durch gegensinniges Verändern

die fehlerhafte Umformung in 10·48 angab und beide Faktoren verdoppelte. Ferner wurden von ihr die operativen Beziehungen zwischen 2·15 = 30 und 4·15 sowie zwischen 20·4 = 80 und 19·4 erfasst und genutzt. Die operative Beziehung zwischen 8·10 = 80 und 16·5 hingegen schien sie nicht zu erkennen. Dies war auffallend, da sie in weiterer Folge gegensinniges Verändern korrekt durchführte.

Zu Beginn des Schuljahres löste Anna die Aufgabe 5·14 durch wiederholte Addition von 14, die Aufgabe 4·16 unter Nutzung von 4·10 als Ankeraufgabe mit anschließender sechsmaliger Addition von 4 und die Aufgabe 19·6 fehlerhaft als 20·6 − 1. Auch die operative Beziehung zwischen 20·4 = 80 und 19·4 zur Lösung von 19·4 durch Zerlegen in eine Differenz nutzte sie zu Beginn des Schuljahres noch fehlerhaft, indem sie, ebenso wie zur Lösung der Aufgabe 19·6, als Ergebnis 79 ermittelte, indem sie 80 − 1 rechnete. Anna zeigte im Hinblick auf das Erkennen und Nutzen von Aufgabenmerkmalen *nach* der Umsetzung des Lernarrangements im Vergleich zu ihren Rechenwegen *vor* der Umsetzung des Lernarrangements große Fortschritte.

Als prototypischer Vertreter des Subtypus B3 aus dem oberen Spektrum kann Rocco bezeichnet werden. Seine genutzten Rechenwege und Einsichten in operative Beziehungen zu Mult_1 × 2_ZR lassen sich anhand der Interviewfragen wie folgt beschreiben:

Er löste *zehn* Aufgaben von elf unter Nutzung besonderer Aufgabenmerkmale und nutzte vier Arten von Aufgabenmerkmalen, darunter für folgende Rechenwege:

- 5·14 durch Zerlegen in eine Summe;
- 19·6 (im Interview und in der schriftlichen Erhebung), 8·29 und 9·23 durch Zerlegen in eine Differenz;
- 15·6 durch gegensinniges Verändern;
- 4·16, 17·4 und 65·4 unter Einbezug des Verdoppelns;
- 5·24 und 5·17 unter Einbezug der Halbierung des Zehnfachen.

Er verwendete das Verdoppeln konsequent für Aufgaben mit dem Faktor 4, die Halbierung des Zehnfachen konsequent für Aufgaben mit Faktor 5 und Zerlegen in eine Differenz konsequent für Aufgaben mit einer 9 an der Einerstelle. Darüber hinaus zeigte er bei der Aufgabe 15·6 auch gegensinniges Verändern. Er machte keine Rechenfehler und konnte auf Nachfrage für die Aufgaben 17·4 und 5·24 je fünf weitere Rechenwege nennen. Die Aufgabe 17·4 berechnete er unter Einbezug des Verdoppelns, durch gegensinniges Verändern, durch Zerlegung in eine Summe, durch Zerlegung in eine Differenz und durch wiederholte Addition von 17. Die Aufgabe 5·24 berechnete er unter Einbezug der Halbierung des Zehnfachen, durch gegensinniges Verändern, durch wiederholte Addition von 24, durch Zerlegung in eine Summe und unter Einbezug der Verdoppelung von 5·12. Unter den fünf genannten Rechenwegen bezeichnete er beide Male das gegensinnige Verändern als den einfachsten, mit der tautologischen Begründung, dass er diesen Rechenweg *leicht* finde. Ferner wurden von ihm die operativen Beziehungen zwischen 2·15 = 30 und 4·15, 20·4 = 80 und 19·4 und 8·10 = 80 und 16·5 erkannt und genutzt. Bereits zu Beginn des Schuljahres erfasste und verwendete Rocco besondere Aufgabenmerkmale: Er rechnete die Aufgabe 4·16 unter Einbezug des Verdoppelns und die Aufgabe 19·6 durch Zerlegen in eine Differenz. Sein bewegliches Nutzen von Rechenwegen je nach Aufgabenmerkmal zeugt von aufgabenadäquatem Rechnen auf hohem Niveau.

6.3.5 Einzelfalldarstellung 1: Kind nutzt überwiegend[17] fehlerhafte Rechenwege

Wie bereits in Abschnitt 6.3.3 festgehalten, bilden die Merkmalskombinationen von Veronika, die als einziges Kind im Gruppierungsprozess Gr1: *Kind nutzt überwiegend fehlerhafte Rechenwege* zugeordnet werden konnte, keinen eigenen Typus ab. Wegen nicht gesicherter empirischer Evidenz wird dieser Fall als Einzelfallstudie gedeutet und dargelegt.

Veronika war in der Lage, Mult_1 × 2_ZR unter Nutzung der Verzehnfachung bzw. Verelffachung als Ankeraufgabe mit anschließender Addition der weiteren Faktoren zu lösen (meist jene mit niedrigeren Faktoren). Beim Versuch, die Aufgaben unter Nutzung von Zerlegungen zu lösen, zeigte sie jedoch fehlerhafte Rechenwege aufgrund fehlerhafter Zerlegungen. Veronika wurde von der Klassenlehrerin als leistungsschwach bezeichnet und erhielt bereits seit der zweiten Klasse einmal in der Woche eine Zusatzförderstunde von einer Förderlehrerin.

Konkret löste sie die Aufgabe 19·6 (siehe Abbildung 6.38, erste Aufgabe) unter Nutzung der Verelffachung als Ankeraufgabe (sie konnte das Einmalelf auswendig und fand es leicht) und setzte die Reihe durch sukzessives Addieren

---

[17] In 9 Aufgaben von 11.

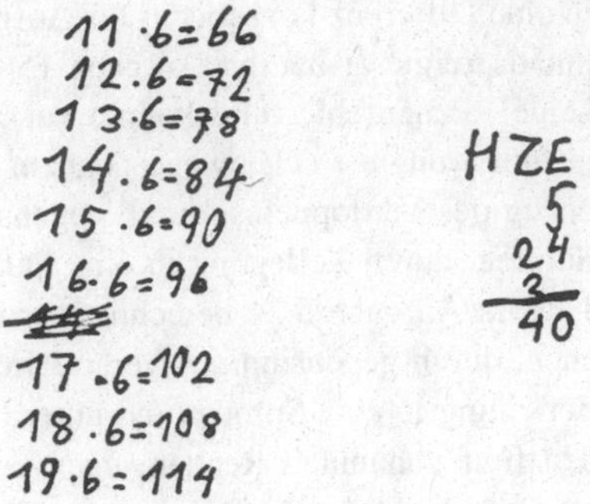

Abbildung 6.38
Veronikas korrekter
Rechenweg für 19·6 unter
Nutzung der Verelffachung
als Ankeraufgabe und
Veronikas fehlerhafter
Rechenweg für 5·24

$$11 \cdot 6 = 66$$
$$12 \cdot 6 = 72$$
$$13 \cdot 6 = 78$$
$$14 \cdot 6 = 84$$
$$15 \cdot 6 = 90$$
$$16 \cdot 6 = 96$$
$$\cancel{}$$
$$17 \cdot 6 = 102$$
$$18 \cdot 6 = 108$$
$$19 \cdot 6 = 114$$

$$HZE$$
$$\begin{array}{r} 5 \\ 24 \\ 2 \\ \hline 40 \end{array}$$

fort. Für alle anderen neun Aufgaben jedoch verwendete sie fehlerhafte Rechenwege, so zum Beispiel für die Aufgabe 5·24, die im Interview nicht unmittelbar nach den oben genannten Aufgaben gestellt wurde (siehe Abbildung 6.38, zweite Aufgabe). Sie löste diese Aufgabe angelehnt an das Schema der schriftlichen Addition, indem sie die Faktoren in eine Stellenwerttafel eintrug und dann die Einerstellen spaltenweise multiplizierte und anschließend die Zehnerstelle des zweiten Faktors addierte (5·24 = 5·4 + 20). Es kann vermutet werden, dass sie hierbei die Rechenwege der schriftlichen Addition mit dem Rechenweg auf Basis einer stellengerechten Zerlegung in eine Summe vermischte.

Beim Versuch, die Aufgaben aus der schriftlichen Befragung durch Zerlegungen zu lösen, nutzte sie in ähnlicher Weise für alle sechs Aufgaben folgende fehlerhafte Überlegungen (siehe Abbildung 6.39):

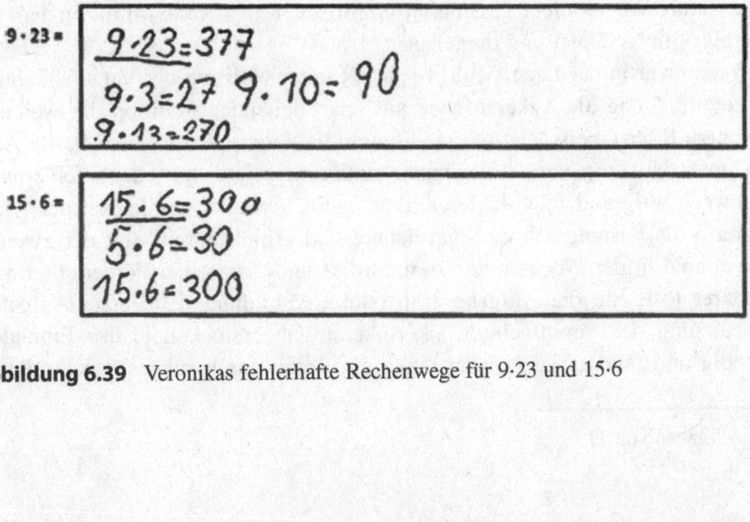

9·23 =
$$9 \cdot 23 = 377$$
$$9 \cdot 3 = 27 \quad 9 \cdot 10 = 90$$
$$9 \cdot 13 = 270$$

15·6 =
$$15 \cdot 6 = 300$$
$$5 \cdot 6 = 30$$
$$15 \cdot 6 = 300$$

Abbildung 6.39 Veronikas fehlerhafte Rechenwege für 9·23 und 15·6

Sie zerlegte 9·23 vermutlich in 9·3 + 9·13 + 9·10, leitete jedoch möglicherweise das Ergebnis für 9·13 = 270 aus 9·3 = 27 fehlerhaft ab. Es kann vermutet werden, dass sie für die Berechnung von 9·13 aus 9·3 die Aufgabe 9·13 mit der Aufgabe 9·30 vermischte, da sie einfach eine Null anhing. Darüber hinaus addierte sie die drei Teilprodukte noch mit einem Rechenfehler. Ähnlich ging sie bei der Lösung der Aufgabe 15·6 vor. Sie leitete aus 5·6 = 30 für die Aufgabe 15·6 die Lösung 300 ab, wobei hier ebenfalls eine Vermischung der Aufgaben 15·6 und 50·6 zu vermuten ist. Da aber der zweistellige Faktor bei dieser Aufgabe nur einen Zehner aufweist (im Vergleich zu 9·23), war nach ihrer Logik höchstwahrscheinlich eine weitere Addition von 10·6 nicht notwendig.

Die fehlerhaften Lösungen folgten einer subjektiven Logik geprägt von mangelndem Stellenwertverständnis, fehlerhaften Zerlegungen und Vermischung unterschiedlicher Rechenwege. Es wurde keine einzige Aufgabe unter korrekter Nutzung des Universalrechenweges (Zerlegen in eine Summe) beobachtet. Aufgrund der vielen fehlerhaften Rechenwege war die Lösungsrichtigkeit bei Veronika gering (zwei richtig gelöste Aufgaben von elf). Ferner wurde die angebotene operative Beziehung zwischen 2·15 = 30 und 4·15 zur Lösung von 4·15 unter Einbezug des Verdoppelns und die angebotene operative Beziehung zwischen 8·10 = 80 und 16·5 zur Lösung von 16·5 durch gegensinniges Verändern von ihr nicht erkannt, und auf Nachfrage konnte sie auch keine weiteren Rechenwege für die Aufgaben 17·4 und 24·5 angeben. Auffallend war aber, dass sie die Rechenwege auf Basis einer Zerlegung in eine Summe anhand der Aufgabe 15·7 und auf Basis einer Zerlegung in eine Differenz anhand der Aufgabe 8·19 am 400er-Punktefeld begründen konnte.

Aus den Ergebnissen von Veronika zu Beginn des Schuljahres, als sie dem Vortyp 3: *Kind nutzt fehlerhafte Rechenwege aufgrund fehlerhafter Zerlegungen* zugeordnet wurde, ist ersichtlich, dass sie auch zu Beginn des Schuljahres ein mangelhaft ausgeprägtes Multiplikationsverständnis und Stellenwertverständnis hatte. So leitete sie im ersten Interview für die Aufgabe 5·14 das Ergebnis 58 ab. Dieses Ergebnis kam dadurch zustande, dass sie (wie in den zweiten Interviews) auf die Ergebnisse der 11er-Reihe zurückgriff, die sie auswendig wusste, und 3, als Differenz von 14 und 11, zu 5·11 = 55 addierte, um zum Ergebnis von 5·14 zu kommen. Darüber hinaus zeigte auch ihre Berechnung von 9·23 (siehe Abbildung 6.40), dass keine tragfähigen Vorstellungen zur Multiplikation aktiviert wurden. Sie addierte zur Lösung von 9·23 die Zahlen schrittweise: 9 + 10 = 19, 19 + 10 = 29 und 29 + 3 = 32.

Die Fehler und die mangelnde Einsicht in zugrundeliegende operative Beziehungen *nach* der Umsetzung des Lernarrangements ist vor dem Hintergrund ihrer fehlenden Lernvoraussetzungen zu Beginn des Schuljahres zu sehen. Veronika

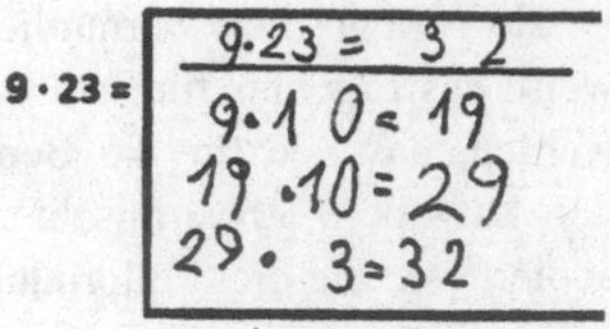

Abbildung 6.40
Veronikas fehlerhafter
Rechenweg für 9·23 *vor* der
Umsetzung

$9 \cdot 23 =$

$$
\begin{array}{l}
9 \cdot 23 = 3\ 2 \\
9 \cdot 1\ 0 = 19 \\
19 \cdot 10 = 29 \\
29 \cdot\ 3 = 32
\end{array}
$$

vermisste, wie aus dem Interview zu Beginn des Schuljahres ersichtlich, *vor* der
Umsetzung des Lernarrangements wesentliche Lernvoraussetzungen für das Lernarrangement, wie tragfähige Grundvorstellungen zur Multiplikation, Verständnis
von Ableitungsstrategien (operativen Zusammenhängen) im Bereich des kleinen
Einmaleins, grundlegende Einsichten ins dezimale Stellenwertsystem bis 1000
und Multiplizieren mit Zehnerpotenzen und Zehnerzahlen (siehe Abschnitt 5.7).
Es ist nachvollziehbar, dass sie schon deshalb vom Lernarrangement nicht
profitieren konnte.

6.3.6 Einzelfalldarstellung 2: Kind nutzt Rechenwege, die im Hinblick auf die auftretenden Aufgabenmerkmale nicht als aufgabenadäquat bezeichnet werden können

In gleicher Weise wird der Fall von Julia, wie bereits in Abschnitt 6.3.3 festgehalten, wegen nicht gesicherter empirischer Evidenz als Einzelfallstudie gedeutet und
dargelegt. Julia konnte im Gruppierungsprozess als einziges Kind der Gr4: *Kind
nutzt Rechenwege, die im Hinblick auf die auftretenden Aufgabenmerkmale nicht
als aufgabenadäquat bezeichnet werden können* zugeordnet werden. Sie verwendete Zerlegen in eine Differenz als Universalrechenweg, d. h. auch bei Aufgaben
ohne entsprechende Aufgabenmerkmale laut Tab. 2.1. Julia löste die Aufgaben
aus dem Interview bei freigestelltem Rechenweg folgendermaßen:

- 5·14 als 5·20 − 5·6
- 4·16 als 4·20 − 4·4
- 19·6 fehlerhaft als 8·12
- 17·4 als 20·4 − 3·4
- 5·24 als 5·30 − 5·6

Die Aufgaben aus der schriftlichen Erhebung löste sie wie folgt:

- 19·6 als 20·6 − 6
- 9·23 als 9·20 + 9·3

$$5 \cdot 20 = 100 - \underset{30}{\underline{5 \cdot 6}} = 70 \qquad 4 \cdot 20 = 80 - \underset{16}{\underline{4 \cdot 4}} = 76$$

Abbildung 6.41 Julias Rechenwege für 5·14 und 4·16 durch Zerlegen in eine Differenz – bei der zweiten Aufgabe verrechnete sie sich (anstatt 16 zu subtrahieren, subtrahierte sie 10 und addierte 6)

- 15·6 als 20·6 – 5·6
- 65·4 als 70·4 – 5·4
- 5·17 als 5·20 – 5·3
- 8·29 als 8·30 – 8

Von den elf gestellten Aufgaben rechnete sie *neun* durch Zerlegen in eine Differenz. Die Aufgabe 9·23 jedoch, die das Aufgabenmerkmal im Unterschied zu den anderen Aufgaben im *einstelligen* Faktor aufweist, löste sie durch Zerlegen in eine Summe.

Auf Nachfrage konnte Julia zur Aufgabe 17·4 neben Zerlegen in eine Differenz auch einen Rechenweg unter Einbezug von Verdoppelungen angeben (17·4 = 34 + 34). Sie fand den ersten Rechenweg auf Basis einer Zerlegung in eine Differenz am einfachsten und begründete dies so:

J: ..., weil da kann man leichter ausrechnen, wieviel das ist. Und da da (bei 34 + 34) kann man das 17·2 schwer ausrechnen.

I: Was ist denn bei 17·2 schwer?

J: Bei 17·2 ist es natürlich schwer, wenn ich jetzt 17·2, braucht man ein bisschen länger im Kopf zu überlegen und was ich da schwer finde, finde ich da da (bei 17·2) beim Ergebnis, da kommt man wirklich schwer drauf.

Zur Aufgabe 5·24 konnte Julia nur den Rechenweg auf Basis einer Zerlegung in eine Differenz angeben, deshalb erübrigte sich die Frage nach dem einfachsten Rechenweg. Aus der Argumentation, warum das Zerlegen in eine Differenz für sie bei der Aufgabe 17·4 der einfachere Rechenweg sei, kann abgeleitet werden, dass für sie 17·2 eine schwere Rechnung darstellt. Ihre Vorliebe für Zerlegen in eine Differenz konnte sie im Interview nicht nachvollziehbar begründen.

Auf fehlendes Verständnis für Aufgabenmerkmale weist auch Julias Lösung zur Aufgabe 19·6 hin (siehe Abbildung 6.42). Sie versuchte diese mit gegensinnigem Verändern zu lösen. Sie halbierte den Faktor 19 und ermittelte das fehlerhafte

Ergebnis 8. So erhielt sie die Aufgabe 8·12. Es kann vermutet werden, dass sie aus dem Wissen, dass 18 das Doppelte von 9 ist, für das Doppelte von 8 eben 19 assoziierte und daraus wiederum gedanklich 8 mit der Hälfte von 19 verknüpfte. Somit überführte sie die ursprüngliche Aufgabe durch *Halbieren* und *Verdoppeln* der Faktoren in eine allerdings nicht einfacher zu lösende Aufgabe, die sie dann durch Zerlegen in eine Summe löste (dies kann durch das videografierte Interview dokumentiert werden). Bei der Zerlegung in eine Summe beging sie vermutlich wieder denselben Fehler (das Doppelte von 8 ist 19, assoziiert aus 18 als das Doppelte von 9, und 80 + 19 = 99).

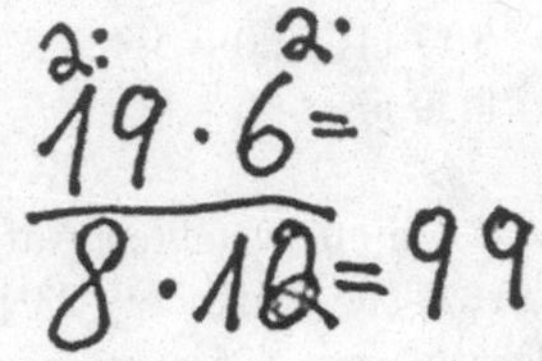

Abbildung 6.42 Julias
fehlerhafter Rechenweg für
19·6 durch gegensinniges
Verändern

Julia zeigte in den Interviews *nach* der Umsetzung einige Rechenunsicherheiten, so verrechnete sie sich zweimal bei Subtraktionen (80 − 16 = 76 vermutlich als 80 − 10 + 6 (siehe Abbildung 6.41) und 100 − 15 = 95 vermutlich als 100 − 10 + 5) und ermittelte, wie bereits zur Abbildung 6.42 ausführlicher erläutert, für 19:2 das Ergebnis 8. Zu Beginn des Schuljahres löste sie alle drei Aufgaben (5·14, 4·16 und 19·6) nach folgendem Fehlermuster: 5·14 als 5·10 + 4, 4·16 als 4·10 + 6 und 19·6 als 10·6 + 9.

Zusammenfassend kann gesagt werden, dass Julia das Zerlegen in eine Differenz quasi als Universalrechenweg nutzte, vereinzelt aber auch Rechenwege unter Einbezug des Verdoppelns, auf Basis einer Zerlegung in eine Summe sowie (wenn auch fehlerhaft) durch gegensinniges Verändern zeigte und bei der Anwendung ihrer Rechenwege die entsprechenden Aufgabenmerkmale großteils außer Acht ließ.

Julias Rechenwege lassen bei ihr eine starke Verfahrensorientierung vermuten (siehe Abschnitt 4.3.2). Sie nutzte in ihren Notizen kleine Hilfestellungen, wie Bögen, um die Schrittfolge der Rechnungen zu verdeutlichen, oder das Anschreiben von:2 und ·2, um das gegensinnige Verändern zu unterstützen (siehe auch Abbildung 6.41 und Abbildung 6.42). Diese Hilfestellungen waren durch die Lehrkraft gefördert worden, um den Kindern zu helfen, Rechenwege korrekt anzuwenden. Sie implizieren freilich per se eine gewisse Schematisierung. Bei Julia scheint ein Abgleiten ins mechanische Rechnen erfolgt zu sein. Ohne Fokussierung auf besondere Aufgabenmerkmale versuchte sie, eingelernte Rechenwege wie einen Algorithmus abzuspulen. Vor dieser Gefahr warnten bereits Krauthausen (2017, S. 196) und Selter (1999), der feststellte, dass auch „das Zahlenrechnen leicht in mechanische Verfahren abgleiten kann, die die Schüler unverstanden reproduzieren" (Selter 1999, S. 8).

6.4 Hürden in der Umsetzung und Hinweise für eine Überarbeitung

In Abschnitt 6.4 werden ausgewählte Hürden, die in den Lernprozessen der Kinder und im Zuge der Umsetzung des Lernarrangements beobachtet wurden, beschrieben und analysiert. Darüber hinaus werden aus den Hürden Hinweise für eine Weiterentwicklung und Überarbeitung des Lernarrangements abgeleitet. Das vorliegende Kapitel beantwortet folgende in Abschnitt 5.2 formulierte Forschungsfrage:

(8) Welche Hürden in Lernprozessen lassen sich *nach* der Umsetzung des entwickelten Lernarrangements rekonstruieren, und welche Hinweise für eine weitere Optimierung ergeben sich daraus?

Die rekonstruierten Hürden können thematisch wie folgt geordnet werden:

- Fehlerhafte Rechenwege
- Übergeneralisierung
- Gefahr der Überforderung leistungsschwächerer Kinder
- Hürden durch Einflüsse aus dem Elternhaus oder aus dem sozialen Umfeld
- weitere Hürden

In weiterer Folge werden nun diese Hürden beschrieben und analysiert.

6.4.1 Fehlerhafte Rechenwege

Padberg und Benz (2021) stellen fest, dass zu Rechenwegen für die Multiplikation nur wenige Studien zu charakteristischen Fehlerstrategien vorliegen und weisen auf die Notwendigkeit weiterer Untersuchungen hin, denn „eine gute Kenntnis fehlerhafter Denkstrategien" sei insbesondere für Lehrkräfte wichtig, „wenn sie dem Denken der Schülerinnen und Schüler gerecht werden wollen" (Padberg und Benz 2021, S. 222). Da sich hinter fehlerhaften Rechenwegen häufig eine subjektive Logik auf Basis falsch oder nicht verstandener Rechenwege verbirgt, hilft eine Analyse und Kenntnis dieser subjektiven Logik, im Unterricht adäquat auf auftretende fehlerhafte Rechenwege zu reagieren. Im Zuge der Auswertungen der Rechenwege *vor* und *nach* der Thematisierung multiplikativer Rechenwege im Unterricht wurden folgende, in den Abschnitte 6.1.1.7 und 6.2.1.3 bereits erläuterte Fehlermuster beobachtet und klassifiziert.

- Fehlermuster 1-3: Fehlerhafte Ermittlung der Teilprodukte beim Zerlegen in eine Summe I-III;
- Fehlermuster 4: Subtraktion falscher Zahlen beim Zerlegen in eine Differenz;
- Fehlermuster 5: Falsche Verknüpfung der Teilprodukte beim Zerlegen;
- Fehlermuster 6: Vermischung des Zerlegens in eine Summe mit der Multiplikation von Zehnerzahlen;
- Fehlermuster 7: Fehler beim gegensinnigen Verändern;
- Fehlermuster 8: Verachtfachung als viermaliges Verdoppeln.

Im Folgenden werden diese Fehlertypen anhand der Daten aus den Erhebungen näher analysiert.

Fehlermuster 1–3: Fehlerhafte Ermittlung der Teilprodukte beim Zerlegen in eine Summe I-III
Diese Fehlermuster wurden als Fehlermuster 1 und Fehlermuster 2 in Abschnitt 6.1.1.7 und als Fehlermuster 3 in Abschnitt 6.2.1.3 beschrieben und dort in Abbildung 6.16, Abbildung 6.17, Abbildung 6.18 und Abbildung 6.24 verdeutlicht. Diese Fehlermuster können wie folgt charakterisiert werden:

- Fehlermuster 1:
Die Zehnerzahl des zweistelligen Faktors wird mit dem einstelligen Faktor multipliziert, die Einer des zweistelligen Faktors werden danach addiert, z. B. 4·16 als 4·10 + 6.
Dieses Fehlermuster wurde von den 126 Kindern in den Erhebungen *vor* der Umsetzung bei den Aufgaben 5·14, 4·16, 19·6 insgesamt 27-mal gezeigt.
- Fehlermuster 2:
Die Zehnerzahl des zweistelligen Faktors wird mit dem einstelligen Faktor multipliziert, die Einer des zweistelligen Faktors werden verzehnfacht und danach addiert, z. B. 5·14 als 5·10 + 40.
Dieses Fehlermuster wurde von den 126 Kindern in den Erhebungen *vor* der Umsetzung bei den Aufgaben 5·14, 4·16, 19·6 insgesamt achtmal gezeigt.

- Fehlermuster 3:.
  Die Zehnerziffer des zweistelligen Faktors wird mit dem einstelligen Faktor multipliziert, die Einerziffer des zweistelligen Faktors wird ebenfalls mit dem einstelligen Faktor multipliziert und danach werden beide Teilprodukte addiert, z. B. $65 \cdot 4$ als $6 \cdot 4 + 5 \cdot 4$

  Dieses Fehlermuster wurde von den 126 Kindern bei den Aufgaben $5 \cdot 14$, $4 \cdot 16$, $19 \cdot 6$ in den Erhebungen *vor* der Umsetzung einmal und in den Erhebungen *nach* der Umsetzung zweimal gezeigt.

Die genannten Fehlermuster wurden insbesondere in den Erhebungen *vor* der Thematisierung der Rechenwege im Unterricht beobachtet und gehen vermutlich großteils auf eine fehlerhafte Übertragung des Distributivgesetzes vom kleinen Einmaleins auf einstellige mal zweistellige Multiplikationen zurück. In den Erhebungen *nach* der Umsetzung des Lernarrangements traten Fehlermuster 1 und Fehlermuster 2 gar nicht mehr auf.

Fehlermuster 4: Subtraktion falscher Zahlen beim Zerlegen in eine Differenz
Besonders aufgefallen ist in der Erhebung *nach* der Umsetzung des Lernarrangements das Fehlermuster basierend auf der Subtraktion falscher Faktoren bzw. Teilprodukte im Zuge des Zerlegens in eine Differenz. Dieses Fehlermuster wurde als Fehlermuster 4 in Abschnitt 6.2.1.3 beschrieben (siehe auch Abbildung 6.25: Timos fehlerhafter Rechenweg für $8 \cdot 29$ als $8 \cdot 30 - 30$ in Abschnitt 6.2.1.3 und Abbildung 6.34: Elenias Rechenwege für $19 \cdot 6$ und $9 \cdot 23$ – einmal korrekt und einmal fehlerhaft durch Subtrahieren des falschen Faktors in Abschnitt 6.3.4.2).

Nach der Umsetzung des Lernarrangements wurden in den Interviews mit den Lehrkräften Fehlermuster thematisiert. Alle vier Lehrkräfte gaben an, dass beim Zerlegen in eine Differenz immer wieder die Frage auftrat, welcher der beiden Faktoren nun 'zu subtrahieren sei. Die Lehrkraft der Klasse A2 formulierte die Hürde wie folgt:

Lehrkraft_A2:   Es war vor allem schwächeren Kindern nicht so klar, wo nehme ich das jetzt weg? Das Punktefeld war eine Hilfe. Vor allem bei Zerlegen und Minus, wo kommt das nun weg, das war vor allem für die Kinder oft ein Problem. Manchmal kommt es von unten weg und manchmal von rechts, das war für die Kinder verwirrend.

Aus dem Interview mit der Lehrkraft der Klasse A2 geht hervor, dass die Schwierigkeit beim Veranschaulichen des Rechenweges durch Zerlegen in eine Differenz am 400er-Punktefeld insbesondere darin lag, dass abhängig von der Darstellungsweise der Aufgabe und der Position des Faktors mit dem Aufgabenmerkmal der Malwinkel einmal nach oben bzw. einmal nach links verschoben werden musste. Diese Schwierigkeit wurde auch in der Beschreibung des Lernarrangements in Abschnitt 5.7 thematisiert und an den Aufgaben 19·7 und 7·19 (siehe Abbildung 5.15 und Abbildung 5.16) ausführlich erörtert. Demnach sind folgende Fälle zu unterscheiden:

- Bei der Aufgabe 19·7 wird beim Zerlegen in eine Differenz von 20·7 auf 19·7 der Malwinkel um eine Reihe *nach oben* verschoben, wenn der *erste* Faktor als Anzahl der *Reihen* gedeutet wird (siehe Abbildung 5.15).
- Bei der Aufgabe 19·7 wird beim Zerlegen in eine Differenz von 20·7 auf 19·7 der Malwinkel um eine Spalte *nach links* verschoben, wenn der *erste* Faktor als Anzahl der *Spalten* gedeutet wird.

Tritt das Aufgabenmerkmal aber im zweiten Faktor auf, wie bei 7·19, dann können ebenfalls zwei Fälle unterschieden werden:

- Bei der Aufgabe 7·19 wird beim Zerlegen in eine Differenz von 7·20 auf 7·19 der Malwinkel um eine Reihe *nach oben* verschoben, wenn der *erste* Faktor als Anzahl der *Spalten* gedeutet wird.
- Bei der Aufgabe 7·19 wird beim Zerlegen in eine Differenz von 7·20 auf 7·19 der Malwinkel um eine Spalte nach links verschoben, wenn der erste Faktor als Anzahl der Reihen gedeutet wird (siehe Abbildung 5.16)

Rechenwege durch Zerlegen in eine Differenz, bei denen das Aufgabenmerkmal im zweiten Faktor auftritt (siehe Aufgabe 7·19), schienen für einige Kindern schwieriger nachvollziehbar zu sein, vermutlich weil in diesen Fällen bei Interpretation der Multiplikation als Multiplikator mal Multiplikand der Multiplikator im Vergleich zur Hilfsaufgabe gleich bleibt; es wird also nicht *einmal weniger oft* genommen, sondern *gleich oft mal jeweils einer weniger genommen*. Einige Kinder wendeten in diesen Fällen explizit das Kommutativgesetz vor dem Berechnen an und vertauschten die Faktoren, möglicherweise, um sich die Aufgabe für die ihnen näher liegende Relation *einmal weniger oft* gleichsam *zurecht zu legen*.

Folgende Schülerdokumente in Abbildung 6.43 und Abbildung 6.44 verdeutlichen die Schwierigkeiten in diesem Bereich:

Die Aufgaben 9·23 in Abbildung 6.43 und 8·29 in Abbildung 6.44 weisen das Aufgabenmerkmal (Neuner an der Einerstelle) einmal im ersten Faktor (9·23) und einmal im zweiten Faktor (8·29) auf. Erzana vertauschte in Abbildung 6.43 vor

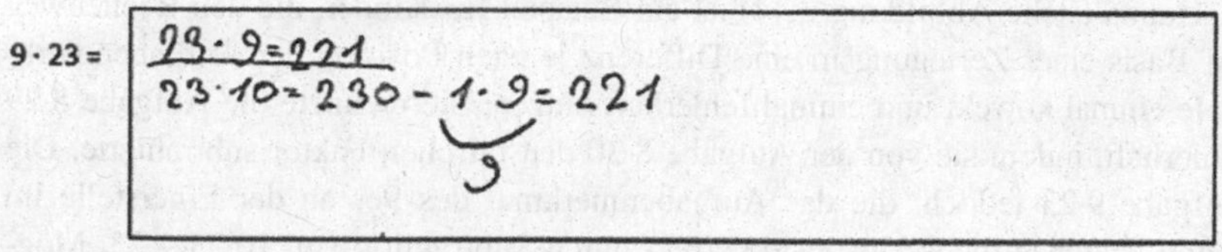

$9 \cdot 23 =$

$$23 \cdot 9 = 221$$
$$23 \cdot 10 = 230 - 1 \cdot 9 = 221$$
$$\underbrace{}_{9}$$

Abbildung 6.43 Erzanas fehlerhafter Rechenweg für $9 \cdot 23$ durch Zerlegen in eine Differenz mit Subtraktion des falschen Faktors

der Berechnung die Faktoren. Möglicherweise scheint es ihr bei der Multiplikation mit Zehnerzahlen leichter zu sein, wenn die Zehnerzahl als zweiter Faktor angeführt wird. Dessen ungeachtet subtrahierte sie dann fehlerhaft die Zahl 9 von $23 \cdot 10$. Erzanas Unsicherheiten im Umgang mit diesem Rechenweg verbalisierte sie auch im Interview bei der Berechnung der Aufgabe $19 \cdot 6$, als sie ebenfalls die Faktoren zuerst vertauschte und dann $6 \cdot 20$ berechnete, dann aber korrekt 6 subtrahierte. Auf Nachfrage zeigte sie jedoch folgende Unsicherheit:

I: Wie hast du jetzt gerechnet?
E: Ich habe $6 \cdot 20$ gerechnet, ist 120, dann minus 1mal 6 ist 114. Aber da habe ich nicht gewusst, ob ich 19 oder 6 rechnen soll?

Offensichtlich sind Erzana die operativen Zusammenhänge nicht ausreichend klar, und die Dokumentation ihrer Rechenwege lässt die Vermutung zu, dass sie in den Erhebungen stets den einstelligen Faktor subtrahierte.

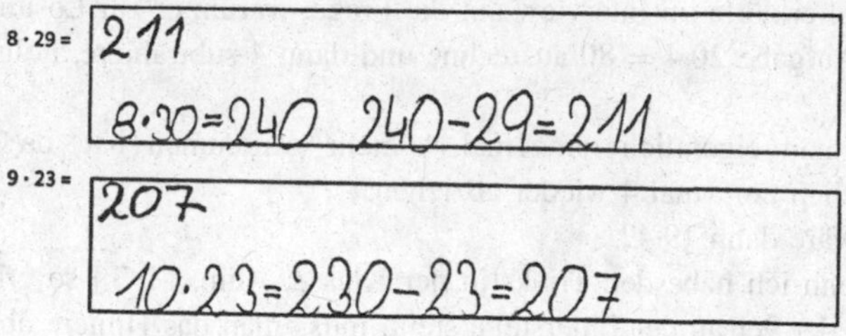

$8 \cdot 29 =$ 211
$$8 \cdot 30 = 240 \quad 240 - 29 = 211$$

$9 \cdot 23 =$ 207
$$10 \cdot 23 = 230 - 23 = 207$$

Abbildung 6.44 Hannas Rechenwege für $8 \cdot 29$ und $9 \cdot 23$ durch Zerlegen in eine Differenz – einmal fehlerhaft durch Subtraktion des falschen Faktors und einmal korrekt

Hanna (siehe Abbildung 6.44) ist ein Beispiel für Kinder, die den Rechenweg auf Basis einer Zerlegung in eine Differenz je nach Position der Aufgabenmerkmale einmal korrekt und einmal fehlerhaft nutzen. Sie rechnete die Aufgabe 8·29 fehlerhaft, indem sie von der Aufgabe 8·30 den falschen Faktor subtrahierte. Die Aufgabe 9·23 jedoch, die das Aufgabenmerkmal des 9er an der Einerstelle im ersten Faktor aufweist, löste sie korrekt durch Subtraktion von 10·23 − 23. Möglicherweise legte Hanna sich in den Erhebungen das falsche Schema zurecht, dass immer der zweite Faktor (vielleicht auch: immer der zweistellige Faktor?) zu subtrahieren sei, egal ob dieser das Aufgabenmerkmal enthält oder nicht.

Der Fehler mit der Subtraktion des falschen Faktors wurde in den Erhebungen *nach* der Umsetzung des Lernarrangements siebenmal beobachtet. Es gab auch einige Kinder, die in den Interviews eine Regel formulierten, damit solche Fehler nicht passieren, wie Valentina, die im Interview Folgendes feststellte:

I: Hilft die Aufgabe 20·4 = 80 für die Aufgabe 19·4?

V: Ja, du machst einfach 20·4 = 80 und dann tust du 80 weniger 4, ist gleich 76.

I: Kannst du mir ein bisschen mehr dazu sagen, wieso man da 80 minus 4 rechnen muss?

V: Weil du aus 19 20 machst und dann musst du den 4er abziehen, weil den 19er kann man da nicht abziehen. Immer die Zahl, die du *nicht* verändert hast.

Nach Valentinas Regel *wird immer die Zahl, die du nicht verändert hast,* abgezogen. Aus dem Interview mit Daniel, der wie Valentina die Klasse B2 besuchte, geht hervor, dass er Valentinas *Trick* entdeckt und der gesamten Klasse vorgestellt hatte. Daniel erklärte im Interview auf die Frage, warum er zur Lösung von 19·4 zuerst die Aufgabe 20·4 = 80 ausrechne und dann 4 subtrahiere, Folgendes:

D: Weil man eigentlich nur 1mal 4 mehr genommen hat, da muss man eigentlich nur 1mal 4 wieder abziehen.

I: Was wäre dann 19·4?

D: 76, denn ich habe den Trick [in der Klasse, Anm. M.G.] so erklärt, wenn vorne der 9er an der Einerstelle steht, muss man das Hintere abziehen und wenn er hinten steht, muss man das Vordere abziehen.

Die Lehrkraft der Klasse B2 berichtete im Interview über Daniels oben genannten Trick und ihre Zugangsweise zur Problematik Folgendes:

Lehrkraft_B2:   Manche Kinder haben da die Probleme gehabt: 9·17, so, was
                 mache ich jetzt? 10·17 und welche Zahl nehme ich jetzt weg?
                 Da braucht man das 400er-Punktefeld, ohne das hätten sie das
                 nicht können. Wenn wir dann eine Aufgabe gehabt haben wie
                 37·9, das haben wir am 400er-Punktefeld nicht zeigen können.
                 Und dadurch, dass wir so viel trainiert haben, haben wir gesagt,
                 jetzt machen wir die Augen zu und stellen uns vor: 37mal muss
                 ich den 9er zeigen. Den 9er habe ich am 400er-Punktefeld und
                 den brauche ich jetzt 37mal. Und was passiert jetzt, wenn ich
                 37mal den 10er zeige? Aha, Augen zu und ich zeige 37mal
                 1 mehr. Einige Kinder haben gesagt, das kann ich nicht, aber
                 dann haben sie gesagt, ah, jetzt kann ich mir das auch vorstel-
                 len. (…) Dann hat der Daniel gesagt, ich helfe euch, immer
                 die Zahl musst du wegtun, die du nicht verändert hast. Dann
                 haben wir gesagt, das wollen wir jetzt nun überprüfen. Dann
                 haben wir das des Öfteren mit der Daniel'schen Strategie über-
                 prüft. Und das war dann immer lustig. Deshalb habe ich da auch
                 mehrere Stunden gebraucht, und ohne das Punktefeld wäre das
                 nicht gegangen.

Aus den Aussagen der Lehrkraft der Klasse B2 geht hervor, dass insbesondere
das Veranschaulichen der Rechenwege für Zerlegen in eine Differenz am 400er-
Punktefeld unverzichtbar war, um den Kindern Einsicht in die Problematik des
Abziehens des richtigen Faktors zu ermöglichen. Solche Veranschaulichungen
können für Multiplikationen mit einem zweistelligen Faktor kleiner 20 sehr gut
am 400er-Punktefeld nachvollzogen werden. Aufgaben mit einem zweistelligen
Faktor größer als 20 können aber am 400er-Punktefeld nicht mehr gezeigt werden. Die Lehrkraft der Klasse B2 löste das Problem, indem sie versuchte, durch
entsprechende Erklärungen die Vorstellung anzuregen.

   Die Problematik des Abziehens des richtigen Faktors wurde auch in den
Interviews mit der Lehrkraft der Klasse C2 thematisiert. Diese sagte dazu
Folgendes:

I: Wie bist du bei der Erarbeitung von Rechenwegen durch
                 Zerlegen und Minus vorgegangen?
Lehrkraft_C2:   Das haben wir auch mit dem Feld gemacht, das war ein bisschen
                 schwierig für die Kinder, da hätten wir vielleicht noch intensiver
                 mit dem Feld arbeiten müssen. Da war ich vielleicht zu stres-
                 sig unterwegs, dass wir zu wenig oft das Feld hergenommen

haben, und dann ist es oft zu Verwechslungen gekommen, dass sie nicht gewusst haben, müssen sie jetzt bei der Aufgabe 19·7 den 7er wegzählen, oder müssen sie den 19er wegzählen? Und da habe ich mir vielleicht zu viel erwartet. Da hätten wir noch länger mit dem Malwinkel arbeiten sollen. (…) Für die guten Schüler war das kein Problem, aber so für das Mittelfeld und für die schwächeren, die haben sich da schwergetan, und für die wäre es dann notwendig, mit dem 400er-Punktefeld solange die Rechnungen dazu zu zeigen, bis sie es verinnerlicht haben.

Aus den Aussagen der Lehrkraft der Klasse C2 resultiert ebenfalls, dass es aus ihrer Sicht besonders wichtig sei, den Rechenweg auf Basis einer Zerlegung in eine Differenz am 400er-Punktefeld so lange zeigen zu lassen, bis er *verinnerlicht* ist. Sie erkannte im Interview selbst, dass sie an diesem Thema noch hätte intensiver arbeiten sollen, um auch die leistungsschwächeren Kinder zu erreichen.

Zusammenfassend kann festgestellt werden, dass die Lehrkräfte in den Interviews durchwegs angaben, dass es für die Entwicklung von Einsicht in den Rechenweg auf Basis einer Zerlegung in eine Differenz im Unterricht besonders wichtig sei, diesen von den Kindern am 400er-Punktefeld darstellen und begründen zu lassen. Die Analyse ergibt, dass insbesondere die Thematisierung und Kontrastierung der unterschiedlichen Konstellationen, die in diesem Rechenweg auftreten können, dabei helfen kann, diesbezügliche Fehler zu überwinden. Die Lehrkraft der Klasse B2 bringt dies auf ihre Art und Weise auf den Punkt:

Lehrkraft_B2:   Ja, vor allem beim Zerlegen und Minus war das [das Darstellen des Rechenweges am 400er-Punktefeld, Anm. M.G.] ganz wichtig. Und das haben wir immer wieder hergenommen. Die Kinder haben schon gesagt, weah, nicht schon wieder. Das war ganz, ganz wichtig.

Fehlermuster 5: Falsche Verknüpfung der Teilprodukte beim Zerlegen
Bei diesem Fehlermuster wurden bei Rechenwegen auf Basis einer Zerlegung in eine Summe oder Basis einer Zerlegung in eine Differenz die Teilprodukte falsch verknüpft. Ein Beispiel für dieses Fehlermuster ist die Berechnung von 19·6 als 20·6 + 6.

Aus der Untersuchung können dazu Stellas und Nadias Fallbeispiele angegeben werden. Stella zerlegte in Abbildung 6.45 65 in 60 + 5, subtrahierte aber die Teilprodukte, anstatt diese zu addieren. Sie berechnete 4·65 als 4·60–4·5.

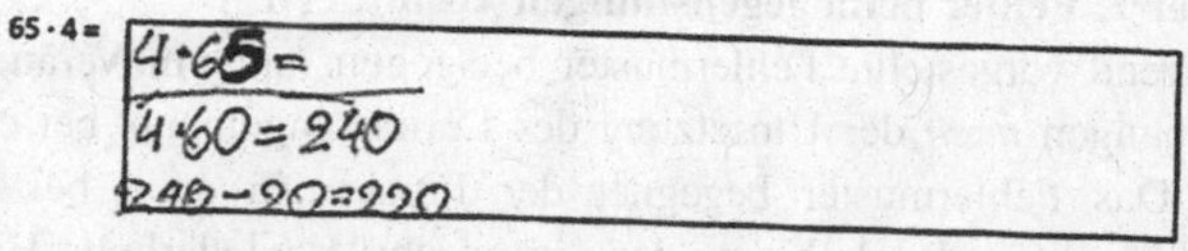

Abbildung 6.45 Stelles fehlerhafter Rechenweg für 65·4 durch Vermischung von Zerlegen in eine Summe und Zerlegen in eine Differenz

Nadias Fehler war ähnlich. Sie nannte in Abbildung 6.46 zur Aufgabe 17·4 zuerst einen korrekten Rechenweg auf Basis einer Zerlegung in eine Summe. Auf Nachfrage wollte sie einen weiteren Rechenweg auf Basis einer Zerlegung in eine Differenz angeben. Sie ermittelte die nächsthöhere Zehnerzahl korrekt, passte aber das zweite Teilprodukt nicht entsprechend an (20 − 17 = 3, daher 7·3) und übernahm die Rechnung 7·4 aus dem ersten Rechenweg und ermittelte 17·4 fälschlicherweise als 20·4−7·4. Genaugenommen wurde in Nadias Fall bereits ein Teilprodukt falsch ermittelt. Es handelt sich daher nicht nur um eine falsche Verknüpfung, sondern auch um eine falsche Ermittlung eines Teilproduktes.

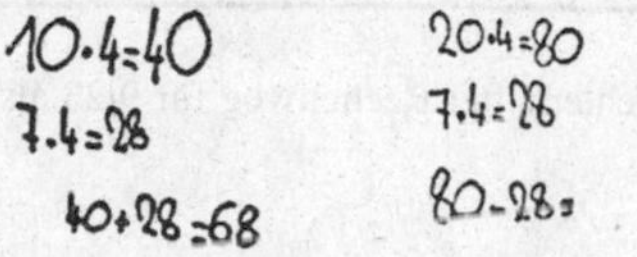

Abbildung 6.46 Nadias Rechenwege für 17·4 – einmal korrekt durch Zerlegen in eine Summe und einmal fehlerhaft durch Zerlegen in eine Differenz

Fehlermuster 6: Vermischung des Zerlegens in eine Summe mit der Multiplikation von Zehnerzahlen

Dieses Fehlermuster wurde in Abschnitt 6.2.1.3 als Fehlermuster 6 näher beschrieben (siehe auch Abbildung 6.26: Martins fehlerhafter Rechenweg für 5·14 als (5·4)·10). Dabei wird das erste (einstellige) Teilprodukt ausgerechnet, jedoch wird – anstelle der Berechnung des zweiten Teilproduktes und der Addition beider Produkte – das erste Teilprodukt mit der Zehnerzahl des zweistelligen Faktors multipliziert. Ein Beispiel für dieses Fehlermuster ist die Berechnung von 19·6 als (9·6)·10 = 540.

Fehlermuster 7: Fehler beim gegensinnigen Verändern

Das nachfolgend vorgestellte Fehlermuster bei gegensinnigem Verändern wurde in den Erhebungen *nach* der Umsetzung des Lernarrangements bei einem Kind beobachtet. Das Fehlermuster begegnet der Forscherin auch bei der Arbeit mit Studierenden für das Lehramt der Grundschule wiederholt. Hierbei handelt es sich um die Fehlvorstellung, dass bei der Multiplikation die Vermehrung des einen Faktors um 1 und die Verminderung des zweiten Faktors um 1 eine Produktgleichheit ergibt. Dieses Fehlermuster kann als Übergeneralisierung einer Rechenregel für die Addition auf die Multiplikation interpretiert werden. Daniel nutzte diesen fehlerhaften Rechenweg zur Lösung der Aufgabe 9·23 und erhielt auf diese Weise die einfachere Rechnung 10·22 (siehe Abbildung 6.47). Diese Fehlvorstellung führt insbesondere bei Aufgaben mit 9 an der Einerstelle verführerisch einfach zum vermeintlichen Ergebnis.

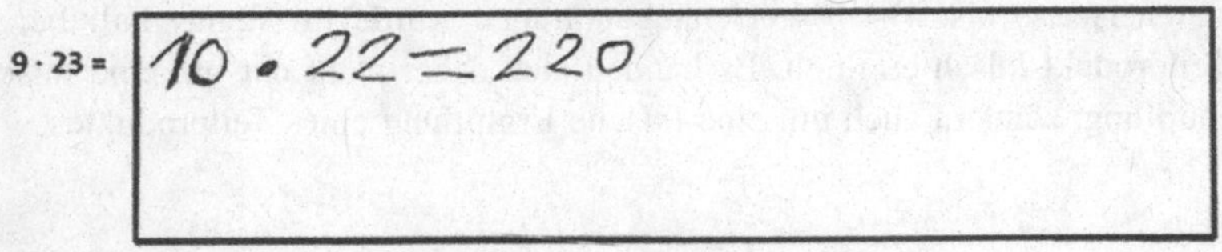

$$9 \cdot 23 = \quad 10 \cdot 22 = 220$$

Abbildung 6.47 Daniels fehlerhafter Rechenweg für 9·23 als 10·22

Fehlermuster 8: Verachtfachung als viermaliges Verdoppeln

Erwähnenswert ist in diesem Zusammenhang noch ein weiteres Fehlermuster, dass in den Erhebungen *nach* der Umsetzung des Lernarrangements zwar nur einmal auftrat, aber der Forscherin bei Studierenden wiederholt aufgefallen ist. Der fehlerhafte Denkweg geht davon aus, dass eine viermalige Verdoppelung einer Verachtfachung entspricht. Eine konkrete Umsetzung dazu ist in Abbildung 6.48 dokumentiert. Emely ermittelte zur Lösung der Aufgabe 8·29 zunächst 2·29. Sie verdoppelte das Ergebnis noch dreimal in der Annahme, dass eine Verdoppelung einer Addition von 2 im Multiplikator entspricht. Mit dieser fehlerhaften Annahme ermittelte sie tatsächlich 16·29. Dieses Fehlermuster kann als Übergeneralisierung des Einzelfalles der Verdoppelung von 2 auf 4 ($2 + 2 = 4$ und $2 \cdot 2 = 4$) erklärt werden, wo die Verdoppelung tatsächlich der Addition von 2 im Multiplikator entspricht.

Abbildung 6.48 Emelys fehlerhafter Rechenweg für 8·29 durch fehlerhaftes wiederholtes Verdoppeln

6.4.2 Übergeneralisierung

Fehler entstehen häufig durch Übergeneralisierung von Lösungswegen. Hierunter fällt beispielsweise das Übergeneralisieren von Rechenregeln außerhalb ihres Gültigkeitsbereichs (Malle und Wittmann 1993, 172 f.). Ein Fehler infolge einer Übergeneralisierung der Rechenregeln für die Addition ist das in Abschnitt 6.4.1 dokumentierte Fehlermuster 7 der Übertragung des gegensinnigen Veränderns von der Addition auf die Multiplikation. Eine weitere Übergeneralisierung stellt das fälschliche Übertragen eines in Sonderfällen richtigen Rechenweges auf den allgemeinen Fall dar. Diese Form der Übergeneralisierung wurde bei dem in Abschnitt 6.4.1 dokumentierten Fehlermuster 8 des wiederholten Verdoppelns beobachtet (siehe Abbildung 6.48).

Eine weitere Facette von Übergeneralisierung zeigt sich in der vorliegenden Studie wie folgt: Übergeneralisierung als ein im Hinblick auf den Rechenaufwand *nicht vorteilhaftes* Übertragen eines in Sonderfällen *vorteilhaften* Rechenweges auf den allgemeinen Fall. Die identifizierten Übergeneralisierungen dieser Art können zusammenfassend folgendermaßen charakterisiert werden:

- Zerlegen in eine Differenz, auch wenn der Rechenaufwand dadurch erhöht wird, (siehe Abbildung 6.41) und
- Gegensinniges Verändern, auch wenn die Rechnung dadurch nicht einfacher wird (siehe Abbildung 6.50).

Übergeneralisierungen dieser Art wurden in der Typisierung nach genutzten Rechenwegen und Aufgabenmerkmalen *nach* der Umsetzung des Lernarrangements in der Einzelfalldarstellung 2 bereits dokumentiert und anhand Julias Rechenwege in Abschnitt 6.3.6 ausführlich beschrieben. Julia nutzte den Rechenweg auf Basis einer Zerlegung in eine Differenz als Universalrechenweg, ohne entsprechende Aufgabenmerkmale zu beachten.

Im Folgenden werden noch zwei weitere Beispiele der Übergeneralisierung hinsichtlich der Nutzung von gegensinnigem Verändern erörtert. So führte Julia, das Kind aus der Einzelfalldarstellung 2, die Aufgabe 6·40 durch gegensinniges Verändern zuerst in die Aufgabe 3·80 über, strich die Rechnung dann weg und versuchte es noch einmal. Sie verwandelte nun 6·40 korrekt in die (keinesfalls einfacher zu berechnende) Aufgabe 12·20, die sie falsch löste (siehe Abbildung 6.49).

Abbildung 6.49 Julias Rechenweg für 6·40 durch gegensinniges Verändern in 12·20

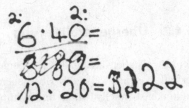

Lena verwandelte (siehe Abbildung 6.50) unter Nutzung des Gesetzes von der Konstanz des Produktes die Aufgabe 6·18 in die kaum einfacher zu lösende Aufgabe 12·9. Wie sie diese rechnete, dokumentierte sie leider nicht.

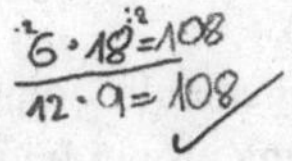

Abbildung 6.50 Lenas Rechenwege für 6·18 durch gegensinniges Verändern, wobei die Rechnung nicht erkennbar leichter wurde

Die wenigen in der Untersuchung dokumentierten Fälle zu derartigen Übergeneralisierungen stammen durchwegs aus der Klasse D2. Es scheint, dass hierbei Rechenwege schematisch angewendet wurden und ein Abgleiten ins mechanische Rechnen ohne Beachten besonderer Aufgabenmerkmale stattfand (siehe Abschnitt 4.3.2). Sowohl Julia als auch Lena (siehe oben) fielen dadurch auf, dass sie die durchzuführenden Operationen oberhalb der Faktoren notierten, also auch beim Aufschreiben in gewisser Weise formelhaft vorgingen. Die Lehrkraft der Klasse D2 berichtete im Interview von der Schwierigkeit der Kinder, das gegensinnige Verändern als Strategie zur Vereinfachung (und eben nicht nur als ein zweckfreies Schema) zu verstehen:

Lehrkraft_D2:   Das haben die Kinder am Anfang gar nicht verstanden beim gegensinnigen Verändern, dass das leichter werden muss, die haben da irgendwelche tollen Sachen gefunden, aber da habe ich dann gesagt, können wir das jetzt leicht ausrechnen, jetzt müssen wir dann ja wieder Zerlegen und Plus anwenden.

6.4.3 Gefahr der Überforderung leistungsschwächerer Kinder

Im fachdidaktischen Diskurs werden von einigen Autorinnen und Autoren Zweifel daran geäußert, ob Zahlenrechnen verbunden mit dem Bestreben, Rechenwege selbst zu entdecken und eine Vielfalt von Rechenwegen möglichst aufgabenadäquat zu nutzen, auch für leistungsschwächere Kinder sinnvoll sei. Unterschiedliche Sichtweisen zu dieser Fragestellung wurden bereits in Abschnitt 4.3.1 erörtert. Demnach ist sich die Fachdidaktik nicht einig, ob die Nutzung unterschiedlicher Rechenwege und die Entwicklung flexibler Rechenkompetenzen auch für leistungsschwache Kinder erreichbar seien oder ob Vielfalt und Flexibilität in der Rechenwegnutzung nur für leistungsstärkere Kinder möglich seien. Im Hinblick auf diese Fragestellung wurden alle vier Lehrkräfte *nach* der Umsetzung befragt, wie sie die Wirksamkeit des Lernarrangements auf leistungsschwächere Kinder einschätzten. Die genannten Auffassungen der Lehrkräfte waren divergent und können folgendermaßen zusammengefasst werden:

Die Lehrkraft der Klasse A2 hatte den Eindruck, dass leistungsschwächere Kinder Rechenwege unter Nutzung besonderer Aufgabenmerkmale, und hier insbesondere das gegensinnige Verändern, nicht verstanden hätten. Sie sagte dazu Folgendes:

Lehrkraft_A2:   Die leistungsschwachen Kinder kommen schon zurecht, aber verstehen das oft nicht, additives Zerlegen schafft jedes Kind, auch das Verdoppeln ist für viele recht verständlich, doch subtraktives Zerlegen bereitet bereits Schwierigkeiten und gegensinniges Verändern verstehen nur leistungsstarke Kinder.

Die Lehrkraft der Klasse B2 gab hingegen an, dass die leistungsschwächeren Kinder überhaupt nicht überfordert waren und mit den Unterrichtsaktivitäten gut zurechtkamen. Sie machte dafür den strukturierten und gut durchdachten Aufbau des Lernarrangements verantwortlich und stellte zusätzlich Folgendes fest:

Lehrkraft_B2:   Kinder, die Mathematik nicht sehr gerne gehabt haben, und Mathematik ist zu einer der Lieblingsstunden geworden [sic!]. Ich weiß nicht, vielleicht sehen die Kinder da auch, da ist ein Leitfaden, der Aufbau passt, und das macht einfach Spaß. Das schwächste Kind, die Lena, hat große Fortschritte gemacht. Das sind für mich die großen Freuden. Wenn ich bei einem schwachen Kind merke, ah, es geht jetzt. Das war für mich sehr schön.

Die Lehrkraft der Klasse C2 beobachtete Folgendes:

Lehrkraft_C2:   Sie [die leistungsschwächeren Kinder, Anm. M.G.] haben auch profitiert, sie haben nämlich den Weg finden dürfen, der ihnen am besten liegt, und das war halt meistens das additive Zerlegen.

Die Sichtweise der Lehrkraft der Klasse D2 dazu lautete folgendermaßen:

Lehrkraft_D2:   Die leistungsschwächeren Kinder sind eigentlich gar nicht schlecht mit den Unterrichtsaktivitäten zurechtgekommen, weil die haben mir gleich gesagt, das verstehe ich nicht, ich will lieber mit Zerlegen und Plus rechnen, weil das kann ich. Und ich habe gesagt, ja, dann mach das. Schau dir jetzt an, was wir da machen, probiere mitzuarbeiten, und wenn es gar nicht geht, dann machst du dann das, was du kannst. Das war kein Problem.

Die Aussagen der Lehrkräfte hängen – mit Ausnahme der Lehrkraft der Klasse B2 – offenbar stark mit ihren jeweiligen Erwartungshaltungen an leistungsschwächere Kinder zusammen. Aus den Aussagen ist abzuleiten, dass alle Lehrkräfte feststellten, dass leistungsschwächere Kinder nicht alle erarbeiteten Rechenwege verstanden hätten bzw. nicht alle erarbeiteten Rechenwege nutzen konnten. Aus den Aussagen der Lehrkräfte kann nicht herausgelesen werden, dass Kinder durch das Lernarrangement überfordert wurden und etwa dem Unterricht großteils nicht folgen konnten. Dass Kinder nicht *alle* Rechenwege verstehen und anwenden ist nicht mit Überforderung gleichzusetzen. *Nach* Umsetzung des Lernarrangements waren fast alle Kinder (54 von 55) in der Lage, zumindest den Universalrechenweg sicher und mit Verständnis anzuwenden.

6.4.4 Hürden durch Einflüsse aus dem Elternhaus oder dem sozialen Umfeld

Die Lehrkraft der Klasse A2 berichtete im Interview *nach* der Umsetzung über die Schwierigkeit, geeignete Aufgabenstellungen für Hausaufgaben zu finden.

Sie bemerke, dass Eltern und Hortpädagoginnen und Hortpädagogen großteils diese Art des Rechnens nach unterschiedlichen Wegen unter Nutzung besonderer Aufgabenmerkmale nicht kennen und daher die Kinder auch bei den Hausaufgaben nicht unterstützen können. Sie löste das Problem, indem sie Arbeitsblätter für Hausaufgaben anfertigte, auf denen sie jeweils zu Beginn ein bis zwei Musterrechenwege zu einem bestimmten Rechenweg anführte, damit auch das soziale Umfeld die Kinder am Nachmittag bei den Hausaufgaben zielgerichtet unterstützen konnte. Lehrkraft A2 bemerkte dazu Folgendes:

Lehrkraft_A2:   Das Problem ist, dass viele Kinder in den Hort und in die Nach-
                  mittagsbetreuung gehen und die Betreuer wissen nicht wirklich,
                  was wir im Unterricht da machen.

Auch in den Interviews mit den Kindern wurde diese Hürde beobachtet, so stellte Timo im Interview Folgendes fest:

T: …, weil zum Beispiel meine Oma hat früher nicht so gerechnet
                  und immer schriftliches Addieren und schriftliches Subtrahie-
                  ren, sie sind das so gewohnt, dass sie unsere Rechenwege
                  komisch findet.

Ferner wurde auch bei Hamid und Erzana aus der Klasse D2 der Einfluss des Elternhauses beobachtet, die in den Erhebungen *nach* der Umsetzung des Lernarrangements für einige Aufgaben das noch nicht erarbeitete schriftliche Verfahren der Multiplikation nutzten. Auf die Frage, woher sie denn diesen Rechenweg kannten, berichteten beide, dass sie diesen Rechenweg von ihren Eltern (Vater bzw. Mutter) gezeigt bekommen hätten. Hamid stellte ferner fest, dass er den Rechenweg über die schriftliche Multiplikation *leichter* finde und lieber schriftlich rechne und dass sein Vater das auch so gesagt habe. Auch die Lehrkraft der Klasse D2 bemerkte dazu, dass die Eltern dieser beiden Kinder in Elterngesprächen ein geringes Verständnis für ihren verstehensorientierten Mathematikunterricht geäußert und zu Hause lediglich das schemaorientierte Rechnen gefördert hätten.

Die dokumentierten Beispiele verdeutlichen, dass das Elternhaus und das soziale Umfeld der Kinder aufgrund fehlender Einsicht in die Bedeutung des Rechnens nach verschiedenen Wegen Hürden in der Umsetzung der Zielsetzungen des Lernarrangements darstellen können.

6.4.5 Hinweise für eine weitere Überarbeitung des Lernarrangements

Gemäß dem Forschungsansatz einer *Design-Research* Studie sollen durch den zyklischen Ansatz von Entwicklung, Erprobung, Auswertung und Überarbeitung aufbauend auf den Ergebnissen und Erfahrungen in den Erprobungen die Unterrichtsaktivitäten immer weiter optimiert werden, bis ein angemessenes Gleichgewicht zwischen der Absicht und der Verwirklichung erreicht ist. In diesem Sinne werden nun aus den in den vorangegangenen Kapiteln beschriebenen Hürden Hinweise für eine Weiterentwicklung und Überarbeitung des Lernarrangements rekonstruiert. Dazu muss jedoch angemerkt werden, dass es wohl Wunschdenken wäre, *alle* beschriebenen Hindernisse durch eine Überarbeitung des Lernarrangements und durch die Konzeption weiterer Unterrichtsaktivitäten im Rahmen der begrenzten Zeitressourcen und unter Berücksichtigung der Heterogenität der Kinder beseitigen zu können.

Hinweise für eine Überarbeitung des Lernarrangements betreffen zum einen die Modifizierung bzw. Ergänzung einzelner Unterrichtsaktivitäten und zum anderen gezielte Impulse für Lehrkräfte, eine kognitive Auseinandersetzung mit den erkannten Hürden anzuregen. Im Wissen um die Herausforderungen sollen die Lehrkräfte die Kinder durch ein bewusstes Aufgreifen von Fragen und Problemstellungen zur Reflexion anregen. Anschließend werden Modifizierungen bzw. Ergänzungen einzelner Unterrichtsaktivitäten und Impulse für Lehrkräfte thematisiert, die in einer erneuten Überarbeitung berücksichtigt werden sollen.

Hinweise für eine weitere Überarbeitung aus Sicht der Lehrkräfte
Die Lehrkräfte wurden in den Interviews *nach* der Umsetzung des Lernarrangements zu Verbesserungsvorschlägen hinsichtlich der Aufbereitung des Lernarrangements befragt. Die Lehrkräfte der Klassen B2, C2 und D2 konnten oder wollten keine Verbesserungsvorschläge machen, für sie waren alle Unterrichtsaktivitäten im Lernarrangement gelungen aufbereitet und auch gut umsetzbar. Die Lehrkraft der Klasse A2 regte zu den von ihr im Interview genannten Hürden im Lernarrangement folgende drei Verbesserungsvorschläge an:

(1) Konzeption gezielter Impulse, um die Schwierigkeit des abzuziehenden Faktors bei Rechenwegen auf Basis einer Zerlegung in eine Differenz einsichtig zu thematisieren;

(2) Konzeption gezielter Impulse zu den Zahlenhäusern, anhand derer die Kinder das Gesetz von der Konstanz des Produkts möglichst selbst entdecken;

(3) Konzeption eigener Arbeitsblätter, die als Hausübung genutzt werden können, und zwar in der Form, dass Beispiellösungen auf den Blättern stehen, damit Eltern und Hortpädagoginnen bzw. Hortpädagogen die Kinder zu Hause zielgerichtet unterstützen können.

Nachfolgend werden Hinweise für eine weitere Überarbeitung des Lernarrangements betreffend Punkt (1) und Punkt (2) erörtert. Überarbeitungsvorschläge zu Punkt (3) werden in die Arbeit nicht weiter aufgenommen. Es kann jedoch aufgrund der Ergebnisse der Interviews mit den Lehrkräften aus Abschnitt 6.4.4 bestätigt werden, dass das Elternhaus und das soziale Umfeld der Kinder aufgrund fehlender Einsicht in die Bedeutung des Rechnens nach verschiedenen Wegen Hürden in der Umsetzung darstellen können. Das zur Verfügung Stellen von Beispiellösungen zu Rechenwegen ist eine denkbare Variante, um Eltern und Hortpädagoginnen bzw. Hortpädagogen in der Förderung der Kinder außerhalb des Unterrichts zu unterstützen.

Hinweise für eine Überarbeitung in Bezug auf die Subtraktion falscher Zahlen beim Zerlegen in eine Differenz
Eine ausführliche Analyse des Fehlermusters der Subtraktion des falschen Faktors erfolgte bereits in Abschnitt 6.4.1. Aus dieser Analyse geht auch hervor, dass es für die Entwicklung von Einsicht in den Rechenweg auf Basis einer Zerlegung in eine Differenz im Unterricht besonders wichtig ist, diese Rechenwege am 400er-Punktefeld darzustellen und begründen zu lassen.

In einer Überarbeitung des Lernarrangements sollen gezielte Impulse konzipiert werden, in denen die unterschiedlichen Konstellationen, die in Rechenwegen auf Basis einer Zerlegung in eine Differenz auftreten können, thematisiert und kontrastiert werden – immer in Verbindung mit der Veranschaulichung am Punktefeld. So könnten in einer Unterrichtsaktivität die Rechenwege zu den Aufgaben 19·6 und 16·9 durch Zerlegen in eine Differenz am 400er-Punktefeld besprochen und gegenübergestellt werden. Anhand dieser Aufgaben ist es möglich die unterschiedlichen Konstellationen (Faktor mit Aufgabenmerkmal an erster Stelle, Faktor mit Aufgabenmerkmal an zweiter Stelle, Faktor mit Aufgabenmerkmal zweistellig, Faktor mit Aufgabenmerkmal einstellig) mithilfe des 400er-Punkefeldes zu thematisieren. Auch die Nutzung des Kommutativgesetzes wird angeregt.

Eine weitere Anregung für eine Überarbeitung des Lernarrangements kann das „vorgreifende Einspeisen typischer Fehler zum Identifizieren und Erklären von Fehlermustern" sein (Prediger und Wittmann 2009, S. 8):

„Nicht jeden Fehler muss man selbst begehen, um daraus zu lernen. Bekannte Fehlermuster können schon bei der Unterrichtsplanung berücksichtigt und durch Aufgaben in den Unterricht eingebracht werden, damit Lernende sie analysieren. Nicht zu unterschätzen ist dabei auch, dass einige lieber fremde als eigene Fehler bearbeiten" (Prediger und Wittmann 2009, S. 8).

Die Kinder bekommen fehlerhafte Lösungswege eines fiktiven Kindes, in denen beim Zerlegen in eine Differenz der falsche Faktor subtrahiert wurde (z. B. jene aus der vorliegenden Untersuchung), vorgelegt. Sie sollen das Fehlermuster identifizieren, analysieren und in Zusammenhang mit der Veranschaulichung am 400-er Punktefeld erklären.

Hinweise für eine Überarbeitung in Bezug auf das Erkennen operativer Beziehungen in den Zahlenhäusern

Wie bereits zu Beginn des Kapitels festgestellt, erwähnte die Lehrkraft der Klasse A2 im Interview *nach* der Umsetzung des Lernarrangements, dass das Erkennen der operativen Beziehungen im Zahlenhaus auf den Arbeitsblättern 1 und 2 (siehe Abschnitt 5.7.1) eine weitere Herausforderung in der Umsetzung darstellte. Diese Unterrichtssequenz mit den Zahlenhäusern sollte dazu anregen, Gesetzmäßigkeiten in den Faktoren von Malaufgaben mit denselben Ergebnissen zu entdecken und zu beschreiben, um daraus das Gesetz von der Konstanz des Produktes bei mehrstelligen Multiplikationen anhand der gefundenen Malaufgaben zu den Ergebnissen 120, 150 bzw. 100 abzuleiten. Die Lehrkraft der Klasse A2 berichtete dazu, dass den Kindern dabei keine Zusammenhänge auffielen und der entsprechende Impuls von ihr kommen musste. Sie stellte dazu fest:

Lehrkraft_A2:   Beim Zahlenhaus haben die Kinder gar nichts erkannt. Das war der größte Knackpunkt bei allen, die Kinder haben da keine Zusammenhänge gefunden, außer den Tauschaufgaben. Das haben wir im gemeinsamen Unterricht aufgearbeitet. Erst wie ich die Aufgaben an die Tafel geschrieben habe, dann sind sie draufgekommen, ah, da ist das Doppelte und da ist die Hälfte von der Zahl und das haben sie dann gesehen, aber ich habe müssen die zwei Rechnungen untereinander aufschreiben, so aus dem Zahlenhaus haben sie das nicht herausgefunden.

Diese Rückmeldung der Lehrkräfte regt dazu an, in der Überarbeitung des Lernarrangements die Aufgabenstellungen anzupassen, indem detailliertere Fragestellungen formuliert werden, die gezielt den Fokus auf die einzelnen gefundenen Rechnungen und deren operativen Beziehungen in den Zahlenhäusern richten, damit die Zusammenhänge erfasst werden können. Dazu bieten sich *schöne Päckchen* mit Aufgabenpaaren an, die aus den Zahlenhäusern auf den Arbeitsblättern 1 und 2 in Abschnitt 5.7.1 abgeleitet werden können. Die Aufgabenstellung zum *Zahlenhaus 120* aus Arbeitsblatt 1 könnte wie folgt lauten (siehe Abbildung 6.51):

Schöne Päckchen im Zahlenhaus 120

4·30	3·40	5·24				
2·60	6·20	10·12				

Was fällt dir auf?

Finde selbst Paare, die so zusammenhängen!

Abbildung 6.51 Zusatzarbeitsblatt zum Erkennen operativer Beziehungen in den Zahlenhäusern

Neben den von den Lehrkräften genannten Überarbeitungshinweisen wird im Folgenden noch ein weiterer Überarbeitungshinweis erörtert, der in Hinblick auf die Hürde der Übergeneralisierung in eine Überarbeitung des Lernarrangements einfließen sollte.

Hinweise für eine Überarbeitung in Bezug auf Übergeneralisierungen
Übergeneralisierungen im Sinne von *nicht vorteilhafter* Übertragung eines in Sonderfällen *vorteilhaften* Rechenweges auf den allgemeinen Fall wurden in Abschnitt 6.4.1 ausführlich analysiert. Folgende Übergeneralisierungen wurden beobachtet:

- Zerlegen in eine Differenz, auch wenn der Rechenaufwand dadurch erhöht wird, und
- gegensinniges Verändern, auch wenn die Rechnung dadurch nicht einfacher wird.

Um dieser Form der Übergeneralisierung entgegenzuwirken, könnten in einer weiteren Überarbeitung des Lernarrangements bewusst Beispiele eingebaut werden, bei denen gewisse Rechenwege nicht funktionieren (z. B. gegensinniges Verändern, wenn beide Faktoren ungerade sind) oder sich nicht als geschickt bewähren (z. B. Zerlegen in eine Differenz bei Einerstellen zwischen 1 und 7, oder gegensinniges Verändern, auch wenn die Aufgabe dadurch nicht leichter wird). Dazu könnten den Kindern Rechenwege eines fiktiven Kindes mit der Aufgabe vorgelegt werden diese hinsichtlich *nicht geschickter Rechenwege* zu analysieren. Exemplarisch werden dazu in Abbildung 6.52 und Abbildung 6.53 zwei mögliche Aufgabenstellungen wiedergegeben:

Verena muss als Hausaufgabe die Rechnungen 6·22 und 13·5 ausrechnen. Sie rechnet die

Aufgaben mit **Zerlegen und Minus:**

6 · 22 = 132	5 · 13 = 65
6 · 30 = 180	5 · 20 = 100
6 · 8 = 48	5 · 7 = 35
180 - 48 = 132	100 - 35 = 65

Wie würdest du diese Aufgaben rechnen?

Vergleiche deinen Rechenweg mit dem Rechenweg von Verena.

Sind Verenas Rechenwege geschickt?

Abbildung 6.52 Zusatzarbeitsblatt zu Übergeneralisierungen bei Zerlegen in eine Differenz

Jonas muss als Hausaufgabe die Rechnung 7·18 ausrechnen. Er will die Aufgabe mit **Verdoppeln und Halbieren** rechnen. Er macht aus 7·18 zuerst 14·9. Dann wird er nachdenklich.

$$\frac{7 \cdot 18 =}{14 \cdot 9 = \quad ?}$$

Ist Verdoppeln und Halbieren bei 7·18 geschickt?

Wie würdest du 7·18 rechnen?

Finde eine Rechnung, die für Verdoppeln und Halbieren geschickt ist und eine, wo Verdoppeln und Halbieren nicht besonders geschickt ist.

Abbildung 6.53 Zusatzarbeitsblatt zu Übergeneralisierungen bei gegensinnigem Verändern

Zusammenfassung und Diskussion der Ergebnisse 7

Im abschließenden Kapitel erfolgt eine Zusammenfassung und Diskussion der Ergebnisse – getrennt nach den Beiträgen *vor* und *nach* der Umsetzung des Lernarrangements.

7.1 Zusammenfassung und Diskussion der Ergebnisse *vor* der Umsetzung des Lernarrangements

Im vorliegenden Abschnitt 7.1 werden die in Abschnitt 6.1 dargelegten Ergebnisse zu Rechenwegen und zur Typisierung nach genutzten Rechenwegen und Aufgabenmerkmalen für Mult_1 × 2_ZR *vor* der Thematisierung im Unterricht entlang folgender Forschungsfragen zusammengefasst und diskutiert:

(1) Welche Rechenwege zur Lösung von Multiplikationen einstelliger mit zweistelligen Zahlen verwenden Kinder *vor* einer expliziten Behandlung des Themas im Unterricht?

(2) Welche Typenbildung kann auf Basis der von den Kindern genutzten Rechenwegen für die Multiplikation einstelliger mit zweistelligen Zahlen *vor* einer expliziten Behandlung des Themas im Unterricht abgeleitet werden?

Die Ergebnisse beruhen auf einer Stichprobe von 126 Kindern (71 Kinder des ersten Zyklus und 55 Kinder des zweiten Zyklus) aus acht Klassen.

© Der/die Autor(en), exklusiv lizenziert an Springer Fachmedien Wiesbaden GmbH, ein Teil von Springer Nature 2022
M. Greiler-Zauchner, *Rechenwege für die Multiplikation und ihre Umsetzung*, Perspektiven der Mathematikdidaktik,
https://doi.org/10.1007/978-3-658-37526-3_7

7.1.1   Rechenwege für Mult_1 × 2_ZR *vor* der Thematisierung

Nach Auswertung der Rechenwege der 126 Kinder aus Zyklus 1 und Zyklus 2
zu den Aufgaben 5·14, 4·16 und 19·6 aus den Interviews *vor* der Thematisierung
ergeben sich folgende Kategorien zur *Art des Rechenweges*:

* **Rechenwege unter Nutzung des vollständigen Auszählens mithilfe
  ikonischer Hilfsmittel** (Vollständiges Auszählen)
* **Rechenwege unter Nutzung der wiederholten Addition cines Faktors**
  (Wiederholte Addition)
* **Rechenwege unter Einbezug von Verdoppelungen** (Verdoppeln)
* **Rechenwege unter Einbezug von Halbierungen des Zehnfachen** (Hal-
  bieren)
* **Rechenwege unter Nutzung der Verzehnfachung des einstelligen Fak-
  tors als Ankeraufgabe mit anschließendem additiven Weiterrechnen**
  (Ankeraufgabe)
* **Rechenwege unter Nutzung des Distributivgesetzes auf Grundlage**

  o einer **Zerlegung eines Faktors in eine Summe** (Zerlegen in eine
    Summe)
  o einer **Zerlegung eines Faktors in eine Differenz** (Zerlegen in eine
    Differenz)

* **Fehlerhafte Rechenwege**

Die Verteilung dieser Kategorien auf die Gesamtheit aller in den Interviews
gezeigten Rechenwege ist in Abbildung 7.1 dargestellt:
  29,9 Prozent der gezeigten Rechenwege nutzen *vor* der expliziten Behandlung des Themas im Unterricht Zerlegen eines Faktors in eine Summe. Weitere
18,0 Prozent der Rechenwege können der Kategorie *Fehlerhafte Rechenwege*
zugeordnet werden. In dieser Kategorie werden all jene Rechenwege zusammengefasst, die Denkfehler bzw. Verfahrensfehler in der Vorgehensweise beinhalten.
  Zweistellige Prozentsätze weisen

* Rechenwege unter Nutzung der wiederholten Addition eines Faktors (16,1
  Prozent),
* Rechenwege unter Einbezug von Verdoppelungen (11,4 Prozent) und

- Rechenwege unter Nutzung der Verzehnfachung des einstelligen Faktors als Ankeraufgabe mit anschließendem additiven Weiterrechnen (11,6 Prozent) auf.

Abbildung 7.1 Verteilung der Rechenwege für die Aufgaben 5·14, 4·16 und 19·6 *vor* der Thematisierung

Rechenwege auf Basis einer Zerlegung eines Faktors in eine Differenz, Rechenwege unter Einbezug von Halbierungen des Zehnfachen und das Vollständige Auszählen mithilfe ikonischer Hilfsmittel treten in geringerem Ausmaß auf. Darüber hinaus ergeben die Auswertungen, dass 4,2 Prozent der gestellten Aufgaben nicht gelöst wurden.

Effizientere Rechenwege haben höhere Lösungsrichtigkeit
Die Richtigkeit des Ergebnisses wird in der Studie getrennt vom Rechenweg ausgewertet. Werden zielführende Rechenwege als jene verstanden, die im Einklang mit Rechengesetzen stehen und daher, wenn ohne Rechenfehler durchgeführt, zum richtigen Ergebnis führen, liefern rund 70 Prozent der zielführenden Rechenwege zu den Aufgaben 5·14 und 4·16 auch richtige Ergebnisse. Am geringsten ist die Lösungsrichtigkeit bei Rechenwegen unter Nutzung des vollständigen Auszählens mithilfe ikonischer Hilfsmittel (20,0 Prozent). Rechenwege durch wiederholte Addition weisen die zweitniedrigste Lösungsrichtigkeit auf (37,7 Prozent). Die höchste Lösungsrichtigkeit liegt bei Rechenwegen unter Nutzung des Distributivgesetzes vor (83,7 Prozent). Diese Rechenwege können – im Vergleich zum vollständigen Auszählen und zur wiederholten Addition eines Faktors – als anspruchsvollere und effizientere Rechenwege bezeichnet werden.

Die vorliegenden Ergebnisse bestätigen, dass Kinder, die elementare Rechenwege zur Lösung von Mult_1 × 2_ZR nutzen, deutlich fehleranfälliger rechnen als Kinder, die effizientere Rechenwege gebrauchen. Diese geringe Lösungsrichtigkeit hängt vermutlich damit zusammen, dass elementare Rechenwege mehr Rechenschritte bzw. Zählschritte benötigen und eher von leistungsschwächeren Kindern gewählt werden, die auch in Bezug auf Rechenfertigkeiten Defizite aufweisen.

7.1.2 Typisierung nach genutzten Rechenwegen *vor* der Thematisierung

Im Zuge des Typisierungsprozesses, der in Abschnitt 6.1.4 beschrieben wird, werden die 125 Kinder nach ihren genutzten Rechenwegen und erkannten Aufgabenmerkmalen zu Mult_1 × 2_ZR *vor* der Umsetzung des Lernarrangements in fünf Typen eingeteilt, die – um Verwechslungen im Hinblick auf eine weitere Typisierung *nach* der Umsetzung des Lernarrangements zu vermeiden – wie folgt als *Vor*typen bezeichnet werden:

- **Vortyp 1:** Kind nutzt Rechenwege durch vollständiges Auszählen mithilfe ikonischer Hilfsmittel
- **Vortyp 2:** Kind nutzt überwiegend[1] Rechenwege durch Addition und Verdoppeln
- **Vortyp 3:** Kind nutzt fehlerhafte Rechenwege aufgrund fehlerhafter Zerlegungen
- **Vortyp 4:** Kind nutzt die Multiplikation von Zehnerzahlen auf Basis einer stellengerechten Zerlegung in eine Summe

  o Kind nutzt Verzehnfachung als Ankeraufgabe (Vortyp 4a)
  o Kind nutzt stellengerechtes Zerlegen in eine Summe (Vortyp 4b)

- **Vortyp 5:** Kind erkennt und nutzt zusätzlich besondere Aufgabenmerkmale

Zur Charakterisierung der einzelnen Vortypen siehe Abschnitt 6.1.4.4. Die Verteilung dieser Vortypen auf die Gesamtheit der untersuchten Kinder ist in Abbildung 7.2 dargestellt:

---

[1] Die Charakterisierung von *überwiegend* ist der Beschreibung des Vortyps 2 in Abschnitt 6.1.4.4 zu entnehmen.

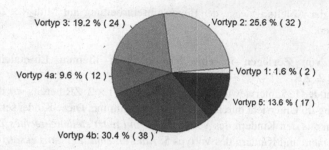

Vortyp 3: 19.2 % (24)   Vortyp 2: 25.6 % (32)

Vortyp 4a: 9.6 % (12)   Vortyp 1: 1.6 % (2)

Vortyp 5: 13.6 % (17)

Vortyp 4b: 30.4 % (38)

Abbildung 7.2 Typenbildung nach genutzten Rechenwegen *vor* der Umsetzung

7.1.3 Die Besonderheit der Stichprobe

Die Diskussion der Ergebnisse *vor* der Thematisierung von Mult_1 × 2_ZR ist in engem Zusammenhang mit der Besonderheit der Stichprobe der vorliegenden Arbeit zu führen, die in Abschnitt 5.4 beschrieben wurden. Die Eigenart liegt darin, dass die interviewten Kinder von Lehrkräften unterrichtet wurden, die Absolventinnen einer in Kärnten laufenden Fortbildungsmaßnahme namens *EVEU* (Ein veränderter Elementarunterricht) sind, die das Ziel verfolgt, fachdidaktisch fundierte Anregungen mit Fokus auf den Arithmetikunterricht des ersten und zweiten Schuljahres zu vermitteln (Gaidoschik et al. 2017, 101 f.). Nach Gaidoschik et al. (2017) wird in diesen Fortbildungsmaßnahmen Basiswissen mit Empfehlungen der aktuellen Fachdidaktik in praxisnaher Form nähergebracht.

Alle an der Studie teilnehmenden Kinder erarbeiteten gemäß den Empfehlungen der aktuellen Fachdidaktik aus der Fortbildungsmaßnahme das kleine Einmaleins über Ableitungsstrategien unter Nutzung des Distributivgesetzes und unter Nutzung von Verdoppelungen und Halbierungen des Zehnfachen. Während fünf der acht Lehrkräfte angaben, Ableitungsstrategien innerhalb von Reihen (Konzept der sogenannten *kurzen Reihen*) thematisiert zu haben, gaben drei Lehrkräfte aus dem ersten Zyklus an, bei der Einmaleinserarbeitung eine *konsequent ganzheitliche* Erarbeitung verfolgt zu haben.

7.1.4 Transfer von Ableitungswegen aus der Einmaleinserarbeitung auf Mult_1 × 2_ZR

Im Zusammenhang mit der Besonderheit der vorliegenden Stichprobe ist es von Interesse die gezeigten Rechenwege der untersuchten Kinder hinsichtlich eines

Transfers der Ableitungswege der Einmaleinserarbeitung auf Mult_1 × 2_ZR zu untersuchen.

Transfer von Zerlegen in eine Summe vom kleinen Einmaleins auf Mult_1 × 2_ZR

44 Prozent der 125 interviewten Kinder lösen Mult_1 × 2_ZR bereits *vor* der Thematisierung im Unterricht durch Zerlegen in eine Summe. Diese Kinder setzen sich zusammen aus den Kindern des Vortyps 4b: *Kind nutzt stellengerechtes Zerlegen in eine Summe* und Kindern des Vortyps 5: *Kind erkennt und nutzt zusätzlich* – zu Zerlegen in eine Summe – *besondere Aufgabenmerkmale.*

Es gelingt somit 44 Prozent der Kinder der vorliegenden Stichprobe, Zerlegungen des zweistelligen Faktors in eine Summe ohne zusätzliches unterrichtliches Zutun und ohne Anleitung aus den für das kleine Einmaleins erarbeiteten Ableitungswegen auf Mult_1 × 2_ZR zu übertragen.

Rechenwege unter Nutzung der Verzehnfachung des einstelligen Faktors als Ankeraufgabe mit anschließendem additiven Weiterrechnen als Vorstufe zu Zerlegen in eine Summe

Weiters fällt auf, dass 9,6 Prozent der Kinder (Vortyp 4a) zur Lösung der Mult_1 × 2_ZR überwiegend die Verzehnfachung des einstelligen Faktors als Ankeraufgabe verwenden und anschließend additiv weiterrechnen (z. B. 16·4 als 10·4 = 40 und nachfolgende sechsmalige Addition von 4). Es erfolgt dabei keine Zerlegung der Aufgabe in der Weise, dass zuerst, wie beim Zerlegen in eine Summe Teilprodukte berechnet und diese dann addiert werden (z. B. 10·4 + 6·4). Vielmehr bewegen sich die Kinder sukzessive über Nachbaraufgaben zum Ergebnis hin (Schwätzer 1999, S. 17). Diese Art der Ergebnisermittlung mag als *Vorstufe* einer stellengerechten Zerlegung in eine Summe gesehen werden. Die Multiplikation mit einer Zehnerzahl wird bereits effizient genutzt. Ferner ist es vor allem bei niedrigen Einerstellen des zweistelligen Faktors ökonomisch ab dem Zehnfachen fortgesetzt zu addieren, da der Rechenaufwand relativ gering gehalten wird (z. B. 12·6 als 10·6 = 60 und nachfolgende zweimalige Addition von 6).

Transfer von Zerlegen in eine Differenz vom kleinen Einmaleins auf Mult_1 × 2_ZR

Zur Lösung der Aufgabe 19·6 verwenden 12,0 Prozent der interviewten Kinder die Zerlegung in die Differenz (20·6 – 6 oder 10·6 + 10·6 – 6). Diese Kinder erkennen und nutzen das besondere Aufgabenmerkmal des 9ers an der Einerstelle und werden dem *Vortyp 5: Kind erkennt und nutzt zusätzlich besondere Aufgabenmerkmale*[2] zugeordnet. Offensichtlich gelingt es – im Vergleich zum Zerlegen in eine Summe – einem weit geringeren Teil der Kinder *ohne* unterrichtliches Zutun und *ohne* Anleitung, den im Zuge der Behandlung des kleinen Eimaleins erarbeiteten Ableitungsweg *9mal* als *10mal minus 1mal* auf *19mal* als *20mal minus 1mal* zu übertragen.

Die Ergebnisse der Zusatzaufgaben zu Zerlegen in eine Differenz machen jedoch deutlich, dass rund 60 Prozent der Kinder schon vor der Behandlung im Unterricht in der Lage sind, die Hilfsaufgabe 20·4 = 80 zur Lösung der Aufgabe 19·4 zu nutzen, wenn ihnen diese im Gespräch angeboten wird. Das durch gezieltes Fragen erleichterte Erkennen von Aufgabenmerkmalen – *Hilft 20·4 = 80 für 19·4?* – impliziert nicht ohne weiteres auch ein selbstständiges Nutzen dieser Merkmale bei freigestelltem Rechenweg.

Transfer von Verdoppelungen und Halbierungen des Zehnfachen vom kleinen Einmaleins auf Mult_1 × 2_ZR

11,4 Prozent der Rechenwege für 5·14, 4·16 und 19·6 erfolgen unter Einbezug von Verdoppelungen, insbesondere bei der Aufgabe 4·16 nutzen diesen Rechenweg 20,6 Prozent der Kinder. Das besondere Aufgabenmerkmal der 4 als Faktor wird erkannt und vorteilhaft verwendet, indem 16 zweimal verdoppelt wird. Es gelingt diesen Kindern, den Ableitungsweg von *4mal* als Verdoppelung von *2mal* auf Mult_1 × 2_ZR zu übertragen.

Rechenwege unter Einbezug von Halbierungen des Zehnfachen werden lediglich von vier Prozent der Kinder für die Aufgabe 5·14 genutzt. Diese übertragen den Rechenweg aus der Ableitung von *5mal* als Halbierung von *10mal* aus der Einmaleinserarbeitung auf Mult_1 × 2_ZR. Im Vergleich zu Rechenwegen unter Einbezug von Verdoppelungen zeigen Kinder diesen Ableitungsweg bei entsprechendem Aufgabenmerkmal wesentlich seltener.

Fehlerhafter Transfer von Zerlegungsstrategien vom kleinen Einmaleins auf Mult_1 × 2_ZR

Der Anteil jener Kinder, die fehlerhafte Rechenwege aufgrund von Denkfehlern und Verfahrensfehlern zeigen, ist mit 19,2 Prozent beachtlich hoch. Die beobachteten Fehler beruhen überwiegend auf einer fehlerhaften Verwendung des Distributivgesetzes. In der Studie werden mehrmals auftretende fehlerhafte Rechenwege zu

---

[2] Weitere zwei Kinder des Vortyps 5 nutzen besondere Aufgabenmerkmale für Rechenwege unter Einbezug der Halbierung des Zehnfachen.

Fehlermustern zusammengefasst, wie z. B. die fehlerhafte Ermittlung der Teilprodukte bei Zerlegen in eine Summe (z. B. $4 \cdot 16$ als $4 \cdot 10 + 6$ oder $5 \cdot 14$ als $5 \cdot 10 + 40$).

Diese Ergebnisse machen deutlich, dass es einigen Kindern nicht von sich aus gelingt, die Ableitungswege aus der Einmaleinserarbeitung ohne zusätzliches unterrichtliches Zutun auf Mult_1 × 2_ZR fehlerfrei zu übertragen. Sie greifen aber auch nicht, wie die Kinder des Vortyps 2, auf die fortgesetzte Addition als *sicheren* (aber aufwändigeren) Rechenweg zurück. Diese Beobachtung lässt vermuten, dass manche Kinder eine Zwischenstufe (zwischen additiven und multiplikativen Rechenwegen) durchlaufen, in der sie fehlerhafte Rechenwege aufgrund fehlerhafter Zerlegungen einschlagen.

7.1.5 Fazit der Ergebnisse *vor* der Thematisierung

Zusammenfassend kann festgehalten werden, dass die Kinder der Stichprobe zu den Aufgaben $5 \cdot 14$, $4 \cdot 16$ und $19 \cdot 6$ *vor* der Thematisierung von Mult_1 × 2_ZR eine Vielfalt von Rechenwegen zeigen. Im Einklang mit den Ergebnissen der Studie von Back (1998, 2006) spiegeln diese Rechenwege unterschiedliche Ebenen prozeduraler Fertigkeiten und vermutlich auch konzeptuellen Verständnisses wider. Die Ergebnisse verdeutlichen, dass einige Kinder bereits vor der Thematisierung ihr informelles Wissen über distributive oder assoziative Eigenschaften gebrauchen und ihre Rechenwege in Abhängigkeit der auftretenden Zahlen wählen. Eine Typisierung der Kinder nach genutzten Rechenwegen ergibt fünf Typen: Kinder, die einstellig mal zweistellige Multiplikationen durch vollständiges Auszählen mithilfe ikonischer Hilfsmittel lösen (Vortyp 1); Kinder, die überwiegend[3] Rechenwege durch Addition und Verdoppeln nutzen (Vortyp 2); Kinder, die die Multiplikation von Zehnerzahlen auf Basis einer stellengerechten Zerlegung in eine Summe verwenden (Vortyp 4) sowie Kinder, die bereits zusätzlich besondere Aufgabenmerkmale nutzen (Vortyp 5). Zusätzlich ist anzumerken, dass rund 19 Prozent der Kinder Zerlegungen fehlerhaft übertragen (Vortyp 3).

Bezugnehmend auf die Besonderheit der vorliegenden Stichprobe kann festgehalten werden, dass die Ableitungswege, die mit den Kindern in der Erarbeitung des kleinen Einmaleins beschritten wurden, ohne zusätzliches unterrichtliches Zutun und ohne Anleitung im folgenden Ausmaß auf Mult_1 × 2_ZR übertragen werden konnten:

---

[3] Die Charakterisierung von *überwiegend* ist der Beschreibung des Vortyps 2 in Abschnitt 6.1.4.4 zu entnehmen.

- Zerlegen in eine Summe von 44,0 Prozent der Kinder,
- Zerlegen in eine Differenz von 12,0 Prozent der Kinder (bei der Aufgabe 19·6),
- Verdoppeln von 20,6 Prozent der Kinder (bei der Aufgabe 4·16) und
- Halbieren des Zehnfachen von 4,0 Prozent der Kinder (bei der Aufgabe 5·14).

Die Ergebnisse stehen im Einklang mit den Ergebnissen der Studie von Woodward (2006), die nachweist, dass Kinder, die das kleine Einmaleins explizit über Ableitungsstrategien erarbeiten, in der Regel bessere Ergebnisse in Bezug auf den Transfer auf Aufgaben mit größeren Zahlen erzielen (Woodward 2006, S. 286).

7.2 Zusammenfassung und Diskussion der Ergebnisse nach der Umsetzung des Lernarrangements

Im vorliegenden Kapitel werden die in den Abschnitten 6.2, 6.3 und 6.4 dargelegten Ergebnisse *nach* der Thematisierung von Mult_1 × 2_ZR im Unterricht entlang folgender Forschungsfragen zusammengefasst und diskutiert:

(3) Welche Rechenwege zur Lösung von Multiplikationen einstelliger mit zweistelligen Zahlen verwenden Kinder *nach* der Umsetzung des entwickelten Lernarrangements?

(4) Wie viele Kinder sind *nach* der Umsetzung des entwickelten Lernarrangements in der Lage angebotene operative Beziehungen zur Lösung von Multiplikationen einstelliger mit zweistelligen Zahlen (Verdoppeln, Zerlegen in eine Differenz und gegensinniges Verändern) zu nutzen?

(5) Wie viele Kinder sind *nach* der Umsetzung des entwickelten Lernarrangements in der Lage, Rechenwege für Multiplikationen einstelliger mit zweistelligen Zahlen auf Grundlage des Distributivgesetzes am 400er-Punktefeld zu begründen?

(6) Wie begründen Kinder *nach* der Umsetzung des entwickelten Lernarrangements die Wahl des einfachsten Rechenweges für die Multiplikation einstelliger mit zweistelligen Zahlen?

(7) Welche Typenbildung kann auf Basis der von den Kindern genutzten Rechenwegen für die Multiplikation einstelliger mit zweistelligen Zahlen *nach* der Umsetzung des entwickelten Lernarrangements abgeleitet werden?

(8) Welche Hürden in Lernprozessen lassen sich *nach* der Umsetzung des entwickelten Lernarrangements rekonstruieren, und welche Hinweise für eine weitere Optimierung ergeben sich daraus?

Die nachfolgend dargelegten und diskutierten Ergebnisse beruhen auf einer Stichprobe von 55 Kindern des zweiten Zyklus. Zur Beschreibung der Stichprobe und zur Konzeption und Auswertung der Interviews mit den Kindern siehe Abschnitt 5.4 und Abschnitt 5.5.

7.2.1 Rechenwege für Mult_1 × 2_ZR *nach* der Umsetzung

Nach Auswertung der Rechenwege der 55 Kinder aus Zyklus 2 für die Aufgaben 5·14, 4·16, 19·6, 17·4, 5·24, 9·23, 15·6, 65·4, 5·17, 8·29 aus den Interviews und den schriftlichen Erhebungen *nach* der Umsetzung des Lernarrangements zu Mult_1 × 2_ZR im Unterricht ergeben sich folgende Kategorien zur *Art des Rechenweges*:

- **Rechenwege unter Einbezug von Verdoppelungen** (Verdoppeln)
- **Rechenwege unter Einbezug von Halbierungen des Zehnfachen** (Halbieren)
- **Rechenwege unter Nutzung der Verzehnfachung des einstelligen Faktors als Ankeraufgabe mit anschließendem additiven Weiterrechnen** (Ankeraufgabe)
- **Rechenwege unter Nutzung des Distributivgesetzes auf Grundlage**

  - einer stellengerechten **Zerlegung des zweistelligen Faktors in eine Summe** (Zerlegen in eine Summe)
  - einer **Zerlegung eines Faktors in eine Differenz** (Zerlegen in eine Differenz)

- **Rechenwege unter Nutzung des Gesetzes von der Konstanz des Produktes** (Gegensinniges Verändern)
- **Schriftliches Verfahren**
- **Fehlerhafte Rechenwege**

Die Verteilung dieser Kategorien auf die Gesamtheit aller gezeigten Rechenwege *nach* der Umsetzung des Lernarrangements zu Mult_1 × 2_ZR im Unterricht ist in Abbildung 7.3 dargestellt:

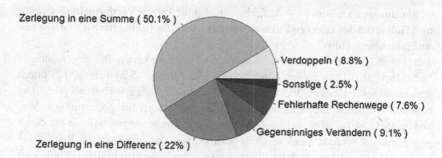

Abbildung 7.3   Verteilung der Rechenwege für die Aufgaben 5·14, 4·16, 19·6, 17·4, 5·24, 9·23, 15·6, 65·4, 5·17, 8·29 *nach* der Umsetzung

Aus den gezeigten Rechenwegen der Kinder in den Interviews und schriftlichen Erhebungen *nach* der Umsetzung des Lernarrangements können folgende
Besonderheiten zur Verteilung bzw. Variation der Rechenwege abgeleitet werden:

Zerlegen in eine Summe – Universalrechenweg
Der Universalrechenweg auf Basis einer Zerlegung in eine Summe wird mit 50,1
Prozent am häufigsten genutzt. Knapp über die Hälfte aller Mult_1 × 2_ZR in den
Interviews und schriftlichen Erhebungen werden über diesen Universalrechenweg
gelöst, die Aufgaben 5·14 und 5·17 sogar zu 70,9 Prozent. Der Universalrc-
chenweg weist im Vergleich zu den anderen Rechenwegen auch die höchste
Lösungsrichtigkeit auf (95,4 Prozent).

**Zerlegen in eine Differenz – Aufgabenmerkmal: Ein Faktor liegt nahe unter
einer Zehnerzahl:**
Rechenwege durch *Zerlegen in eine Differenz* werden insbesondere bei den Aufgaben 19·6 (als 20·6 – 6), 9·23 (als 10·23 – 23) und 8·29 (als 8·30 – 8) gewählt. Die
Aufgabe 19·6 aus der schriftlichen Erhebung wird zu 58,2 Prozent durch Zerlegen in
eine Differenz gelöst. Von allen besonderen Aufgabenmerkmalen sind für Rechenwege durch *Zerlegen in eine Differenz* die *höchste* Anzahl an aufgabenadäquaten
Rechenwegen zu beobachten (siehe Tab. 6.7).

Gegensinniges Verändern – Aufgabenmerkmal: Durch Verdoppeln des einen und Halbieren des anderen Faktors wird die Aufgabe in eine leichter zu lösende Aufgabe übergeführt:
Am *zweithäufigsten* nutzen die Kinder Aufgabenmerkmale für gegensinniges Verändern. 38,2 Prozent der Kinder lösen die Aufgabe 5·24 (als 10·12) durch gegensinniges Verändern, 30,9 Prozent der Kinder die Aufgabe 15·6 (als 30·3). Die weiteren Aufgaben mit besonderen Aufgabenmerkmalen für gegensinniges Verändern (5·14, 4·16, 17·4 und 65·4) werden jedoch nicht einmal halb so oft durch gegensinniges Verändern gelöst. Es ist anzunehmen, dass die Wahl des Rechenweges auch davon abhängt, welche alternativen Rechenwege gleichfalls als vorteilhaft betrachtet werden können.

Rechenwege unter Einbezug von Verdoppelungen – Aufgabenmerkmal: Der einstellige Faktor beträgt 4 oder 8:
Rechenwege unter Einbezug von Verdoppelungen werden am häufigsten bei Lösungswegen zur Aufgabe 17·4 (als (17·2)·2) gezeigt. Diese Aufgabe wird zu 27,3 Prozent über Verdoppelungen gerechnet, auch die Aufgaben 4·16 als 2·(2·16) (21,8 Prozent) und 65·4 als (65·2)·2 (25,5 Prozent) weisen eine hohe Lösungsquote über Verdoppelungen auf.

Rechenwege unter Einbezug von Halbierungen des Zehnfachen – Aufgabenmerkmal: Der einstellige Faktor beträgt 5:
Rechenwege unter Einbezug von Halbierungen des Zehnfachen werden bei der Aufgabe 5·24 (als (10·24):2) mit einem Anteil von 7,3 Prozent am häufigsten genutzt. Gesamt gesehen ist dieser Rechenweg doch eher unbedeutend (1,3 Prozent) und lag auch nicht im Fokus des Lernarrangements. In Abbildung 7.3 wird der Anteil dieses Rechenweges an der Gesamtheit aller gezeigten Rechenwege deshalb in der Kategorie *Sonstige* zusammengefasst.

Weitere Rechenwege für Mult_1 × 2_ZR
Neben dem Universalrechenweg und Rechenwegen unter Nutzung besonderer Aufgabenmerkmale werden in 7,6 Prozent der Aufgaben Rechenwege gezeigt, die Denkfehler bzw. Verfahrensfehler in der Vorgehensweise beinhalten (siehe Kategorie *Fehlerhafte Rechenwege*). Rechenwege unter Nutzung der Verzehnfachung des einstelligen Faktors als Ankeraufgabe mit anschließendem additiven Weiterrechnen und das schriftliche Verfahren werden *nach* der Umsetzung des Lernarrangements nur vereinzelt gewählt und deshalb in Abbildung 7.3 in der Kategorie *Sonstige* subsumiert.

Fazit – Rechenwege für Mult_1 × 2_ZR nach der Umsetzung

Werden die Ergebnisse *vor* und *nach* der Umsetzung verglichen, so fällt auf, dass die Vielfalt von Rechenwegen im Laufe der Zeit abnimmt und die Kinder überwiegend auf die erarbeiteten Rechenwege zurückgreifen. Im Gegensatz dazu nimmt aber der Anteil der Kinder, die Rechenwege auf Basis einer stellengerechten Zerlegung in eine Summe und operative Beziehungen für Rechenvorteile nutzen zu. Rechenwege unter Nutzung des vollständigen Auszählens, der fortgesetzten Addition und der Verzehnfachung als Ankeraufgabe werden *nach* der Umsetzung im Unterricht bedeutungslos. Die Anzahl der fehlerhaften Rechenwege nimmt um mehr als die Hälfte ab und die Lösungsrichtigkeit der Aufgaben erhöht sich deutlich bezogen auf alle zielführenden Rechenwege.

Bezüglich Variation der Rechenwege für Mult_1 × 2_ZR *nach* der Umsetzung des Lernarrangements können die in Abschnitt 3.3 dokumentierten Forschungsergebnisse zu Rechenwegen für mehrstellige Multiplikation von Hofemann und Rautenberg (2010) und Hirsch (2001) *nicht* bestätigt werden. In diesen Studien zeigten die untersuchten Kinder so gut wie keine Flexibilität im Umgang mit den unterschiedlichen Rechenwegen für die Multiplikation und lösten bei Aufgaben, bei denen der Rechenweg freigestellt ist, fast ausnahmslos alle Aufgaben durch Zerlegen in eine Summe. Anders als in der vorliegenden Arbeit beziehen sich die Studien von Hofemann und Rautenberg (2010) und Hirsch (2001) nicht auf die Umsetzung von Unterrichtsaktivitäten mit Fokus Erkennen und Nutzen besonderer Aufgabenmerkmale für Mult_1 × 2_ZR, sondern untersuchten *traditionellen* Mathematikunterricht.

Besondere Aufgabenmerkmale werden von den Kindern der vorliegenden Untersuchung insbesondere für Zerlegen in eine Differenz in entsprechenden Aufgaben mit einem Anteil von über 50 Prozent genutzt. Auch gegensinniges Verändern und Verdoppelungen werden bei entsprechenden Aufgabenmerkmalen von mehr als einem Viertel der Kinder verwendet. Der Universalrechenweg auf Basis einer Zerlegung in eine Summe ist jedoch auch in der vorliegenden Untersuchung absolut gesehen der am häufigsten genutzte Rechenweg, er weist auch die höchste Lösungsrichtigkeit auf.

Diese Ergebnisse stehen im Einklang mit dem zentralen Ergebnis der Studie von Rathgeb-Schnierer (2006) zur Subtraktion im Zahlenraum 100, wonach eine Lernumgebung „auf der Basis offener Lernangebote zur Schulung des Zahlenblicks" die Entwicklung aufgabenadäquater Rechenwege unterstützt (Rathgeb-Schnierer 2006, S. 280).

7.2.2 Typisierung nach genutzten Rechenwegen *nach* der Umsetzung

Im Zuge des Verfahrens einer empirisch begründeten Typenbildung nach Kelle und Kluge (2010) werden die 55 untersuchten Kinder in Abschnitt 6.3 nach ihren genutzten Rechenwegen und Aufgabenmerkmalen für Mult_1 × 2_ZR in zwei Typen und sechs Subtypen gruppiert, die in Tab. 7.1 angeführt und durch typische Aspekte beschrieben werden:

Tab. 7.1 Zusammenfassende Charakterisierung der Kinder nach genutzten Rechenwegen zu Mult_1 × 2_ZR *nach* der Umsetzung

Typus A: Kind nutzt ausschließlich stellengerechtes Zerlegen in eine Summe

Subtypus A1: Kind nutzt ausschließlich stellengerechtes Zerlegen in eine Summe, teilweise mit Verfahrensfehlern
Charakteristika:
- Mult_1 × 2_ZR werden ausschließlich über den Universalrechenweg auf Basis einer stellengerechten Zerlegung in eine Summe gelöst, wobei teilweise (in 2 oder 3 Aufgaben von 11) Verfahrensfehler in der Anwendung dieses Rechenweges gemacht werden
- Auf Nachfrage können keine weiteren Rechenwege unter Nutzung besonderer Aufgabenmerkmale genutzt werden
- Die operativen Beziehungen Verdoppeln und Zerlegen in eine Differenz werden auf Nachfrage erkannt

Subtypus A2: Kind nutzt ausschließlich stellengerechtes Zerlegen in eine Summe mit hoher Lösungsrichtigkeit
Charakteristika:
- Mult_1 × 2_ZR werden ausschließlich über den Universalrechenweg gelöst
- Auf Nachfrage können keine weiteren Rechenwege unter Nutzung besonderer Aufgabenmerkmale genutzt werden
- hohe Lösungsrichtigkeit
- Die operativen Beziehungen Verdoppeln, Zerlegen in eine Differenz und gegensinniges Verändern werden auf Nachfrage mehrheitlich erkannt

Subtypus A3: Kind nutzt bei freier Wahl ausschließlich stellengerechtes Zerlegen in eine Summe, kann aber auf Nachfrage auch Rechenwege unter Nutzung besonderer Aufgabenmerkmale anwenden – mit hoher Lösungsrichtigkeit
Charakteristika:
- Mult_1 × 2_ZR werden bei freigestelltem Rechenweg ausschließlich über den Universalrechenweg gelöst
- Diese Kinder können aber auf Nachfrage auch Rechenwege unter Nutzung besonderer Aufgabenmerkmale anwenden
- hohe Lösungsrichtigkeit
- Die operativen Beziehungen Verdoppeln und Zerlegen in eine Differenz werden auf Nachfrage erkannt, die operative Beziehung gegensinniges Verändern wird mehrheitlich erkannt

(Fortsetzung)

Tab. 7.1 (Fortsetzung)

Typus B: Kind erkennt und nutzt zusätzlich besondere Aufgabenmerkmale

Subtypus B1: Kind erkennt und nutzt zusätzlich besondere Aufgabenmerkmale, teilweise mit Verfahrensfehlern
Charakteristika:
- Neben den Universalrechenweg werden Mult_1 × 2_ZR zusätzlich über Rechenwege unter Nutzung besondere Aufgabenmerkmale gelöst, wobei teilweise (in 2 oder 3 Aufgaben von 11) Verfahrensfehler in der Anwendung dieser Rechenwege gemacht werden
- Die Kinder nutzen überwiegend mehr als eine Art von Rechenwegen mit besonderen Aufgabenmerkmalen
- Die Fehler treten nicht durchgängig auf, fast alle Kinder zeigen den fehlerhaften Rechenweg in einer anderen Aufgabe auch korrekt
- Auf Nachfrage können weitere Rechenwege genannt werden.

Subtypus B2: Kind erkennt und nutzt zusätzlich *ein* besonderes Aufgabenmerkmal (Verdoppeln, oder Zerlegen in eine Differenz oder gegensinniges Verändern)
Charakteristika:
- Neben den Universalrechenweg werden Mult_1 × 2_ZR zusätzlich über Rechenwege unter Nutzung besonderer Aufgabenmerkmale korrekt gelöst. Dabei wird ausschließlich *ein* besonderes Aufgabenmerkmal erkannt und genutzt
- hohe Lösungsrichtigkeit
- Auf Nachfrage können weitere Rechenwege genannt werden.

Subtypus B3: Kind erkennt und nutzt zusätzlich besondere Aufgabenmerkmale in *mehr als einer* Art des Rechenweges
Charakteristika:
- Neben dem Universalrechenweg werden Mult_1 × 2_ZR zusätzlich über Rechenwege unter Nutzung besonderer Aufgabenmerkmale korrekt gelöst. Zusätzlich wird *mehr als ein* besonderes Aufgabenmerkmal erkannt und genutzt
- hohe Lösungsrichtigkeit
- Auf Nachfrage können weitere Rechenwege genannt werden.

Einzelfall 1: Kind nutzt überwiegend fehlerhafte Rechenwege
Charakteristika:
- Der Universalrechenweg über das Zerlegen in eine Summe wird fehlerhaft angewendet
- Auf Nachfrage können keine weiteren Rechenwege genannt werden
- Geringe Lösungsrichtigkeit
- Die operativen Beziehungen Verdoppeln und gegensinniges Verändern werden auch auf Nachfrage nicht erkannt

Einzelfall 2: Kind nutzt Rechenwege, die im Hinblick auf die auftretenden Aufgabenmerkmale nicht als aufgabenadäquat bezeichnet werden können
Charakteristika:
- Mult_1 × 2_ZR werden bei freigestelltem Rechenweg überwiegend *nicht* (9 Aufgaben von 11) mit dem Universalrechenweg gelöst, sondern unter Nutzung der Zerlegung in eine Differenz
- Auf Nachfrage können weitere Rechenwege genannt werden, unter anderem auch der Rechenweg auf Basis einer Zerlegung in eine Summe
- In Bezug auf die Rechensicherheit und Lösungsrichtigkeit können Unsicherheiten beobachtet werden

Die prozentuelle Verteilung der Typen bzw. Subtypen auf die Untersuchungs-
gruppe wird in Abbildung 7.4 veranschaulicht.

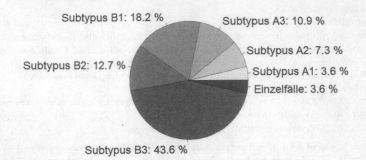

Abbildung 7.4 Typenbildung nach genutzten Rechenwegen und Aufgabenmerkmalen
nach der Umsetzung (inklusive Subtypen)

Der Typus A umfasst zwölf Kinder (zwei Kinder im Subtypus A1, vier Kinder
im Subtypus A2 und sechs Kinder im Subtypus A3). Dem Typus B können 41
Kinder zugeordnet werden (zehn Kinder dem Subtypus B1, sieben Kinder dem
Subtypus B2 und 24 Kinder dem Subtypus B3). Zusätzlich werden zwei Einzelfälle geführt, die nicht in die Typisierung aufgenommen wurden, denen jedoch
besondere Bedeutung zukommt:

- Einzelfall 1: Kind nutzt überwiegend fehlerhafte Rechenwege
- Einzelfall 2: Kind nutzt Rechenwege, die im Hinblick auf die auftretenden
  Aufgabenmerkmale nicht als aufgabenadäquat bezeichnet werden können

7.2.3 Zur Umsetzung der Ziele des Lernarrangements

Im Fokus der vorliegenden Untersuchung steht die zentrale Fragestellung, wie
Unterricht gestaltet werden kann, damit möglichst viele Kinder Einsicht in verschiedene Rechenwege und in die zugrundeliegenden Konzepte, Strukturen und
Zusammenhänge erlangen und Rechenwege in Folge auch sicher und vorteilhaft anwenden können. In der nachfolgenden Diskussion werden daher die
Ergebnisse der vorliegenden Untersuchung in Beziehung zu den gestuft festgelegten Lernzielen des Lernarrangements gesetzt und hinsichtlich der Stufung

in *Minimalziel – erweitertes Ziel* und *Idealziel* interpretiert. Zur klareren Nach-vollziehbarkeit der Diskussion um die Lernziele werden im Folgenden die didaktischen Leitlinien und die Lernziele des Lernarrangements sowie die Beson-derheit der Stichprobe noch einmal in Erinnerung gerufen (siehe Abschnitt 5.6.1 und Abschnitt 5.4).

Die Konzeption des Lernarrangements folgt vier Leitideen. Leitidee 1 beinhal-tet ein Anknüpfen an das *Vorwissen der Kinder in Bezug auf Ableitungsstrategien des kleinen Einmaleins*, indem die Kinder angeregt werden, die Rechenwege des kleinen Einmaleins, insbesondere Verdoppeln und Zerlegen, auf das große Ein-maleins zu übertragen. Darüber hinaus werden *informelle Rechenwege* der Kinder in *Rechenkonferenzen* aufgegriffen. Die Kinder erhalten Gelegenheit, ihre eigenen Lösungswege zu finden, zu beschreiben und gemeinsam zu reflektieren. Leitidee 2 greift das *Arbeiten mit dem 400er-Punktefeld* auf. Das 400er-Punktefeld wird eingesetzt, um – Leitidee 3 folgend – *Rechenwege und operative Zusammen-hänge zu begründen* und *über Rechenwege* anderer Kinder zu *kommunizieren*. In Bezug auf *aufgabenadäquates Vorgehen beim Rechnen* impliziert Leitidee 4 die Vermittlung eines Repertoires an Rechenwegen und parallel dazu das Nachden-ken über die Adäquatheit einzelner Rechenwege für bestimmte Aufgaben. Das Lernarrangement enthält mehrere Aufgabenformate, die darauf abzielen, die Auf-gaben nicht sofort auszurechnen, sondern im Hinblick auf ihre Merkmale, auf ihre Struktur und Beziehungen zu den anderen Aufgaben zu betrachten und zu vergleichen. Insbesondere sollen Aufgaben mit besonderen Merkmalen erkannt und unter Begründung mit einem bestimmten Rechenweg gelöst werden.

Unter Berücksichtigung der genannten didaktischen Leitideen, die die Grund-lage für die Konzeption des Lernarrangements darstellen, werden ebenfalls in Abschnitt 5.6 folgende Zielsetzung festgelegt:

- Die Kinder wenden verschiedene Rechenwege für die Multiplikation schnell, sicher und korrekt an.
- Die Kinder entdecken und erarbeiten Rechenwege auf Basis von Einsichten in die zugrundeliegenden Strukturen, Zusammenhänge und Rechengesetze (ohne diese aber explizit zu nennen) und veranschaulichen ihre Rechenwege mithilfe des 400er-Punktefeldes.
- Die Kinder wählen Rechenwege zunehmend aufgabenadäquat, d. h., sie ent-scheiden sich für ihre Rechenwege in Abhängigkeit von den Zahlen und unter Nutzung von Rechenvorteilen.

Wesentlich bei der Umsetzung ist dabei die *gestufte* Verfolgung der Lernziele mit steigendem Anspruchsniveau (siehe Abschnitt 5.6). Demnach kann vom Erreichen des *Minimalzieles*/Stufe 1 gesprochen werden, wenn die Kinder Mult_1 × 2_ZR auf Basis einer Zerlegung in eine Summe (als Universalrechenweg) sicher anwenden und die zugrundeliegenden operativen Beziehungen erläutern können. Als *erweitertes Ziel*/Stufe 2 gilt das zusätzliche sichere Anwenden weiterer Rechenwege – neben dem Universalrechenweg – und das Erläutern der zugrundeliegenden operativen Beziehungen. Kinder, die Mult_1 × 2_ZR aufgabenadäquat durch Nutzung besonderer Aufgabenmerkmale lösen und die zugrundeliegenden operativen Beziehungen erläutern können, erreichen das *Idealziel*/Stufe 3 (siehe Abbildung 7.5).

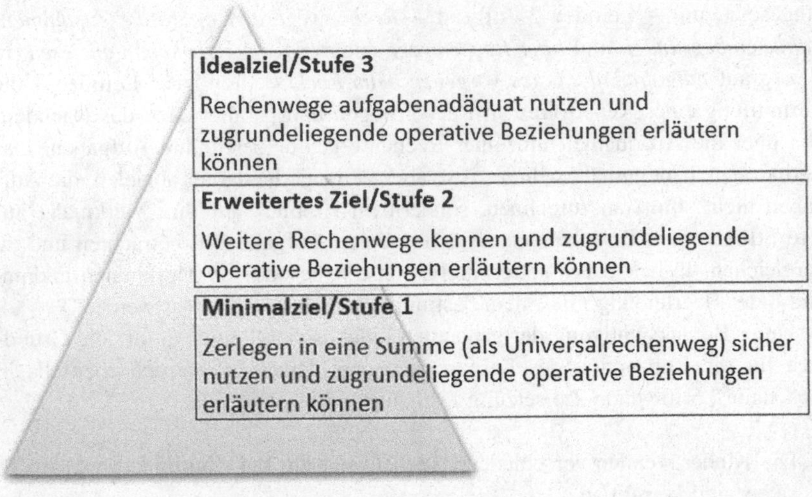

Idealziel/Stufe 3
Rechenwege aufgabenadäquat nutzen und zugrundeliegende operative Beziehungen erläutern können

Erweitertes Ziel/Stufe 2
Weitere Rechenwege kennen und zugrundeliegende operative Beziehungen erläutern können

Minimalziel/Stufe 1
Zerlegen in eine Summe (als Universalrechenweg) sicher nutzen und zugrundeliegende operative Beziehungen erläutern können

Abbildung 7.5 Lernziele des Lernarrangements mit steigendem Anspruchsniveau

Die Diskussion zur Umsetzung der Ziele des Lernarrangements ist in engem Zusammenhang mit der Besonderheit der Stichprobe der vorliegenden Arbeit zu führen, die in Abschnitt 5.4 ausführlich beschrieben wurde. Die wesentlichen Besonderheiten wurden im vorliegenden Kapitel unter 7.1.3 bereits zusammengefasst. Darüber hinaus ist an dieser Stelle noch anzumerken, dass die Lehrkräfte eine zwölfstündige Seminarreihe zum Thema absolvierten. Diese Seminarreihe beinhaltete fachliche und fachdidaktische Grundlagen zum Lernarrangement (siehe Abschnitt 5.9.1). Den Lehrkräften wurde neben den Arbeitsblättern auch ein Leitfaden zur Umsetzung zur Verfügung gestellt, in dem die Unterrichtsaktivitäten beschrieben und didaktisch erläutert wurden (siehe Abschnitt 5.7).

7.2.3.1 Minimalziel: Zerlegen in eine Summe als Universalrechenweg sicher anwenden und zugrundeliegende operative Beziehungen erläutern

Das Minimalziel wird von 98,2 Prozent (54 von 55 Kinder) der untersuchten Kinder erreicht. Diese 54 Kinder sind *nach* der Umsetzung des Lernarrangements in der Lage, zumindest den Universalrechenweg sicher und korrekt anzuwenden. 53 dieser 54 Kinder können den Universalrechenweg auch anhand der Aufgabe 15·7 am 400er-Punktefeld veranschaulichen und begründen. Diese Begründung am 400er-Punktefeld wird als Indiz für Einsicht in das zugrundeliegende Distributivgesetz interpretiert. Lediglich ein Kind, das als Einzelfall 1 geführt wird, erreicht das Minimalziel nicht. Es wendet *nach* der Umsetzung des Lernarrangements den Universalrechenweg fehlerhaft an. Werden die Ergebnisse dieses Kindes *nach* der Umsetzung des Lernarrangements in Bezug zu seinen Rechenwegen und Einsichten zu Beginn des Schuljahres gesetzt, so kann festgehalten werden, dass diesem Kind bereits *vor* der Umsetzung des Lernarrangements zentrale Lernvoraussetzungen, wie tragfähige Grundvorstellungen zur Multiplikation, grundlegende Einsichten ins dezimale Stellenwertsystem bis 1000 und Multiplizieren mit Zehnerpotenzen und Zehnerzahlen fehlten.

10,9 Prozent der Kinder (Subtypus A1 und Subtypus A2) erwirken *lediglich* das Minimalziel und keine höhere Stufe. Das sind zum einen Kinder, die den Universalrechenweg mit hoher Lösungsrichtigkeit verwenden (Subtypus A2), und zum anderen Kinder, die in der Anwendung des Universalrechenweges gelegentliche Verfahrensfehler machen (Subtypus A1).

7.2.3.2 Erweitertes Ziel: Weitere Rechenwege sicher anwenden und zugrundeliegende operative Beziehungen erläutern

Als *erweitertes Ziel* wird festgelegt, dass Kinder zur Lösung von Mult_1 × 2_ZR den Rechenweg auf Basis einer Zerlegung in eine Summe als Universalrechenweg sicher und mit Verständnis anwenden können, darüber hinaus aber auch andere Rechenwege nutzen und die zugrundeliegenden operativen Beziehungen erläutern können. Dieses erweiterte Ziel wird von allen Kindern des Subtypus A3 und Typus B erreicht und umfasst insgesamt 87,3 Prozent der Kinder. Die sechs Kinder des Subtypus A3 zeigen – im Vergleich zu den Kindern aus Typus B – in der Anwendung der Rechenwege bei freier Wahl jedoch *kein* aufgabenadäquates Handeln. Kinder des Subtypus A3 bevorzugen bei freier Wahl den Universalrechenweg und zeigen erst auf Nachfrage, dass sie auch andere Rechenwege einsetzen und erläutern können.

7.2.3.3 Idealziel: Rechenwege aufgabenadäquat nutzen und zugrundeliegende operative Beziehungen erläutern

Als *Idealziel* wird festgelegt, dass Kinder Mult_1 × 2_ZR aufgabenadäquat lösen und ihre Lösungswege durch Begründung der zugrundeliegenden operativen Beziehungen erläutern können. Dieses Idealziel erreichen rund 75 Prozent der Kinder, die dem Typus B zugeordnet werden können. Diese Kinder sind in der Lage (neben dem Universalrechenweg), weitere Rechenwege (Verdoppeln, Halbieren, Zerlegen in eine Differenz und gegensinniges Verändern) aufgabenadäquat anzuwenden. Bei genauerer Analyse des Typus B kann unterschieden werden zwischen Kindern, die zusätzlich *ein* besonderes Aufgabenmerkmal erkennen und nutzen (12,7 Prozent), Kindern, die zusätzlich *mehr als ein* besonderes Aufgabenmerkmal erkennen und nutzen (43,6 Prozent), und zwischen Kindern, die ebenfalls zusätzlich besondere Aufgabenmerkmale erkennen und nutzen, aber teilweise (in 2 oder 3 Aufgaben von 11) Verfahrensfehler in der Anwendung der Rechenwege machen (18,2 Prozent).

Wird *Aufgabenadäquatheit*, wie in der vorliegenden Studie charakterisiert, als Erkennen und Nutzen besonderer Aufgabenmerkmale für Rechenvorteile und synonym zu den Begriffen *vorteilhaftes* und *geschicktes* Rechnen verwendet, so sind verschiedene Grade an *Aufgabenadäquatheit* feststellbar, die sich durch folgende Merkmale differenzieren:

Bezüglich der Konsequenz in der Nutzung von Aufgabenmerkmalen:

- Kinder, die Aufgabenmerkmale konsequent bzw. nicht konsequent nutzen, also bei allen bzw. nicht bei allen Aufgaben, die die entsprechenden Aufgabenmerkmale aufweisen;

Bezüglich der Anzahl der Art der genutzten Aufgabenmerkmale:

- Kinder, die zusätzlich *ein* Aufgabenmerkmal erkennen und nutzen (Zerlegen in eine Differenz *oder* Verdoppeln *oder* gegensinniges Verändern);
- Kinder, die zusätzlich *mehr als ein* besonderes Aufgabenmerkmal erkennen und nutzen (Zerlegen in eine Differenz *und* Verdoppeln *und* Halbieren *und* gegensinniges Verändern).

Diese Ergebnisse gehen mit den Resultaten der qualitativ explorativen Studie von Rathgeb-Schnierer (2006) konform, die zeigt, dass „flexibles Rechnen kein ‚Alles-oder-nichts-Phänomen' ist, sondern sich langsam entwickelt und sich im Lösungsverhalten der Kinder in verschiedenen Ausprägungen zeigen kann" (Rathgeb-Schnierer und Rechtsteiner 2018, S. 71).

Einsicht in zugrundeliegende operative Beziehungen
Wesentliches Ziel des Lernarrangements ist die Entwicklung von Einsicht in die genutzten Rechenwege. Dieses wurde mittels Zusatzfragen erhoben (siehe Abschnitt 5.5.2.2 und Abschnitt 5.5.2.3). Die Ergebnisse zeigen, dass

- 98,1 Prozent der Kinder, die den Universalrechenweg korrekt nutzen, diesen auch anhand der Zerlegung von 15·7 in 10·7 + 5·7 am 400er-Punktefeld veranschaulichen und nachvollziehbar begründen können.
- 94,8 Prozent der Kinder, die den Rechenweg auf Basis einer Zerlegung in eine Differenz einsetzen, in den Zusatzfragen Einsichten in das zugrundeliegende Distributivgesetz zeigen. Diese Kinder können auf direkte Nachfrage die operative Beziehung zwischen 20·4 = 80 und 19·4 zur Lösung von 19·4 nutzen und nachvollziehbar begründen und den Rechenweg eines fiktiven Kindes zu 8·19 als 8·20 – 8 am 400er-Punktefeld nachvollziehen und erklären.
- alle Kinder, die in ihren Rechenwegen auf Verdoppelungen zurückgreifen, diese operative Beziehung in den Zusatzaufgaben auf direkte Nachfrage (*Hilft 2·15 = 30 für 4·15*) auch nachvollziehbar begründen und nutzen können.
- 80 Prozent der Kinder, die den Rechenweg durch gegensinniges Verändern gebrauchen, diese operative Beziehung in den Zusatzaufgaben auf direkte Nachfrage (*Hilft 8·10 = 80 für 16·5?*) nachvollziehbar begründen und nutzen können.

Fazit zur Umsetzung der Ziele des Lernarrangements
In Abbildung 7.6 wird die Verteilung der gestuften Lernziele noch einmal zusammenfassend dargestellt.

- Das Idealziel – aufgabenadäquate Wahl der Rechenwege und Erläutern der zugrundliegenden operativen Beziehungen – erreichen 74,6 Prozent der Kinder.
- Das erweiterte Ziel – Anwenden weiterer – über den Universalrechenweg hinausgehende – Rechenwege und Erläutern der zugrundliegenden operativen Beziehungen – schaffen 87,3 Prozent der Kinder.
- Das Minimalziel – sicheres Anwenden des Universalrechenweges und Erläutern der zugrundliegenden operativen Beziehungen – bewältigen 98,1 Prozent der Kinder.

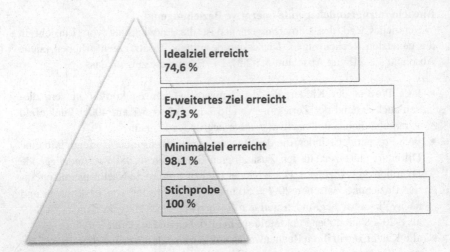

Abbildung 7.6 Verteilung der gestuften Lernziele für das umgesetzte Lernarrangement

Die erfolgreiche Umsetzung der gestuften Lernziele ist, wie bereits zu Beginn festgestellt, in engem Zusammenhang mit der Besonderheit der Stichprobe zu sehen. Die Umsetzung der vorliegende Unterrichtskonzeption im Zusammenspiel mit fachlich und fachdidaktisch geschulten Lehrkräften unterstützt Kinder, verschiedene Rechenwege für Mult_1 × 2_ZR sicher und aufgabenadäquat zu nutzen und Einsichten in zugrundeliegende operative Beziehungen zu erlangen.

Abschließend ist anzumerken, dass sich die Ergebnisse der vorliegenden Studie auf den Zeitraum unmittelbar *nach* der Umsetzung des Lernarrangement zu Mult_1 × 2_ZR beziehen. Zum Zeitpunkt der Interviews *nach* der Umsetzung des Lernarrangements kennen die Kinder noch kein schriftliches Normalverfahren zur Multiplikation. Dieses wird für einstellige Faktoren laut Lehrplan noch im selben Schuljahr erarbeitet (Bundesministerium für Unterricht, Kunst und Kultur 2012, S. 155). Die Frage ist, wie sich die Verteilung der multiplikativen Rechenwege *nach* Einführung des schriftlichen Normalverfahrens verändert. Wird das Zahlenrechnen vom schriftlichen Normalverfahren abgelöst oder variieren die Kinder ihre Rechenwege und nutzen bei besonderen Aufgabenmerkmalen weiterhin die Rechenwege im Bereich des Zahlenrechnens? Die Antworten auf diese Fragen hängen sicherlich auch davon ab, welche Bedeutung den unterschiedlichen Rechenformen künftig im Unterricht beigemessen wird. Studien, in denen der Unterricht nicht mituntersucht wurde, belegen, dass Kinder nach Einführung der schriftlichen Normalverfahren in weiterer Folge hauptsächlich nur mehr diese nutzen (Hirsch 2001; Selter 2000) und das Zahlenrechnen weitgehend in der Bedeutungslosigkeit versinkt.

Aus mathematikdidaktischer Sicht gibt es eindeutige Empfehlungen, *nach* der Einführung der schriftlichen Rechenverfahren die unterschiedlichen Rechenformen (Zahlenrechnen und Ziffernrechnen) immer wieder bewusst kontrastierend zu thematisieren (Schipper 2009, S. 193; Padberg und Benz 2021, S. 240), etwa indem regelmäßig anhand konkreter Aufgaben Begründungen dafür eingefordert werden, ob diese besser im Kopf, halbschriftlich oder schriftlich gerechnet werden können (Padberg und Benz 2021, S. 320). Die Konzeption, Umsetzung und Beforschung eines Lernarrangements zum Wachhalten des multiplikativen Zahlenrechnens und die (Weiter-) Entwicklung lokaler Theorien des Lernens und Lehrens betreffend aufgabenadäquaten Handelns nach der Einführung des schriftlichen Normalverfahrens sind somit forschungsrelevante Anknüpfungen an die vorliegende Untersuchung.

Ein weiterer Aspekt, der einer Folgestudie vorbehalten bleibt, betrifft die Erweiterung des Zahlenraumes. Wie bereits am Ende des Abschnitten 2.5 erörtert, halten sich die Rechenvorteile durch Nutzung besonderer Aufgabenmerkmale bei Mult_1 × 2_ZR in Grenzen. Die einzelnen Teilschritte sind im Vergleich zum Universalrechenweg keineswegs immer *deutlich* leichter, auch ist die Anzahl der Teilschritte *nicht immer* geringer. Im Vergleich dazu können Rechenvorteile bei Multiplikationen mit höheren Operanden deutlich größer ausfallen (vgl. z. B. 246·5 als (246·10):2 und 4999·6 als 5000·6 − 6). Eine Folgestudie könnte bei angemessener Behandlung im Unterricht Aussagen zur Nutzung besonderer Aufgabenmerkmale für Rechenvorteile in höheren Zahlenräumen liefern und würde Vergleiche mit den Ergebnissen zu Mult_1 × 2_ZR zulassen.

7.2.3.4 Hürde 1: Subtraktion falscher Zahlen beim Zerlegen in eine Differenz

Die Interviews mit den Kindern und mit den Lehrkräften *nach* der Umsetzung des Lernarrangements zeigen, dass sich bei einigen Kindern in der Nutzung der Rechenwege Verfahrensfehler eingeschlichen hatten. Unter diesen Verfahrensfehlern ist das Subtrahieren falscher Zahlen beim Zerlegen in eine Differenz der häufigste (siehe Abschnitt 6.4.1): z. B. 9·23 als 10·23 − 9, 8·29 als 8·30 − 29, aber auch als 8·30 − 9 oder 8·30 − 30.

Gemäß dem Distributivgesetz ist je nach Position des Faktors mit dem Aufgabenmerkmal *9er an der Einerstelle* entweder der erste oder der zweite Faktor zu subtrahieren: z. B. 9·23 = 10·23 − 23, bzw. 8·29 = 8·30 − 8. Dieser Umstand führt bei einigen Kindern zu Unsicherheiten in der Anwendung dieses Rechenweges. Auch bei der Veranschaulichung dieses Rechenweges am 400er-Punktefeld entsteht dadurch die Schwierigkeit, dass abhängig von der Position des Faktors mit dem Aufgabenmerkmal und von der Legeweise der Aufgabe der Malwinkel einmal nach oben bzw. einmal nach links verschoben werden muss.

Aus der Analyse der Interviews mit den Lehrkräften *nach* der Umsetzung des Lernarrangements geht hervor, dass es für die Entwicklung von Einsicht in den Rechenweg durch Zerlegen in eine Differenz im Unterricht besonders wichtig sei, diese Rechenwege (immer wieder) am 400er-Punktefeld darzustellen und begründen zu lassen. Es sollen gezielt Impulse gesetzt werden, in denen die unterschiedlichen Konstellationen, die in diesem Rechenweg auftreten können, thematisiert und kontrastiert werden – immer in Verbindung mit der Veranschaulichung am Punktefeld.

Zu weiteren beobachteten Verfahrensfehler zählen:

- Fehlerhafte Ermittlung der Teilprodukte beim Zerlegen in eine Summe: z. B. $5 \cdot 14$ als $5 \cdot 10 + 4$;
- Falsche Verknüpfung der Teilprodukte beim Zerlegen: z. B. $17 \cdot 5$ als $20 \cdot 5 + 3 \cdot 5$;
- Vermischung des Zerlegens in eine Summe mit der Multiplikation von Zehnerzahlen: z. B. $5 \cdot 14$ als $(5 \cdot 4) \cdot 10 = 200$.

7.2.3.5 Hürde 2: Übergeneralisierung von Rechenwegen

In der vorliegenden Studie zeigt sich eine Facette von Übergeneralisierung wie folgt: Übergeneralisierung als ein im Hinblick auf den Rechenaufwand *nicht vorteilhaftes* Übertragen eines in Sonderfällen *vorteilhaften* Rechenweges auf den allgemeinen Fall. Das heißt, dass Rechenwege, die bei besonderen Aufgabenmerkmalen als geschickt bezeichnet werden können, auch zur Lösung jener Aufgaben genutzt werden, die die entsprechenden Aufgabenmerkmale gar nicht aufweisen. Dazu zählen das

- Zerlegen in eine Differenz, auch wenn der Rechenaufwand dadurch erhöht wird: z. B. $4 \cdot 16$ als $4 \cdot 20 - 4 \cdot 4$, oder $17 \cdot 4$ als $20 \cdot 4 - 3 \cdot 4$ und
- gegensinniges Verändern, auch wenn die Rechnung dadurch nicht einfacher wird: z. B. $6 \cdot 40$ als $3 \cdot 80$ bzw. $12 \cdot 20$, oder $6 \cdot 18$ als $12 \cdot 9$.

Insbesondere ein Kind (Einzelfall 2), nutzt den Rechenweg durch Zerlegen in eine Differenz als Universalrechenweg, ohne entsprechende Aufgabenmerkmale zu beachten, und nebenher noch Rechenwege durch gegensinniges Verändern, die zu keinen erkennbaren Rechenvorteilen führen.

Es liegt die Vermutung nahe, dass zumindest die Kinder, die Übergeneralisierungen zeigen, gelernte Rechenwege ohne entsprechendes Nachdenken über
Aufgabenmerkmalen nutzen. Bei einem derartigen Vorgehen werden Rechenwege eher wie ein Schema angewendet. Dieses Verhalten lässt die Vermutung
zu, dass manche Kinder zwar in der Lage sind, unterschiedliche Rechenwege sicher anzuwenden (erweitertes Lernziel), jedoch nicht bewusst aufgrund
von Aufgabenmerkmalen zwischen Rechenwegen auswählen (Idealziel), weil
sie möglicherweise die entsprechenden Aufgabenmerkmale nicht erkennen bzw.
die daraus resultierenden Rechenwege nicht als umständlich bzw. vorteilhaft
empfinden.

Um dieser Form der Übergeneralisierung entgegenzuwirken, sollten in der
Weiterentwicklung des Lernarrangements bewusst Beispiele thematisiert werden,
bei denen gewisse Rechenwege nicht funktionieren (z. B. gegensinniges Verändern, wenn beide Faktoren ungerade sind) oder nicht als geschickt bezeichnet
werden können (z. B. Zerlegen in eine Differenz bei Einerstellen zwischen 1 und
7 oder gegensinniges Verändern, auch wenn die Aufgabe dadurch nicht leichter
wird, siehe Abbildung 6.52 und Abbildung 6.53).

7.2.3.6 Weitere Hürden

Gefahr der Überforderung leistungsschwächerer Kinder?
Alle Lehrkräfte stellen fest, dass leistungsschwächere Kinder zwar nicht alle erarbeiteten Rechenwege verstehen bzw. nicht alle erarbeiteten Rechenwege nutzen
können. Für diese Kinder kann jedoch das Minimalziel erreicht werden: Mult_1 ×
2_ZR auf Basis einer Zerlegung in eine Summe (als Universalrechenweg) sicher
anwenden und die zugrundeliegenden operativen Beziehungen erläutern können
(siehe Abschnitt 6.4.3).

Einflüsse aus dem Elternhaus oder aus dem sozialen Umfeld
Die in Abschnitt 6.4.4 dokumentierten Beispiele verdeutlichen, dass das Elternhaus
und das soziale Umfeld der Kinder die Umsetzung der Zielsetzungen des Lernarrangements erschweren können. Insbesondere besteht die Gefahr, dass Kinder bei
Fragen zu Hausaufgaben gar nicht oder falsch unterstützt werden, da Eltern und das
soziale Umfeld einen ganz anderen Mathematikunterricht erlebt haben. Eine vereinzelt beobachtete falsche Hilfestellung ist das vorzeitige Beibringen des schriftlichen
Rechenverfahrens zur Multiplikation, welches sich kontraproduktiv auf die inten-
dierten Zielsetzungen auswirkt und in erster Linie das schemaorientierte Rechnen
fördert.

7.2.4 Strategiewahlmodell oder Emergenzmodell?

In Abschnitt 2.3 wurden die in der mathematikdidaktischen Literatur vorherrschenden Erklärungsmodelle für die Wahl von Rechenwegen – das *Strategiewahlmodell* und das *Emergenzmodell* – beschrieben. Im *Strategiewahlmodell* wird angenommen, dass ein passender Rechenweg bereits beim Erkennen der Aufgabe aus dem Gedächtnis ausgewählt und angewendet wird (Heinze 2018, S. 7). Dazu werden zuerst alle möglichen Alternativen geprüft, um dann eine Strategieentscheidung zu treffen.

Diese Auswahl eines fertigen Rechenweges beim Erkennen der Aufgabe wird von Threlfall (2002, 2009) in Frage gestellt. Er legt anhand von Fallstudien dar, dass sich der Rechenweg im Zusammenspiel zwischen dem, was die lösende Person über die spezifischen Merkmale der involvierten Zahlen bemerkt, und dem, was sie allgemein über Zahlen und ihre Beziehungen weiß, mehr oder weniger *unbewusst* entwickelt. Demnach beschreibt er das Zustandekommen eines Rechenweges als Prozess, in dem es nach den ersten Rechenschritten zu Veränderungen des zunächst eingeschlagenen Rechenweges kommen kann (Heinze 2018, S. 8). Threlfall (2002, 2009) bezeichnet diesen Prozess des Zustandekommens des Rechenweges als *emergieren* – daher die Bezeichnung *Emergenzmodell*.

Die Frage, ob Rechenwege aus einem Repertoire durch Abwägen gewählt werden oder situationsbedingt emergieren stand nicht im Fokus der vorliegenden Studie. Die Interviewfragen waren daher auch nicht gezielt daraufhin ausgerichtet, empirische Ergebnisse in Hinblick auf den Akt der Wahl des Rechenweges zu gewinnen und die „internen Lösungsprozesse von Kindern offenzulegen" (Rathgeb-Schnierer 2011, 19). Die nachfolgenden Überlegungen basieren also lediglich darauf, was im Zusammenhang mit dieser Debatte in den Interviews *in gewisser Weise emergiert* ist.

In den Interviews *nach* Umsetzung des Lernarrangements war zu beobachten, dass der überwiegende Teil jener Kinder, die aufgabenadäquate Rechenwege zeigten, unmittelbar nach der Aufgabenstellung, ohne lange zu überlegen, ihre Rechenwege verbalisieren und die Berechnungen schnell und sicher ausführen konnten. Eine typische Situation zur Wahl des Rechenweges für 19·6 durch Zerlegen in eine Differenz aus den Interviews *nach* der Umsetzung des Lernarrangements kann folgendermaßen beschrieben werden:

- Das Kind erkennt die Aufgabenmerkmale *zweistellig mal einstellig* und *9er an der Einerstelle*. Daraus leitet es ab, dass es zur Lösung den Multiplikanden *einmal öfter nehmen* muss, um ihn dann vom Ergebnis zu subtrahieren. Es rechnet $20 \cdot 6 = 120$ und subtrahiert anschließend den Multiplikanden vom Ergebnis: $120 - 6 = 114$.

Auf dem ersten Blick könnte aufgrund der Beschreibung bzw. Beobachtung durchaus vermutet werden, dass das Kind auf ein *ohne Verständnis auswendig gelerntes Verfahren* zurückgreift. Die einzelnen Teilschritte des Rechenweges scheinen infolge der erkannten Aufgabenmerkmale bereits zu Beginn festzustehen. Die Ergebnisse in den Zusatzfragen zu zugrundeliegenden operativen Beziehungen weisen jedoch darauf hin, dass die genutzten Rechenwege nicht nur prozedural beherrscht werden, sondern dass auch Einsicht in die operativen Beziehungen vorhanden ist. Je nach Rechenweg zeigen zwischen 100 Prozent und 80 Prozent der Kinder in den Zusatzfragen Einsicht in zugrundeliegende operative Zusammenhänge. Die hohe Quote an Hinweisen für Einsicht in operative Beziehungen für die gezeigten aufgabenadäquaten Rechenwege liefert Evidenzen dafür, dass die Rechenwege mit Verständnis und nicht als „*‚blind' application of a learned method* (Threlfall 2009, S. 541)" genutzt wurden.

Zusammengefasst gelingt es einem überwiegenden Teil der Kinder *nach* der Umsetzung des Lernarrangements – als Folge ausreichender Erfahrung in der Nutzung der Rechenwege aus dem Unterricht, die Rechenwege schnell und sicher anzuwenden. Aus der gewonnenen Routine in der Anwendung entwickelt sich die Nutzung der Rechenwege zu einem *automatisierten Verfahren*. Diese Beobachtungen deuten darauf hin, dass ein aufgabenadäquates Vorgehen *unter Nutzung operativer Zusammenhänge* bei ausreichender Erfahrung auch als ein (weitgehend) automatisiertes Durchführen von Rechenschritten auf Basis von Verständnis möglich ist. In diesen Fällen scheint es so zu sein, dass der Rechenweg in all seinen Teilschritten bereits zu Beginn festgelegt ist und sich nicht – wie im Emergenzmodell Threlfalls beschrieben – im Zuge eines Prozesses entwickelt. Rückgriffe auf (weitgehend) automatisierte Rechenabläufe, die von Verständnis getragen werden, scheinen durch das Emergenzmodell Threlfalls nicht adäquat erfasst zu werden.

Adäquates Handeln als Ziel findet sich sowohl im *Emergenzmodell* als auch im *Strategiewahlmodell*. In Bezug auf die Vorstellung, wie adäquates Rechnen am besten gefördert werden kann, greift die vorliegende Studie, wie in Abschnitt 5.6.1 festgelegt, sowohl auf das Strategiewahlmodell als auch auf das Emergenzmodell zurück. Das erprobte Lernarrangement folgt einem *kombinierten Instruktionsansatz*. Es werden sowohl in einzelnen Einheiten verschiedene Rechenwege für Multiplikationen gezielt auf Basis von Einsichten in die zugrundeliegenden Strukturen erarbeitet (*Strategiewahlmodell*). Darüber hinaus wird in anderen Einheiten der Fokus auf die Analyse von Zahlmerkmalen und Zahlbeziehungen in Aufgaben gelegt (*Emergenzmodell*). Nach Umsetzung des Lernarrangements können bei 74,6 Prozent der Kinder aufgabenadäquate Rechenkompetenzen zu Mult_1 × 2_ZR beobachtet werden. Die Ergebnisse zeigen, dass aufgabenadäquate Rechenkompetenzen für Mult_1 × 2_ZR auf Basis eines *kombinierten*

Instruktionsansatzes aus Strategiewahlmodell und Emergenzmodell förderlich vermittelt werden können. Flexible Rechenkompetenzen basieren sowohl auf dem Erkennen und Nutzen von Aufgabenbeziehungen als auch auf dem vorhandenen Strategierepertoire (Schulz 2015, S. 847).

7.2.5   Sichtweisen zum Begriff *aufgabenadäquat*

Auf Basis der Überlegungen in Kapitel 2 wird in der vorliegenden Arbeit von *aufgabenadäquatem Rechnen* im Bereich des Multiplizierens einstelliger mit zweistelligen Zahlen gesprochen, wenn besondere Aufgabenmerkmale für Rechenvorteile genutzt werden. *Aufgabenadäquates Rechnen* wird synonym zu den Begriffen *vorteilhaftes* und *geschicktes* Rechnen verwendet. Die Nutzung dieser Rechenvorteile führt im Vergleich zum Universalrechenweg auf Basis einer Zerlegung in eine Summe zu leichteren Teilaufgaben und/oder weniger Teilschritten.

Die Ergebnisse der Studie weisen aber auch darauf hin, dass der Begriff *Aufgabenadäquatheit* in Bezug auf gezeigte Verhaltensweisen einiger Kinder Fragen aufwirft, die einen differenzierten Blick auf den Begriff nahelegen. Diese Fragen werden im Folgenden am bereits in Abschnitt 6.2.7.1 zitieren Fallbeispiel von Dino exemplarisch dargelegt:

Dino ist dem Subtypus A3 zugeordnet. Die Kinder des Subtypus A3 nutzen bei freier Wahl[4] ausschließlich den Universalrechenweg auf Basis einer Zerlegung in eine Summe mit hoher Lösungsrichtigkeit, können aber auf Nachfrage in Zusatzaufgaben auch Rechenwege unter Nutzung besonderer Aufgabenmerkmale anwenden. So gebraucht auch Dino bei freigestelltem Rechenweg ausschließlich den Universalrechenweg, er kann aber auf Bitte auch Rechenwege durch gegensinniges Verändern und Zerlegen in eine Differenz einsetzen. Dino findet zur Aufgabe 5·24 folgende zwei Rechenwege:

Bei freier Wahl gibt er den Rechenweg auf Basis einer Zerlegung in eine Summe an:

(1) $5 \cdot 24 = 5 \cdot 20 + 5 \cdot 4$

Auf Nachfrage kann er die Aufgaben auch durch gegensinniges Verändern rechnen:

(2) $5 \cdot 24 = 10 \cdot 12$

---

[4] Bei freier Wahl des Rechenweges nicht gezeigte Rechenwege werden in Fragegruppe 4: *Verschiedene Rechenwege für die Aufgaben 17·4 und 5·24* wie folgt erhoben: Die Kinder sollen die Aufgaben zunächst mit einem Rechenweg ihrer Wahl lösen. Danach werden sie nach weiteren möglichen Rechenwegen zur Aufgabe befragt.

Auf die Frage, welcher Rechenweg denn der *einfachste* sei, antwortet er wie folgt:

D: Der (Zerlegen in eine Summe) ist der einfachste, denn der (gegensinniges Verändern) geht schon schnell und alles, aber der (Zerlegen in eine Summe) ist halt sehr sicher, weil da hat man das kleine Einmaleins, da habe ich auch 5·2 gerechnet, ist 10 und dann ist 100 und dann noch 5·4 ist 20 und 120!

Ausschlaggebend für die Wahl des einfachsten Rechenweges ist für Dino nicht die Schnelligkeit des Rechenweges, sondern er favorisiert jenen Rechenweg, der Sicherheit bietet, immer angewendet werden kann und immer nach demselben Schema abläuft.

Das Beispiel Dino zeigt, dass *aufgabenadäquates Rechnen* sowohl eine *objektive* Seite (operationalisierbar durch das Erkennen und Nutzen besonderer Aufgabenmerkmale) als auch eine *subjektive* Seite besitzt. Aus subjektiver Sicht muss – wie weitere Ergebnisse der vorliegenden Studie belegen – *aufgabenadäquat* nicht unbedingt interpretiert werden als das, was am schnellsten zu rechnen ist und leichte Teilrechnungen beinhaltet, sondern kann auch aufgefasst werden als das, was sicher ist und was kein weiteres Nachdenken erfordert (siehe Abbildung 7.7).

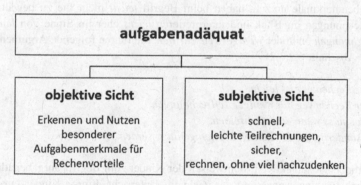

Abbildung 7.7 Objektive und subjektive Sicht auf den Begriff *aufgabenadäqut*

Diese unterschiedlichen subjektiven Sichtweisen werden auch in weiteren Antworten der Kinder zum einfachsten Rechenweg deutlich. Die Argumente jener Kinder, die den Universalrechenweg als den einfachsten nennen, und die Argumente jener Kinder, die Rechenwege, welche besondere Aufgabenmerkmale nutzen, als die einfachsten bezeichnen, unterscheiden sich deutlich. Zwar argumentieren beide Gruppen überwiegend über die Leichtigkeit des Rechenweges, doch wird der Begriff *leicht* von den Kindern unterschiedlich interpretiert.

Leicht bedeutet für jene Kinder, die den Universalrechenweg als den einfachsten bezeichnen, vornehmlich, dass sie – im Sinne von *sicher* und *rechnen, ohne viel nachzudenken* – das *Verfahren* des Rechenweges gut beherrschen. Sie begründen ihre Entscheidung des einfachsten Rechenweges vornehmlich mit Argumenten, die sich auf den Rechenweg als Ganzes beziehen, der leicht, wie ein *Rezept* genutzt werden kann (siehe Abschnitt 6.2.7.1):

- *Man braucht nur das Einmaleins gut können.*
- *Man braucht nur einen Faktor in Zehner und Einer zerlegen und mit dem zweiten Faktor multiplizieren.*
- *Man kann rechnen, ohne viel nachzudenken.*
- *Der Rechenweg ist sehr sicher.*

Die Charakteristika des Universalrechenweges, dass er immer angewendet und wie ein Schema abgearbeitet werden kann, bei dem nicht über Aufgabenmerkmale nachgedacht werden muss, werden von den so argumentierenden Kindern offenbar geschätzt, weil sie ihnen Sicherheit vermitteln.

Kinder hingegen, die Rechenwege als die einfachsten nennen, die besondere Aufgabenmerkmale nutzen, haben beim Begriff *leicht* mehr die zu bewältigenden Rechnungen im Blick und interpretieren *leicht* eher im Sinne von *leichten Teilrechnungen* und/oder *weniger Teilschritten*. Sie führen folgende Argumente an (siehe Abschnitt 6.2.7.2):

- *Der Rechenweg ist leicht.*
- *Der Rechenweg hat weniger Teilrechnungen.*
- *Man muss weniger aufschreiben.*
- *Besonderheiten der Zahlen können genützt werden.*

Die erhobenen subjektiven Sichtweisen der Kinder zum Begriff aufgabenadäquat sprechen für eine Anpassung der Ziele im Unterricht. Einige Kinder entscheiden sich für Rechenwege, weil diese schnell gehen und leichte Teilrechnungen beinhalten, andere wiederum bevorzugen sicheres Rechnen und Rechnen, ohne viel nachzudenken und wählen einen eingeübten Universalrechenweg. Es steht innerhalb der Fachdidaktik außer Zweifel, dass vorteilhaftes Rechnen und das Erkennen von Aufgabenmerkmalen im Unterricht konsequent thematisiert werden sollte. Doch mit welchem Ziel und warum?

Blöte et al. (2000) stellen in Bezug auf arithmetische Rechenanforderungen in der Grundschule fest, dass es für die Lösung vieler Aufgaben nicht unbedingt notwendig sei, extrem flexibel zu sein. Sogenannte Universalrechenwege ermöglichen es, alle Aufgabentypen (egal, welche Zahlenmerkmale auftreten) effektiv zu lösen, wie etwa das schrittweise Rechnen bei zweistelligen Additionen und Subtraktionen (Blöte et al. 2000, S. 242) oder etwa, wie in der vorliegenden Studie, das Zerlegen in eine Summe unter Nutzung des Distributivgesetzes beim Multiplizieren einstelliger mit zweistelligen Zahlen. Es reiche für viele Rechenanforderungen auch, einige wenige Universalrechenwege zusammen mit der Lehrkraft zu erarbeiten, ohne vorteilhaftes Rechnen zu thematisieren.

Die Bedeutung flexibler Rechenkompetenzen ist abhängig von Zielen, die dem Mathematikunterricht zugrunde liegen (Verschaffel et al. 2009, S. 347). Ist das Ziel des Mathematikunterrichts das effiziente Bewältigen von arithmetischen Rechenanforderungen, dann kann gemäß den Ausführungen von Blöte et al. (2000) das Streben nach Flexibilität schwer gerechtfertigt werden. Ist der Anspruch an den Mathematikunterricht aber *Denkfähigkeit* zu entwickeln („*the development of thinking skills*"), dann muss Mathematikunterricht mehr leisten als das effiziente Ausrechnen nach Universalrechenwegen (Threlfall 2009, S. 543).

Es stellt sich die Frage, welche Aussagen sich aus den Ergebnissen der vorliegenden Studie hinsichtlich der Bedeutung flexibler Rechenkompetenzen ableiten lassen und welche Schlussfolgerungen für das Ziel, *Denkfähigkeit* zu entwickeln, gezogen werden können. Die Untersuchung zeigt, dass Kinder, die in der Lage sind, besondere Aufgabenmerkmale zu erkennen und zu nutzen, nicht zwangsläufig aufgabenadäquat agieren. Diese Kinder können auf Nachfrage Rechenwege unter Nutzung besonderer Aufgabenmerkmale anwenden, nutzen jedoch bei freier Wahl ausschließlich den Universalrechenweg. Sie bevorzugen Rechenwege, die sicher sind und kein weiteres Nachdenken erfordern. Diese Ergebnisse sprechen für folgende Sichtweise in Bezug auf die Bedeutung flexibler Rechenkompetenzen im Mathematikunterricht:

- Die Kinder sollen Einsicht in Rechenwege erlangen. Über dieses Ziel ist sich die Mathematikdidaktik weitgehend einig, denn Kinder sollen im Mathematikunterricht mehr lernen als das korrekte und möglichst schnelle Lösen von Rechenaufgaben. Das Durchschauen der zugrundeliegenden operativen Beziehungen soll in den Fokus gerückt werden.
- Der Anspruch an den Mathematikunterricht sollte es sein, *Denkfähigkeit* zu entwickeln (Threlfall 2009, S. 543). Das heißt, die Kinder sollen über Aufgabenmerkmale nachdenken und Aufgaben in Hinblick auf ihre Merkmale, auf ihre Struktur und Beziehungen zu den anderen Aufgaben betrachten und

vergleichen. Es geht darum, Rechnen in Zusammenhang mit der Bedeutung der Zahlen zu sehen und dabei Einsichten über Zahlen und arithmetische Operationen zu nutzen.

- Ob die Kinder immer vorteilhaft rechnen, ist dabei gar nicht so wesentlich. Wie bei manchen Kindern in der Studie festgestellt, behalten diese – trotz ihrer Fähigkeit, andere Rechenwege unter Nutzung von Aufgabenmerkmalen einzusetzen und mit Verständnis zu erläutern – einen einmal erprobten Universalrechenweg aus Gründen der Sicherheit oder Bequemlichkeit bei. Diese Verhaltensweise erscheint legitim: Es ist vernünftig, das zu machen, was man gut kann.

Der Autorin scheint, dass dieser Aspekt im fachdidaktischen Diskurs über aufgabenadäquates Rechnen bislang zu wenig beachtet wurde.

7.2.6   Abschließende Bemerkungen

In der vorliegenden Arbeit wird die Nutzung von Rechenwegen für Multiplikationen einstelliger mit zweistelligen Zahlen im Bereich des Zahlenrechnens im dritten Schuljahr auf Basis eines lernförderlich konzipierten Lernarrangements untersucht. Dies erfolgt durch eine Verknüpfung praxisnaher Entwicklungsarbeit mit empirischer und theoretischer Absicherung. Der Fokus der Entwicklungsebene liegt auf der Konzeption und Umsetzung eines Lernarrangements für Rechenwege zu Multiplikationen einstelliger mit zweistelligen Zahlen im Bereich des Zahlenrechnens. Es entsteht als Produkt ein evaluierter Prototyp eines Lernarrangements zum multiplikativen Zahlenrechnen im dritten Schuljahr, das auf Basis fachlicher und fachdidaktischer Analysen strukturiert und nach spezifischen Leitideen und Lernzielen entwickelt, erprobt und beforscht wurde. Dieses Lernarrangement steht nun samt begleitendem Material mit Informationen zum fachlichen und fachdidaktischen Hintergrund und zur methodischen Umsetzung Lehrkräften zur Verfügung. Eine Veröffentlichung in einem Lehrmittelverlag ist in Planung.

Auf Ebene der Theoriebildung wurden die von den Kindern genutzten Rechenwege und gezeigten Einsichten in zugrundeliegende Konzepte und Strukturen *vor* und *nach* der Umsetzung eines Lernarrangement untersucht. Durch die im Zuge der Erprobungen erhobenen Daten konnten lokale Theorien des Lehrens und Lernens für Rechenwege zu Multiplikationen einstelliger mit zweistelligen Zahlen im Bereich des Zahlenrechnens (weiter)- entwickelt werden. Die abgeleiteten Theoriebeiträge ergänzen das Wissen über das Lehren und Lernen von Rechenwegen für Multiplikationen im Bereich des Zahlenrechnens, beispielsweise

- zu Rechenwegen und Verteilungen von Rechenwegen, die *vor* und *nach* der Thematisierung zu erwarten sind;
- zu unterschiedlichen Typen, die betreffend Verwendung von Rechenwegen auftreten können;
- zu Hürden, die in den Lernprozessen im Zuge der Umsetzung vorkommen können;
- zu Zielen, die in Bezug auf sicheres Anwenden, Einsichten in zugrundeliegende Konzepte und aufgabenadäquates Vorgehen erreicht werden können.

Die Theoriebeiträge ermöglichen Lehrkräften, die Umsetzung multiplikativer Rechenwege gezielt zu begleiten und die Lernprozesse der Kinder fachdidaktisch korrekt einzuschätzen. Darüber hinaus hilft das Wissen über mögliche Hürden in Lernprozessen, im Unterricht adäquat vorzubeugen bzw. zu reagieren und an entscheidenden Stellen die Überwindung dieser Hindernisse zu unterstützen.

Bei der Interpretation der Ergebnisse dieser Studie ist zu berücksichtigen, dass sich die gewonnenen Erkenntnisse auf eine Stichprobe von 125 Kindern *vor* und 55 und *nach* der Umsetzung im Unterricht stützen. Die Grenzen der Verallgemeinerbarkeit der Ergebnisse dieser Arbeit eröffnen zugleich Möglichkeiten für breiter angelegte Studien. Weitere fortsetzende Fragestellungen ergeben sich insbesondere auch durch Veränderungen im Unterrichtsdesign. Insbesondere ist es von Interesse, Wirkungsweisen und Bedingungen anderer Unterrichtsdesigns zum vorliegenden Lerngegenstand zu erforschen, um die Einsichten zu Lernverläufen und lernförderlichen Wirkungsweisen von Design-Prinzipien auszudehnen: *„However, much work has to be done in analyzing which elements of instruction contribute to the learning of flexible/adaptive use of strategies"* (Heinze et al. 2009b, S. 536). Darüber hinaus sollte auch die Langfristigkeit der Lernprozesse über den in dieser Studie berücksichtigten Zeitraum hinaus beforscht werden.

Das entwickelte Lernarrangement hat, dies zeigen die hier dokumentierten Erfolge in der Umsetzung, das Potenzial, einen Beitrag zur Verbesserung des Mathematikunterrichts über dieses Entwicklungsforschungsprojekt hinaus zu liefern. Die Autorin hofft, dass die Ergebnisse der vorliegenden Studie sowohl auf Ebene der Theoriebildung als auch auf Ebene der Unterrichtsentwicklung zu einer Qualitätssteigerung im Mathematikunterricht beitragen und Lehrkräfte dazu anregen bzw. darin bestärken, das multiplikative Zahlenrechnen als eigenständige Rechenart lernförderlich umzusetzen.

Abschließend wird eine Aussage der Lehrkraft der Klasse B2 aus dem Interview *nach* der Umsetzung des Lernarrangements zitiert, die in Bezug auf die Umsetzung des Lernarrangements folgende bezeugende Einschätzung abgab:

Lehrkraft B2:　　Das [die Umsetzung des Lernarrangements in der Klasse, Anm. M.G.] hat den Kindern so gutgetan, so zu arbeiten, weil einfach alles vernetzt wird und man weiß, es ist addiert worden, subtrahiert worden, multipliziert worden, halbiert, verdoppelt. Ich habe zuerst Angst gehabt, ein Monat und jetzt immer das. Aber dieser Monat hat so viel gebracht, ich würde das immer wieder machen. (…) Der Aufbau war so klar, es war so ein schönes Arbeiten und ich habe mich gefreut, wenn ich nach Hause gefahren bin und mir das aufgeschrieben habe [das Protokoll, Anm. M.G.] und ich habe mich gefreut, wenn ich den nächsten Schritt gelesen habe.

Diese ermutigende Bewertung der an der Studie beteiligten Lehrkraft ist Ausdruck eines in der vorliegenden Arbeit erfolgreich beschrittenen Weges: Um Qualitätssteigerung im Unterricht und Praxisveränderung zu erreichen, muss nicht *das Rad neu erfunden* werden. Vielmehr basiert der Erfolg des Lernarrangements – als Ergebnis einer sachlogischen und didaktischen Strukturierung – auf einem Exzerpt aus Empfehlungen und Unterrichtsvorschlägen aus Handbüchern der Mathematikdidaktik und auf der Umsetzung durch engagierte Lehrkräfte.

Was in der vorliegenden Arbeit exemplarisch für den Inhaltsbereich des multiplikativen Zahlenrechnen durchgeführt wurde, kann auf viele Inhaltsbereiche der Grundschulmathematik übertragen werden. Die Autorin ist überzeugt davon, dass die in der vorliegenden Arbeit beschrittene Vorgehensweise – in enger Verzahnung mit der Praxis und unter dem Paradigma der *Educational Design Research* – einen realistischen Weg darstellt, die Qualität des Mathematikunterrichts zu steigern.

In diesem Sinne schließt die Arbeit mit dem Aufruf von Erich Ch. Wittmann, die „Kernaufgabe der Mathematikdidaktik" in der „Konstruktion und Erforschung geeigneter Lernumgebungen für das Lernen der Mathematik im Unterricht" zu sehen (Wittmann 1998, S. 329).

Literaturverzeichnis

Ambrose, Rebecca; Baek, Jae-Meen; Carpenter, Thomas P. (2003): Children's Invention of Multiplication and Division Algorithmus. 2003. In: Arthur J. Baroody und Ann Dowker (Hg.): The development of arithmetic concepts and skills. Mahwah, N.J., London: Lawrence Erlbaum, S. 50–70.

Anghileri, Julia (1999): Issues in teaching multiplication and division. In: Ian Thompson (Hg.): Issues In Teaching Numeracy In Primary Schools. Buckingham: Open University Press, S. 184–194.

Anghileri, Julia (2001): Intuitive approaches, mental strategies and standard algorithms. In: Julia Anghileri (Hg.): Principles and practices in arithmetic teaching. Innovative approaches for the primary classroom. Buckingham: Open University Press, S. 74–94.

Anghileri, Julia (2006): Teaching number sense. 2. Auflage. London: Continuum.

Anghileri, Julia; Beishuizen, Meindert; Van Putten, Kees (2002): From Informal Strategies to Structured Procedures: mind the gap! In: *Educational Studies in Mathematics* 49 (2), S. 149–170.

Ashcraft, Mark (1990): Strategic mental processing in children's mental arithmetic: A review and proposal. In: David F. Bjorklund (Hg.): Children's strategies. Contemporary views of cognitive development. Hillsdale, N.J.: Lawrence Erlbaum, S. 195–211.

Baek, Jae-Meen (1998): Children's invented algorithms for multidigit multiplication problems. 2003. In: Lorna J. Morrow (Hg.): The teaching and learning of algorithms in school mathematics. 1998 yearbook. Reston (Va.): National Council of Teachers of Mathematics (1998), S. 151–160.

Baek, Jae-Meen (2006): Children's Mathematical Understanding and Invented Strategies for Multidigit Multiplication. In: *Teaching Children Mathematics* 12 (5), S. 242–247.

Barab, Sasha; Squire, Kurt (2004): Design-Based Research: Putting a Stake in the Ground. In: *Journal of the Learning Sciences* 13 (1), S. 1–14.

Baroody, Arthur J. (2003): The Development of Adaptive Expertise and Flexibility: The Integration of Conceptual and Procedural Knowledge. In: Arthur J. Baroody und Ann Dowker (Hg.): The development of arithmetic concepts and skills. Mahwah, N.J., London: Lawrence Erlbaum, S. 1–33.

Baroody, Arthur J.; Dowker, Ann (Hg.) (2003): The development of arithmetic concepts and skills. Mahwah, N.J., London: Lawrence Erlbaum.

M. Greiler-Zauchner, *Rechenwege für die Multiplikation und ihre Umsetzung*, Perspektiven der Mathematikdidaktik,
https://doi.org/10.1007/978-3-658-37526-3

Bauer, Ludwig (1998): Schriftliches Rechnen nach Normalverfahren – wertloses Auslaufmodell oder überdauernde Relevanz? In: *JMD* 19 (2–3), S. 179–200.

Beishuizen, Meindert (1997): Development of mathematical strategies and procedures up to 100. In: Meindert Beishuizen, Koeno Gravemeijer und Ernest Van Lieshout (Hg.): The role of contexts and models in the development of mathematical strategies and procedures. Utrecht: Freudenthal Institute, S. 127–162.

Benz, Christiane (2005): Erfolgsquoten, Rechenmethoden, Lösungswege und Fehler von Schülerinnen und Schülern bei Aufgaben zur Addition und Subtraktion im Zahlenraum bis 100. Hildesheim: Franzbecker.

Benz, Christiane (2007): Die Entwicklung der Rechenstrategien bei Aufgaben des Typs ZE±ZE im Verlauf des zweiten Schuljahres. In: *JMD* (1), S. 49–73.

Blöte, Anke W.; Klein, Anton S.; Beishuizen, Meindert (2000): Mental computation and conceptual understanding. In: *Learning and Instruction* 10 (3), S. 221–247.

Blöte, Anke W.; Van der Burg, Eeke; Klein, Anton S. (2001): Students' flexibility in solving two-digit addition and subtraction problems. Instruction effects. In: *Journal of Educational Psychology* 93 (3), S. 627–638.

Bransford, John (2001): Thoughts on adaptive expertise. Unpublished manuscript.

Brunner, Edith; Aichberger, Gabriele; Eisschiel, Karin; Mitis, Waltraud; Moitzi, Florian; Wanitschka, Susanne (2019): Zahlenreise 3 NEUBEARBEITUNG. Erarbeitungsteil (in zwei Bänden) & Übungsteil. 2. Aufl. Linz: Veritas Verlag.

Bundesinstitut für Bildungsforschung, Innovation & Entwicklung (2011): Praxishandbuch für „Mathematik" 4. Schulstufe. Unter Mitarbeit von Alexander Ruprecht. 2. Auflage. Graz: Leykam.

Bundesministerium für Unterricht, Kunst und Kultur (2012): Lehrplan der Volksschule. BGBl. Nr. 134/1963 in der Fassung BGBl. II Nr. 303/2012 vom 13. September 2012, vom BGBl. II Nr. 303/2012.

Carpenter, Thomas P.; Franke, Megan L.; Jacobs, Victoria R.; Fennema, Elizabeth; Empson, Susan B. (1998): A Longitudinal Study of Invention and Understanding in Children's Multidigit Addition and Subtraction. In: *Journal for Research in Mathematics Education* 29 (1), S. 3.

Cobb, Paul; Confrey, Jere; diSessa, Andrea; Lehrer, Richard; Schauble, Leona (2003): Design Experiments in Educational Research. In: *Educational Researcher* 32 (1), S. 9–13.

Corte, Erik de; Verschaffel, Lieven (2007): Mathematical thinking and learning. In: William Damon, Richard M. Lerner, K. Ann Renninger und Irving E. Sigel (Hg.): Handbook of Child Psychology, Child Psychology in Practice. 6. Auflage. Hoboken, New Jersey: Wiley, S. 103–152.

Döring, Nicola; Bortz, Jürgen (2016): Forschungsmethoden und Evaluation in den Sozial- und Humanwissenschaften. Unter Mitarbeit von Sandra Pöschl. 5. vollständig überarbeitete, aktualisierte und erweiterte Auflage. Berlin, Heidelberg: Springer.

Dudenredaktion (o. J.): „flexibel" auf Duden online. Online verfügbar unter https://www.duden.de/rechtschreibung/flexibel, zuletzt geprüft am 03.01.2022.

Fosnot, Catherine Twomey; Dolk, Maarten (2001): Young mathematicians at work. Constructing number sense, addition, and subtraction. Portsmouth, NH: Heinemann.

Gaidoschik, Michael (2007): Rechenschwäche vorbeugen. 1. Schuljahr: Vom Zählen zum Rechnen. Wien: G&G Verl.-Ges.

Gaidoschik, Michael (2010): Die Entwicklung von Lösungsstrategien zu den additiven Grundaufgaben im Laufe des ersten Schuljahres. Dissertation. Universität Wien, Wien.

Gaidoschik, Michael (2014): Einmaleins verstehen, vernetzen, merken. Strategien gegen Lernschwierigkeiten. Stuttgart: Klett; Kallmeyer.

Gaidoschik, Michael (2015): Rechenschwäche-Dyskalkulie. Eine unterrichtspraktische Einführung für LehrerInnen und Eltern. 9. Auflage. Hamburg: Persen.

Gaidoschik, Michael; Fellmann, Anne; Guggenbichler, Silvia; Thomas, Almut (2017): Empirische Befunde zum Lehren und Lernen auf Basis einer Fortbildungsmaßnahme zur Förderung nicht-zählenden Rechnens. In: *JMD* 38 (1), S. 93–124.

Gallin, Peter (2010): Dialogisches Lernen. Von einem pädagogischen Konzept zum täglichen Unterricht. In: *Grundschulunterricht* (2), S. 4–9.

Gallin, Peter; Ruf, Urs (1998): Sprache und Mathematik in der Schule. Auf eigenen Wegen zur Fachkompetenz. Seelze: Kallmeyer.

Geary, David C. (2003): Arithmetical development: Commentary on chapters 9 through 15 and future directions. In: Arthur J. Baroody und Ann Dowker (Hg.): The development of arithmetic concepts and skills. Mahwah, N.J., London: Lawrence Erlbaum, S. 453–464.

Gerhardt, Uta (1986): Patientenkarrieren. Eine medizinsoziologische Studie. Frankfurt am Main: Suhrkamp.

Gerhardt, Uta (1991): Gesellschaft und Gesundheit. Begründung der Medizinsoziologie. Frankfurt am Main: Suhrkamp.

Gerster, Hans-Dieter (2017): Schriftliche Rechenverfahren verstehen – Methodik und Fehlerprävention. In: Annemarie Fritz, Siegbert Schmidt und Gabi Ricken (Hg.): Handbuch Rechenschwäche. Lernwege, Schwierigkeiten und Hilfen bei Dyskalkulie. 3., vollständig überarbeitete Auflage. Weinheim Basel: Beltz, S. 244–265.

Gloor, Regula; Peter, Mirjam (1999): Aufgaben zur Multiplikation und Division (3. Klasse): Vorwissen und Denkwege erkunden. In: Elmar Hengartner (Hg.): Mit Kinder lernen. Standorte und Denkwege im Mathematikunterricht. Zug: Klett, S. 41–47.

Gravemeijer, Koeno; Cobb, Paul (2006): Design research from a learning design perspective. In: Jan Van den Akker, Koeno Gravemeijer, Susan McKenney und Nienke Nieveen (Hg.): Educational design research. London: Routledge Taylor & Francis Group, S. 45–86.

Greiler-Zauchner, Martina; Gaidoschik, Michael (2018): Vorteile suchen, Sicherheit finden! Unterrichtsanregungen für das halbschriftliche Multiplizieren. In: *Mathematik differenziert* 1, S. 28–31.

Grosser, Notburga; Koth, Maria (2020): Alles klar! 3. Mathematik für wissbegierige Schulkinder. 4. Auflage. 2 Bände. Linz: Veritas Verlag.

Grurl, Christa; Liemer-Mair, Monika; Schoeller, Heidemarie (2019): Die MatheForscher/innen 3 (zweiteilig) – Neubearbeitung. Wien: Jugend & Volk.

Hasemann, Klaus (1986): Mathematische Lernprozesse. Analysen mit kognitionstheoretischen Modellen. Hg. v. Erich Ch. Wittmann. Wiesbaden, s.l.: Vieweg+Teubner Verlag.

Heinze, Aiso (2018): Halbschriftliches Rechnen: Geht es sicher und geschickt? Wie Kinder einen flexiblen Einsatz von Rechenstrategien lernen können. In: *Mathematik differenziert* (1), S. 6–9.

Heinze, Aiso; Marschik, Franziska; Lipowsky, Frank (2009a): Addition and subtraction of three-digit numbers. Adaptive strategy use and the influence of instruction in German third grade. In: *ZDM Mathematics Education* 41 (5), S. 591–604.

Heinze, Aiso; Schwabe, Julia; Grüßing, Meike; Lipowsky, Frank (2016): Effects of instruction on strategy types chosen by German 3rd-graders for multi-digit addition and subtraction tasks: An experimental study. In: Kim Beswick, T. Muir und J. Fielding-Wells (Hg.): Proceedings of the 39th Conference of the International Group for the Psychology of Mathematics Education., Bd. 3. Hobart, Australia, 13 – 18 July 2015. 3 Bände, S. 49–56.

Heinze, Aiso; Star, Jon R.; Verschaffel, Lieven (2009b): Flexible and adaptive use of strategies and representations in mathematics education. In: *ZDM Mathematics Education* 41 (5), S. 535–540.

Heirdsfield, Ann M. (2002): Flexible Mental Computation: What about accuracy? In: Anne D. Cockburn und E. Nardi (Hg.): Proceedings of the 26th Conference of the International Group for the Psychology of Mathematics Education : PME 26, Norwich, United Kingdom, July 21–26, Bd. 3. Norwich: University of East Anglia, S. 89–96.

Heirdsfield, Ann M.; Cooper, Tom J. (2002): Flexibility and inflexibility in accurate mental addition and subtraction. Two case studies. In: *The Journal of Mathematical Behavior* 21 (1), S. 57–74.

Heirdsfield, Ann M.; Cooper, Tom J.; Mulligan, Joanne; Irons, Calvin (1999): Children's mental multiplication and division strategies. In: Orit Zaslavsky (Hg.): Proceedings of the 23rd Conference of the International Group for the Psychology of Mathematics Education. PME 23, Haifa, Israel July 25–30. Haifa, Israel, S. 89–96.

Hiebert, James C. (1990): The role of routine procedures in the development of mathematical competence. In: Thomas J. Cooney (Hg.): Teaching and learning mathematics in the 1990s. Reston (Va.): National Council of Teachers of Mathematics, S. 31–40.

Hirsch, Karen (2001): Halbschriftliche Rechenstrategien im Mathematikunterricht der Grundschule. In: Gabriele Kaiser (Hg.): Beiträge zur 35. Jahrestagung der Gesellschaft für Didaktik der Mathematik vom 5. bis 9. März 2001 in Ludwigsburg. Hildesheim: Franzbecker, S. 285–288.

Hirsch, Karen (2002): Halbschriftliches Rechnen im Spannungsfeld zwischen Kopfrechnen und schriftlichem Rechnen – eine empirische Untersuchung. Unveröffentlichtes Manuskript.

Hofemann, Lena; Rautenberg, Franziska (2010): Entwicklung und Erprobung von Lernmaterialien für Studierende zum Thema: Halbschriftliche Multiplikation. Bachelorarbeit. TU Dortmund, Dortmund.

Holub, Barbara; Cermak, Ursula; Novy, Heidi; Waldmann, Nuschin (2016): MiniMax 3. 4 Bände. Wien: ÖBV.

Hußmann, Stephan; Prediger, Susanne (2007): Mit Unterschieden rechnen – Differenzieren und Individualisieren. In: *PM : Praxis der Mathematik in der Schule* 49 (17), S. 1–8.

Hußmann, Stephan; Thiele, Jörg; Hinz Renate; Prediger, Susanne; Ralle, Bernd (2013): Gegenstandsorientierte Unterrichtsdesigns entwickeln und erforschen. Fachdidaktische Entwicklungsforschung im Dortmunder Modell. In: Michael Komorek und Susanne Prediger (Hg.): Der lange Weg zum Unterrichtsdesign. Zur Begründung und Umsetzung fachdidaktischer Forschungs- und Entwicklungsprogramme. Münster: Waxmann Verlag (Fachdidaktische Forschungen, Bd. 5), S. 25–42.

Kamii, Constance; Dominick, Ann (1997): To teach or not to teach algorithms. In: *The Journal of Mathematical Behavior* 16 (1), S. 51–61.

Kelle, Udo; Kluge, Susann (2010): Vom Einzelfall zum Typus. Wiesbaden: VS Verlag für Sozialwissenschaften.

Kilpatrick, Jeremy; Martin, W. Gary; Schifter, Deborah (Hg.) (2003): A research companion to principles and standards for school mathematics. National Council of Teachers of Mathematics. Reston (Va.): National Council of Teachers of Mathematics.

Kluge, Susann (1999): Empirisch begründete Typenbildung. Zur Konstruktion von Typen und Typologien in der qualitativen Sozialforschung. Wiesbaden: VS Verlag für Sozialwissenschaften.

Kluge, Susann (2000): Empirisch begründete Typenbildung in der qualitativen Sozialforschung. In: Forum Qualitative Sozialforschung 1 (1).

Krauthausen, Günter (1993): Kopfrechnen, halbschriftliches Rechnen, schriftliche Normalverfahren, Taschenrechner: Für eine Neubestimmung des Stellenwertes der vier Rechenmethoden. In: JMD 14 (3–4), S. 189–219.

Krauthausen, Günter (2017): Entwicklung arithmetischer Fertigkeiten und Strategien – Kopfrechnen und halbschriftliches Rechnen. In: Annemarie Fritz, Siegbert Schmidt und Gabi Ricken (Hg.): Handbuch Rechenschwäche. Lernwege, Schwierigkeiten und Hilfen bei Dyskalkulie. 3., vollständig überarbeitete Auflage. Weinheim Basel: Beltz, S. 190–205.

Krauthausen, Günter (2018): Einführung in die Mathematikdidaktik – Grundschule. 4. Auflage. Berlin, Heidelberg: Springer Spektrum (Mathematik Primarstufe und Sekundarstufe I + II).

Kuckartz, Udo (1988): Computer und verbale Daten. Chancen zur Innovation sozialwissenschaftlicher Forschungstechniken. Frankfurt am Main: Lang.

Lamnek, Siegfried; Krell, Claudia (2016): Qualitative Sozialforschung. 6., überarbeitete Auflage. Weinheim, Basel: Beltz.

Lemonidis, Charalampos (2016): Mental computation and estimation. Implications for mathematics education research, teaching and learning. Abingdon, Oxon: Routledge.

Leuders, Juliane (2017): Veranschaulichungen. In: Juliane Leuders und Kathleen Philipp (Hg.): Mathematik – Didaktik für die Grundschule. 2. Auflage. Berlin, Berlin: Cornelsen, S. 148–159.

Link, Michael (2012): Grundschulkinder beschreiben operative Zahlenmuster. Entwurf, Erprobung und Überarbeitung von Unterrichtsaktivitäten als ein Beispiel für Entwicklungsforschung. Wiesbaden: Vieweg+Teubner Verlag.

Maclellan, Effie (2001): Mental Calculation: its place in the development of numeracy. In: Westminster Studies in Education 24 (2), S. 145–154.

Malle, Günther; Wittmann, Erich Ch. (1993): Didaktische Probleme der elementaren Algebra. Wiesbaden, s.l.: Vieweg+Teubner Verlag.

Mayring, Philipp (2001): Kombination und Integration qualitativer und quantitativer Analyse. In: Forum Qualitative Sozialforschung 2 (1).

McIntosh, Alistair (2005): Mental computation: a strategies approach. Module 1 – introduction. 2. Auflage. Hobart Tasmania: Department of Education.

McKenney, Susan; Reeves, Thomas C. (2012): Conducting educational design research. London: Routledge.

Mendes, Fátima (2012): A aprendizagem da multiplicação numa perspectiva de desenvolvimento do sentido de número: um estudo com alunos do 1.º ciclo. Dissertation. Universidade de Lisboa, Lissabon. Instituto de Educação.

Mendes, Fátima; Brocardo, Joana; Oliveira, Hélia (2012): 3rd year pupils' procedures to solve multiplication tasks. 12th International Congress on Mathematical Education (ICME), 8 July – 15 July 2012. Seoul, South Korea.

Mulligan, Joanne; Mitchelmore, Michael (1997): Young Children's Intuitive Models of Multiplication and Division. In: *Journal for Research in Mathematics Education* 28 (3), S. 309–330.

Nieveen, Nienke; McKenney, Susan; Gravemeijer, Koeno (2006): Educational design research. The value of variety. In: Jan Van den Akker, Koeno Gravemeijer, Susan McKenney und Nienke Nieveen (Hg.): Educational design research. London: Routledge Taylor & Francis Group, S. 151–158.

Padberg, Friedhelm; Benz, Christiane (2021): Didaktik der Arithmetik. 5. Auflage. Heidelberg: Spektrum Akademischer Verlag.

PIKAS (o. J.): „Mathe-Konferenzen". Eine strukturierte Kooperationsform zur Förderung der sachbezogenen Kommunikation unter Kindern. TU Dortmund & WWU Münster. Online verfügbar unter https://pikas.dzlm.de/pikasfiles/uploads/upload/Material/Haus_8_-_Guter_Unterricht/UM/Mathe-Konferenzen/Basisinfos/Infopapier_Mathekonferenzen_2017_NEU.pdf, zuletzt geprüft am 03.01.2022.

Plomp, Tjeerd (2013): Educational Design Research: An Introduction. In: Tjeerd Plomp und Nienke Nieveen (Hg.): Educational design research. Enschede: Netherlands institute for curriculum development, S. 10–51.

Prediger, Susanne; Link, Michael (2012): Fachdidaktische Entwicklungsforschung – Ein lernprozessfokussierendes Forschungsprogramm mit Verschränkung fachdidaktischer Arbeitsbereiche. In: Horst Bayrhuber, Ute Harms, Bernhard Muszynski, Bernd Ralle, Martin Rothgangel, Lutz-Helmut Schön et al. (Hg.): Formate Fachdidaktischer Forschung. Empirische Projekte – historische Analysen – theoretische Grundlegungen. Münster et al.: Waxmann Verlag, S. 29–46.

Prediger, Susanne; Link, Michael; Hinz Renate; Hußmann, Stephan; Thiele, Jörg; Ralle, Bernd (2012): Lehr-Lernprozesse initiieren und erforschen – Fachdidaktische Entwicklungsforschung im Dortmunder Modell. In: *MNU – Der mathematische und naturwissenschaftliche Unterricht* 8 (65), S. 452–457.

Prediger, Susanne; Wittmann, Gerald (2009): Aus Fehlern lernen – (wie) ist das möglich? In: *PM: Praxis der Mathematik in der Schule* 51 (27), S. 1–8.

Rathgeb-Schnierer, Elisabeth (2006): Kinder auf dem Weg zum flexiblen Rechnen. Eine Untersuchung zur Entwicklung von Rechenwegen bei Grundschulkindern auf der Grundlage offener Lernangebote und eigenständiger Lösungsansätze. Dissertation. Hildesheim, Berlin: Franzbecker.

Rathgeb-Schnierer, Elisabeth (2010): Entwicklung flexibler Rechenkompetenzen bei Grundschulkindern des 2. Schuljahrs. In: JMD 31 (2), S. 257–283.

Rathgeb-Schnierer, Elisabeth (2011): Warum noch rechnen, wenn ich die Lösung sehen kann? Hintergründe zur Förderung flexibler Rechenkompetenzen bei Grundschulkindern. In: Reinhold Haug und Lars Holzäpfel (Hg.): Beiträge zur 45. Jahrestagung der Gesellschaft für Didaktik der Mathematik vom 21.02.2011 bis 25.02.2011 in Freiburg. Münster: WTM-Verlag, S. 15–22.

Rathgeb-Schnierer, Elisabeth; Green, Michael (2013): Flexibility in mental calculation in elementary students from different math classes. In: Behiye Ubuz und Çiğdem Haser (Hg.): Proceedings of the Eighth Conference of the European Society for Research in

Mathematics. CERME 8, 6–10 February 2013, Manavgat-Side/Antalya, Türkiye, S. 353–362.

Rathgeb-Schnierer, Elisabeth; Rechtsteiner, Charlotte (2018): Rechnen lernen und Flexibilität entwickeln. Grundlagen – Förderung – Beispiele. Berlin, Heidelberg: Springer (Mathematik Primarstufe und Sekundarstufe I + II).

Rechtsteiner-Merz, Charlotte (2013): Flexibles Rechnen und Zahlenblickschulung. Entwicklung und Förderung von Rechenkompetenzen bei Erstklässlern, die Schwierigkeiten beim Rechnenlernen zeigen. Münster: Waxmann Verlag.

Reys, Robert E. (1984): Mental Computation and Estimation. Past, Present, and Future. In: *The Elementary School Journal* 84 (5), S. 547–557.

Ruwisch, Silke (2016a): Mehr als das Zusammentragen von Ergebnissen. Die Vielfalt der Methode „Mathekonferenz" nutzen. In: *Grundschule Mathematik* 51 (4), S. 32–35.

Ruwisch, Silke (2016b): Über Mathematik reden. Prozessbezogene und soziale Kompetenzen stärken durch den Austausch mit anderen in Mathekonferenzen. In: *Grundschule Mathematik* 51 (4), S. 2–3.

Scherer, Petra; Moser Opitz, Elisabeth (2010): Fördern im Mathematikunterricht der Primarstufe. Heidelberg: Spektrum Akademischer Verlag.

Schipper, Wilhelm (2005): Lernschwierigkeiten erkennen – verständnisvolles Lernen fördern. Mathematik. Kiel (SINUS – Transfer Grundschule). Online verfügbar unter http://www.sinus-an-grundschulen.de/fileadmin/uploads/Material_aus_STG/Mathe-Module/M4.pdf, zuletzt geprüft am 03.01.2022.

Schipper, Wilhelm (2009): Handbuch für den Mathematikunterricht an Grundschulen. Braunschweig: Schroedel.

Schipper, Wilhelm; Ebeling, Astrid; Dröge, Rotraut (2017): Handbuch für den Mathematikunterricht. 3. Schuljahr. Druck A. Braunschweig: Schroedel Westermann.

Schoenfeld, Alan (2006): Design experiments. In: Judith L. Green, Gregory Camilli, Patricia B. Elmore, Audra Skukauskaiti und Elizabeth Grace (Hg.): Handbook of complementary methods in education research. Mahwah, N.J.: Lawrence Erlbaum, S. 193–206.

Schulz, Andreas (2015): Wie lösen Viertklässler Rechenaufgaben zur Multiplikation und Division? In: Franco Caluori, Helmut Linneweber-Lammerskitten und Christine Streit (Hg.): Beiträge zum Mathematikunterricht 2015. Vorträge auf der 49. Tagung für Didaktik der Mathematik vom 09.02.2015 bis 13.02.2015 in Basel. Münster: WTM-Verlag, S. 844–847.

Schulz, Andreas (2018): Relational Reasoning about Numbers and Operations – Foundation for Calculation Strategy Use in Multi-Digit Multiplication and Division. In: *Mathematical Thinking and Learning* 20 (2), S. 108–141.

Schütte, Sybille (2002): Aktivitäten zur Schulung des Zahlenblicks. In: *Praxis Grundschule* (2), S. 5–12.

Schütte, Sybille (2004): Rechenwegnotation und Zahlenblick als Vehikel des Aufbaus flexibler Rechenkompetenzen. In: *JMD* 25 (2), S. 130–148.

Schwätzer, Ulrich (1999): … und zack hast du das Ergebnis. Flexibles Rechnen auch beim Einmaleins. In: *Die Grundschulzeitschrift* (125), S. 16–18.

Selter, Christoph (1999): Flexibles Rechnen statt Normierung auf Normalverfahren! In: *Die Grundschulzeitschrift* 13 (125), S. 6–11.

Selter, Christoph (2000): Vorgehensweisen von Grundschüler(inne)n bei Aufgaben zur Addition und Subtraktion im Zahlenraum bis 1000. In: *JMD* 21 (2), S. 227–258.

Selter, Christoph (2003): Flexibles Rechnen – Forschungsergebnisse, Leitideen, Unterrichtsbeispiele. In: *Sache Wort Zahl* 31 (57), S. 45–50.

Selter, Christoph (2009): Creativity, flexibility, adaptivity, and strategy use in mathematics. In: *ZDM Mathematics Education* 41 (5), S. 619–625.

Selter, Christoph; Prediger, Susanne; Nührenbörger, Marcus; Hußmann, Stephan (Hg.) (2014): Mathe sicher können. Handreichungen für ein Diagnose- und Förderkonzept zur Sicherung mathematischer Basiskompetenzen. Natürliche Zahlen. Berlin: Cornelsen. Online verfügbar unter https://mathe-sicher-koennen.dzlm.de/mskfiles/uploads/Dokumente/mskgs_n4a_1_hru_n4_a_130920.pdf, zuletzt geprüft am 03.01.2022.

Selter, Christoph; Spiegel, Hartmut (1997): Wie Kinder rechnen. Leipzig, Stuttgart, Düsseldorf: Klett.

Sherin, Bruce; Fuson, Karen (2005): Multiplication Strategies and the Appropriation of Computational Resources. In: *Journal for Research in Mathematics Education* 36 (4), S. 347–395.

Sowder, Judith (1988): Mental computation and number comparisons: Their roles in the development of number sense and computational estimation. In: James C. Hiebert und Merlyn J. Behr (Hg.): Number concepts and operations in the middle grades. Reston (Va.): Lawrence Erlbaum; National Council of Teachers of Mathematics.

Star, Jon R.; Newton, Kristie J. (2009): The nature and development of experts' strategy flexibility for solving equations. In: *ZDM Mathematics Education* 41 (5), S. 557–567.

Steinweg, Anna Susanne (2013): Algebra in der Grundschule. Muster und Strukturen – Gleichungen – funktionale Beziehungen. Berlin, Heidelberg, s.l.: Springer Spektrum.

Stephani, Heinrich (1815): Ausführliche Anweisung zum Rechenunterrichte in Volksschulen nach der bildenden Methode. Erster Kursus: die Zahlenrechenkunst. Nürnberg: Riegel und Wießner.

Thompson, Ian (1999): Getting your head around mental calculation. In: Ian Thompson (Hg.): Issues In Teaching Numeracy In Primary Schools. Buckingham: Open University Press, S. 145–156.

Threlfall, John (2002): Flexible Mental Calculation. In: *Educational Studies in Mathematics* 50 (1), S. 29–47.

Threlfall, John (2009): Strategies and flexibility in mental calculation. In: *ZDM Mathematics Education* 41 (5), S. 541–555.

Torbeyns, Joke; Smedt, Bert de; Ghesquiere, Pol; Verschaffel, Lieven (2009a): Acquisition and use of shortcut strategies by traditionally schooled children. In: *Educational Studies in Mathematics* 71 (1), S. 1–17.

Torbeyns, Joke; Smedt, Bert de; Ghesquiere, Pol; Verschaffel, Lieven (2009b): Jump or compensate? Strategy flexibility in the number domain up to 100. In: *ZDM Mathematics Education* 41, S. 581–590.

Torbeyns, Joke; Verschaffel, Lieven; Ghesquiere, Pol (2005): Simple Addition Strategies in a First-Grade Class With Multiple Strategy Instruction. In: *Cognition and Instruction* 23 (1), S. 1–21.

Treffers, Adri; Buys, Kees (2008): Calculation up to 100. In: Marja Van den Heuvel-Panhuizen (Hg.): Children learn mathematics. A learning teaching trajectory with intermediate attainment targets for calculation with whole numbers in primary school. Rotterdam u.a.: Sense Publ, S. 61–88.

Van de Walle, John; Karp, Karen; Bay-Williams, Jennifer M.; Wray, Jonathan A.; Brown, Elizabeth Todd (2019): Elementary and middle school mathematics. Teaching developmentally. Tenth edition. NY, NY: Pearson.

Van den Akker, Jan; Branch, Robert Maribe; Gustafson, Kent; Nieveen, Nienke; Plomp, Tjeerd (1999): Design Approaches and Tools in Education and Training. Dordrecht: Springer.

Van den Akker, Jan; Gravemeijer, Koeno; McKenney, Susan; Nieveen, Nienke (Hg.) (2006a): Educational design research. London: Routledge Taylor & Francis Group.

Van den Akker, Jan; Gravemeijer, Koeno; McKenney, Susan; Nieveen, Nienke (2006b): Introducing educational design research. In: Jan Van den Akker, Koeno Gravemeijer, Susan McKenney und Nienke Nieveen (Hg.): Educational design research. London: Routledge Taylor & Francis Group, S. 1–8.

Verschaffel, Lieven; Greer, Brian; Corte, Erik de (2007a): Whole number concepts and operations. In: Frank K. Lester (Hg.): Second handbook of research on mathematics teaching and learning. Charlotte, NC: Information Age Publishing, S. 557–628.

Verschaffel, Lieven; Luwel, Koen; Torbeyns, Joke; Van Dooren, Wim (2009): Conceptualizing, investigating, and enhancing adaptive expertise in elementary mathematics education. In: *Eur J Psychol Educ* 24 (3), S. 335–359.

Verschaffel, Lieven; Torbeyns, Joke; Smedt, Bert de; Luwel, Koen; Van Dooren, Wim (2007b): Strategy flexibility in children with low achievement in mathematics. In: *Educational and Child Psychology* 24 (2), S. 16–27.

Warner, Lisa; Davis, Gary; Alcock, Lara; Coppolo, Joseph (2002): Flexible mathematical thinking and multiple representations in middle school mathematics. In: *Mediterranean Journal for Research in Mathematics Education* 1 (2), S. 37–61.

Werner, Birgit; Klein, Teresa (2012): „Ich rechne immer mit den Fingern, aber heute hab' ich das mal im Kopf gemacht". Flexibilität bei der Lösung von Additions- und Subtraktionsaufgaben im Zahlenraum bis 100 bei Förderschülern. In: *Zeitschrift für Heilpädagogik* (4), S. 162–170.

Wessolowski, Silvia (2011): Halbschriftlich multiplizieren mit Punktefeldern Lösungswege finden und verstehen. In: *Grundschulmagazin* (1), S. 31–34.

Winter, Heinrich (2001): Fundamentale Ideen in der Grundschule. Online verfügbar unter http://www.schulabakus.de/Wechselspiele/winter-ideen.html, zuletzt geprüft am 03.01.2022.

Witt, Marcus (2014): Primary mathematics for trainee teachers. London, Thousand Oaks, California: SAGE.

Wittmann, Erich Ch. (1982): Mathematisches Denken bei Vor- und Grundschulkindern. Eine Einführung in psychologisch-didaktische Experimente. Braunschweig: Vieweg.

Wittmann, Erich Ch. (1998): Design und Erforschung von Lernumgebungen als Kern der Mathematikdidaktik. In: *Beiträge zur Lehrerinnen- und Lehrerbildung* 16 (3), S. 329–342.

Wittmann, Erich Ch. (1999): Die Zukunft des Rechnens im Grundschulunterricht: Von schriftlichen Rechenverfahren zu halbschriftlichen Strategien. In: Elmar Hengartner (Hg.): Mit Kinder lernen. Standorte und Denkwege im Mathematikunterricht. Zug: Klett, S. 88–93.

Wittmann, Erich Ch.; Müller, Gerhard (1992): Handbuch produktiver Rechenübungen. Band 2: Vom halbschriftlichen zum schriftlichen Rechnen. Stuttgart: Klett.

Wittmann, Erich Ch.; Müller, Gerhard (2017a): Das Zahlenbuch 3. Schülerbuch und Arbeitsheft. 1. Aufl. Wien: ÖBV.

Wittmann, Erich Ch.; Müller, Gerhard (2017b): Handbuch produktiver Rechenübungen. Band 1: Vom Einspluseins zum Einmaleins. Seelze, Stuttgart: Klett.

Wittmann, Erich Ch.; Müller, Gerhard N. (2018): Handbuch produktiver Rechenübungen. Band II: Halbschriftliches und schriftliches Rechnen. Neufassung, 1. Auflage. Seelze, Stuttgart: Kallmeyer; Klett.

Woodward, John (2006): Developing automaticity in multiplication facts integrating strategy instruction with timed practice drills. In: *Learning Disability Quarterly* 29 (4), S. 269–289.

Yackel, Erna; Cobb, Paul (1996): Sociomathematical Norms, Argumentation, and Autonomy in Mathematics. In: *Journal for Research in Mathematics Education* 27 (4), S. 458–477.

Zwetzschler, Larissa (2015): Gleichwertigkeit von Termen. Entwicklung und Beforschung eines diagnosegeleiteten Lehr-Lernarrangements im Mathematikunterricht der 8. Klasse. Wiesbaden: Springer.

Printed in the United States
by Baker & Taylor Publisher Services